核化工与核燃料工程系列

核化工原理

主　编◎侯洪国
副主编◎张　萌

哈爾濱工程大學出版社
Harbin Engineering University Press

内容简介

本书是在核化工应用背景下，根据核化工处理对象的要求及行业发展历程，结合作者多年实际教学经验编写而成的。本书所涉及的单元操作包括流体输送、机械分离、传热、萃取、吸收、精馏和干燥等，在介绍单元操作时兼顾基本原理和具体的单元操作设备，每种单元操作均包含基础理论、单元操作基本原理和典型设备三个部分；重视数学方法的工程应用，系统地将守恒模型与传递过程速率模型相结合，以解决单元操作的设备选型问题(或非标设备设计问题)和具体设备的操作问题。

本书可作为高等学校核化工与核燃料工程相关专业的本科生教材，也可供核化工部门研究、设计和生产单位技术人员参考。

图书在版编目(CIP)数据

核化工原理 / 侯洪国主编. -- 哈尔滨 : 哈尔滨工程大学出版社, 2024. 7. -- ISBN 978-7-5661-4437-9

Ⅰ. O615.5

中国国家版本馆 CIP 数据核字第 2024E68S35 号

核化工原理
HEHUAGONG YUANLI

选题策划 石 岭
责任编辑 马佳佳
封面设计 李海波

出版发行 哈尔滨工程大学出版社
社　　址 哈尔滨市南岗区南通大街 145 号
邮政编码 150001
发行电话 0451-82519328
传　　真 0451-82519699
经　　销 新华书店
印　　刷 哈尔滨市海德利商务印刷有限公司
开　　本 787 mm×1 092 mm　1/16
印　　张 19.5
字　　数 481 千字
版　　次 2024 年 7 月第 1 版
印　　次 2024 年 7 月第 1 次印刷
书　　号 ISBN 978-7-5661-4437-9
定　　价 49.80 元

http://www.hrbeupress.com
E-mail:heupress@hrbeu.edu.cn

前　言

“工欲善其事,必先利其器”,化工过程与化学过程的显著特点是利用单元操作设备,在速率可控的条件下完成物料输送、反应和分离。化工过程的可控不仅指能生产出合格的产品,而且要求整个生产过程可控。化工过程往往是在不平衡状态下进行的,而要在指定空间内维持某种不平衡的状态,需要对整个系统内流量、温度、压力等参数进行控制,往往涉及流体输送、加热或冷却、物相分离以及混合物组分分离等物理过程。针对上述物理过程中的一个或多个组合而形成的最小独立单元即为单元操作。化工原理就是介绍每种单元操作的原理以及与之相应设备结构的一门课程,在此基础上,化工过程可以看成围绕着某一工艺路线,由若干单元操作组合而成的生产过程。

化工原理课程的产生,是化学工程学科发展的必然产物,同时也促进了化工行业的发展。化学工程学科的形成和发展经历了以下三个阶段。(1)研究单一化工过程的工艺特性阶段,早期纯碱工业、化学肥料制造工业、硫酸工业等均被作为彼此独立的专门知识。(2)化工单元操作阶段,标志为1923年麻省理工学院 W. H. 华克尔等编写并出版的《化工原理》。从相对独立的化工生产工艺中抽象出各个单元操作,是认识上的一次飞跃。《化工原理》一书的问世,奠定了该课程的基本框架。从对象上来讲,包括物料输送、加热或冷却、物相分离以及混合物组分分离等物理过程;从单元操作的展开方式来看,包括过程原理、常见设备结构以及典型设备设计方法。(3)化工传递过程阶段,标志为1960年 R. B. Bird 等的著作《传递现象》(*Transport phenomena*)的问世,该著作系统地阐述了动量、热量和质量传递的原理、过程速率以及守恒现象。而通过特定设备中流动、传热、传质过程的耦合则可以抽象地组合出任意单元操作。化工传递过程从过程现象推论出相应的传递速率方程,并从流动、传热与传质问题的类似性出发得出类似的求解方法乃至求解结果。对三者的对立统一规律进行系统论述,对人们研究化工问题的世界观形成起到了推动作用。同时,化工传递过程的研究方法将传统的守恒性方程的分析方法转化为针对过程速率的分析方法,使得建模方法更贴近过程原理,实现了建模方法论的突破。最后,将化工传递过程所建立过程模型积分即可对化工原理中典型的经验关联式进行验证,实现了从“所以然”到“之所以然”的突破。本书在介绍化工单元过程通用模型的同时,也充分借鉴了化工传递过程的研究思路和方法,力争做到基本原理、单元模型以及典型设备的相互贯通与融合。

化工原理是一门工程问题与数、理方法密切结合的课程,同时也是一门理论与工程实践密切结合的课程。这体现在两个方面:一方面,根据单元操作特点,将其抽象为一系列的数学模型;另一方面,通过数学模型的求解,来推演相应的单元操作规律。从研究方法上可以将描述单元操作的模型归纳为两类:其一是描述单元操作的守恒特性,具体包括受力平衡、质量守恒和能量守恒;其二是描述单元操作过程的速率模型,可将其归纳为流体流动速率、传热过程速率以及传质过程速率。从模型得出方式来看,其一是属于机理模型,即根据单元操作的物理规律而推测得出的模型;其二是根据操作一系列设备所总结出的经验关联式。学生在学习本课程时需要掌握一系列单元操作的模型,与此同时要区分机理模型与经验模型。

化工原理课程需要理论与工程实践密切结合,集中体现在课堂理论学习与课下实验相结合。一方面是因为化工原理本身就是从工程实践中总结出来的,而通过实验可以更好地验证单元操作的理论;另一方面,在不同的操作条件下运行单元操作设备(包括用于生产的工况乃至异常工况),可以加深学生对于工程问题的认识,进而为工程设计打下基础。

本书按照动量传递、热量传递的顺序来介绍常见的单元操作,具体包括流体输送、分离、传热、萃取、吸收、精馏和干燥。本着宽视野、厚基础的原则,本书在介绍每种单元操作理论时均包括基础理论、单元操作基本原理和典型设备三个部分。

核化工原理课程根源于化工原理,同时根据处理对象的要求及行业历程使具体单元设备的形式、规模及尺寸有一定的特色。从内容上来看,核化工原理更为倾向于现有核化工过程中常用的单元操作的原理及结构形式的介绍。作为核化工与核燃料工程专业的必修课,核化工原理课程教学旨在通过化工单元操作的基本规律和基础理论以及典型化工设备的结构、操作原理与计算方法的讲解,使学生初步具备核化工设计与研发能力。课程目标及能力要求具体包括:

(1)正确理解动量传递、热量传递、质量传递的现象并掌握其基本理论,能应用这些理论进行相应单元操作的建模及求解。

(2)掌握核化工单元操作基本规律,具备初步的化工过程开发、设计的基本能力。借助文献与调研分析,能够采用核化工原理识别并表达复杂工程问题。

(3)结合本课程所对应的核化工问题,具备对典型单元过程选型和设计的能力。

受限于编者的工程视野及理论水平,书中对相关领域的现状及发展趋势描述若有不当之处,恳请读者批评指正。

编　者

2024 年 5 月

目　录

第1章　流体流动基础

化工生产中所处理的物料多为流体，而掌握流体流动理论及规律有助于理解工程现象以及解决工程问题。流体的宏观运动仍遵循机械运动的普遍原理，如质量守恒定律、牛顿运动定律、能量转化和守恒定律等。但流体独特的运动与受力关系和刚体以及固体的运动与受力关系存在着较大的差异，因而相应问题的研究角度、模型形式及求解结果均存在较大差异。

人们通过对流动现象的观察以及对流动实验的总结，很早就建立了流体力学的基本框架。1738年瑞士科学家丹尼尔·伯努利(Daniel Bernoulli)提出稳态不可压缩理想流体运动能量方程——伯努利方程；1748年俄国科学家罗蒙诺索夫提出质量守恒定律；1753年瑞士数学家莱昂哈德·欧拉(Leonhard Euler)提出流体力学中根本性的假设，将流体视为连续介质，1755年他又建立了理想流体的运动方程；1823年法国工程师奈维、1845年英国科学家斯托克斯分别用不同的假设和方法提出黏性流体运动的微分方程，由此展开对实际流体的研究；1883年英国工程师雷诺在圆管中进行了一系列流动实验，发现流体流动有两种流态——层流和湍流；1892年英国物理学家瑞利提出用量纲分析法描述流动相似准则；1933年德国工程师尼古拉兹对人工粗糙管进行了系统测量，为补充边界层理论、推导湍流半经验公式提供了可靠依据。

本章将介绍流体力学的基本理论框架，并将其与化工中工程实践的具体问题相结合来具体分析这些理论的应用。

1.1　流体流动的基本概念

1.1.1　流体的连续性

从物质形态角度讲，气体和液体均属于流体；特别地，一些微小的固体颗粒分散在连续流体中被流态化，在一定范围内也可将这类混合物视作流体。

流体与固体一样，具有物质基本属性：由大量分子组成；分子不断做随机热运动；分子与分子之间存在着分子力的作用。从微观角度讲，流体是由不连续的分子组成的。随所考察尺度的增大，流体呈现出连续变化的物理性质。

工程上所解决的流体力学问题都是以宏观的连续流体为研究对象的，流体的连续性假设是流体力学的理想模型，工程中的全部流体流动问题均是在这一假设基础上建立起来的。

流体的微观组成上的间隙与其宏观的流体连续性间的关系可以从不同微元尺度下流体平均密度角度得到验证。图1-1显示的是流体密度随所取流体微团大小变化来说明流体的连续性，图中x代表流体中任选正六面体区域的边长，ρ代表所选区域内流体的平均密度。当所选区域尺寸较小时,区域内所包含的分子个数较少,流体微团的平均密度随分子个数的变化而出现较大波动;随着所考察区域的尺度的增加,平均密度逐渐趋于某一固定的数值;进一步增加所考察区域尺度时,流体的密度受其他物理性质(如温度、压力)在空间上分布的影响,表现出连续变化的规律。一般来讲,使流体表现为恒定物理性质的微元尺度 l 的大小与分子运动的平均自由程相近,对于液体其尺度为 10^{-10} m;而使流体物理性质表现出连续变化规律的最小尺度 L 一般要大于 10^{-3} m。

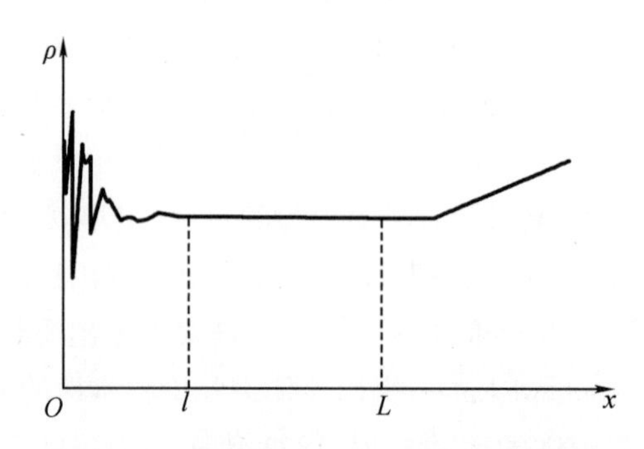

图 1-1 不同微元尺度下流体的平均密度

在连续性介质的前提下,流体及其流动呈现出均匀的、连续的、确定的物理性质,从而将宏观流体模型化为由无穷多个紧密毗邻、连绵不断的流体质点所组成的模型。

在连续性模型中,流体质点有以下三个特点:

①微观上充分大,能够包含足够多的分子,以使微团整体呈现出不受个别分子影响的统计平均特性;

②宏观上充分小,可以是能够体现出一定宏观物理量的最小物理实体;

③形状可以任意划定,在流体空间中,流体质点之间是没有间隙的,这也是保证流体连续性的前提。

流体的连续性介质假设,可以保证流体质点上物理量是空间位置和时间变量的单值、连续、可微的函数,从而形成各物理量的标量场和矢量场,这样就可以使用连续函数和场论等数学工具研究流体运动和平衡问题。

1.1.2 流体的物理性质

流体的物理性质既是区别流体与固体的依据,又是区分不同种流体的依据。常用的流体物理性质包括流体的密度、流体的黏度以及流体的表面张力等。

1. 流体的密度

物体维持原有运动状态的属性称为惯性,惯性的大小可以用质量来表征。流体的密度反映流体在空间的质量密集程度,是流体重要的物理属性参数。假设流体中某点微元体积为 ΔV,质量为 Δm,二者的比值即为密度。令 $\Delta V\to 0$,则 $\Delta m/\Delta V$ 的极限为该点的密度,即

$$\rho=\lim_{\Delta V\to 0}\frac{\Delta m}{\Delta V}=\frac{\mathrm{d}m}{\mathrm{d}V} \tag{1-1}$$

式中,ρ 为流体的密度,单位为 kg/m^3;$\Delta V\to 0$,并不是数学上趋向于一个点,而是趋向于流体

质点的体积。

对于均质流体，密度的定义为

$$\rho=\frac{m}{V} \tag{1-2}$$

式中　m——流体的质量，kg；

V——流体的体积，m^3。

常见流体的密度如表 1-1 所示。

表 1-1　常见流体的密度

流体名称	温度/℃	密度/($kg \cdot m^{-3}$)
蒸馏水	4	1 000
海水	15	1 020~1 030
水银	0	13 600
空气	0	1.293
水蒸气	0	0.804

在一定温度下，流体密度随所受压强变化的性质称为流体的可压缩性。流体分子之间有间隙，使得流体具有可压缩性，但不同流体，在不同的温度及压力下，其可压缩性是不同的。流体的可压缩性用流体的压缩系数来表示。压缩系数定义为单位压强变化引起的密度变化率，用符号 β 来表示，单位为 MPa^{-1}。

$$\beta=\left(\frac{\partial\rho/\rho}{\partial p}\right)_T \tag{1-3}$$

对于一定质量的流体，压缩系数还可表示为

$$\beta=\left(-\frac{\partial V}{\partial p}\right)_T\frac{1}{V} \tag{1-4}$$

流体的可压缩性与流体的温度、压强有关，一定压强变化范围内可以用平均压缩系数来代替，即

$$\beta=-\frac{\Delta V/V}{\Delta p} \tag{1-5}$$

液体的可压缩性很小，故可将液体密度视为常数。气体的密度随压力变化较大，故它的可压缩性除与温度、压力有关之外，还要考虑其运动状态。对于化工工程中低温、低压、低速状态的气体，当其进出口压力差与进口压力(总压)之比小于 20%时，也可近似地将其视作不可压缩流体，此时气体的密度可以取进出口平均压强下的值。本书中不涉及可压缩流体，关于可压缩气体的运动、受力乃至其动力学特性可以参考气体动力学方面的书籍。

2. 流体的黏度

固体材料具有一定的抵抗应力变形的能力，但会在应力超过其强度极限时发生弯曲、断裂等现象。根据应力种类的不同，材料极限强度可分为拉伸强度、压缩强度和剪切强度。

流体所受剪应力τ与固体材料的许用应力σ具有相同的单位(N/m^2)。与固体材料不同,流体在任意微小应力下均会连续、变形(流动)。从力学角度讲,流体是指不能以静止状态承受拉力(或称为剪切力)的物质。运动的流体具有一定抵抗剪应力变形的能力,称为流体的黏性。

流体的黏性根源于流体分子间的相互作用,因而实际流体均具有黏性。在经典流体力学中,将黏性为零的流体定义为理想流体。理想流体在现实世界中并不存在。在实际流体流动过程中,需要克服由黏性产生的内摩擦力而做功,相应的动能损失转化为流体的热能,因而在流体流动过程中始终伴随着流体机械能的损失。

流体的黏性可以用平板间流动实验来验证。取两块平板平行放置,其间充满某种液体,固定下板不动,以恒定的拉力拉动上板。当上板匀速运动后,两平板间流体即形成以不同速度运动的流体层。其中上层流体流速接近平板移速,最下层流体固定不动,中间流体层流速随距底部平板距离的增加而线性增大,各层流体的流动速度如图 1-2 所示。

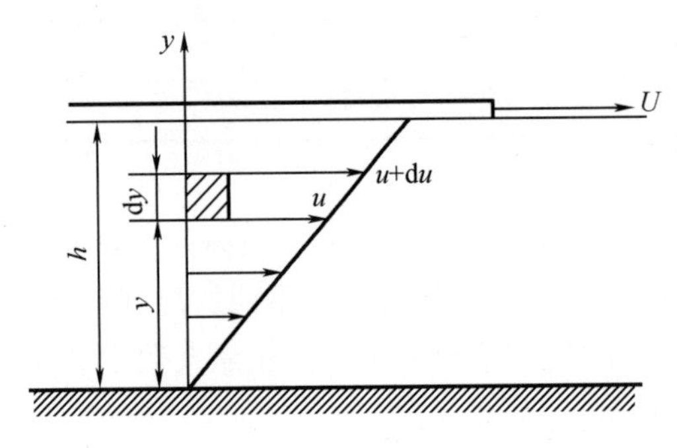

图 1-2　平板间一维层流流动

1687 年牛顿在总结实验数据的基础上,总结出了牛顿内摩擦定律:对于大多数流体,当层流(流体分层流动、不同流层之间无混合)流动时,流体层单位面积上的内摩擦力为

$$\tau=-\mu\frac{\mathrm{d}u}{\mathrm{d}y} \tag{1-6}$$

式中　τ——流体单位面积上的剪应力,N/m^2;

$\frac{\mathrm{d}u}{\mathrm{d}y}$——流体运动方向上的速度梯度,1/s;

μ——动力黏度,Pa·s。

动力黏度的单位除了 Pa·s 外,还包括泊(P),它们的换算关系为 1 Pa·s=100 P。Pa·s 是较大的动力黏度单位,常温下水的动力黏度约为 0.001 Pa·s,即 1 mPa·s 或 1 cP。

牛顿内摩擦定律揭示了剪应力形成的原因,即由于流体层间相对运动而产生的,其根源是分子间相互作用力。对于三维空间中的流动,需要使用本构方程描述应力与应变间的关系。剪应力单位与压应力相同,同时也与流体动量通量的单位相同,即单位面积、单位时间内流过流体的所对应的动量。

黏性是流体的固有属性,流体黏性的大小用流体黏度表示。流体黏度的大小与流体的种类、温度有关。流体的黏度除了用动力黏度表示外，还可以用运动黏度(ν，单位 m^2/s)来表示。在不同温度下，水和空气的黏度分别如表 1-2 及表 1-3 所示。

表 1-2　不同温度下水的黏度(101 325 Pa)

温度/℃	动力黏度 $\mu/(\times 10^3\ Pa\cdot s)$	运动黏度 $\nu/(\times 10^6\ m^2/s)$
0	1.792	1.792
20	1.005	1.007
40	0.656	0.661
60	0.459	0.477
80	0.357	0.367
100	0.284	0.296

表 1-3　不同温度下空气的黏度(101 325 Pa)

温度/℃	动力黏度 $\mu/(\times 10^6\ Pa\cdot s)$	运动黏度 $\nu/(\times 10^6\ m^2\cdot s^{-1})$
0	17.09	13.20
20	18.08	15.00
40	19.04	16.90
60	19.97	18.80
80	20.88	20.90
100	21.75	23.00
200	25.82	34.50

例 1-1[①]　旋转黏度计结构如图 1-3 所示，其外筒旋转，内筒轴上装有扭矩测量装置，内、外筒之间充满实验液体。已知该旋转黏度计内筒半径为 r_1，外筒半径为 r_2，液体高度为 h，两筒间距及两筒底壁间距分别为 δ 和 Δ，外筒转速为 n(r/min)，转动力矩为 M。求液体黏度的计算式。

解　两筒侧壁上剪切力为

$$\tau_1=\mu\frac{\mathrm{d}u}{\mathrm{d}r}=\mu\frac{2\pi n r_2}{60\delta}$$

相应力矩为

$$M_1=(2\pi r_1 h)\tau_1 r_1$$

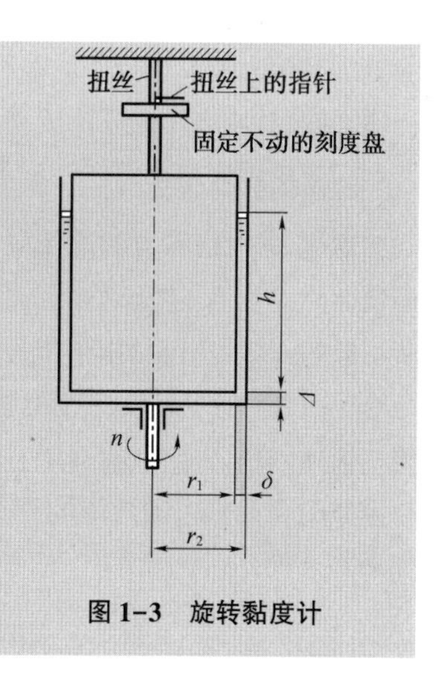

图 1-3　旋转黏度计

① 本书为了方便展示旋转黏度计原理而假设转筒与壁面之间流速随距离线性变化，实际过程与此假设存在一定差异。

两筒底壁上剪切力为

$$\tau_2=\mu\frac{\mathrm{d}u}{\mathrm{d}r}=\mu\frac{2\pi n}{60\Delta}r$$

相应力矩为

$$M_2=\int_0^{r_1}(2\pi r\mathrm{d}r)\ \tau_2 r=\mu\frac{\pi^2 n r_1^4}{60\Delta}$$

由此求得待测流体黏度为

$$\mu=\frac{15M/(\pi^2 r_1^2 n)}{(r_2 h/\delta)+[r_1^2/(4\Delta)]}$$

流体的运动黏度($\nu=\mu/\rho$,单位为 m^2/s)不能反映流体抵抗外力变形的能力,但在建立流体运动的方程时,能使方程形式与一般守恒型方程的形式相对应,具体应用可参考相关文献。

由实验总结的牛顿内摩擦定律并不适用于所有流体。对于剪切力与剪切应变率呈线性关系的流体称为牛顿型流体;而不满足这一关系的流体称为非牛顿流体。

如图 1-4 所示,对于非牛顿流体又有以下三种类型。

(1)拟塑性流体,如泥浆和高分子溶液等,它们的剪切力随剪切速率变化较大,随着剪切速率增加,剪切力随剪切速率的变化逐渐降低。

(2)膨胀塑性流体,如乳化液、油墨等,这类流体剪切力随剪切速率的变化趋势与拟塑性流体相反。

(3)宾汉流体,如凝胶、牙膏等,它们静止时有一定的抵抗剪切力不发生行变的能力。当剪切力高于某一值之后,其才会作为流体流动。

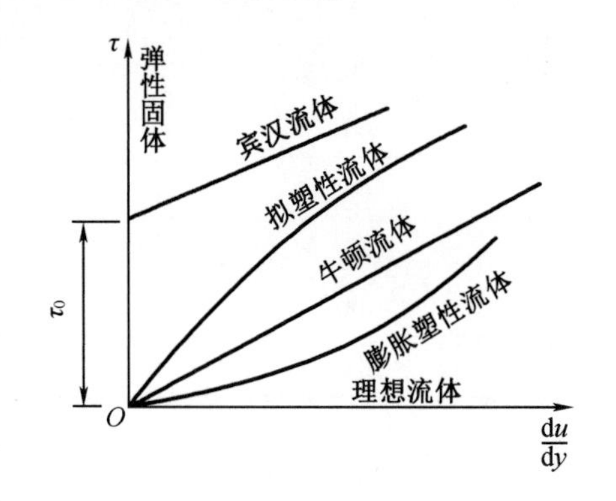

图 1-4　不同类型流体的黏度

3. 流体的表面张力

当液体与气体、不互溶液体以及固体交界,即液体出现自由表面时,在液体表面存在一种使液体收缩的力,称为液体的表面张力。液体表面张力是由于液体表面分子引力大于斥力所引起的,其大小可以用单位长度上所受的张力 σ 来表示。

分子由液体内部进到表面时需要克服表面张力的作用做功,因而液体自由表面的增加需要向液体内输入能量;而对于一定量的液体,其自由表面自动收缩为表面能最小的形式。

液体的表面张力随液体的种类和温度变化。一些物质在不同流体交界面上的表面张力如表 1-4 所示。

表 1-4　一些物质在不同流体交界面上的表面张力(101 325 Pa)

液体	温度/℃	表面张力 $\sigma/(\times10^3\ \mathrm{N\cdot m^{-1}})$
水-空气	18	73

表 1-4(续)

液体	温度/℃	表面张力 $\sigma/(\times10^3\ \mathrm{N\cdot m^{-1}})$
水银-空气	18	490
水银-水	20	472
乙醇-空气	18	23
肥皂水-空气	20	40

对于受力平衡状态半径为 r 的球形液滴,可以导出 $p_1-p_2=\dfrac{2\sigma}{r}$;而对于相同压强差下相同半径 r 的气泡,则须同时考虑内、外两层液膜上的表面张力,即 $p_1-p_2=\dfrac{4\sigma}{r}$。

受表面张力的影响,竖立在液体中的细管内液体的液面,会低于(或高于)液体的自由液面,称为毛细现象。对于毛细管测压以及多孔介质中流动等情况,毛细现象不容忽视。

1.1.3　流体受力与运动

流体被视为由连续质点构成,其运动遵循机械运动定律。力是造成机械运动的原因,因而为了研究流体的运动状态,首先要分析流体的受力情况。作用于流体上的力,按作用方式可分为质量力和表面力两类。

质量力是某种力场作用在流体每一个流体质点上,且与质量成正比的力。例如,重力场中流体质点所受的重力、匀加速直线运动中的惯性力、旋转运动中的离心力等。

设均质流体质量为 m,所受质量力 $\boldsymbol{F}_{\mathrm{B}}$,则单位重量流体所受质量力为

$$\boldsymbol{f}_{\mathrm{B}}=\frac{\boldsymbol{F}_{\mathrm{B}}}{m} \tag{1-7}$$

在直角坐标系上,单位重量流体所受质量力可以进一步分解为

$$\boldsymbol{f}_{\mathrm{B}}=f_x\boldsymbol{i}+f_y\boldsymbol{j}+f_z\boldsymbol{k} \tag{1-8}$$

表面力是通过直接接触施加在接触表面上的力。这里的表面并不特指流体的外表面,它包括流体内部任意划定的区域与区域间的交界面。上一节提到的内摩擦力即剪切力属于表面力。除了剪切力外,流体还受法向应力的作用,对于静止流体,法向应力等于静压强。单位面积上的剪切力,如式(1-6)所示;某点处的压应力定义为作用于微小面积上压力与该面面积之比,如式(1-9)所示。对于静止或平衡流体,其内部无剪切力,此时流体所受的法向应力即流体内的静压强。

$$p=\lim_{A\to 0}\frac{\Delta p}{A} \tag{1-9}$$

如图 1-5 所示,以流体中的微元六面体系统为例,其作用于 $ABCD$ 平面的合力为τ_x。将该合力沿三个坐标轴上进行分解,三个分力分别为 τ_{xx}、τ_{xy}、τ_{xz}。对于静止流体,仅存在与平面法方向一致的分力,其大小等于平面处静压强,即$\tau_{xy}=\tau_{xz}=0$,$\tau_{xx}=p$;而对于运动流体,因流体抵抗剪形变三个方向的分力均可能存在,此时压应力仅仅是法方向应力的一部分,三个坐标轴方向分力的大小满足本构方程,此时剪应力同时与两个方向的应变有关。

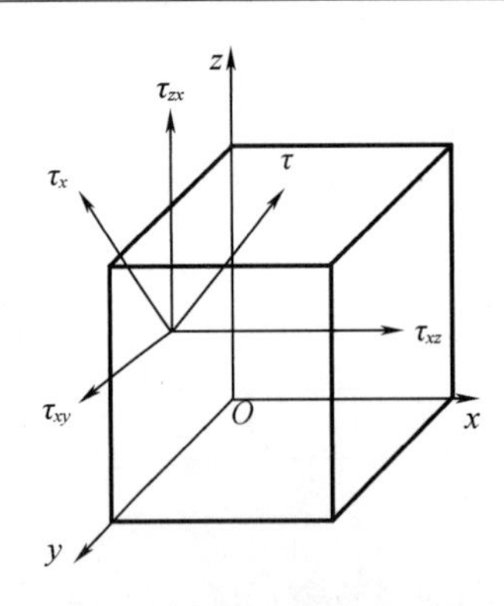

图 1-5　微元流体所受的表面力

流体运动时受质量力与表面力共同作用,一般情况下流体运动是这些力共同作用的结果。特殊情况下,其中某几个力成为影响流体运动的主要因素,准确分析作用于流体上的力是研究流体平衡和流体运动规律的基础。

1.1.4　流动的两种基本状态

1883 年,雷诺通过实验发现流体流动有两种基本状态:层流和湍流。关于雷诺实验及湍流理论将在本书第 2 章详细介绍,本节主要简介两种流态的区别及其判断依据。

层流是指流体宏观上规则流动,流体层规则地向前运动;湍流是指流体质点在各个方向以不同的速度运动,进而发生强烈的混合,但总的流动方向是向前的。

雷诺数是判别流体流态的无量纲数,它与流体的密度、黏度、流动的特征速度以及运动的特征长度有关,其计算式为

$$Re=\frac{l\rho u}{\mu} \tag{1-10}$$

式中　l——特征长度,m;

u——流体运动的特征速度,m/s,它们在不同情况下有不同的取值。

流体在圆形管道中流动时,特征尺寸为圆管直径,特征速度为流体平均流动速度;当采用非圆形管道进行流体输送时,可选流道的当量直径作为流动的特征长度。当量直径 d_e 的定义为

$$d_e=\frac{4A}{L_P} \tag{1-11}$$

式中　d_e——当量直径,m;

A——流道截面积,m^2;

L_P——流道的润湿周边,m。

通常认为,流体在管内流动时,若 $Re<2\ 000$,则流动为层流;若 $Re>4\ 000$,则流动为湍流;若 Re 为 2 000~4 000,则流动为层流与湍流的过渡状态。对于不同特征长度,例如发生变径现象时,通常采用直径最小管道来计算雷诺数,进而实现流态判别。

层流与湍流两种流态各有自己的特点,在工程上有各自的适用范围。它们不仅流动现象不同,而且所遵循的流动规律也有差异。正因为如此,流态判别是对不同场合流动准确

建模的前提,有着重要的理论意义与现实价值。

1.1.5　核化工中的流体力学问题

化工生产过程与流体力学知识息息相关,核化工过程作为化工过程的一种,也与流体力学知识有着紧密的联系。例如,在流体运动方面,流体输送设备如何作用于流体,流体在管路及设备中有怎样的运动规律？在流动测量方面,如何实现流动参数的测量,通过哪些参数可以控制过程的进度及强度？在两相接触方面,相互接触的两种流体会呈现怎样的流动状态,能否通过流体实现固体或另一种流体的输送？在物质分离及反应方面,流动情况对过程速率及效率有怎样的影响,如何从流体流动角度加强设备或过程的生产强度？这些问题都可以通过流体力学来进行回答。下面结合几种典型的核化工设备来具体说明。

图 1-6 给出了化工中常用的流体输送设备结构:蒸汽喷射泵、离心泵和微型注射泵。流体输送是化工过程中的重要内容,而这些内容在核化工过程中也必不可少。从泵的选型到管路设计都离不开流体力学原理的支撑。本书主要从流体动力学、管路计算以及流体输送设备这三个角度来介绍这方面的知识。

(a)蒸汽喷射泵　　(b)离心泵　　(c)微型注射泵

图 1-6　化工中常用的流体输送设备结构示意图

物质分离的过程和设备广泛存在于化工厂,其设备数量及投资金额占整个化工厂投资的绝大部分,因而提高分离效果与分离能力对于优化流程、减小投资和增加产出均有重要意义。图 1-7 给出了通过两相萃取以达到分离目的的脉冲萃取柱、离心萃取器和单级混合澄清槽。如何从设计以及操作角度来优化这些设备,乃至开发新型、高效的设备都需要流体力学理论的支持。流体力学实验技术的发展和计算流体力学理论及实践的发展为以上问题的解决提供了有效途径。本书将介绍量纲分析方法,这种方法是设计实验并总结实验影响因素的重要方法。

图 1-8 给出了乏燃料溶解器、流化床反应器和外加热式蒸发器三种设备,在这些设备中,原料会发生物质种类的变化或物理状态的转变。从流体力学角度优化流体与设备以及流体与不互溶物料的对流接触强度,对于改善设备性能有着重要意义。核化工中一个典型的特点即所处理体系的放射性,要求控制易裂变物质总量小于临界体积,因而要求设备无死区以及物料尽量短的停留时间,以减少辐射损伤,这对于优化设备内的对流流动以及质

量传递等有着重要的现实意义及工程价值。

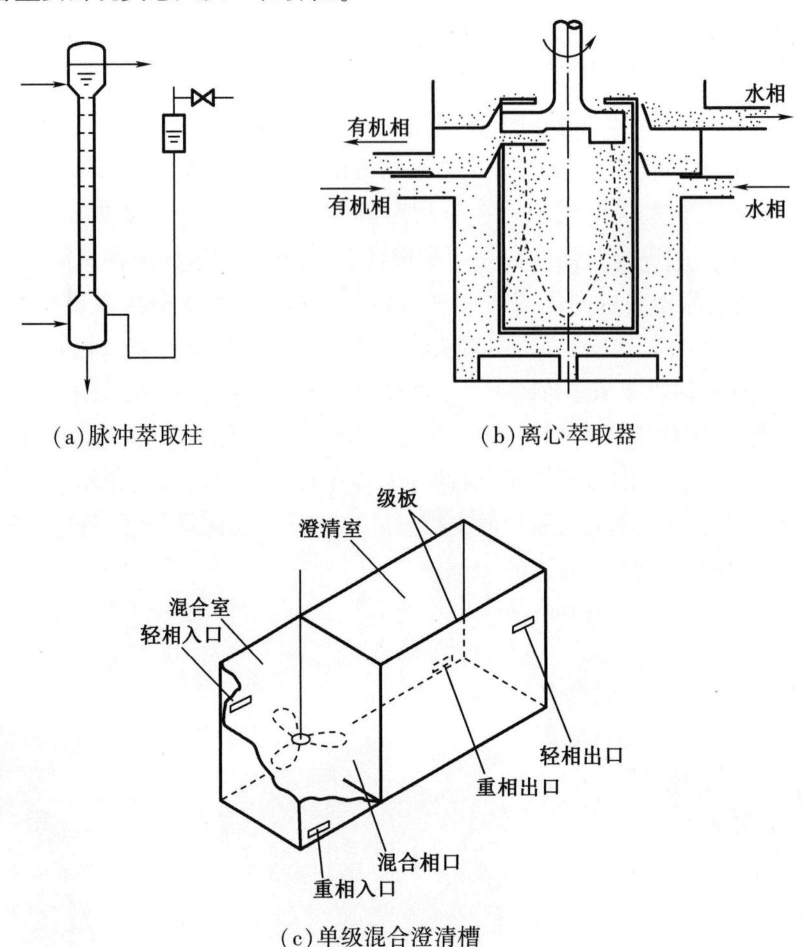

(a)脉冲萃取柱　(b)离心萃取器

(c)单级混合澄清槽

图 1-7　核化工中常用的萃取分离设备结构示意图

本课程除了要求掌握流动要素测量、流体动力学以及颗粒受力与运动相关的单元操作外,还应掌握支撑这些单元操作的必要的流体力学知识。

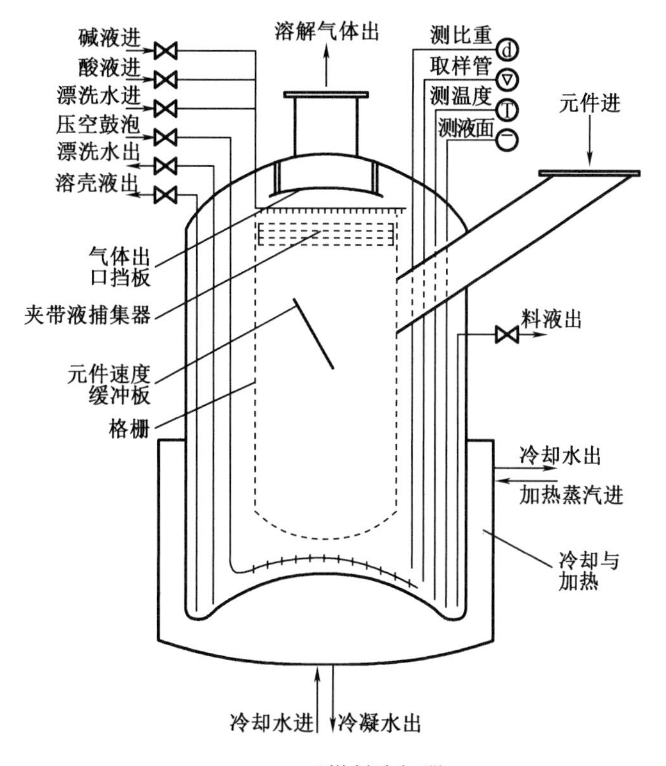

(a)乏燃料溶解器

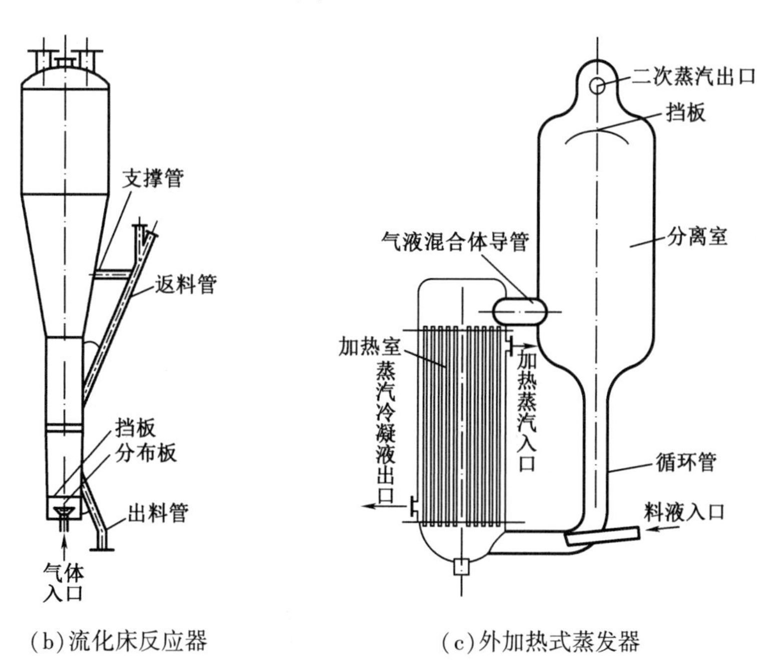

(b)流化床反应器　　(c)外加热式蒸发器

图 1-8　核化工中常用的反应及分离设备

1.2 流体静力学

流体静力学主要研究静止流体处于平衡的一般条件和处于平衡状态的流体中的压强分布规律。流体静力学在工程实践中广泛应用,例如设备或者管道中的压力、速度、液位等参数可以转化为静力学问题来实现测量,而浸没于流体所受的浮力,以及容器中流体静压力的计算,也与流体静力学知识息息相关。本课程要求在了解流体静力学基本原理的基础上,重点掌握静力学在化工过程中的应用。

1.2.1 流体的静压强及其特性

工程中对于压强的表示方法除绝对压强(p_{abs})之外,还有相对压强。相对压强包括表压强(p)与真空压强(又称真空度,p_v)两种。当绝对压强大于大气压(p_0)时,因测压元件处于大气压之下,所以测得的相对压强即为表压强;当绝对压强小于大气压时,真空表读数为大气压减去绝对压强,即真空压强。绝对压强、表压强、真空压强三者之间的关系可由图1-9看出。

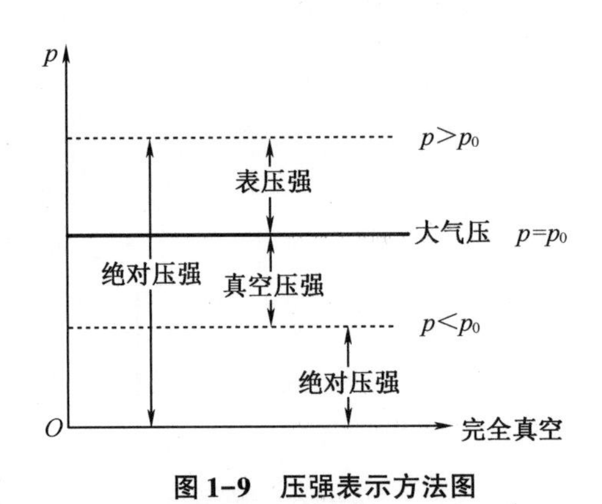

图1-9 压强表示方法图

1. 绝对压强

绝对压强是以无气体分子存在的完全真空为基准起算的压强,以符号 p_{abs} 表示。

2. 表压强

普通工程结构、工业设备都处在当地大气压的作用下,采用相对压强往往能使计算简化。例如,在确定压力容器壁面所受压力时,若采用绝对压强计算,还需减去外面大气压对壁面的压力;用相对压强计算,则不必再考虑外面大气压的作用。表压强简称表压,是以当地大气压为基准起算的压强,以符号 p 表示。

$$p=p_{abs}-p_0 \tag{1-12}$$

本书中有关压强的文字和计算,如不特别指明,均为表压强。

3. 真空压强

当绝对压强小于大气压时,相对压强为负值,此时压强用真空压强表示更为方便。真

空压强表示为大气压与绝对压强的差值:

$$p_v = p_0 - p_{abs} \tag{1-13}$$

压强常用单位为帕斯卡,简称帕,记作 Pa。

$$1\ \text{Pa} = 1\ \text{N/m}^2$$

$$1\ \text{bar} = 1.0 \times 10^5\ \text{Pa}$$

$$1\ \text{atm} = 1.013\ 25 \times 10^5\ \text{Pa}$$

$$1\ \text{atm} = 760\ \text{mmHg}$$

$$1\ \text{kgf/m}^2 = 9.806\ 65\ \text{Pa}$$

流体静压强具有两个重要的特性:其一是静压强所产生静压力的方向与作用面内法线的方向一致;其二是静压强的大小与作用面的方向无关。

为讨论静压力的方向,在静止流体中任取截面将其分为Ⅰ、Ⅱ两部分,此时切割面上的作用力就是流体之间的相互作用力。现取下半部分为隔离体,如图 1-10 所示。若作用面上任一点 O 处的静压力与该点处切割面法线方向不一致,则可将其分解为沿法向的压应力 p 和垂直于法向的剪切力 τ。静止流体不能承受剪切力,因而剪切力不存在,流体内仅存在与作用面内法线方向一致的压应力。

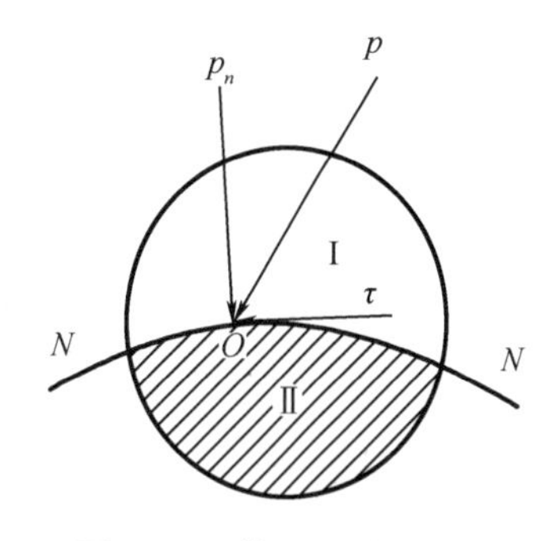

图 1-10　静压强受力分析

为讨论静压强的大小,在平衡流体中任取一点 O,并建立直角坐标系 $Oxyz$。在该坐标系上,取以 O 为顶点,沿三个坐标轴长度分别为 dx、dy、dz 的微小四面体,如图 1-11 所示,则在四个面上分别存在沿各自法线方向的压应力。所取四面体处于静止流体中,仅受压应力与重力作用,对其进行受力分析,包括:

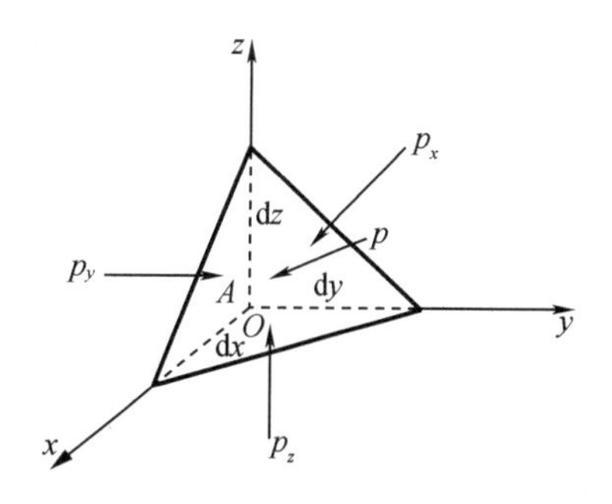

图 1-11　微元四面体受力分析

表面力:压力 p_x、p_y、p_z、p_n

质量力:

$$\begin{cases} \Delta F_{Bx} = \dfrac{1}{6}\rho f_x \mathrm{d}x\mathrm{d}y\mathrm{d}z \\ \Delta F_{By} = \dfrac{1}{6}\rho f_y \mathrm{d}x\mathrm{d}y\mathrm{d}z \\ \Delta F_{Bz} = \dfrac{1}{6}\rho f_z \mathrm{d}x\mathrm{d}y\mathrm{d}z \end{cases}$$

四面体静止,各方向作用力平衡,即

$$\begin{cases} \sum F_x = 0 \\ \sum F_y = 0 \\ \sum F_z = 0 \end{cases}$$

对 x 轴方向上受力进行分析,有

$$p_x \cdot \frac{1}{2}\mathrm{d}y\mathrm{d}z - p_n \cdot \mathrm{d}A\cos(\boldsymbol{n},x) + f_x\rho\frac{1}{6}\mathrm{d}x\mathrm{d}y\mathrm{d}z = 0 \tag{1-14}$$

式中,$\mathrm{d}A\cos(\boldsymbol{n},x)=\frac{1}{2}\mathrm{d}y\mathrm{d}z$,为斜面在 yOz 坐标面上的投影面积,利用其对式(1-14)进行化简,得到

$$p_x - p_n + \frac{1}{3}x\rho\mathrm{d}x = 0 \tag{1-15}$$

当四面体无限缩小时,$\frac{1}{3}x\rho\mathrm{d}x$ 因含有一阶小量而逐渐趋近于零,于是得到

$$p_x = p_n \tag{1-16}$$

同理可证其他两个方向上压强大小与所取作用面方向无关。不同点处的流体静压强随所处空间位置的改变而连续变化,是空间坐标的连续函数,即

$$p = p(x,\ y,\ z)$$

*1.2.2 流体静力学方程(平衡方程)

流体相对静止即流体质点间无相对运动,此时流体黏性不起作用,流体内不存在剪切力。在静止流体中只存在惯性力与压应力。在静止流体内任取一正六面体的微元控制体,沿坐标轴方向长度分别为 dx、dy、dz,如图 1-12 所示。由微元六面体静止可知微元体受力平衡,现以 x 方向为例进行受力分析。

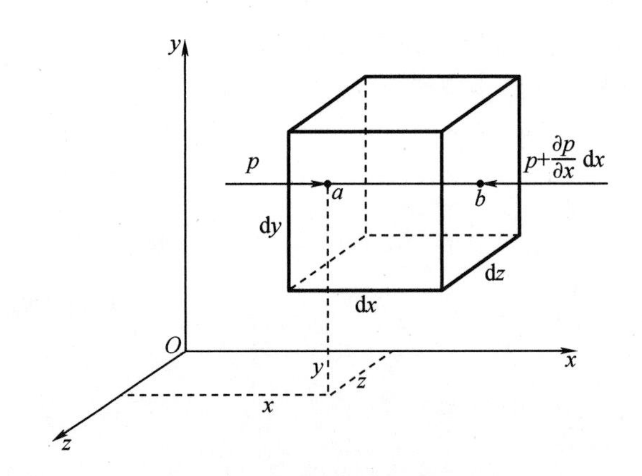

图 1-12 静止微元体受力分析

由于正六面体各面相垂直,除与 x 轴垂直面上压应力对 x 轴方向受力存在影响之外,其余各面上压力均不会对 x 轴受力产生影响。对于受力仅考虑其一阶变化量,故作用在垂直于 x 轴两个面上的静压强分别为 p 和 $p+\frac{\partial p}{\partial x}\mathrm{d}x$,规定沿 x 轴方向为正方向,得到两作用面上的受力分别为

$$p_x = p\mathrm{d}y\mathrm{d}z$$

$$p_{x+\mathrm{d}x}=-\left(p+\frac{\partial p}{\partial x}\mathrm{d}x\right)\mathrm{d}y\mathrm{d}z$$

除了压应力外，微元体还要受质量力 x 方向分量的影响：

$$F_x=f_x\rho\mathrm{d}x\mathrm{d}y\mathrm{d}z$$

根据流体平衡条件，x 方向合外力为零，即

$$p_x+p_{x+\mathrm{d}x}+F_x=0$$

化简并整理，每一项同时除以 $\mathrm{d}x\mathrm{d}y\mathrm{d}z$ 后，得

$$-\frac{1}{\rho}\frac{\partial p}{\partial x}+f_x=0 \tag{1-17}$$

同理，考虑 y 与 z 方向受力平衡，可得

$$-\frac{1}{\rho}\frac{\partial p}{\partial y}+f_y=0 \tag{1-18}$$

$$-\frac{1}{\rho}\frac{\partial p}{\partial z}+f_z=0 \tag{1-19}$$

式(1-17)至式(1-19)即为流体平衡的微分方程，它是 1775 年由瑞士学者欧拉首先提出的，故又称欧拉平衡微分方程。由于推导过程中未对流体密度加以限制，故其对可压缩与不可压缩流体均适用。

对式(1-17)至式(1-19)分别乘以 $\mathrm{d}x$、$\mathrm{d}y$、$\mathrm{d}z$，相加并移项可得

$$\frac{\partial p}{\partial x}\mathrm{d}x+\frac{\partial p}{\partial y}\mathrm{d}y+\frac{\partial p}{\partial z}\mathrm{d}z=\rho(f_x\mathrm{d}x+f_y\mathrm{d}y+f_z\mathrm{d}z) \tag{1-20}$$

p 为空间位置的连续函数，即 $p(x,\ y,\ z)$，因而式(1-20)的等号左边为压力的全微分形式，于是有

$$\mathrm{d}p=\rho(f_x\mathrm{d}x+f_y\mathrm{d}y+f_z\mathrm{d}z) \tag{1-21}$$

式(1-21)称为欧拉平衡方程的全微分表达式，也称流体平衡微分方程。当流体为不可压缩流体时可将平衡微分方程综合式写成

$$\mathrm{d}\left(\frac{p}{\rho}\right)=f_x\mathrm{d}x+f_y\mathrm{d}y+f_z\mathrm{d}z$$

由数学分析的理论可知，上式等号右边也必为某一函数 $U(x,y,z)$ 的全微分，才能保证积分结果的唯一性，即

$$\begin{cases} f_x=\dfrac{\partial U}{\partial x} \\ f_y=\dfrac{\partial U}{\partial y} \\ f_z=\dfrac{\partial U}{\partial z} \end{cases}$$

$U(x,\ y,\ z)$ 为流体质量力的函数，称为力势函数，而具有力势函数的质量力称为有势力。流体只有在有势的质量力作用下才能保持平衡。

平衡流体中压强相等的点所组成的平面或曲面称为等压面。等压面上不存在压力梯度，由此可得等压面微分方程式为

$$f_x\mathrm{d}x+f_y\mathrm{d}y+f_z\mathrm{d}z=0 \tag{1-22}$$

等压面具有以下两个性质。

(1)等压面与等势面重合

将等压面微分方程积分得到 $U=C$。由此可见,平衡流体中,等压面就是等势面。

(2)等压面始终与质量力正交

这一性质可用等压面微分方程证明。根据矢量乘法可将式(1-22)表示为质量力与等压面法向向量的矢量积,而二者乘积为零,说明二者相互垂直。根据这一性质,可以由已知的质量力矢量确定等压面的形状。例如,在仅考虑重力场的情况下,流体内等压面为垂直于重力方向的水平面。

*1.2.3　流体的平衡及相对平衡

1. 重力场静止流体的相对平衡

在工程实践中,常见的是重力场下的流体静止。在这种情况下,作用于单位重量流体上的质量力分量为

$$f_x=0;f_y=0;f_z=-g$$

代入平衡微分方程综合式可得

$$\mathrm{d}p=-\rho g\mathrm{d}z$$

对于不可压缩流体,其密度为常数,积分上式可得

$$p=-\rho gz+C$$

上式即为重力场下流体静力学基本方程,其中 C 为积分常数,可由边界条件确定。根据该方程可知,静止流体中的任意竖直方向距离为 z 的两点须满足以下关系式:

$$p=-\rho gz$$

2. 匀加速直线运动流体的相对平衡

如图 1-13 所示的罐车装着液体在水平管道上以等加速度 a 自左向右运动,液面上气体压强为 p_0。液体与罐车相对平衡后,液面与水平面成倾角 α。以相对平衡液面的中心点 O 为坐标原点,x 轴为罐车加速运动方向,z 轴垂直向上。罐内液体所受质量力包括重力及惯性力,将其分解于三个坐标轴之上,为

$$f_x=-a;f_y=0;f_z=-g$$

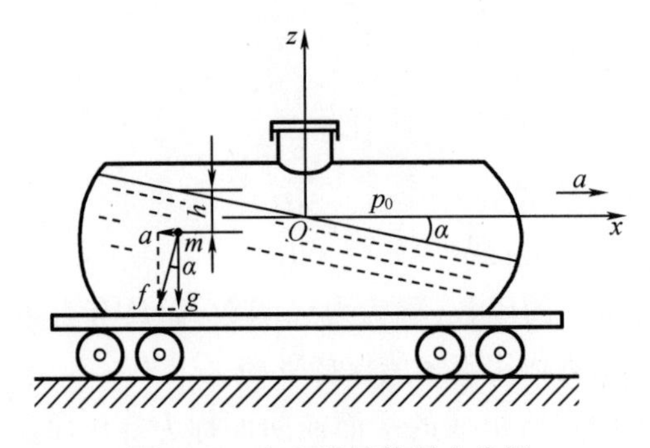

图 1-13　匀加速液体受力分析

下面分别求该情况下的压强分布规律及等压面方程。

(1)压强分布规律

$$dp=\rho(-adx-gdz)$$

利用边界条件:$x=0$,$z=0$ 时,$p=0$,上式积分得

$$p=-\rho g(ax+gz)$$

上式即为匀加速直线运动容器中相对于容器静止流体内静压强分布规律。该式表明,随容器匀加速运动的流体静压强由质点的垂直坐标 z 以及水平坐标 x 共同决定。

(2)等压面方程

对于某一固定压力,即得到匀加速运动流体等压面方程:

$$ax+gz=C$$

可以看出,等压面为一簇平行的斜面。等压面对 x 方向的倾斜角为

$$\alpha=-\arctan\frac{a}{g}$$

3. 等角速度旋转容器中流体的相对平衡

如图 1-14 所示,盛有液体的容器以等角速度 ω 旋转。当旋转稳定后,液体随着容器旋转且与容器达到相对平衡,此时流体所受质量力包括重力和惯性离心力。

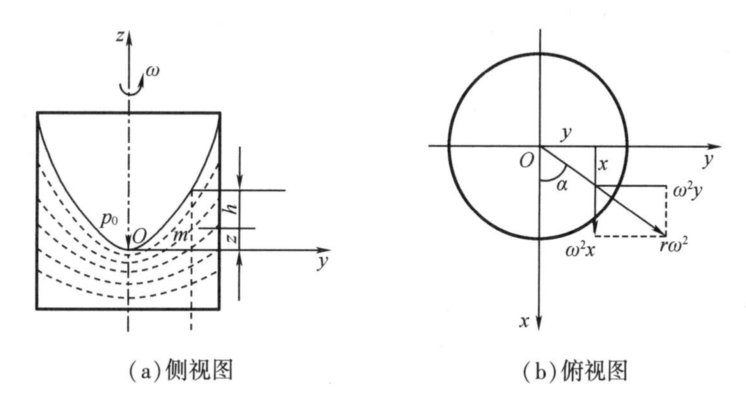

图 1-14 匀速旋转液体受力分析

将曲面最低点定义为坐标原点,并将容器(液体)旋转轴定义为 z 轴,建立坐标系。在液体上任取质点 m,高度为 z(相对于 xOy 面垂直高度),水平方向坐标为(x, y),与旋转轴之间距离为 r,Ox 轴与 x 轴之间的夹角为 α,根据直角坐标与轴坐标之间关系可知:$x=r\cos\alpha$,$y=r\sin\alpha$。由此可知单位重量流体所受惯性离心力在直角坐标系的分量为

$$f_x=\omega^2r\cos\alpha=\omega^2x;f_y=\omega^2r\sin\alpha=\omega^2y;f_z=-g$$

下面分别求匀速旋转流体内压强分布规律及其等压面方程。

(1)压强分布规律

将单位流体所受质量力的表达式代入式(1-21)得

$$dp=\rho(\omega^2xdx+\omega^2ydy-gdz)$$

积分,得

$$p=\rho\left(\frac{\omega^2x^2}{2}+\frac{\omega^2y^2}{2}-gz\right)+C=\rho\left(\frac{\omega^2r^2}{2}-gz\right)+C$$

在旋转面最低处给出边界条件:$r=0,z=0$ 时,$C=0$,于是得到匀速旋转液体内压强分布规律:

$$p=\rho\left(\frac{\omega^2r^2}{2}-gz\right)$$

上式表明,在同一高度处,液体静压强与质点所在半径平方成正比;在距旋转轴相同距离处,质点所受静压强只与质点高度有关。

(2)等压面方程

当压力确定后,即可得到该压力作用下的等压面方程:

$$\frac{\omega^2r^2}{2}-gz=C$$

可知匀速旋转液体内等压面方程为旋转抛物面,该面的中心轴为旋转轴。

例 1-2 液体转速计(图 1-15)由直径 d_1 的中心圆筒、所受重力为 W 的活塞及与中心圆筒连通的直径为 d_2 的圆管组成。管路内装有水银。细管中心线距圆筒中心距离为 R。当转速计转速发生变化时,活塞带动指针上、下移动。试推导活塞位移 h 与转速 n 之间的关系。

解 转速计不动时,由于活塞自身重力造成细管与圆筒的液位差为

$$W=\rho g\frac{\pi}{4}d_1^2a \quad ①$$

当转速计以角速度 ω 旋转时,活塞下降距离 h 与细管内液体上升距离之间的关系为

$$\frac{\pi}{4}d_2^2\times 2b=\frac{\pi}{4}d_1^2h \quad ②$$

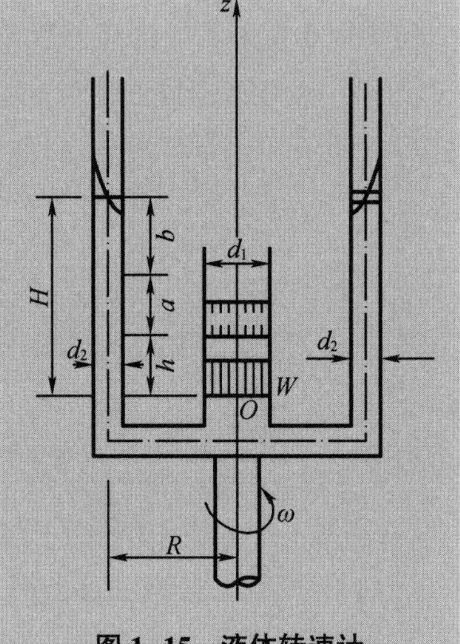

图 1-15 液体转速计

取活塞底面中心为坐标原点,z 轴朝上。将加速度式代入式(1-21)积分,得

$$p=\rho\left(\frac{\omega^2r^2}{2}-gz\right)+C$$

由旋转面距中心轴距离为 R 的自由液面处确定边界条件:$z=H,r=R$ 时,$p=0$。

$$p=\rho\left[\frac{\omega^2(r^2-R^2)}{2}-g(z-H)\right] \quad ③$$

此时活塞所受浮力等于重力:

$$W=\int_0^{\frac{d_1}{2}}p\times 2\pi r\mathrm{d}r$$

$$=\int_0^{\frac{d_1}{2}}\rho\left[\frac{\omega^2(r^2-R^2)}{2}+gh\right]\mathrm{d}r$$

$$= \frac{\pi d_1^2}{4}\rho g\left[\frac{\omega^2}{2g}\left(\frac{d_1^2}{8} - R^2\right) + H\right]$$

$$= \frac{\pi d_1^2}{4}\rho g\left[\frac{\omega^2}{2g}\left(\frac{d_1^2}{8} - R^2\right) + a + b + h\right] \quad ④$$

将式①和式②代入式④得

$$h = \frac{1}{2g}\frac{R^2 - \frac{d_1^2}{8}}{1 + \frac{d_1^2}{2d_2^2}}\omega^2$$

因角速度与转速之间关系为 $\omega = \frac{2\pi n}{60}$,可求得

$$n = \frac{30}{\pi}\sqrt{\frac{2gh\left(1 + \frac{d_1^2}{2d_2^2}\right)}{R^2 - \frac{d_1^2}{8}}}$$

4. 大气中的压强分布

气体的可压缩性使其体内压强分布有自己独特的规律。对于大气来说,从海平面到 11 000 m 的空间为对流层,层内温度随高度递减,递减速率 β 近似于常数,即 $\beta = -0.006\ 5$ K/m。如果已知海平面处($z=0$)气温 $T_1 = 288.15$ K,压强 $p_1 = 101\ 325$ Pa,以垂直高度作为参考系,则温度随高度变化规律为

$$T = T_1 + \beta z$$

由理想气体状态方程知

$$\rho = \frac{pM_{\text{air}}}{R(T_1 + \beta z)}$$

将其代入式(1-21),并分离变量,得

$$\frac{\mathrm{d}p}{p} = -\frac{M_{\text{air}} g \mathrm{d}z}{R(T_1 + \beta z)}$$

利用海平面处总压为 p_0,对上式积分求解得

$$\ln\frac{p}{p_0} = -\frac{M_{\text{air}} g}{\beta R}\ln\left(1 + \frac{\beta z}{T_1}\right)$$

$$p = p_0\left(1 + \frac{\beta z}{T_1}\right)^{-\frac{M_{\text{air}} g}{\beta R}}$$

代入数据得

$$p = 101\ 325\left(1 - \frac{z}{44\ 331}\right)^{5.255}$$

可见对流层内气体压强随着高度 z 变化。从 11 000 m 到 21 000 m 为平流层,平流层内

温度基本上维持在 216.7 K 附近,相应地可推导出平流层内压强随高度的变化规律为

$$\frac{\mathrm{d}p}{p}=-\frac{g\mathrm{d}z}{RT_1}$$

已知 11 000 m 处绝对压强为 22 638 Pa,由此求出平流层压力分布方程为

$$p=22\ 638\mathrm{e}^{\frac{z-11\ 000}{6\ 336}}$$

1.2.4 作用于物体表面上的力

工程中不仅需要掌握流体内部的压强的分布规律,还需要知道与流体接触的不同形状、不同几何位置上物体表面所受到的总压力。例如,压力容器壁厚就是依据其工作压力来设计的;又如,较高的塔设备设计时,也要充分估计液柱重力对其影响。本节将利用流体静力学的基本知识,对平面与曲面上的受力情况进行分析。

1. 作用于平面上的力

设在静止液体中有一与水平面交角 α,形状任意的平面 ab,其面积为 A,形心位于 C 点,距水平面高度为 h_C,过形心所在位置建立一与水平面呈 α 角的直线,与水平面交于 O 点。为便于观察,绕 y 轴旋转平面,使其与纸面平行,如图 1-16 所示。

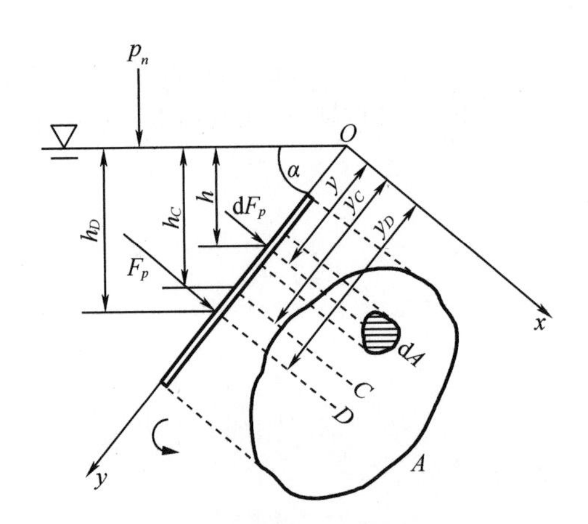

图 1-16 液体中平面受力分析

根据流体静压强公式可知与水平面高度差为 h 的流体压强为 ρgh。依所处的不同高度将平面划分为一系列连续的小微元,将微元受力积分可得到平面受的合外力 F,并可推导出该力的大小由形心处压强与平面面积共同决定。

在平面上取一微元面积 $\mathrm{d}A$,淹没深度为 h,与 Ox 轴的距离为 y,则液体作用于微元面积上压强合力为

$$\mathrm{d}F_p=p\mathrm{d}A=\rho gh\mathrm{d}A=\rho gy\sin\alpha\mathrm{d}A$$

沿面积 A 积分,得出作用在平面 A 上的总压力为

$$F_p=\iint\limits_A\mathrm{d}F_p=\rho g\sin\alpha\iint\limits_A y\mathrm{d}A$$

式中 $\iint_A y\mathrm{d}A$ ——整个平面面积对 Ox 轴的面积距，$\iint_A y\mathrm{d}A = y_C A$；

c——平面 A 的形心，C 点的淹没深度为 h_C，则可得出

$$F_p = \rho g h_C A \tag{1-23}$$

由式(1-23)可知，液体作用于平面上的总压力为一假想体积的液体重力：该假想体积以平面面积为底，以平面形心淹没深度 h_C 为高。

总压力对平面的作用点称为压力中心。总压力 F_p 对 Ox 轴的力矩作用点 D 即为压力中心。根据合力矩定理：F_p 对 Ox 轴的力矩等于各微元面上的力对 Ox 轴的力矩之和，用公式表示为

$$F_p y_D = \iint_A \mathrm{d}(Fy)$$

展开该式得

$$\rho g\sin\alpha y_C A y_D = \rho g\sin\alpha \iint_A y^2 \mathrm{d}A \tag{1-24}$$

式中 $\iint_A y^2\mathrm{d}A$ 为面积 A 对 Ox 轴的惯性矩，记为 I_x，故式(1-24)又可写为

$$y_D = \frac{I_x}{y_C A}$$

根据惯性矩平行移轴定理 $I_x = I_C + y_C^2 A$，其中 I_C 为形心 C 对 Ox 轴的惯性矩，固有

$$y_D = y_C + \frac{I_C}{y_C A} \tag{1-25}$$

由式(1-25)可以看出：除水平情况之外，压力中心在平面形心之下。需要强调的是形心为平面的几何属性，而压力中心为合力的力学性质，在应用时须严格区分二者的意义。

例 1-3　如图 1-17 所示，一矩形闸门两侧受水压力，左边水深 $H_1 = 4.5$ m，右侧水深 $H_2 = 2.5$ m，闸门与水平面成 45°倾角，假设闸门宽度为 1 m，求闸门上总压力的大小及其作用点。

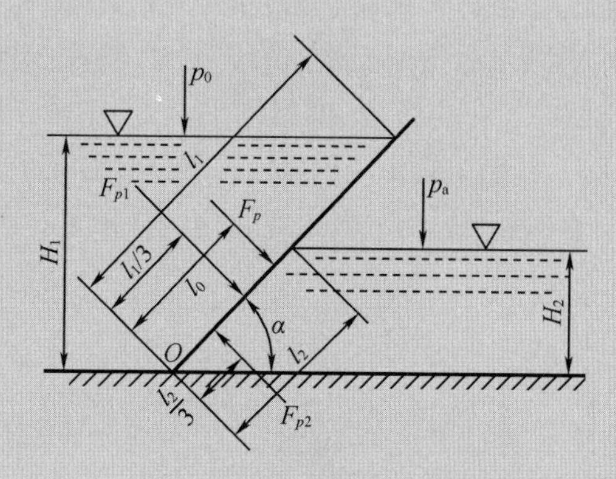

图 1-17

解　作用在闸门上的总压力为左右两边液体的压力之差，即

$$F_p = F_{p1} - F_{p2}$$

对于长方形闸门,有

$$h_{C1}=\frac{1}{2}H_1$$

$$h_{C2}=\frac{1}{2}H_2$$

$$A_1=bl_1=b\frac{H_1}{\sin\alpha}$$

$$A_2=bl_2=b\frac{H_2}{\sin\alpha}$$

由此可求出闸门所受的总压力为

$$F_p=\rho gh_{C1}A_1-\rho gh_{C2}A_2=97\ 085\ \text{N}$$

矩形平面压力中心坐标为

$$y_{D1}=y_{C1}+\frac{I_{C1}}{y_{C1}A_1}=\frac{2}{3}l_1$$

$$y_{D2}=y_{C2}+\frac{I_{C2}}{y_{C2}A_2}=\frac{2}{3}l_2$$

两个力的合力矩等于两个力的力矩之和,得

$$F_pl=F_{p1}\frac{l_1}{3}-F_{p2}\frac{l_2}{3}$$

代入数据求得作用在闸门上的作用点距闸门下端的距离为

$$l=2.542\ \text{m}$$

2. 作用于曲面上的力

静止流体作用在曲面上的总压力属于空间力系的求和问题。由于不同点上作用力的方向不同,故压力求解不能像平面那样通过直接在面上积分得到,应先将各点上的作用力分解,然后再分别积分求合力。液体作用在曲面上的作用力在工程实践中有着更为广泛的应用。本节将从二向曲面入手,求出作用于其上的作用力,然后再推广到三向曲面的情况。

设左侧承受液体静压强的二向曲面 ab,其母线平行于 Oy 轴(垂直于纸面),面积为 A,如图 1-18 所示。若在曲面上任取一微元面积 dA,其中心点淹没深度为 h,则作用在该微元面积上液体压力为 pdA,垂直面积 dA,与水平面成 α 角。为便于分析,将其分解为水平分力与垂直分力两部分。

水平分力 F_{px} 为

$$F_{px}=\iint_A\rho gh\mathrm{d}A\cos\alpha=\iint_A\rho gh\mathrm{d}A_x=\rho gh_CA_x$$

式中,A_X 为 ab 曲面在垂直面上的投影,因而上式可表述为:液体作用在曲面上的水平分力等于液体作用于该曲面水平投影面上的力。相应地,水平方向分力的作用点对应于该垂直投影面的压力中心。

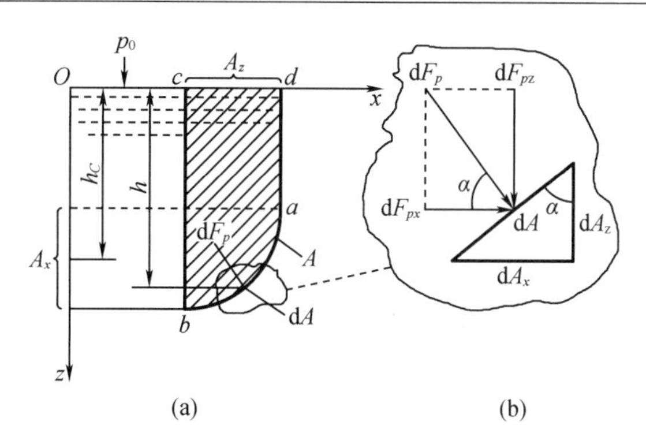

图 1-18　液体中曲面受力分析

作用于曲面上的垂直分力 F_{pz} 为

$$F_{pz} = \iint_A \rho g h \mathrm{d}A \sin\alpha = \iint_A \rho g h \mathrm{d}A_z = \rho g V_p \tag{1-26}$$

式中,V_p 为曲面 ab 上方液柱 $abcd$(图 1-18 中阴影部分)的体积,常称为压力体。式(1-26)表明,作用于曲面上的垂直分力等于曲面上压力体的重力。相应地垂直分力作用点为压力体的重心。

如图 1-19 所示,根据总压力的水平分力及垂直分力即可求出总压力的大小:

$$F_p = \sqrt{F_{px}^2 + F_{pz}^2} \tag{1-27}$$

作用力的方向为水平分力与垂直分力形成力学三角形的交角:

$$\tan\theta = \frac{F_{px}}{F_{pz}}$$

曲面作用力的作用点为水平分力作用线与垂直分力作用线的交点。水平分力作用线为水平方向过垂直投影面压力中心的直线,而垂直分力作用线为垂直方向过曲面上方压力体重心的直线,二者交点即为曲面上总压力的作用点。

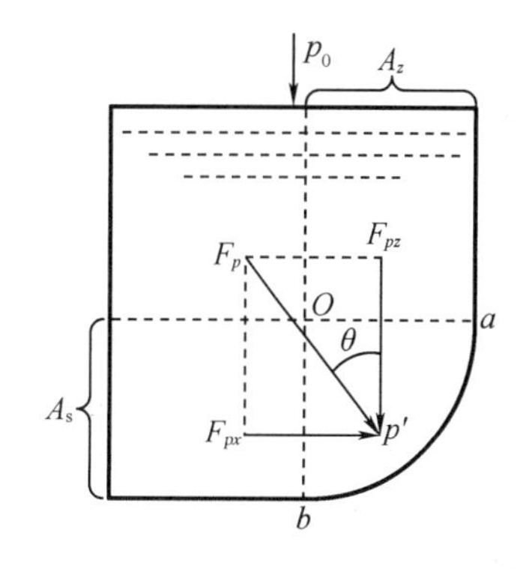

图 1-19　总压力作用点及方向

例 1-4　如图 1-20 所示的储水容器的壁面上有三个半球形的盖。设 $d=0.5$ m,$h=1.5$ m,$H=2.5$ m。试求作用在每个盖上的液体总压力。

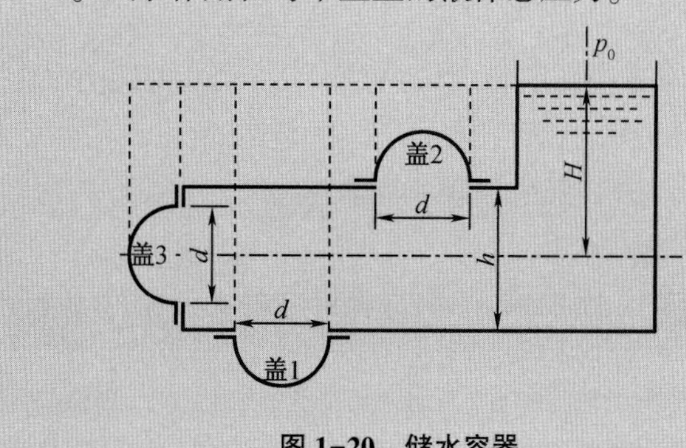

图 1-20　储水容器

解 因底盖水平方向上受力的对称性,底盖上总压力水平分力为零。

底盖 1 上受力的垂直分力为

$$F_{py1}=\rho gV_{p1}=\rho g\left[\frac{\pi d^2}{4}\left(H+\frac{h}{2}\right)+\frac{\pi d^3}{12}\right]=6\ 579\ \text{N}$$

顶盖 2 上水平分力亦为零,总压力与顶盖垂直分力相等,则

$$F_{py2}=\rho gV_{p2}=\rho g\left[\frac{\pi d^2}{4}\left(H-\frac{h}{2}\right)-\frac{\pi d^3}{12}\right]=3\ 049\ \text{N}$$

侧盖 3 上总压力的水平分力为

$$F_{px3}=\rho gh_CA_x=\rho gh\frac{\pi d^2}{4}=4\ 814\ \text{N}$$

侧盖 3 上总压力的垂直分力为

$$F_{py3}=\rho gV_s=\rho g\frac{\pi d^3}{12}=321\ \text{N}$$

故侧盖 3 上总压力的大小为

$$F_{p3}=\sqrt{F_{px3}^2+F_{py3}^2}=4\ 825\ \text{N}$$

夹角为

$$\tan\theta=\frac{4\ 814}{321}\approx 15$$

$$\theta=86°11'$$

1.2.5 静力学的测量方法

1. 压力与压差的测量

按工作原理、测量范围的不同,压强测量仪器分为若干种。按测压原理的不同,压强测量仪器分为液体测压计、弹力测压计与电测压计三种,本节仅介绍液体测压计。

静止流体压力测量的理论基础是连通器原理,与此同时压强测量也是流动要素测量的基础,因为流速和流量在线测量可以通过压强测量来实现。连通器原理是指在静止连通的某种流体中,任意两点的压强差只与两点间垂直高度有关,而与容器的形状无关。

(1)测压管

测压管是直接通过管内液位指示管内压强与大气压强差的测压设备。测压管是一端接测点,另一端开口竖直向上的玻璃管,其结构如图 1-21 所示。用测压管测压,测点的表压强不宜过大;此外,测压管不宜过细,以避免毛细现象。

(2)U 形管压差计

U 形管压差计结构如图 1-22 所示,一般选择密度较大的汞作为指示液体。用指示液体 A 测待测液体 B 中压差,U 形管压差计两端高度差为 h,密度差为 $\rho_A-\rho_B$,则两端压差为

$$\Delta p=(\rho_A-\rho_B)gR \tag{1-28}$$

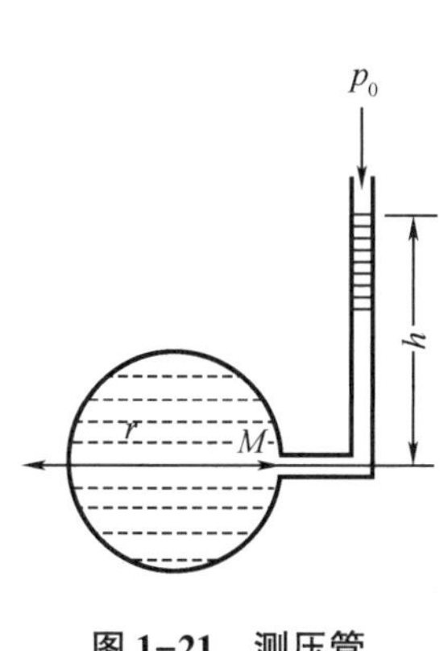

图 1-21　测压管

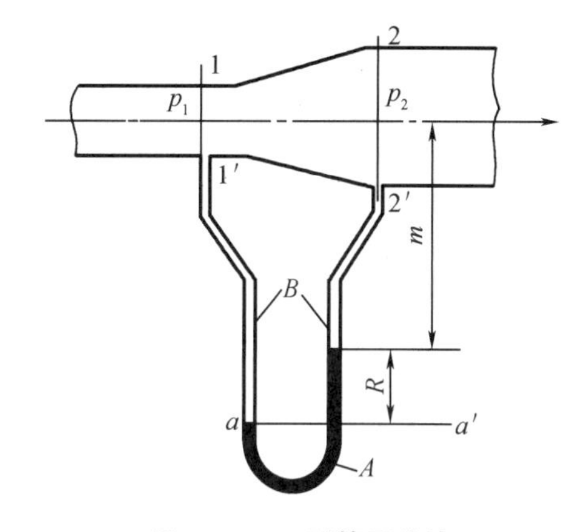

图 1-22　U 形管压差计

例 1-5　如图 1-23 所示，为测定敞口储油槽内油面的高度，在罐底部装一 U 形管压差计，指示液体为汞，密度为 ρ_A，油的密度为 ρ，U 形管 B 侧指示液面上充以高度为 h_1 的同一种油。当储罐内油面高度为 H_1 时，U 形管指示液面差为 R。试计算，当储罐内油面下降高度 H 时，U 形管 B 侧指示液面下降高度 h 为多少？

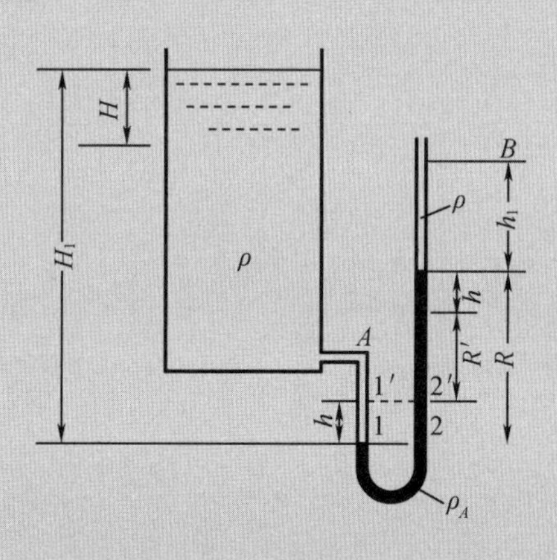

图 1-23

解　在等压面 1-2 间静力学平衡关系为

$$H_1\rho g=R_1\rho_A g+h_1\rho g$$

液面变化后在等压面 1′-2′间静力学平衡关系为

$$(H_1-H-h)\rho g=(R-2h)\rho_A g+h_1\rho g$$

联立以上两式可得

$$h=\frac{\rho}{2\rho_A-\rho}H$$

当液面下降 H 后，U 形管压差计读数比原来减小 $2h$。

2. 液位测量

液位测量可以通过连通器的形式进行测量，但对于不适合现场读数的情形也可采用吹气法测量液位。

吹气法是流体静力学知识在化工技术领域的应用,通常应用这种方法实现液位、界面以及柱重等参数的测量。由于吹气测量方法为非接触式测量,故其在后处理厂放射性区域内应用的意义重大。

图 1-24 为吹气测量液位原理示意图。对于密闭容器内液体密度及液位的测量,往往需要多个并联的吹气管同时工作来实现。首先在密闭的储槽内各吹气管的相对位置是固定的;通过两个浸没于储槽液体的吹气管间的压差以及相对高度可以计算出储槽内液体的密度;通过浸没于储槽某一高度处吹气管与储槽内液面上吹气管的压强差来表示储槽内液体的液面高度。

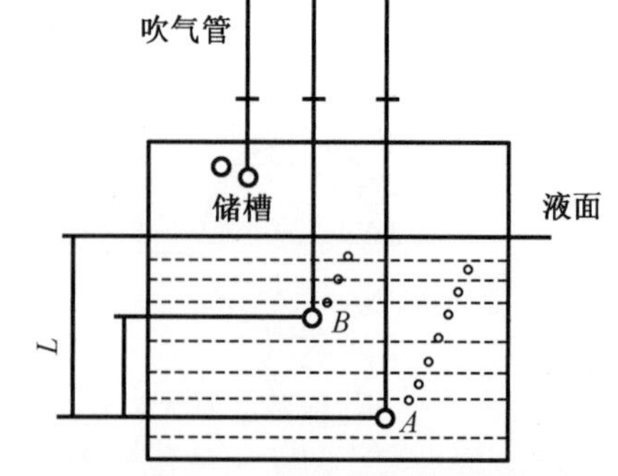

图 1-24 吹气法测量液位原理示意图

例 1-6 图 1-25 所示为有机液体液位测量系统,当吹起管路刚好有气泡溢出时所对应压强为液体静压强。现已知 U 形管指示液体为水银,$R=150$ mm,罐内有机液体密度为 1 250 kg/m^3,储罐上方与大气相通。求储罐中液面高度 h 为多少?

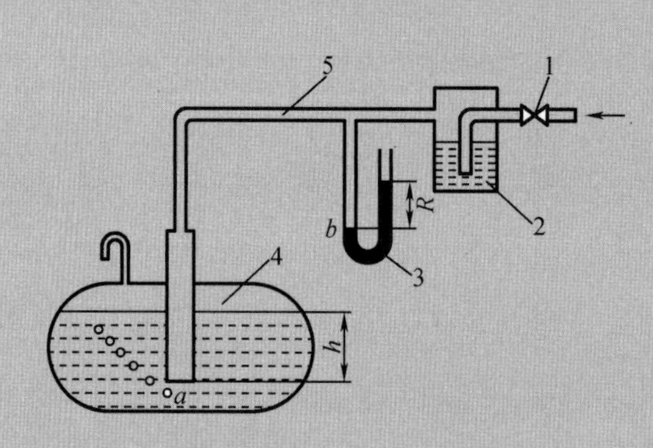

1—调节阀;2—鼓泡观察器;3—U 形管压差计;4—储罐;5—吹气管。

图 1-25 有机液体液位测量系统

解 吹气管路中压强为

$$p=\rho_{Hg}R=19\ 992\ \text{Pa}$$

吹气管路中压强与液体静压强相等,即

$$p=\rho gh$$

可据此计算出此时液位为

$$h=1.632\ \text{m}$$

1.3 流体动力学基础

本节将在介绍流体流动基本概念的基础上,对一维流体受力与运动的关系进行建模和求解,据此依次得到伯努利方程、黏性流体动力学方程,并最终推导得出黏性流体总体流动的机械能衡算方程。黏性流体总体流动的机械能衡算方程既是流体力学理论的重要推论，也是进行管路水力计算的重要依据。

*1.3.1　流体流动的基本概念

1. 理想流体和黏性流体

黏性是流体的固有属性，它根源于分子间的相互作用。理想流体的假设忽略分子间力的作用，此时流体质点间的速度差异不会产生力的作用。将实际流体简化为无黏性的理想流体，能大大简化理论分析。当流体所受的惯性力远大于黏性力时，这种简化是合理的；对于黏性不可忽略的流体，通过实验对理想流体模型得到的结果加以修正，也是处理黏性流体运动问题的一种有效方法。

理想流体的研究在流体力学理论研究中占有重要地位，但工程上多数问题不能忽略流体的黏性作用。在某些情况下，流体黏性还呈现非牛顿流体的特性，而关于非牛顿流体的研究也是流体力学研究的热点之一。

2. 稳态流动与非稳态流动

稳态流动与非稳态流动是从物理量对时间变量 t 的依赖关系来将流动分类的。流场中的物理量不随时间变化的流动称为稳态流动，在数学上简单表示为 $\frac{\partial}{\partial t}=0$；反之为非稳态流动。对于非稳态流动，各物理量均为空间与空间坐标的函数，即

$$\begin{cases} u=u(x,y,z,t) \\ p=p(x,y,z,t) \\ \rho=\rho(x,y,z,t) \end{cases} \tag{1-29}$$

而对于稳态流动，所有物理量均与时间项无关：

$$\begin{cases} u=u(x,y,z) \\ p=p(x,y,z) \\ \rho=\rho(x,y,z) \end{cases} \tag{1-30}$$

关于稳态流动与非稳态流动的区别可以用下例说明。如图 1-26 所示装置，将阀门 A 和 B 的开度调节到使水箱中的水位保持不变，则水箱和管道中的任一点的流体质点的压力和速度均不随时间变化，但由于 1、2、3 各点所处的空间位置不同，故其压力和速度值也就各不相同。流体流动的这种只随空间位置变化不随时间变化的流动，称为稳态流动。现关闭阀门 A，在没有水流入的条件下，水箱内水位逐渐下降，流体流出水箱的速度也相应地逐渐减小，射流形状也相应地逐渐向下弯曲。此时管道中任一点的流体质点流动参数均随时间变化，这种流动称为非稳态流动。

稳态流动时速度不随时间变化，但稳态流动流场中加速度的值不一定为零。这是因为在稳态流动的情况下，流体质点物理量对时间的偏导数为零，但某空间位置上物理量的变化率不一定为零。以地面为坐标，某空间点上 x 方向上的加速度为

$$a_x=\frac{\mathrm{d}u_x}{\mathrm{d}t}=\frac{\partial u_x}{\partial t}+u_x\frac{\partial u_x}{\partial x}+u_y\frac{\partial u_x}{\partial y}+u_z\frac{\partial u_x}{\partial z} \tag{1-31}$$

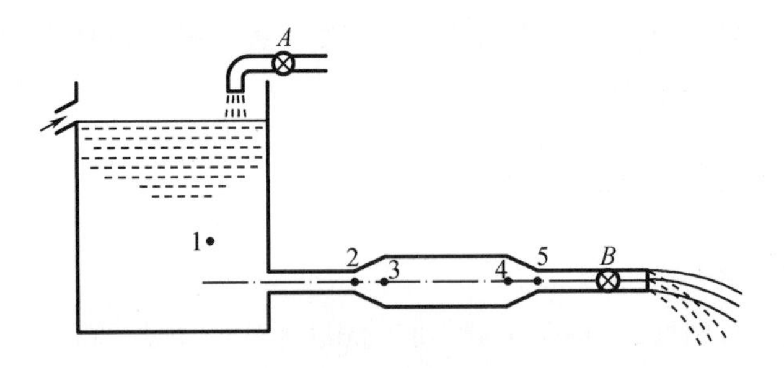

图 1-26 液体的出流

由式(1-31)可见,某些稳态流动下,尽管时变加速度(等号右边第一项)为零,但空间上某点处的加速度并不为零,此时加速度称为该空间位置的迁移加速度。

由于稳态流动变量中少了时间因素而使问题的求解大为简化。实际工程中,多数系统正常运行时是稳态流动,或虽为非稳态流动,但运动参数随时间变化缓慢,近似按稳态流动处理也可满足工程需要。例如大容器中小孔出流,虽然流速随时间推移而缓慢变化,在较短时间内可将其近似看作稳态流动。

例 1-7 一维稳态流动不可压缩流体在收缩通道中流动,已知速度是 $u_x=u_l\left(1+\frac{x}{L}\right)$,$u_l$ 为 x_l 处的流动速度,试求流场中质点运动的加速度。

解 对于一维稳态运动,$u_y=u_z=0$,相应方向的质点加速度也是 0。

x 方向的加速度可由任一点速度的随体导数计算得出:

$$\frac{\mathrm{D}u_x}{\mathrm{D}t}=\frac{\partial u_x}{\partial t}+u_x\frac{\partial u_x}{\partial x}+u_y\frac{\partial u_x}{\partial y}+u_z\frac{\partial u_x}{\partial z}$$

将 u_x、u_y、u_z 代入上式得

$$\frac{\mathrm{D}u_x}{\mathrm{D}t}=\frac{u_l^2}{L}\left(1+\frac{x}{L}\right)$$

3. 迹线和流线

迹线是质点运动轨迹所连成的曲线。迹线的概念着眼于流体质点,它在流场中实际存在,不同质点的迹线可以重合或相交。迹线方程可以通过流速对时间的积分得到。

$$\frac{\mathrm{d}x}{u_x(x,y,z,t)}=\frac{\mathrm{d}y}{u_y(x,y,z,t)}=\frac{\mathrm{d}z}{u_z(x,y,z,t)}=\mathrm{d}t \tag{1-32}$$

迹线方程为

$$\begin{cases}x=x(a,b,c,t)\\y=y(a,b,c,t)\\z=z(a,b,c,t)\end{cases}$$

例 1-8　已知 $u_x=x-2y, u_y=x-y, u_z=0$，求其迹线方程。

解　因为 $\frac{\mathrm{d}x}{\mathrm{d}t}=x-2y$，式中 x、y 均为时间函数，但不能直接积分，将该式对时间求导，得

$$\frac{\mathrm{d}^2x}{\mathrm{d}t^2}=-x$$

进一步，进行分离变量积分，得

$$x=c_1\cos t+c_2\sin t$$

再由 $u_x=x-2y$，解得

$$y=\frac{1}{2}\left(x-\frac{\mathrm{d}x}{\mathrm{d}t}\right)=\frac{1}{2}(c_1-c_2)\cos t+\frac{1}{2}(c_1+c_2)\sin t$$

$$z=c_3$$

当 $t=0$ 时，$(x, y, z)=(a, b, c)$，所以

$$c_1=a; c_2=a-2b; c_3=c$$

则

$$x=a\cos t+(a-2b)\sin t; y=b\cos t+(a-b)\sin t; z=c$$

此即所求的迹线方程。

流线是某一时刻在流场中取得的一条曲线，该曲线上的所有流体质点的运动方向都与这条曲线相切；或者说，流线是同一时刻由不同流体质点所组成的空间曲线，这个曲线给出了该时刻不同流体质点的运动方向。流线方程在直角坐标系中为

$$\frac{\mathrm{d}x}{u_x(x,y,z,t)}=\frac{\mathrm{d}y}{u_y(x,y,z,t)}=\frac{\mathrm{d}z}{u_z(x,y,z,t)} \tag{1-33}$$

流线是 t 时刻不同质点速度方向的连线，因而积分时 t 作为常数处理，而 x、y、z 为自变量。可见流线与取得流线的时刻相对应，是某一时刻不同流体质点运动方向的集合。在稳态流动中，空间点矢量不随时间变化，且不同时刻取得的流线形状相同。

流线具有如下特点：对于某一时刻，在流场的每一点均可画出一条流线，但同时也仅有这一条流线；流线布满整个流场，其疏密程度可以反映流速的大小，流线越密处速度越大。

对于非稳态流动，流线具有瞬时性（t 是参数），其与取得流线的时刻相对应，且随着时间变化而有所不同。

在稳态流动中流线与迹线重合，流线相当于流体质点的通道，许多质点沿这条通道不停地向前流动。

例 1-9　给定速度场 $u=x+t, v=-y-t$，求：

(1) $t=1$ 时过(1, 1)点的迹线；

(2) 过(1, 1)点的流线。

解　(1)将迹线微分方程

$$\begin{cases}\dfrac{dx}{dt}=x+t\\ \dfrac{dy}{dt}=-y-t\end{cases}$$

积分得

$$\begin{cases}x=c_1e^t-t-1\\ y=c_2e^{-t}-t+1\end{cases}$$

当 $t=1$ 时,过$(x, y)=(1, 1)$的质点有

$$c_1=\frac{3}{e}$$

$$c_2=e$$

此质点的迹线方程为

$$\begin{cases}x=3e^{t-1}-t-1\\ y=3e^{1-t}-t+1\end{cases}$$

(2)将流线方程

$$\begin{cases}\dfrac{dx}{dt}=x+t\\ \dfrac{dy}{dt}=-y-t\end{cases}$$

积分得

$$(x+t)(y+t)=c_1$$

过(1, 1)空间点的流线为

$$(x+t)(y+t)=1+t^2$$

4. 元流、总体流动与流量

在流场中垂直于流动方向的平面上,任取一条非流线的封闭曲线,经此曲线上的全部点作流线,这些流线所构成的管状表面称为流管。根据流线的特点,封闭流管内的质点只在流管内或壁面流动,不能穿越管壁流入或流出流管。

充满流体的流管称为流束。流束上与流线正交的截面为过流断面,过流断面可以是曲面。过流断面无限小的流束称为元流。元流的直径趋近于零时即为流线,不同的是元流在流场中真实存在。由于元流横截面积很小,可以认为元流过流断面上各点的流速压强均相同。

总体流动是实际流体在一定尺寸的有限边界内的流动。总体流动由无数元流构成,断面上各点运动参数一般情况下不相同。流体在管道中与河渠内的流动均可视为总体流动问题。

单位时间内通过某一过流断面的体积称为体积流量(q_v)。元流过流断面上各点流速相同,因此元流流量可由流速乘以过流断面面积得到;总体流动流量由其内部所有元流流

量积分得到。如图 1-27 所示,在计算总体流动通过某截面的流量时,需要将平面法线与总体流动内各元流做内积并积分得到:

$$q_v = \iint_A u \mathrm{d}A = u_b A \tag{1-34}$$

式中　A——过流断面截面积,m^2;

u——局部流速,m/s;

u_b——平均流速,m/s;

q_v——体积流量,m^3/s。

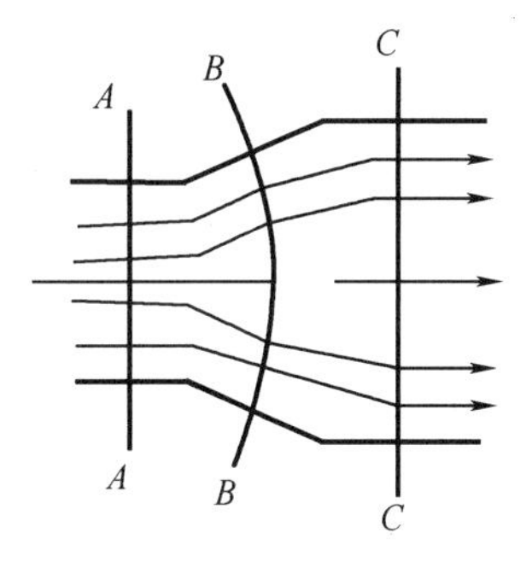

图 1-27　总体流动过流断面

用体积流量除以过流断面面积即得到平均流速。体积流量与平均流速是具有普遍的实用意义的两个物理量。相对于流体的局部速度,平均流速在工程中应用得更广,本书后面章节中,若无特殊说明,所涉及的速度均为平均流速。

例 1-10　如图 1-28 所示,圆管层流截面上流速呈抛物线状分布:$u=\dfrac{\Delta p_l}{4\mu l}(r_b^2-r^2)$,求圆管内平均流速及体积流量。

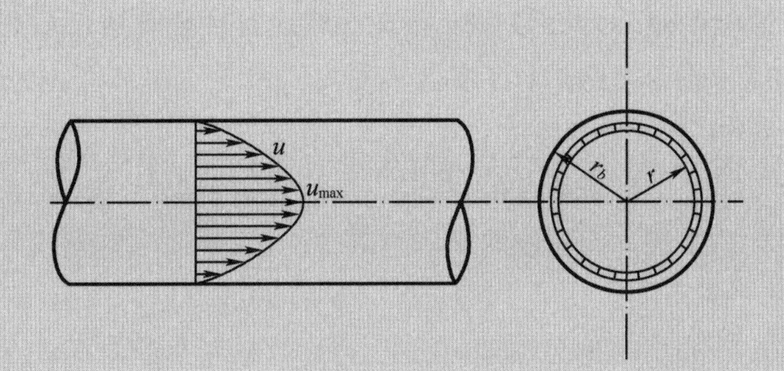

图 1-28

解　将圆管中流速沿管道半径方向积分,得到层流圆管内体积流量为

$$q_v = \int_0^{r_b} u \cdot 2\pi r \mathrm{d}r = \int_0^{r_b} \frac{\Delta p_l}{4\mu l}(r_b^2 - r^2) \cdot 2\pi r \mathrm{d}r = \frac{\pi \Delta p_l}{8\mu l} r_b^4$$

平均流速为

$$u_b = \frac{q_v}{\pi r_b^2} = \frac{\Delta p_l}{8\mu l} r_b^2$$

5. 流体流动的描述方法

流体是一种具有流动性的连续介质,在流动过程中,各质点间存在着与时间、空间均有关的相对运动。因此,如何用数学的方法来描述流体的运动是研究流体运动规律的首要问题。描述流体运动的方法通常有拉格朗日法和欧拉法两种。

拉格朗日法把流体运动看作流体质点运动的总和,通过跟踪流场中的质点的运动实现对流体运动的描述。由于整个流场是由无数密集且实时运动着的流体质点组成的,因此采用这种方法,首先要对流场中的质点加以区分。根据连续性介质假设,在流场中,任一时刻、任一空间点上,总有且只有一个流体质点存在。同样,在某一时刻,任一流体质点都占有唯一的流场位置。

拉格朗日法采用起始时刻($t=0$)流体质点坐标(a, b, c)来标记各质点,那么该质点在任意时刻t,任一物理量B(如速度、压力、密度、温度等)可表示为$B(a, b, c, t)$。在该坐标系下,起始位置为(a, b, c)的质点在t时刻的位置为

$$\begin{cases} x=x(a, b, c, t) \\ y=y(a, b, c, t) \\ z=z(a, b, c, t) \end{cases} \tag{1-35}$$

该质点速度和加速度可以通过位置对时间导数来求得,而流体质点的压强、密度、温度等其他物理量也可以通过类似方法获得:

$$\begin{cases} P=P(a, b, c, t) \\ \rho=\rho(a, b, c, t) \\ T=T(a, b, c, t) \end{cases} \tag{1-36}$$

采用拉格朗日法进行物理量衡算,流体质点物理量是固定的,而质点体积可以随流体在不同位置状态而变化。由于流体由无数质点组成,同时流体质点的运动轨迹极其复杂,使应用拉格朗日法描述流体运动在数学上存在困难。拉格朗日法主要用于分析流体力学中某些比较简单的流体流动问题。对于多数工程流体力学问题来说,采用欧拉法描述流体的运动更为常用。

欧拉法以流场外静止坐标为参考系,通过描述流体区域内每一空间点的运动规律实现对整个流体运动规律的描述。与拉格朗日法不同,欧拉法不关心影响流体物理量的具体质点构成,也不关心这些质点的运动历程,而是以流体中的固定坐标作为研究对象。

欧拉法中流体质点的物理量可以通过该点的位置和考察的时间来描述。以流体速度为例:

$$\begin{cases} u_x=u_x(x, y, z, t) \\ u_y=u_y(x, y, z, t) \\ u_z=u_z(x, y, z, t) \end{cases} \tag{1-37}$$

在欧拉法中,某一流体质点的物理量是时间和空间的连续函数,即质点物理量的变化率需要对多元函数求偏导来获得,以x方向上速度分量为例:

$$\frac{\mathrm{d}u_x}{\mathrm{d}t}=\frac{\partial u_x}{\partial t}+\frac{\partial u_x}{\partial x}\frac{\partial x}{\partial t}+\frac{\partial u_x}{\partial y}\frac{\partial y}{\partial t}+\frac{\partial u_x}{\partial z}\frac{\partial z}{\partial t}=\frac{\partial u_x}{\partial t}+u_x\frac{\partial u_x}{\partial x}+u_y\frac{\partial u_x}{\partial y}+u_z\frac{\partial u_x}{\partial z} \tag{1-38}$$

由式(1-38)可见,在欧拉法中,某一空间点上质点的加速度由质点速度随时间的变化率(称为当地加速度)和由于质点微小位移所导致的速度变化(称为迁移加速度)两部分构成。欧拉坐标系中任一质点的其他物理量的变化率与质点加速度的表达方式相近,也是由时间变化率和迁移变化率两部分构成。

与拉格朗日法相比,欧拉法在数学上更容易实现,而且通过总结不同空间点上的运动规律,可以获得流体物理量的空间分布及其变化规律。在工程上的多数问题,如流体输送,

管道中的流动、换热、传质乃至反应设备内流场分析等多采用这种描述方法。本书后面章节中，若无特殊说明，均采用欧拉法描述流体运动。

拉格朗日法与欧拉法描述流体运动只是着眼点不同，并无本质上的差别。首先对于同一个问题，两种方法的描述结果是一致的；其次，两种描述方法可以相互转化，方法的选择应以分析研究较为简化为依据。

例 1-11　已知用拉格朗日法描述流体质点的位置为

$$x = ae^{t}$$

$$y = be^{-t}$$

请用欧拉法描述流体的速度与加速度。

解　用欧拉法描述流体的速度与加速度分别为

$$\begin{cases} u_x = \dfrac{\partial x}{\partial t} = ae^{t} = x \\ u_y = \dfrac{\partial y}{\partial t} = -be^{-t} = -y \end{cases}$$

$$\begin{cases} a_x = \dfrac{\partial u_x}{\partial t} = ae^{t} = x \\ a_y = \dfrac{\partial u_y}{\partial t} = be^{-t} = y \end{cases}$$

1.3.2　化工流动系统中的质量衡算

1. 连续性方程

连续性方程即流体流动的微分质量衡算方程，它是在欧拉坐标系下对流体中任取微元控制体进行质量衡算得到的。根据流体的连续性假设，可知流体在其占据的空间内连续且可微。在直角坐标系下，选择正六面体作为微元控制体。由于微元控制体在三个维度上尺寸均较小，故认为流体在不同面上均为均匀的，而流体物理量在不同面间的变化取其一阶小量表示。根据质量守恒定律，对所取控制体进行质量衡算，得

累积的质量流量＝流入的质量流量－流出的质量流量

流入与流出微元体的质量可在直角坐标系中三个分量上分别计算并加和得到。根据图 1-29，x 方向流入的质量流量为 $\rho u_x \mathrm{d}y\mathrm{d}z$。

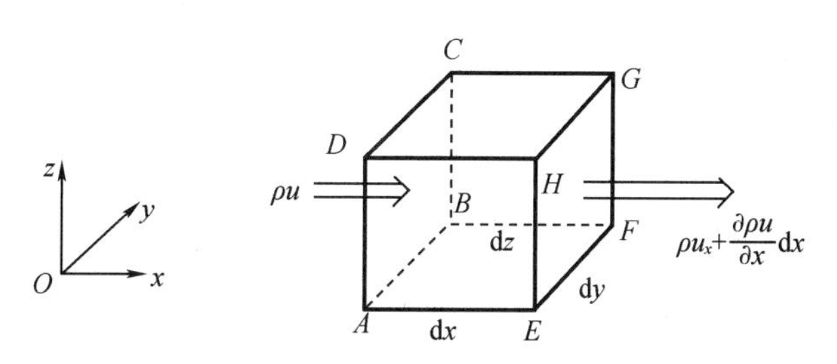

图 1-29　微元控制体 x 方向质量守恒

x 方向流出的质量流量为$\left(\rho u_x+\frac{\partial \rho u_x}{\partial x}\mathrm{d}x\right)\mathrm{d}y\mathrm{d}z$。

于是可写出 x 方向质量流量之差为$\frac{\partial \rho u_x}{\partial x}\mathrm{d}x\mathrm{d}y\mathrm{d}z$。

同理,y、z 方向上质量流量之差分别为$\frac{\partial \rho u_y}{\partial y}\mathrm{d}x\mathrm{d}y\mathrm{d}z$ 和$\frac{\partial \rho u_z}{\partial z}\mathrm{d}x\mathrm{d}y\mathrm{d}z$。

控制体内流体质量为

$$M=\rho\mathrm{d}x\mathrm{d}y\mathrm{d}z$$

因此累积速率为

$$\frac{\partial M}{\partial \theta}=\frac{\partial(\rho\mathrm{d}x\mathrm{d}y\mathrm{d}z)}{\partial \theta}=\frac{\partial \rho}{\partial \theta}\mathrm{d}x\mathrm{d}y\mathrm{d}z$$

综合考虑以上各个物理量到流体微元的质量守恒方程为

$$\frac{\partial \rho}{\partial \theta}+\frac{\partial \rho u_x}{\partial x}+\frac{\partial \rho u_y}{\partial y}+\frac{\partial \rho u_z}{\partial z}=0 \tag{1-39}$$

连续性方程的形式不会受坐标系所处位置影响。将图 1-29 所对应的坐标原点移至微元正六面体中心后,利用上述思路推导连续性方程,连续性方程的形式不会发生变化。

式(1-39)为流体流动时微分质量衡算方程,亦称连续性方程。任何流体流动均满足该方程,即其对稳态或非稳态流动、理想流体或实际流体、不可压缩流体或可压缩流体、牛顿型流体或非牛顿型流体均适用。连续性方程是研究流体流动过程中最基本和最重要的微分方程之一。

微分形式的连续性方程变量数大于方程数,因而在应用时需要与其他运动学方程联立求解。与此同时,微分形式的连续性方程又是判断流场求解结果是否可信的标准,在流体运动学中有着重要作用。

例 1-12 已知某不可压缩流体速度场为 $u_x=-2x$; $u_y=x+z$; $u_z=2x+2y$,试判断该速度场是否合理?

解 $\frac{\partial u_x}{\partial x}+\frac{\partial u_y}{\partial y}+\frac{\partial u_z}{\partial z}=-2\neq 0$

不满足连续性方程,故上述速度场不合理。

2. 连续性方程的简化及积分

连续性方程具有普遍的适应性,而在具体应用时可以根据实际情况使方程得到简化。

化工行业属于流程工业的一种,为保证过程的连续性,流程中流体一般以连续、稳态的状态流动;化工生产中的流体,绝大多数均可视为不可压缩流体;所研究的控制体为容器或管路,可以取控制体整体一维建模。下面依次分析各种情况并得出简化形式以及积分形式的连续性方程。

稳态操作条件下流体稳态流动,流体各物理量不随时间变化,连续性方程可简化为

$$\frac{\partial \rho u_x}{\partial x}+\frac{\partial \rho u_y}{\partial y}+\frac{\partial \rho u_z}{\partial z}=0 \tag{1-40}$$

在处理工程流体问题时,液体的密度随压力变化不大,故将其视为不可压缩流体;而对

于气体，在压力变化很小的条件下，也常使用不可压缩流体来描述。不可压缩流体的连续性方程是本书中最基本和最重要的微分形式的方程之一，此时连续性方程可化简为

$$\frac{\partial u_x}{\partial x}+\frac{\partial u_y}{\partial y}+\frac{\partial u_z}{\partial z}=0 \tag{1-41}$$

对于化工过程中涉及的容器或管路，可简化问题对连续性方程单独求解。

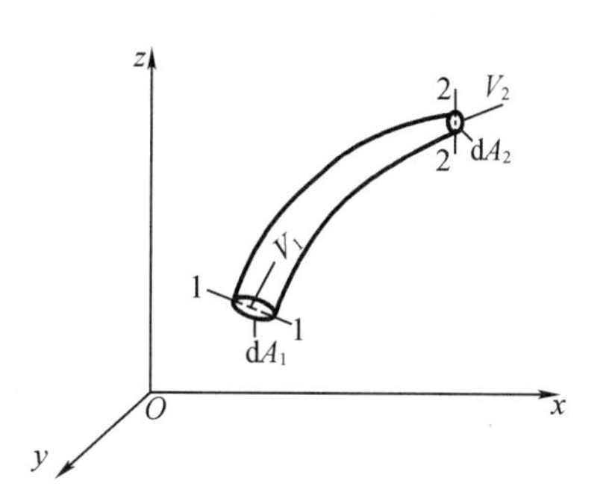

图1-30　管道内的总体流动

如图1-30所示，在控制体内将稳态不可压缩流体连续性方程进行积分，得

$$\iiint_V\left(\frac{\partial u_x}{\partial x}+\frac{\partial u_y}{\partial y}+\frac{\partial u_z}{\partial z}\right)\mathrm{d}V=0$$

依据奥高公式，可将体积分化为面积分：

$$\iiint_V\left(\frac{\partial u_x}{\partial x}+\frac{\partial u_y}{\partial y}+\frac{\partial u_z}{\partial z}\right)\mathrm{d}V=\oint_A(\boldsymbol{u}_x+\boldsymbol{u}_y+\boldsymbol{u}_z)\cdot\dot{\boldsymbol{n}}\mathrm{d}A=0$$

将此式应用于以上控制体，因控制体壁面处无流体质点出入，上式可简化为

$$\iint_{A_1}(\boldsymbol{u}_x+\boldsymbol{u}_y+\boldsymbol{u}_z)\cdot\boldsymbol{n}\mathrm{d}A-\iint_{A_2}(\boldsymbol{u}_x+\boldsymbol{u}_y+\boldsymbol{u}_z)\cdot\boldsymbol{n}\mathrm{d}A=0$$

当所取截面均为过流断面时方程简化为

$$u_{b1}A_1-u_{b2}A_2=0$$

上式表明，对于化工过程中涉及的控制体（容器或管路）进行整体一维建模，可以通过总质量衡算得出不同位置处流量与平均流速之间的关系。即对于不可压缩流体的稳态流动，容器中累积量为零，流入的体积流量-流出的体积流量=0。对于有支流存在情况下的总体流动，如图1-31所示，流体积分形式连续性方程又可表述为

$$q_{v1}=q_{v2}+q_{v3} \tag{1-42}$$

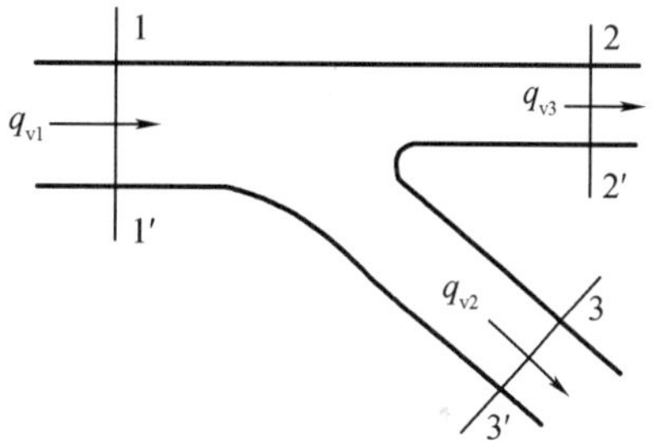

图1-31　分支管流的连续性

例1-13　直径为1 m的水箱自小孔泄流，射流直径为10 cm，假定射流出口流速为$u=\sqrt{2gH}$ m/s。求水箱水面从2 m降至0.5 m所需要的时间t_0。H_1至H_2为水箱水面至出口中心的高度，具体如图1-32所示。

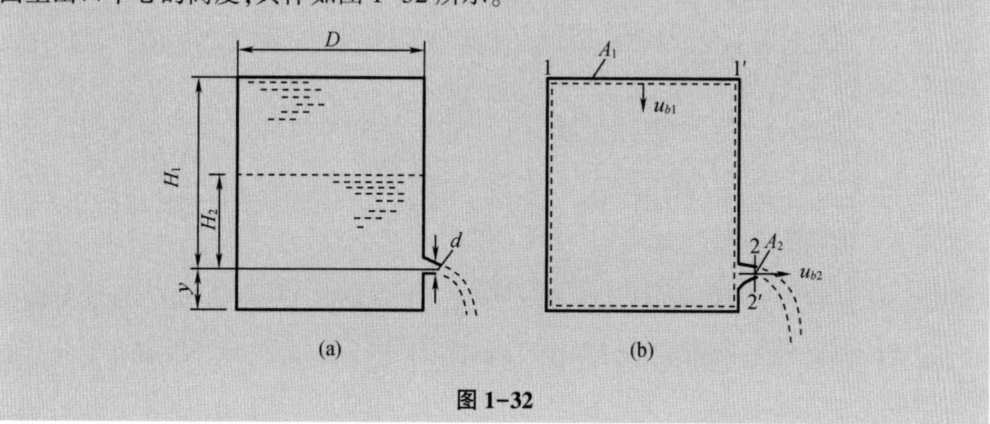

图1-32

解 控制面包括初始水面、出口断面及水箱内壁。应用连续性方程,得

$$-\rho u_{b1}A_1+\rho u_{b2}A_2=-\frac{\partial}{\partial t}(\rho V_t) \tag{①}$$

由于没有水源补充,则

$$\rho u_{b1}A_1=0$$

于是得出

$$\rho u_{b2}A_2=-\frac{\partial}{\partial t}(\rho V_t) \tag{②}$$

上式等号右边为控制体内水的质量随时间变化,即

$$-\frac{\partial}{\partial t}(\rho V_t)=-\frac{\partial}{\partial t}\rho A_1(H+y) \tag{③}$$

结合式②、式③得

$$\rho u_{b2}A_2=-\frac{\partial}{\partial t}\rho A_1(H+y)$$

即

$$\rho\sqrt{2gH}A_2=-\frac{\partial}{\partial t}\rho A_1(H+y) \tag{④}$$

分离变量并积分式④得

$$t=-\frac{2A_1}{\sqrt{2g}\cdot A_2}\sqrt{H}+C \tag{⑤}$$

初始时刻 $t=0$ 时,水位高度为 H_1,代入式⑤得

$$t=\frac{2A_1}{\sqrt{2g}\cdot A_2}(\sqrt{H_1}-\sqrt{H})$$

当水位高度为 0.5 m 时,代入已知数据求得

$$t=31.9\ \text{s}$$

故需要 31.9 s 水位才能降到指定高度。

核化工过程中存在着大量的数学运算,建议在计算时采用以下两种方法:

一是直接通过符号运算,尽可能表示出求解结果后才代入数值计算,这样可以尽量避免有效数字取舍所对应的截断误差;

二是代入数据运算过程之前,先将所有变量转化为 SI 单位制,这样可以避免出现数量级上的错误。

1.3.3 伯努利方程

对于重力场中不可压缩理想流体的沿流线的稳态元流流动,可以采用伯努利方程描述其流动过程的能量守恒,该能量守恒方程可以对流体进行受力分析后,沿运动方向对力进行积分得出。

1. 运动方程的推导

根据牛顿运动定律:微元流体所受合外力等于微元体中动量变化率。在流体区域中任意位置取一个六面体微元,流体微元上的力包括流体微元所受的体积力、微元体每个面上的法向应力和与该面平行指向两个不同方向的剪切力。微元流体的受力平衡如图 1-33 所示。

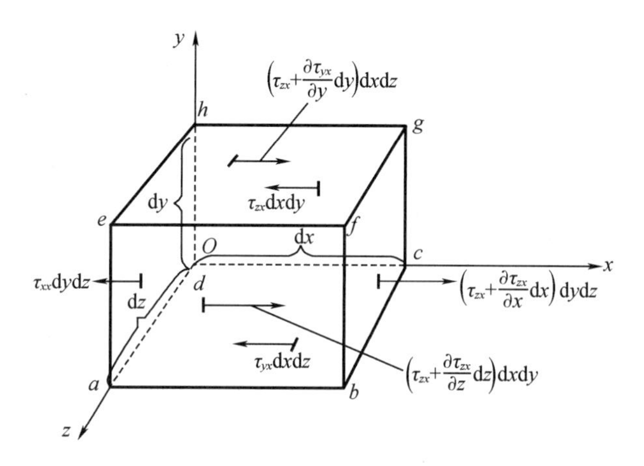

图 1-33　微元流体的受力平衡

则所取流体微元在 x 方向上的质量力为

$$F_{bx}=f_x\rho\mathrm{d}x\mathrm{d}y\mathrm{d}z$$

依据流体的连续性,其所受的力也应具有连续可导的性质,指向 x 方向的表面力之差为

$$F_{sx}=\left(\frac{\partial\tau_{xx}}{\partial x}+\frac{\partial\tau_{yx}}{\partial y}+\frac{\partial\tau_{zx}}{\partial z}\right)\mathrm{d}x\mathrm{d}y\mathrm{d}z$$

将流体微元 x 方向上动量变化率依据欧拉法进行展开,得

$$\frac{\mathrm{D}(mu_x)}{\mathrm{D}t}=\rho\mathrm{d}x\mathrm{d}y\mathrm{d}z\frac{\mathrm{D}u_x}{\mathrm{D}t}=\rho\mathrm{d}x\mathrm{d}y\mathrm{d}z\left(\frac{\partial u_x}{\partial t}+u_x\frac{\partial u_x}{\partial x}+u_y\frac{\partial u_x}{\partial y}+u_z\frac{\partial u_x}{\partial z}\right)$$

综合考虑以上各因素,即得到 x 方向上流体运动方程的微分形式为

$$\rho\left(\frac{\partial u_x}{\partial t}+u_x\frac{\partial u_x}{\partial x}+u_y\frac{\partial u_x}{\partial y}+u_z\frac{\partial u_x}{\partial z}\right)=\frac{\partial\tau_{xx}}{\partial x}+\frac{\partial\tau_{yx}}{\partial y}+\frac{\partial\tau_{zx}}{\partial z}+\rho f_x \tag{1-43}$$

同理,可得出 y 与 z 方向上流体运动方程的微分形式。

在前文得到的微分运动方程中,包含流体微元各面上的应力。对于牛顿型流体,其所受应力与其形变速率之间存在联系,描述应力与形变速率之间关系的方程称为本构方程。本构方程的推导方法超出本课程的范围,这里仅介绍本构方程的表达式。在三维流动中流体所受的剪切力与其相应的两方向的形变速率有关,其关系为

$$
\begin{cases}
\tau_{xy}=\tau_{yx}=\mu\left(\dfrac{\partial u_x}{\partial y}+\dfrac{\partial u_y}{\partial x}\right)\\
\tau_{xz}=\tau_{zx}=\mu\left(\dfrac{\partial u_x}{\partial z}+\dfrac{\partial u_z}{\partial x}\right)\\
\tau_{yz}=\tau_{zy}=\mu\left(\dfrac{\partial u_y}{\partial z}+\dfrac{\partial u_z}{\partial y}\right)
\end{cases}
\tag{1-44}
$$

法向应力由两部分构成:其一是流体的压力,使流体微元被压缩;其二是由于流体黏性使流体微元法线方向上承受拉伸或压缩,其表达形式为

$$
\begin{cases}
\tau_{xx}=-p+2\mu\dfrac{\partial u_x}{\partial x}-\dfrac{2}{3}\mu\left(\dfrac{\partial u_x}{\partial x}+\dfrac{\partial u_y}{\partial y}+\dfrac{\partial u_z}{\partial z}\right)\\
\tau_{yy}=-p+2\mu\dfrac{\partial u_y}{\partial y}-\dfrac{2}{3}\mu\left(\dfrac{\partial u_x}{\partial x}+\dfrac{\partial u_y}{\partial y}+\dfrac{\partial u_z}{\partial z}\right)\\
\tau_{zz}=-p+2\mu\dfrac{\partial u_z}{\partial z}-\dfrac{2}{3}\mu\left(\dfrac{\partial u_x}{\partial x}+\dfrac{\partial u_y}{\partial y}+\dfrac{\partial u_z}{\partial z}\right)
\end{cases}
\tag{1-45}
$$

三维情况下本构方程由上述九个变量(τ_{xy}、τ_{yx}、τ_{xz}、τ_{zx}、τ_{yz}、τ_{zy}、τ_{xx}、τ_{yy}、τ_{zz})的表达式构成,值得注意的是,本构方程中法向应力不仅包含静压强,还与流动方向上的应变有关(第二项);同时也受三个方向应变的影响,只不过对于不可压缩流体,第三项具体数值为 0。

将本构方程代入运动方程即得到牛顿型流体的运动方程的最终形式,即奈维-斯托克斯方程。

$$
\begin{cases}
\rho\dfrac{\mathrm{D}u_x}{\mathrm{D}t}=-\dfrac{\partial p}{\partial x}+\mu\left(\dfrac{\partial^2 u_x}{\partial x^2}+\dfrac{\partial^2 u_x}{\partial y^2}+\dfrac{\partial^2 u_x}{\partial z^2}\right)-\dfrac{2}{3}\mu\dfrac{\partial}{\partial x}\left(\dfrac{\partial u_x}{\partial x}+\dfrac{\partial u_y}{\partial y}+\dfrac{\partial u_z}{\partial z}\right)+\rho f_x\\
\rho\dfrac{\mathrm{D}u_y}{\mathrm{D}t}=-\dfrac{\partial p}{\partial y}+\mu\left(\dfrac{\partial^2 u_y}{\partial x^2}+\dfrac{\partial^2 u_y}{\partial y^2}+\dfrac{\partial^2 u_y}{\partial z^2}\right)-\dfrac{2}{3}\mu\dfrac{\partial}{\partial y}\left(\dfrac{\partial u_x}{\partial x}+\dfrac{\partial u_y}{\partial y}+\dfrac{\partial u_z}{\partial z}\right)+\rho f_y\\
\rho\dfrac{\mathrm{D}u_z}{\mathrm{D}t}=-\dfrac{\partial p}{\partial z}+\mu\left(\dfrac{\partial^2 u_z}{\partial x^2}+\dfrac{\partial^2 u_z}{\partial y^2}+\dfrac{\partial^2 u_z}{\partial z^2}\right)-\dfrac{2}{3}\mu\dfrac{\partial}{\partial z}\left(\dfrac{\partial u_x}{\partial x}+\dfrac{\partial u_y}{\partial y}+\dfrac{\partial u_z}{\partial z}\right)+\rho f_z
\end{cases}
\tag{1-46}
$$

奈维-斯托克斯方程对于牛顿型流体具有普遍的适用性,需根据具体情况对其进行简化。例如对于不可压缩流体、理想流体、流体定常流动、仅存在重力场等情况,均可使该方程得到简化,下面以 x 方向为例具体说明。

由连续性方程可知,对于不可压缩流体,速度的梯度为零,此时奈维-斯托克斯方程化简为四项,即

$$
\rho\frac{\mathrm{D}u_x}{\mathrm{D}t}=\rho f_x-\frac{\partial p}{\partial x}+\mu\left(\frac{\partial^2 u_x}{\partial x^2}+\frac{\partial^2 u_x}{\partial y^2}+\frac{\partial^2 u_x}{\partial z^2}\right)
\tag{1-47}
$$

式(1-47)在工程应用中具有较广的应用,式中四项分别表示惯性力、质量力、压力和黏性力。该式称为不可压缩流体的奈维-斯托克斯方程,简称为 N-S 方程。N-S 方程描述瞬时质点运动的规律,原则上讲该方程对牛顿型不可压缩流体各种流动情况具有普遍适用性,但对于湍流问题还需要添加额外的方程进行描述,这将在以后章节中详细说明。

在流体运动微分方程中忽略流体黏性即得到描述理想流体运动的欧拉方程：

$$\rho\frac{\mathrm{D}u_x}{\mathrm{D}t}=\rho f_x-\frac{\partial p}{\partial x} \tag{1-48}$$

流体定常流动时速度随时间的偏导数为零。在流速随时间变化较小的情况下，将其简化为定常问题，可以简化求解维数，甚至可以将问题化为直接解析求解的情况。

$$\rho\left(\frac{\partial u_x}{\partial x}+\frac{\partial u_y}{\partial y}+\frac{\partial u_z}{\partial z}\right)=\rho f_x-\frac{\partial p}{\partial x}+\mu\left(\frac{\partial^2 u_x}{\partial x^2}+\frac{\partial^2 u_x}{\partial y^2}+\frac{\partial^2 u_x}{\partial z^2}\right) \tag{1-49}$$

当流体所受质量力仅有重力时，假设重力方向与所选坐标系 z 轴反向，此时运动方程为

$$\begin{cases}\rho\dfrac{\mathrm{D}u_x}{\mathrm{D}t}=-\dfrac{\partial p}{\partial x}+\mu\left(\dfrac{\partial^2 u_x}{\partial x^2}+\dfrac{\partial^2 u_x}{\partial y^2}+\dfrac{\partial^2 u_x}{\partial z^2}\right)\\ \rho\dfrac{\mathrm{D}u_y}{\mathrm{D}t}=-\dfrac{\partial p}{\partial y}+\mu\left(\dfrac{\partial^2 u_y}{\partial x^2}+\dfrac{\partial^2 u_y}{\partial y^2}+\dfrac{\partial^2 u_y}{\partial z^2}\right)\\ \rho\dfrac{\mathrm{D}u_z}{\mathrm{D}t}=-\rho g-\dfrac{\partial p}{\partial z}+\mu\left(\dfrac{\partial^2 u_z}{\partial x^2}+\dfrac{\partial^2 u_z}{\partial y^2}+\dfrac{\partial^2 u_z}{\partial z^2}\right)\end{cases} \tag{1-50}$$

2. 伯努利方程的推导

运动方程所研究的是微元流体某一时刻的受力平衡规律，将运动方程沿运动路径进行积分可得出流体动力学方程（描述运动流体能量转化的方程）。这里仅对不可压缩的理想流体流动过程中能量转化规律进行研究。

重力场中理想流体运动方程整理如下：

$$\begin{cases}\rho\dfrac{\mathrm{d}u_x}{\mathrm{d}t}=-\dfrac{\partial p}{\partial x}\\ \rho\dfrac{\mathrm{d}u_y}{\mathrm{d}t}=-\dfrac{\partial p}{\partial y}\\ \rho\dfrac{\mathrm{d}u_z}{\mathrm{d}t}=-\rho g-\dfrac{\partial p}{\partial y}\end{cases}$$

将上述方程乘以各自对应方向坐标增量后相加，可得

$$\rho\left(\frac{\mathrm{d}u_x}{\mathrm{d}t}\mathrm{d}x+\frac{\mathrm{d}u_y}{\mathrm{d}t}\mathrm{d}y+\frac{\mathrm{d}u_z}{\mathrm{d}t}\mathrm{d}z\right)=-\rho g-\frac{\partial p}{\partial x}\mathrm{d}x-\frac{\partial p}{\partial y}\mathrm{d}y-\frac{\partial p}{\partial z}\mathrm{d}z$$

对于稳态流动，流线与迹线重合，即

$$\begin{aligned}\frac{\mathrm{d}u_x}{\mathrm{d}t}\mathrm{d}x+\frac{\mathrm{d}u_y}{\mathrm{d}t}\mathrm{d}y+\frac{\mathrm{d}u_z}{\mathrm{d}t}\mathrm{d}z&=\frac{\mathrm{d}x}{\mathrm{d}t}\mathrm{d}u_x+\frac{\mathrm{d}y}{\mathrm{d}t}\mathrm{d}u_y+\frac{\mathrm{d}z}{\mathrm{d}t}\mathrm{d}u_z\\&=u_x\mathrm{d}u_x+u_y\mathrm{d}u_y+u_z\mathrm{d}u_z\\&=\frac{1}{2}\mathrm{d}\boldsymbol{u}^2\end{aligned}$$

上式中矢量速度为三个速度分量的合速度，其方向与所处位置流线的切线方向一致。与此同时，方程等号右边恰好可组合出压强的全微分：

$$\frac{\partial p}{\partial x}\mathrm{d}x-\frac{\partial p}{\partial y}\mathrm{d}y-\frac{\partial p}{\partial z}\mathrm{d}z=\mathrm{d}p$$

重新整理受力平衡方程,可得

$$\rho \mathrm{d}\left(\frac{u^2}{2}\right)+\rho g\mathrm{d}z+\mathrm{d}p=0$$

在来流(截面1)与流到的位置(截面2)两处各建立一个控制截面,可得重力场中不可压缩的理想流体沿流线定常流动所满足的动力学方程,该式称作伯努利方程。

$$\frac{u_1^2}{2g}+z_1+\frac{p_1}{\rho g}=\frac{u_2^2}{2g}+z_2+\frac{p_2}{\rho g} \tag{1-51}$$

伯努利方程是流体动力学中最基本的方程,该方程需满足如下限制条件:不可压缩的理想流体在重力场中沿流线做稳态流动。式中各项的意义如下:

①z 为单位重力流体具有的位能,又称位压头,J/N;

②$\frac{p}{\rho g}$为单位重力流体所具有的压强势能,又称静压头,J/N;

③$\frac{u^2}{2g}$为单位重力流体所具有的动能,又称动压头,J/N。

伯努利方程还可以以单位重量流体所具有的能量形式写出,此时伯努利方程可看作单位重量理想流体的机械能沿流程保持不变,即为元流在不同过流断面上,单位重量流体所具有的动能和势能以及静压能之间相互转化的普遍规律。

***3. 流体流动方程组的求解**

由微分形式的连续性方程式(1-41)和N-S方程式(1-47)所构成的方程组包含四个方程,在描述不可压缩牛顿型流体层流流动问题时,方程中变量数也为四个(压力 p,流速 u_x、u_y、u_z),因而该方程组理论上是可解的。

在应用这些方程去求解流体流动问题时,应注意方程组的应用范围:一是只能直接应用于不可压缩流体,对于可压缩流体还需要结合描述流体密度与压力关系的状态方程才能求解;二是应用于牛顿型流体,对于非牛顿型流体应更改本构方程的形式;三是该方程组只适用于层流,对于湍流问题需要附加其他条件才能求解,这将在后续章节中介绍。针对某些具体问题,还可根据具体情况将方程简化后求解。

在积分求解该方程组之前,需要给出方程组解在流体边界上所需要满足的条件,称为边界条件;在求解非稳态问题时,还需给出初始时刻或某一时刻整个流场内的运动情况,称为初始条件。

在微分流体力学方程组应用于某一具体问题时,其特殊的边界条件和初始条件对求解结果有重大的影响,因而正确给出初始条件及边界条件意义重大。在某一问题求解时,可以根据该问题解的特点提出不同的边界条件和初始条件,但在给出这些条件时应注意两点:其一是物理上正确,即所给边界条件应符合方程组解的特点;其二是数学上不多不少,使所提出问题能够应用数学工具和方法求解。

当上述方程描述非稳态流动问题时,流速和压强随时间变化,求解方程时需要给出某一时刻流速与时间的值,称为方程求解的初始条件。初始条件形式为

$$\begin{cases} u(x,y,z)=u_0(x,y,z) \\ p(x,y,z)=p_0(x,y,z) \end{cases} \tag{1-52}$$

边界条件是指求解微分方程时除时间项以外对于其他自变量所需的定解条件。对于任一自变量,均需与之相对应的边界条件。对于整个微分方程组来说,求解该方程组某一待求变量所对应边界条件的个数与该变量在该方程组中对所有自变量最高阶导数之和相对应。

对于未简化的连续性方程及运动方程组成的方程组,需要的初始条件及边界条件为:

①初始时刻 t_0 时的速度以及压力的表达式;

②x 轴上两个边界位置处速度以及某一边界上压力的表达式;

③y 轴上两个边界位置处速度以及某一边界上压力的表达式;

④z 轴上两个边界位置处速度以及某一边界上压力的表达式。

依据边界条件的数学形式将边界条件分为如下三种不同的类型。

(1)第一类边界条件,又称狄利克雷(Dirichlet)边界条件。这类边界条件直接给出物理量在边界上的数值或代数表达式。如圆管出流口处对应压力为大气压力,即 $p=p_0$。

(2)第二类边界条件,又称纽曼(Neumann)边界条件。这类边界条件直接给出物理量的导数在边界上的数值或表达式。如圆管层流管道中心处速度达极值:$\left.\frac{\partial u}{\partial r}\right|_{r=0}=0$。

(3)第三类边界条件,又称混合边界条件。在这类边界条件中既含未知的物理量又含有该物理量的导数项。

在实际求解过程中,往往可以根据系统的特殊性来使方程组形式得到简化,所需的初始条件及边界条件的个数也会相应地减少。初始条件以及边界条件往往在某些特殊位置给出,下面来介绍常用的初始条件及边界条件的给定方法。

边界条件往往是依据自变量和因变量的特性给出的。例如,依据自变量的特殊值、边界上因变量的连续性以及相界面处的平衡状态给出。具体如下。

①依据自变量的特殊值确定边界条件

在某些特定位置上,流体的运动状态是已知的。例如,在管道流动方向 z 上,在入口位置($z=0$)或管道出口($z=L$),流动的某些条件是可以确定的。在管道入口,流体的静压头以及总压头是可测的;在管道出口位置上,可以根据出口处的压强确定流体的压强。

②依据边界上因变量的连续性确定边界条件

流体流动的因变量的连续性也是确定流体流动边界条件的重要方法。例如管流在管道中心位置上,流体流速为径向上的最大值,相应的径向上速度梯度为零,即

当 $r=0$ 时

$$u=u_{\max}$$

由于速度是连续变化的,故最大速度也意味着该位置处速度的梯度为零,即

当 $r=0$ 时

$$\frac{\mathrm{d}u}{\mathrm{d}r}=0$$

③依据相界面处的平衡状态确定边界条件

流体边界可以分为流固交界面和流体交界面,在交界面处边界条件是较容易确定的。

a. 流固交界面　在流体与固体壁面的交界面上,流体的黏性使得紧贴壁面的一层流体

相对固体壁面无滑移,即

$$u|_{流}=u|_{固}$$

另外流体质点无法穿越固体壁面,流体在固体表面流速的法向分量为零,即

$$u_n|_{流}=0$$

b. 流体交界面　对于不互溶的两种流体流动过程中,可以呈现出多种流动状态。当不互溶流体形成稳定的相界面后,两相边界条件与流固交界面的情况类似:在两相流动方向上交界面两侧流速相等,即

$$u|_{流A}=u|_{流B}$$

两相界面所受的剪切力达到平衡,即

$$\tau_A=-\mu_A\frac{\partial u_A}{\partial y}=\tau_B=-\mu_B\frac{\partial u_B}{\partial y}$$

由于微分方程求解的复杂性,只有在极简情况下才能对描述流体运动的方程组进行解析求解。求解运动方程组,往往需要使用数值计算的方法。采用数值计算方法,通过计算机求解控制流体流动的方程组,进而研究流体运动规律。

计算机在数值计算领域的应用,使得数值求解方法迅速发展,计算流体力学(computational fluid dynamics,CFD)已成为流体力学研究的重要方法之一。

CFD 是通过计算机数值计算和图像显示,对流体流动及其他相关的物理现象所做的分析。CFD 的基本思想可归结为:把原来在时间域及空间域上连续的物理量的场(如速度场和压力场等),用一系列有限个离散点上的变量值的集合来代替,通过一定的原则和方式建立起关于这些离散点上场变量之间关系的代数方程组,求解方程组即可得到场变量的近似值。

CFD 可以看作在流体运动基本方程(连续性方程、运动方程等)控制下对流动的数值模拟。通过这种数值模拟,可以得到极其复杂问题的流场内各个位置上的基本物理量(如速度、压力等)的分布以及这些物理量随时间变化的情况,确定流体的流量、多相流动时体积分数等,还可依此算出其他物理量,如旋转式流体机械的扭矩、水力损失等。此外,CFD 与 CAD 联合,还可进行结构优化设计等。

在计算流体力学中,除了以上描述流体运动的方程组外,往往还需要其他的守恒方程,如对于湍流问题所附加的湍流应力方程、描述多相流及多相流相间作用力的方程、描述传热问题的能量守恒方程、描述相间质量传递的对流扩散方程、描述离散相大小及尺寸分布的群体平衡方程等。对于不同的问题需要根据考察问题的角度来选择适当的方程,而通过所选择方程的求解来描述相应的过程。在整个计算流体力学中,描述流体运动的基本方程是不可或缺的。

采用 CFD 的方法对流体流动进行数值模拟,通常包含如下步骤。

第一,建立反映工程问题或物理问题本质的数学模型。具体地说,就是要建立反映问题各种物理量间关系的微分方程及相应的定解条件,这就是数值模拟的出发点。没有正确、完善的数学模型,数值模拟就毫无意义。流体的基本控制方程包括连续性方程、运动方程等,以及与这些方程相对应的一些定解条件。考虑不同因素所建立的针对具体情境的基本方程是不同的,控制方程的不同必然导致计算结果的不同;另外,相同的控制方程不同的

初始及边界条件下，也会得到不同的求解结果。正是因为对于不同情境的数值计算会得到不同的计算结果，数值计算又称为数值实验。

第二，寻求高效率、高准确度的计算方法，即建立针对控制方程的数值离散化方法，如有限差分法、有限元法、有限体积法等。这里的计算方法不仅包括微分方程的离散化方法及求解方法，还包括对边界条件的处理方法。这些内容是数值计算方法的核心。

第三，编程和计算。这部分工作包括计算网格的划分、边界条件及初始条件的输入、迭代初值的设定、求解结束(收敛)的判定等。这里所指的迭代初值与控制方程所需要的初始条件并不相同，它是指数值求解计算初期给每一个网格节点上预设的初值。理论上讲，它只影响数值计算收敛的速度，而不会影响最终的结果。在控制方程的作用下，随着迭代过程的进行，网格节点上的物理量逐渐趋于定值，此时各网格上的数值与相应位置上的物理量是一一对应的。

第四，显示并检查计算结果。由于所求解的方程组高度耦合的特点，数值上的收敛解不一定反映物理量的真值，所以需要通过实验对计算结果进行验证。通过数值计算结果与实验结果的对比，还可对数值模型进行优化和改进，为相似体系的建模和求解打下基础。

以上各步骤构成了 CFD 数值模拟的全过程。随着流体力学理论以及计算机应用的发展，计算流体力学成为辅助实验的设计手段，在将来的工程设计过程中，将发挥更大的作用。

CFD 的优点是适应性强、应用面广。首先，数值计算方法克服了流体运动方程难于解析求解的不足，可以根据这些基本方程给出符合工程需要的数值解；其次，可以利用计算机进行各种数值实验，从而丰富和改进设计方案，得到较优的设计结果；再次，它不受物理模型和实验模型的限制，能给出详细的流场信息，容易模拟出特殊尺寸、有毒、易燃或放射性体系的流体力学性能。

CFD 也存在一定的局限性。首先，数值解法是一种离散近似的计算方法，依赖于物理上合理、数学上适用、适合于计算机上离散的有限数学模型，而且最终结果也不是解析表达式，只限于离散点上的数值解，并有一定的计算误差；其次，它不像物理模型实验那样能一开始就给出流动现象并定性描述，往往需要由原体观测或物理模型实验提供某些流动参数；再次，数值求解过程需要一定的经验及技巧，同时由于舍入误差的存在和累积可能导致求解结果偏离物理量的真值，因此求解结果尚需实验验证；最后，因 CFD 涉及大量数值计算，因此常需较高的计算机软硬件配置。

目前，CFD 已发展为一门独立的学科。随着流体力学理论以及数值求解方法的发展，CFD 将会有更广阔的发展空间。

本章符号说明

符号	意义	计量单位
ρ	密度	kg/m^3

符号	意义	计量单位
m	质量	kg
V	体积	m^3
β	压缩系数	MPa^{-1}
p	压强	Pa
τ	剪应力	N/m^2
μ	动力黏度	Pa·s
u	平均流速	m/s
y	距离	m
ν	运动黏度	m^2/s
σ	表面张力	N/m
A	面积	m^2
l	特征长度	m
L_P	流道的润湿周边	m
Re	雷诺数	无量纲数
d	直径	m
r	半径	m
f_x	单位重量流体在 x 轴方向所受的质量力	m/s^2
下标 x、y,z	坐标轴方向	
M_{air}	空气分子质量	kg/kmol
u_x	x 轴方向分速度	m/s
a	加速度	m/s^2
t	时间	s
u_b	平均流速	m/s
q_v	体积流量	m^3/s
T	温度	℃
$\boldsymbol{u}$	速度矢量表达式，$\boldsymbol{u}=u_x\boldsymbol{i}+u_y\boldsymbol{j}+u_z\boldsymbol{k}$	
$\boldsymbol{i}$、$\boldsymbol{j}$、$\boldsymbol{k}$	直角坐标系中 x、y、z 三个坐标轴方向	
z	单位重量流体具有的位能,又称位头	J/N
$\frac{p}{\rho g}$	单位重量流体所具有的压强势能,又称静压头	J/N
$\frac{u^2}{2g}$	单位重量流体所具有的动能,又称动压头	J/N

习　　题

一、填空题

1. 黏性流体流动过程中机械能损失是克服________力做功导致的，这部分能量将最终转化为________能。

2. 写出下列物理量的 SI 单位：τ________，ν________，μ________，σ________。

3. 从物质基本属性来看，流体具有动力黏度根本原因是________________________，对于层流运动牛顿内摩擦定律的形式是________。

4. 已知水在环隙中流动，内管外径为 1 cm，外管内径为 2 cm，则其当量直径 d_e 为________，当水流速为 0.01 m/s 时，对应的流动状态为________，此时动能修正系数取值为________。

5. 流体静压强的特性包括____________________和____________________。

6. 静止流体中曲面受力的水平分力等于________，垂直分力等于________。

7. 静止流体平衡微分方程的形式是____________________，当仅在 z 轴负方向存在重力场时，该方程可化简为____________________。

8. 流线是某一瞬时假想的一条空间曲线，该曲线具有________的特点。在________条件下，流线与迹线重合。

9. 元流是指________，总体流动是指________。当计算一维流体动力学方程时，二者的关系为________。

二、选择题

1. 关于流体及其受力，下列说法错误的是　　(　　)

A. 流体连续性是指将流体建模为连续的质点，质点间的间隙小于或等于分子运动的平均自由程

B. 流体质点宏观上充分小是指质点宏观上体积可忽略，相应的微元系统受力分析时体积内含无穷多质点

C. 流体质点微观上充分大是指质点内含无穷多分子，相应湍流中质点瞬时物理量也是单值的

D. 流体静止状态仅仅指流体质点间不存在相互运动，此时表面力中仅存压力

2. 关于流体及其受力，以下说法正确的是　　(　　)

A. 静止流体不具备抵抗外力变形的能力

B. 可以使用描述连续流体的受力平衡方程描述两相流动中离散相的运动

C. 三维流场中任取平面均存在三个方向的表面力，其中垂直表面的应力即为压力

D. 以上都不对

3. 流体运动黏度可以写为 $\nu=\mu/\rho$，其意义是　　(　　)

A. 表征流体抵抗外力变形的能力

B. 量纲为“1”,使方程形式简化

C. 与湍流运动黏度对应,使方程符合守恒型方程形式

D. 以上都不对

4. 理想流体是指 ( )

A. 静止流体

B. 运动流体

C. 忽略黏性的流体

D. 忽略密度变化的流体

5. 流体的动力黏度 μ 与哪些因素有关 ( )

A. 流体的种类、温度、体积

B. 流体的种类、压力、体积

C. 流体的种类、温度、压力

D. 流体的温度、压力、体积

6. 关于流体的连续性,下述说法正确的是 ( )

A. 流体的连续性假设规定质点是组成流体的基本单位,所有流体均满足这一假设

B. 质点在微观上充分小,即在流体中划分任意有限体积中均包含无数多的质点

C. 流体的连续性假设使得流体物理量在数学上呈现出单值、连续、可微的特性,但这里的物理量必须为标量,而不能为矢量

D. 在离散相液滴(气泡)存在的两相流动问题中,离散相的物理量在宏观上不满足连续性,即呈阶跃式变化

7. 如图 1-34 所示四个敞口容器,底面积与水深均相同,(2)号和(3)号容器内液体体积相同,则作用在容器底面上的压力的大小关系为 ( )

A. $F_{p1}>F_{p2}>F_{p3}>F_{p4}$ B. $F_{p1}<F_{p2}<F_{p3}<F_{p4}$ C. $F_{p4}>F_{p1}>F_{p2}=F_{p3}$ D. $F_{p1}=F_{p2}=F_{p3}=F_{p4}$

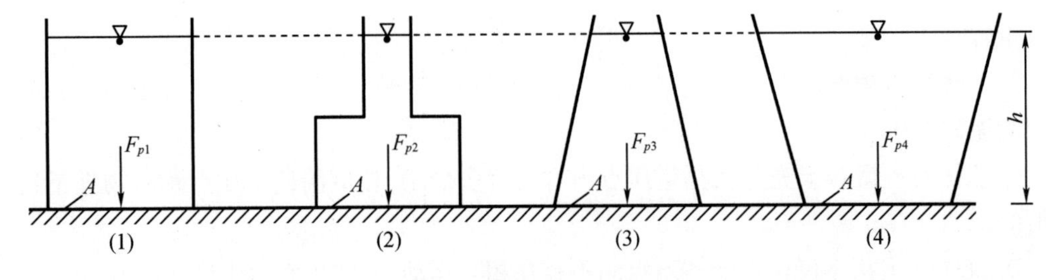

图 1-34

8. 下列哪一项不是在流场(流体流动的空间)中真实存在的 ( )

A. 元流 B. 迹线 C. 流线 D. 总体流动

三、分析题

1. 试从力学角度分析、比较流体与固体对外力抵抗能力的差异。

2. 什么是连续介质假设,其意义是什么?

3. 流体黏性的成因是什么，液体与气体黏性随温度的变化规律有何异同，原因是什么？

4. 直径为 50 mm 的肥皂泡，内外压差为 19.2 N/m^2，试求膜的表面张力。

5. 计算下列管道当量直径：边长为 l 正方形管道；内径 r_1、外径 r_2 的环形管道。

6. 计算流体在换热器壳程（管外）流动时的当量长度，已知管子排列方式为正三角形排列（图 1-35），换热管中心距为 l，换热管外径为 d_0。

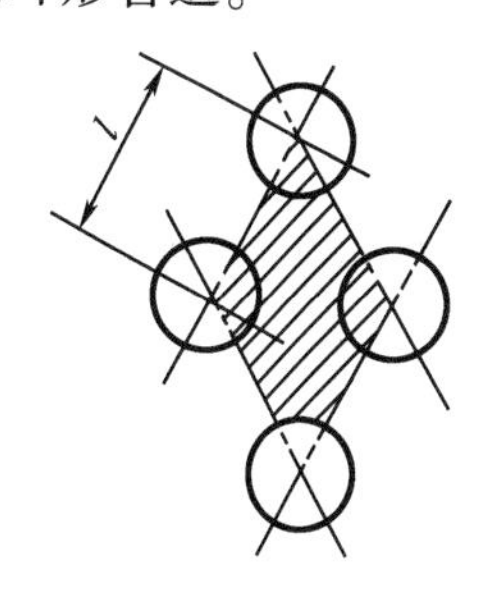

图 1-35

7. 按作用方式将如下各种力分类：重力、压力、引力、摩擦力、惯性力。

8. 简述湍流与层流的差异，试列举生活中层流或湍流现象。

9. 写出流体平衡微分方程表达式并依此定义等压面。

10. 写出伯努利方程的应用条件并叙述各项意义。

11. 根据图 1-36，通过分析元流流体受力及运动来证明伯努利方程。

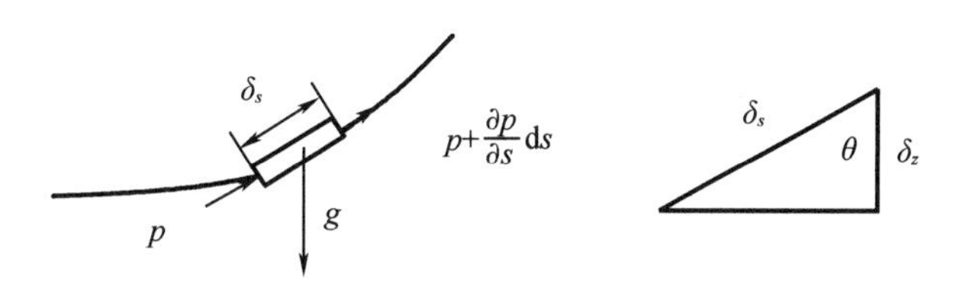

图 1-36

四、计算题

1. 20 ℃ 的水在半径为 r_i 的圆管内流动，测得壁面处的速度梯度为 $\frac{\mathrm{d}u}{\mathrm{d}t}=-1\ 000$ L/s，试求壁面处的动量通量。

2. 如图 1-37 所示，截锥以衡定速度 ω 旋转，黏度为 μ 的油充满厚度为 δ 的间隙，忽略截锥下表面油的运动，写出计算所需力矩的关系式（假设环隙中流体速度线性变化）。

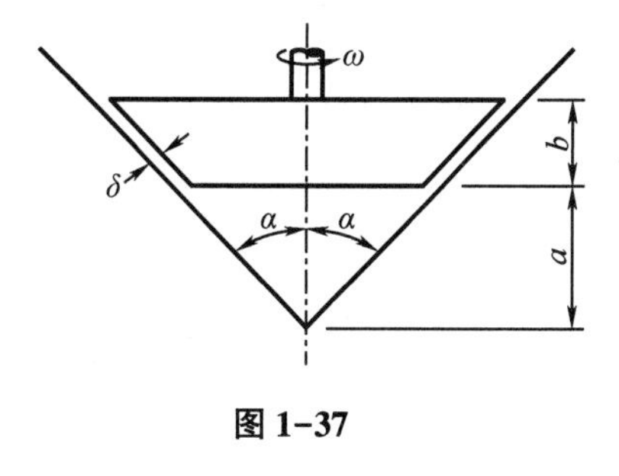

图 1-37

3. 有一装水的储槽，直径为 1 m、高为 3 m。现由槽底部的小孔向外排水。小孔的直径为 4 cm，测得水流过小孔时的流速 u_0 与槽内水面高度 z 的关系为：$u_0=0.62\sqrt{2gz}$（m/s），试求放出 1 m^3 水所需的时间。

4. 某液体以稳态在 75 mm 的管中流动，其质点流速与离管中心的距离关系如表 1-5 所示，求管内平均流速。

表 1-5

位置/mm	0	3.75	7.50	11.25	15.00	18.75	22.5	26.25	30.00	33.75	35.625	37.5
流速/($m \cdot s^{-1}$)	1.042	1.033	1.019	0.996	0.978	0.955	0.919	0.864	0.809	0.699	0.507	0

5. 如图 1-38 所示远距离测量油、水两相界面位置的装置。已知两吹气管出口的距离为 H=1.2 m,U 形管压差计指示液为水银,密度为 13 600 kg/m³。水的密度为 1 000 kg/m³,油密度为 820 kg/m³。求当压差计读数为 83 mm 时,相界面与油层的吹气管出口间的距离 h。

6. 试根据图 1-39 分析吹气法测量液位的原理,并由高度数值以及流体密度推导出压力表达式(符号推导)。

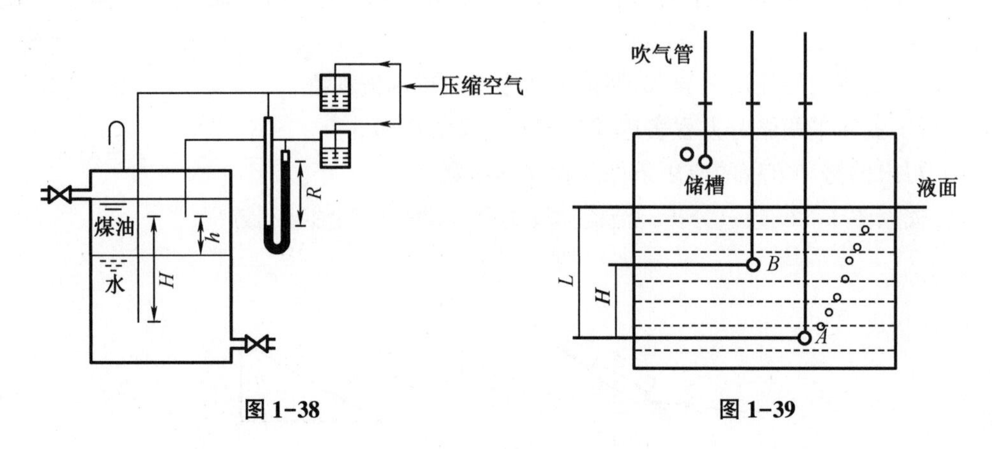

图 1-38　　图 1-39

7. 如图 1-40 所示储油罐中盛有密度为 960 kg/m³ 的油,油面高于罐底 9 600 mm,油面上方为常压。在罐侧壁下有一 760 mm 的人孔,其中心距罐底 800 mm,孔盖用 14 mm 的钢制螺钉紧固。若螺钉工作应力取为 4 000 N/cm²,问需多少螺钉?(取偶数个)。

8. 如图 1-41 所示的储水容器,其壁面上有一半球形的盖。设 d=0.5 m,h=1.5 m,H=2.5 m。试求作用在盖上的液体总压力。

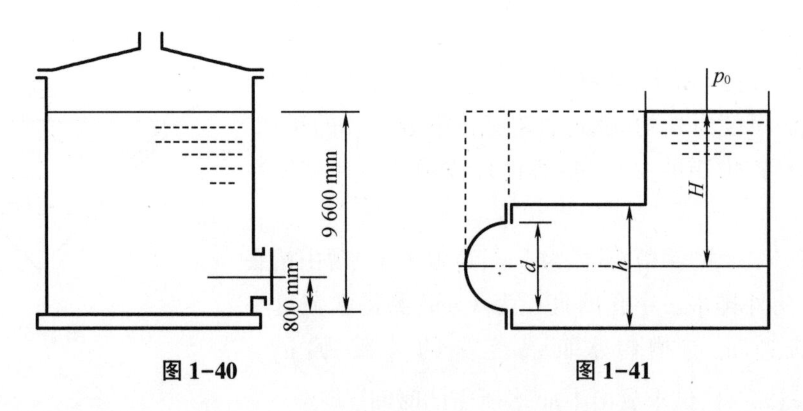

图 1-40　　图 1-41

9. 如图 1-42 所示,用一微压差计测皮托管流速计测量气体管路中的压强差,两液体密度分别为 900 kg/m³ 和 1 000 kg/m³,U 形管内径为 8 mm,扩大室内径为 80 mm,测得读数为 200 mm,求压差为多少?若扩大室内径为 40 mm,则读数为多少?读数时忽略扩大段液位变化,两种情况下误差各为多少?

10. 气体流经一段直管,压降为 160 Pa,拟分别用 U 形管压差计及双杯微压差计测压强降。U 形管中采用 ρ_A 为 1 594 kg/m³ 的四氟化碳为指示液体,微压差计采用 ρ_1 = 877 kg/m³

的酒精水溶液和 $\rho_2=830\ \text{kg/m}^3$ 的煤油为指示液体。微压差计液杯直径 $D=80$ mm，U 形管直径 6 mm，装置如图 1-43 所示，试求：

(1) R_1 读数为多少？若读数误差为±0.5 mm，相对误差为多少？

(2) 微压差计读数为多少？若读数误差为±0.5 mm，相对误差为多少？

(3) 若忽略液位变化，引起的误差为多少？

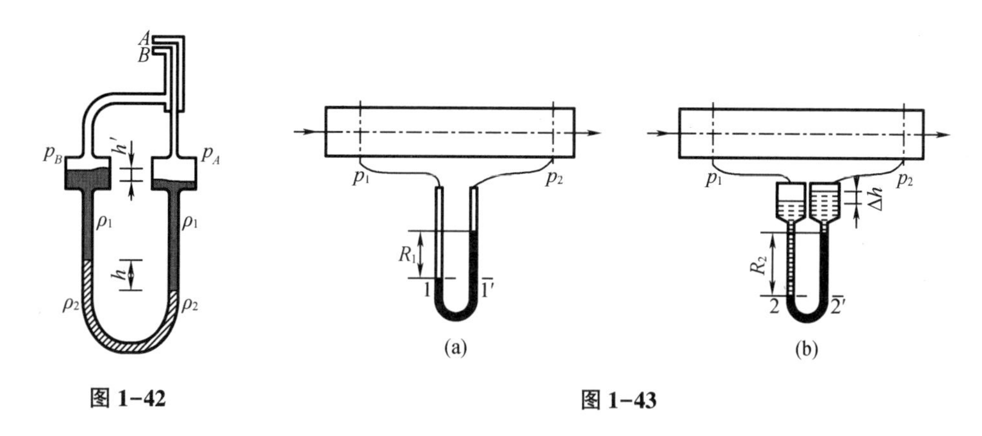

图 1-42　　图 1-43

11. 已知某不可压缩黏性流体速度场为 $u_x=2.5x^2z$、$u_y=3xyz$、$u_z=-4xz^2$，问该速度场是否合理？如果不合理说明理由；如果合理求解 (1,1,1) 位置处质点的加速度。

12. 如图 1-44 所示的马利奥特容器，内径为 800 mm，其上端封闭，在容器侧面接一通大气的小管 B，液体（水）自下端管 A（内径 25 mm）流出。试根据图示尺寸，确定排出液体所需的时间（不计流动阻力）。

13. 如图 1-45 所示，从横截面积足够大的高位槽向下排水，已知管径为 d，液面与排出口高度差为 H。

(1) 写出此时平均流速的计算式。

(2) 当液面与排出口高度差为 $2H$ 时，距液面 H 处截面平均流速为多少？（不计流动阻力，并假设流体始终充满管路）。

(3) 求平均流速不随管长变化的极限高度 H_{max}。

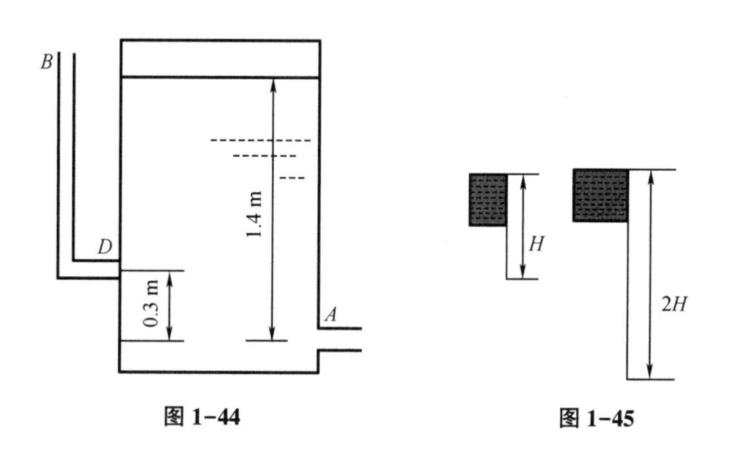

图 1-44　　图 1-45

第 2 章　流动阻力与管路水力计算

本章将介绍单管及管路系统的管路水力计算方法，包含一维流体动力学方程、沿程阻力系数、局部阻力系数以及复杂管路水力计算等。

2.1　实际流体总体流动的机械能衡算方程

*2.1.1　伯努利方程的意义

根据热力学第一定律，流体流动时，单位重量流体的能量守恒方程为

$$q-\Delta U=\frac{1}{2}\Delta u_b^2+g\Delta z+\Delta\left(\frac{p}{\rho}\right)+w_{\mathrm{i}} \tag{2-1}$$

式(2-1)中各项分别为热量(q)、热力学能变化(ΔU)、动能(ΔU_b)、势能($g\Delta E$)、维持工质运动的流动功$\left[\Delta\left(\frac{p}{\rho}\right)\right]$和由流体机械所输入的能量($w_{\mathrm{i}}$)。在某些特定的稳流过程建模时，该方程又可进一步简化。

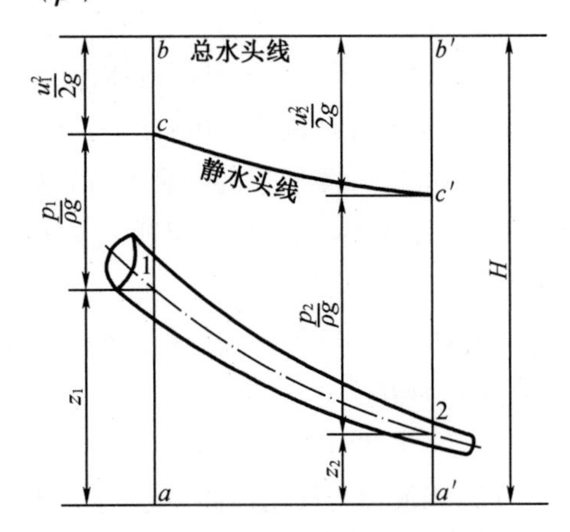

图 2-1　理想流体水头线示意图

对于该方程所描述的控制体做如下假设：所选控制体为沿流线的元流；不可压缩流体，其密度为常数；理想流体不具有黏性，因而不会发生由机械能向内能的转换；控制体内温度与环境相同时，不会发生热量的交换；控制体内不存在流体输送机械，机械功输入为零。在满足以上条件时，流体的能量守恒方程变为

$$\Delta z+\frac{\Delta p}{\rho g}+\frac{\Delta u^2}{2g}=0 \tag{2-2}$$

伯努利方程可以看作重力场中理想流体的机械能守恒方程：单位重量流体具有的位势能即位置压头；单位重量流体所具有的压强势能即静压头；单位重量流体所具有的动能即动压头；单位重量流体的总机械能即总水头。

例 2-1　水流通过如图 2-2 所示的管路流入大气，已知 U 形管中水银柱高度差 $\Delta h=0.2$ m，$h_1=0.72$ mH_2O，管径 $d_1=0.1$ m，管嘴出口直径 $d_2=0.05$ m，不计水头损失，试求管中流量 q_v。

解　先计算 1-1′断面管路中心的压强。根据等压面 AB 上压强相等，有

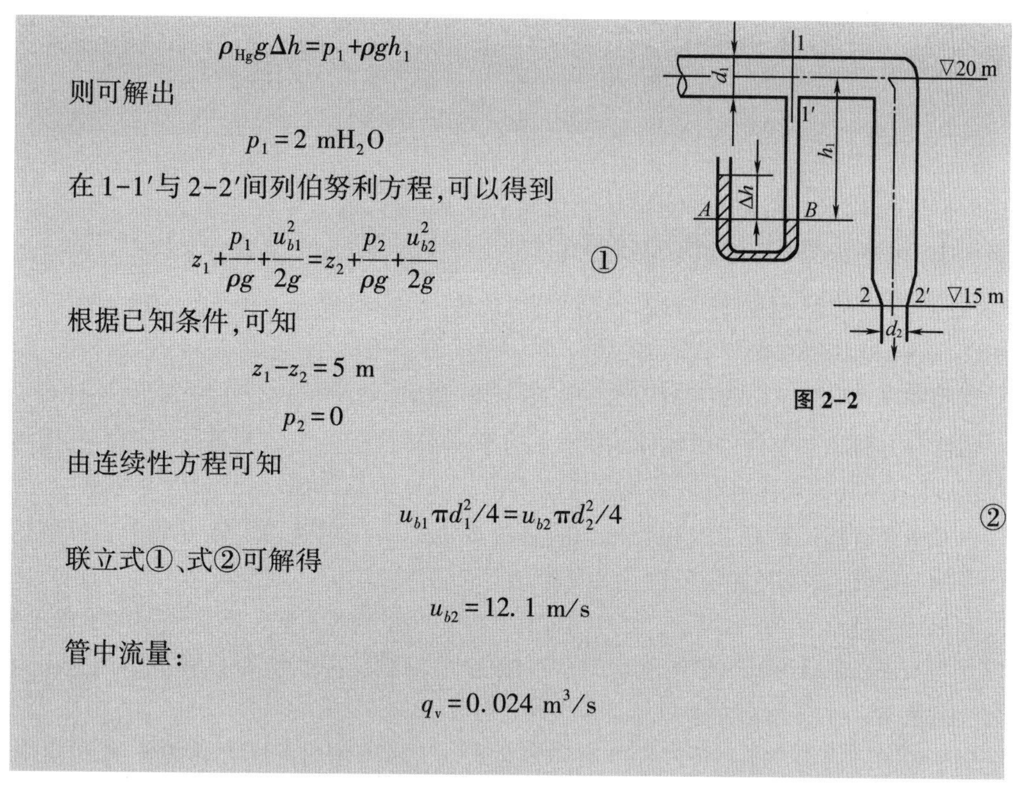

$$\rho_{Hg} g\Delta h = p_1 + \rho g h_1$$

则可解出

$$p_1 = 2\ \mathrm{mH_2O}$$

在 1-1′与 2-2′间列伯努利方程，可以得到

$$z_1 + \frac{p_1}{\rho g} + \frac{u_{b1}^2}{2g} = z_2 + \frac{p_2}{\rho g} + \frac{u_{b2}^2}{2g} \quad ①$$

根据已知条件，可知

$$z_1 - z_2 = 5\ \mathrm{m}$$

$$p_2 = 0$$

由连续性方程可知

$$u_{b1}\pi d_1^2/4 = u_{b2}\pi d_2^2/4 \quad ②$$

联立式①、式②可解得

$$u_{b2} = 12.1\ \mathrm{m/s}$$

管中流量：

$$q_v = 0.024\ \mathrm{m^3/s}$$

图 2-2

伯努利方程适用于理想流体元流稳态流动且无外功加入的情况，而对于黏性流体，有机械功输入与总体流动的情况时，方程形式将发生变化，下文将对此一一进行分析。

2.1.2　一维黏性流体动力学方程

1. 微元流束

在密度为 ρ 流管中取任意一束流体微元，其截面积为 A，周长为 L，沿流线方向对其进行受力分析，在稳态、不可压缩流体条件下得

$$-\rho g\frac{\partial z}{\partial s} - \frac{\partial p}{\partial s} - \frac{\tau L}{A} = \rho u\frac{\partial u}{\partial s} \tag{2-3}$$

理想流体沿流线的流动示意图如图 2-3 所示。

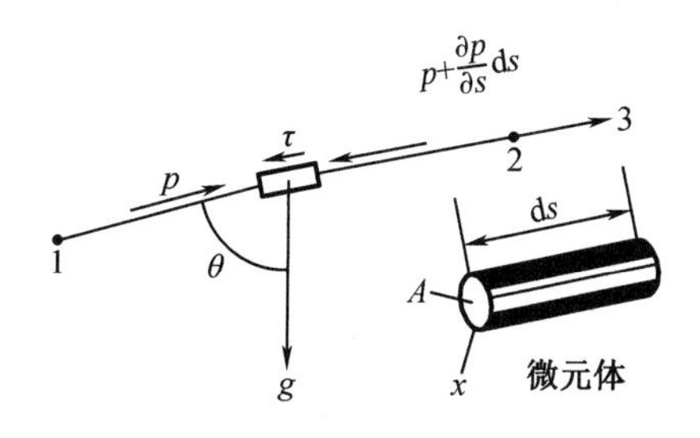

图 2-3　理想流体沿流线的流动示意图

将式(2-3)沿流线方向积分得

$$\frac{p_1}{\rho g}+z_1+\frac{u_{b1}^2}{2g}=\frac{p_2}{\rho g}+z_2+\frac{u_{b2}^2}{2g}+\frac{\tau Ls}{\rho gA} \tag{2-4}$$

式(2-4)与理想流体伯努利方程式(1-51)唯一的差别就是添加了单位重量流体由于摩擦而损失的能量。该项的单位与其他几项一致,因而代表了单位重量流体的水头损失。将水头损失项用 h_l 表示,得到不可压缩流体沿流线稳态流动时的动力学方程:

$$\frac{p_1}{\rho g}+z_1+\frac{u_{b1}^2}{2g}-h_l=\frac{p_2}{\rho g}+z_2+\frac{u_{b2}^2}{2g} \tag{2-5}$$

2. 总体流动

伯努利方程描述单位重量流体总机械能守恒,但其推导是沿流线推导得到的。当由流线扩展到流管时,各流线所对应的流速可能不相同。对于总体流动,其包含无穷多的元流,每个元流所具有的机械能以及机械能的具体组成也不同。在描述总体流动中单位重量流体的平均能量时,需要将元流按质量流量积分得到总体流动的一维流体动力学方程。

在描述总体流动的一维流体动力学方程中,每一项仍然是单位重量流体的平均能量,单位仍为 J/N。在通过其求总体流动的总机械能时,需要将总水头乘以对应过流断面上流体的质量流量。

以单位时间内通过某过流断面的质量分别乘以实际流体伯努利方程的各项,并在总体流动过流断面上将该式进行积分,得到单位时间通过总体流动过流断面的能量方程为

$$\iint_{A_1}\left(z_1+\frac{p_1}{\rho g}\right)\rho gu\mathrm{d}A+\iint_{A_1}\frac{u_1^2}{2g}\rho gu\mathrm{d}A=\iint_{A_2}\left(z_2+\frac{p_2}{\rho g}\right)\rho gu\mathrm{d}A+\iint_{A_2}\frac{u_2^2}{2g}\rho gu\mathrm{d}A+\int_Q h_l\rho g\mathrm{d}q_v \tag{2-6}$$

式中 $\mathrm{d}A$——过流断面上微元控制面;

u——微元面上的流速,其值会随微元面位置发生变化;

h_l——微元面对应流束的水头损失;

下标 1——来流截面位置;

下标 2——流到截面位置。

现将以上五项按能量性质分为三种类型:势能积分项、动能积分项以及水头损失积分项,下面逐一进行讨论。

(1)势能积分项

势能积分项表示单位时间通过过流断面的流体势能。为表征流动的均匀程度,引入迁移加速度的概念,其定义为三维流场中速度与加速度的矢量积:$(u_x\boldsymbol{i},u_y\boldsymbol{j},u_z\boldsymbol{k})\cdot\left(\frac{\mathrm{d}u_x}{\mathrm{d}x}\boldsymbol{i},\frac{\mathrm{d}u_y}{\mathrm{d}y}\boldsymbol{j},\frac{\mathrm{d}u_z}{\mathrm{d}z}\boldsymbol{k}\right)$

当迁移加速度大小接近 0 时,将其定义为渐变流,否则是急变流,如图 2-4 所示。由图可见,渐变流有两个基本特征:一是流线之间夹角很小,即流线几乎相互平行;二是流线曲率半径很大,流线几乎是直线,因而流体所受惯性力较小,质量力仅为重力。一维流体动力学方程,须在两端面均为渐变流平面的情况下导出。

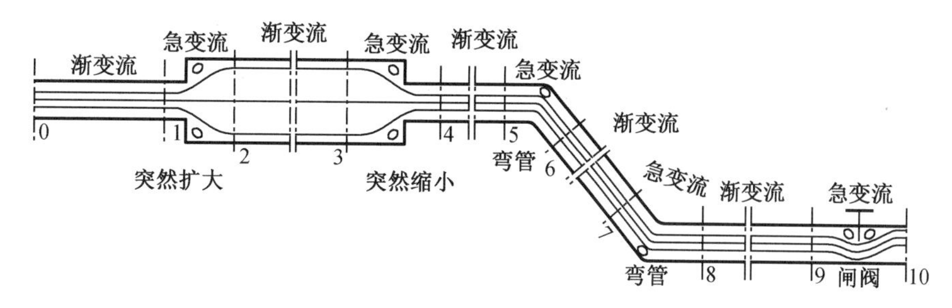

图 2-4　渐变流与急变流

在同一过流断面内的任意两点间没有任何速度分量，即同一断面上各点单位重量流体的总势能相等，即 $z+\frac{p}{\rho g}$ = 常数，这与静力学的情况颇为相似。此时对于某过流断面来说，势能项为常数，因而积分式可表示为

$$\int_A\left(z+\frac{p}{\rho g}\right)\rho gu\mathrm{d}A=\left(z+\frac{p}{\rho g}\right)\rho gq_{\mathrm{v}} \tag{2-7}$$

(2) 动能积分项

动能积分项表示单位时间内通过过流断面流体动能。因为在截面上速度 u 随位置变化，使用平均速度来表示动能简化积分。由平均速度计算的动能项与动能积分项并不相等，需要引入动能修正系数 a。在面积为 A 的截面上每一点速度均可由 u_i 来表示，则单位重量流体的动能修正系数可由下式计算：

$$\alpha=\frac{\int_A\frac{u_i^2}{2}\rho u\mathrm{d}A}{\frac{u_b^2}{2}\rho q_{\mathrm{v}}}=\frac{\int u_i^3\mathrm{d}A}{2u_b^3A} \tag{2-8}$$

由动能修正系数的定义式(2-8)可以看出，其大小与速度分布的形式有关。一般而言，层流在与流速垂直的截面上速度变化较大，对于圆管层流常取动能修正系数为 2；而湍流速度梯度相对较小，a 为 1.01~1.05。在某些情况下不需要求动能修正系数的具体值，习惯上假设湍流情况下 $a=1$；而层流情况下常因流速一般较小而忽略流体的动能项。

(3) 水头损失积分项

水头损失积分项表示单位时间两过流断面间总体流动克服阻力做功所引起的机械能损失。对于每一元流均可计算出其水头损失，而用积分每一元流上的水头损失的方法计算总水头损失的方法较为复杂。根据中值定理，可以使用两过流断面上单位重量流体的平均能量损失来计算总的水头损失：

$$\int_Q h_1'\rho g\mathrm{d}q=\rho gh_1q_{\mathrm{v}} \tag{2-9}$$

总体流动管路中的水头损失由两部分构成：沿程阻力损失和局部阻力损失。沿程阻力损失可用壁面剪应力表示，但对于某一管路来说壁面剪应力较难获得。为了使沿程阻力的计算更有普遍性的意义将使用管路长度、直径、平均速度等变量来计算沿程阻力。局部阻力损失指流体流过阀门和孔口等管件时造成压头损失。它可以将阀门和孔口等管件转化为当量长度，然后利用沿程阻力的计算方法来计算，也可以定义局部阻力系数后直接利用平均速度来计算。压头损失的计算方法将结合管路中各种流动状态来进行介绍。

$$h_f=\frac{4\tau_0 S}{\rho g D} \tag{2-10}$$

$$h_l=\sum h_f+\sum h_r \tag{2-11}$$

将方程中各项进行整理,并化简得到一维流体动力学方程:

$$\frac{p_1}{\rho g}+z_1+\frac{a_1 u_{b1}^2}{2g}=\frac{p_2}{\rho g}+z_2+\frac{a_2 u_{b2}^2}{2g}+h_l \tag{2-12}$$

一维流体动力学方程由左至右依次为来流平面上单位重量流体的平均机械能、流到平面上单位重量流体的平均机械能、单位重量流体的水头损失。

一维流体动力学方程是流体动力学中应用最广的基本方程之一,在工程实践中有着重要作用。在应用该方程时应注意以下几点。

(1)满足方程基本条件:不可压缩流体的稳态流动;质量力仅为重力。

(2)准确选取过流断面。所计算的控制体边界过流断面必须选在均匀流或者渐变流区域,而对于两端面间的流动并不一定为均匀或者渐变流动。

(3)两过流断面之间没有能量输入和输出。

(4)总体流动的流量沿程不变。

应用式(2-12)时还应注意:因为位能是相对于固定基准面提出的,分析各断面位能时必须选取相同的基准面。严格来讲,各断面上的动能修正系数均不为1.0,且在不同断面上有不同的取值;但是工程操作中多为湍流,其数值接近1.0,今后除特别说明外,湍流的动能修正系数可近似取为1。

例2-2 如图2-5所示,水通过倾斜变径管段($A\to B$)流动。已知内径$d_1=100$ mm,内径$d_2=200$ mm,水的流量$q_v=120$ m³/h,在截面A与B处接一U形管水银压差计,其读数$R=28$ mm,A、B两点间垂直距离$h=0.3$ m。试求:

(1)A、B两截面间压强差;

(2)A、B管段的流动阻力;

(3)将管路水平放置后A、B两截面间压强差及U形管读数的变化。

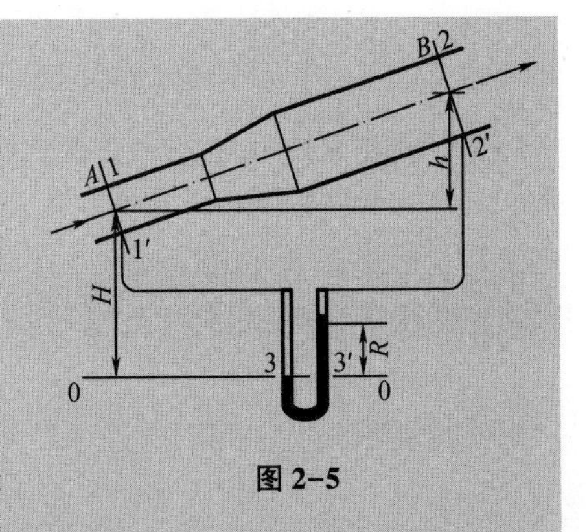

图2-5

解 (1)A、B两截面压强差Δp

在U形管等压面3-3′上列流体静力学基本方程,得

$$p_A+\rho g H=p_B+\rho g(h+H-R)+\rho_{Hg} g R \quad ①$$

代入数据得

$$\Delta p=p_A-p_B=6\ 402\ \text{Pa}$$

(2)A、B 两截面间的流动阻力

选 A、B 所在截面 1-1′与 2-2′为过流断面，根据一维流体动力学方程，有

$$z_1+\frac{p_A}{\rho g}+\frac{u_{bA}^2}{2g}=z_2+\frac{p_B}{\rho g}+\frac{u_{bB}^2}{2g}+h_{f,AB} \tag{②}$$

A、B 两截面的平均流速均可通过流体的流量计算得出：

$$u_{bA}=\frac{q_v}{\pi r_1^2}=4.244\ \text{m/s}$$

$$u_{bB}=\frac{q_v}{\pi r_2^2}=1.061\ \text{m/s}$$

可以求得两截面间的阻力损失为

$$h_f=11.90\ \text{J/kg}$$

(3)平放后运动方程为

$$z_1+\frac{p_A'}{\rho g}+\frac{u_{bA}^2}{2g}=z_2+\frac{p_B'}{\rho g}+\frac{u_{bB}^2}{2g}+h_{f,AB} \tag{③}$$

平放后管路阻力不发生变化，仅高度 z_1-z_2 变为 0，比较式②和式③可得

$$p_A'-p_B'=p_A-p_B-\rho gh=3\ 460\ \text{Pa}$$

平放后 U 形管内等压面 3-3′上静力学方程为

$$p_A'+\rho gH=p_B'+\rho g(H-R')+\rho_{Hg}gR' \tag{④}$$

比较式①与式④可得

$$R'=R$$

故 U 形管压差计不发生变化。

3. 有能量输入时的情况

流体流过水泵或水轮机等机械装置时，会伴随着机械能的增加或者减少。当两过流断面间存在水泵、风机或水轮机、汽轮机等流体机械时，需要在一维流体动力学方程中添加单位重量流体得到或损失的机械能。式(2-13)为有能量输入或输出时的伯努利方程：

$$z_1+\frac{p_1}{\rho g}+\frac{\alpha_1 u_1^2}{2g}\pm H_m=z_2+\frac{p_2}{\rho g}+\frac{\alpha_2 u_2^2}{2g}+h_1 \tag{2-13}$$

式中，能量改变项 H_m 代表流体机械对单位重量流体所做的功，对于工作机械，例如水泵、风机、压缩机等(统称为泵)，流体从中获得能量使总压头升高，此时取正；而对于原动机(动力机械)，例如水轮机、汽轮机、液压马达等，流体对外输出能量导致机械能减少，此时压头变化取负。用压头变化绝对值乘以流体重量流量即为流体机械的功率，如式(2-14)所示。

$$N_e=\rho g q_v H_m \tag{2-14}$$

例 2-3 如图 2-6 所示液体循环系统，液体由密闭容器 A 进入离心泵，又由泵送回容器 A。液体循环量为 2.8 m^3/h，液体密度为 750 kg/m^3；输送系统内径为 25 mm，从容器内液面至泵入口压头损失 0.55 m，泵出口至容器 A 压头损失为 1.6 m，泵入口处静压强比容器 A 上方静压头高 2 m，容器 A 液面恒定。试求：

(1) 管路系统要求泵的总压头 h_e；

(2) 容器 A 中液面至泵入口的垂直距离 h_0。

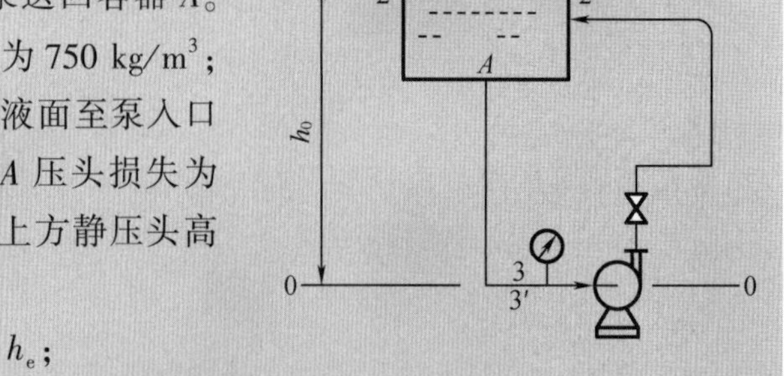

图 2-6

解 在图 2-6 所示流动系统中，液体在管路中循环流动，选取容器内自由液面作为控制面，则两个控制面 1-1′与 2-2′截面重合。

(1) 泵所需的压头 h_e

在 1-1′与 2-2′两截面间列伯努利方程，得

$$z_1 + \frac{p_1}{\rho g} + \frac{u_{b1}^2}{2g} + H_e = z_2 + \frac{p_2}{\rho g} + \frac{u_{b2}^2}{2g} + \sum h_f$$

1-1′与 2-2′面重合，故

$$H_e = \sum h_f = 2.15 \text{ m}$$

(2) 液面高度 h_0

在泵入口处建立截面 3-3′，在 1-1′与 3-3′截面之间建立伯努利方程，得

$$z_1 + \frac{p_1}{\rho g} + \frac{u_{b1}^2}{2g} + H_e = z_3 + \left(\frac{p_1}{\rho g} + 2\right) + \frac{u_{b3}^2}{2g} + \sum h_{f,1-3}$$

式中，$z_1 = h_0$；$z_3 = 0$；$u_{b1} \approx 0$；$u_{b3} = \frac{q_v}{\pi r^2} = 1.584$ m/s。

所以，$h_0 = 2.68$ m。

2.2 量纲分析法与相似性理论

量纲分析法是以量纲一致性为基础对流体力学方程及表达式进行分析的方法，它为实验研究指明了方向，也为化简实验数据处理量提供了理论支持。流动相似是用模型试验的方法研究流体运动的理论基础，也是工程设备放大的基本依据。

应用量纲分析法辅助进行沿程阻力损失的表达式确定，能有效地简化实验。在量纲分析的基础上展开实验即可得到用于计算圆管沿程阻力损失的达西公式。

2.2.1 量纲一致性原理

量纲即物理量的度量（种类），在工程流体力学中常涉及的量纲有长度、时间、质量和温

度等。物理方程中的各项可以由不同的量组成,但各项物理量的量纲必然相同,这就是物理方程的量纲一致性原理。

量纲分析是根据量纲一致性原理对描述某一现象或过程的物理量进行量纲分析,将物理量组合为无量纲变量,然后借助实验数据,建立无量纲变量间的关系式。

根据物理量之间的关系,把无任何联系、相互独立的量纲称为基本量纲,可以由基本量纲表示的物理量称为导出量纲。原则上讲,基本量纲的选取并无固定标准,但在流体力学中常将长度 L、时间 T、质量 M 作为基本量纲,其他物理量由基本量纲导出。例如,力 F 的量纲可以用基本量纲导出,为 $\dim F = MLT^{-2}$。

表 2-1 与表 2-2 分别给出了国际单位制(SI)中的基本量纲以及工程流体力学中常见的物理量单位。

表 2-1　国际单位制(SI)中的基本量纲

物理量	长度	时间	质量	电流	热力学温度	物质的量	发光强度
量纲符号	L	T	M	I	Θ	N	J

表 2-2　工程流体力学中常见的物理量单位

物理量	名称	符号	量纲 LTM 制	SI 单位	物理量	名称	符号	量纲 LTM 制	SI 单位
几何学的量	长度	L	L	m	动力学的量	质量	m	M	kg
	面积	A	L^2	m^2		密度	ρ	ML^{-3}	kg/m^3
	体积	V	L^3	m^3		力	F	MLT^{-2}	N
	水头	H	L	m		压强	p	$ML^{-1}T^{-2}$	Pa
	面积矩	I	L^4	m^4		切应力	τ	$ML^{-1}T^{-2}$	Pa
运动学的量	时间	t	T	s		动力黏度	μ	$ML^{-1}T^{-1}$	Pa · s
	速度	v	LT^{-1}	m/s		弹性模量	E	$ML^{-1}T^{-1}$	Pa
	加速度	a	LT^{-2}	m/s^2		表面张力	σ	MT^{-2}	N/m
	重力加速度	g	LT^{-2}	m/s^2		动量	p	MLT^{-1}	kg · m/s
	旋转角速度	ω	T^{-1}	rad/s		功、能量	W、E	ML^2T^{-2}	J、N · m
	流量	Q	L^3T^{-1}	m^3/s		功率	P	ML^2T^{-3}	W
	单宽流量	q	L^2T^{-1}	m^2/s					
	速度环量	Γ	L^2T^{-1}	m^2/s					
	流速势	φ	L^2T^{-1}	m^2/s					
	流函数	ψ	L^2T^{-1}	m^2/s					
	运动黏度	ν	L^2T^{-1}	m^2/s					

常用的量纲分析法包括瑞利法和 π 定理两种,直接应用量纲一致性进行分析的方法称为瑞利法。瑞利法的思路是找出与物理过程的相关物理量,将其中某一物理量表示为其他

物理量指数乘积的形式,然后根据量纲一致性原理,确定其他物理量的指数。下面举例说明瑞利法的应用步骤。

例 2-4 实验指出恒定有压圆管在输送流体流量条件下,管中断面平均流速 u_b 与管径 d、流体密度 ρ、流体的动力黏度 μ 有关,试用瑞利法求有关物理量的函数关系。

解 (1)确定影响因素。根据已知条件,可以将流速表示为其他物理量的函数:

$$u_b=f(d,\rho,\mu)$$

(2)将物理量 u 表示为 d、ρ、μ 的指数乘积形式,即

$$u_b=kd^{a_1}\rho^{a_2}\mu^{a_3}$$

(3)选用 L、T、M 作为基本量纲,将上式中各物理量写成基本量纲的指数乘积形式

$$\mathrm{LT^{-1}}=\mathrm{L}^{a_1}(\mathrm{ML^{-3}})^{a_2}(\mathrm{ML^{-1}T^{-1}})^{a_3}$$

(4)根据量纲一致性原理,求解各指数:

$$\begin{cases}\mathrm{L}:1=a_1-3a_2-a_3\\ \mathrm{T}:-1=-a_3\\ \mathrm{M}:0=a_2+a_3\end{cases}$$

解得

$$\begin{cases}a_1=-1\\ a_2=-1\\ a_3=1\end{cases}$$

(5)将各指数值代入指数乘积的函数关系式,可得

$$u_b=k\frac{\mu}{\rho d}$$

无量纲量具有如下特点。

(1)客观性

对于同一个物理量,当所选的度量单位不同时,表示该物理量大小的数值也不同;由有量纲量作为自变量所计算出的因变量,其数值大小必将与自变量的单位有关。

要使表述客观规律或反应物理过程的运动方程计算结果的数值大小不受选取单位的影响,就需要将方程中的物理量组成无量纲量。量纲分析的目的就在于找出如何正确组合无量纲量的方法。

(2)不受规模大小的影响

无量纲量数值大小与所选单位无关,同时也不受运动规模的限制。如圆管流动层流、紊流转换的临界雷诺数为 2 300,其数值不随管径的大小、流体的流量甚至流体的物理性质而变化。

正因为无量纲量的这种性质使得无量纲数常作为模型实验的相似判据,而无量纲数在原型与模型中保持不变,正是相似原理的基础之一。

(3)可进行超越函数的计算

有量纲量进行对数、指数等运算是没有意义的,只有无量纲量才能进行超越函数的运

算。无量纲量的这一性质为建立描述流体流动的函数关系式打下了基础,使其在流体力学实验研究特别是经验表达式的建立方面应用广泛。

2.2.2　π 定理

综上所述,当所涉及过程中物理量个数比基本量纲个数多两个时,就已不能直接应用瑞利法进行求解。而 π 定理可用来解决这一问题,因而其成为量纲分析时的普遍原理。

假设一个过程中涉及了 n 个物理量,则该过程可由 n 个物理量构成的方程所描述:

$$f(q_1,q_2,\cdots,q_n)=0$$

方程中的物理量涉及 m 个基本量纲,则从上述物理量中选出 m 个相互独立的物理量(这 m 个物理量不能互相导出),将剩下的 $n-m$ 个物理量表示成无量纲参数 $\pi_1,\pi_2,\cdots,\pi_n$,这样就将 n 个参数的方程表达为 $n-m$ 个无量纲量的方程。

$$f(\pi_1,\pi_2,\cdots,\pi_n)=0$$

从理论上讲,相互独立的物理量的选取是任意的,但对于某一具体问题来说,物理量的选取有一定的原则,即选取与长度相关的变量以保证几何相似,选取与速度直接相关的变量保证运动相似,选取与质量直接相关的变量保证动力相似。通过 π 定理的应用减少了方程中变量的个数,通过无量纲参数的使用简化了复杂问题的描述,同时也为寻找不同问题的共同规律打下了基础。

例 2-5　试用 π 定理分析直管压降 Δp 的表达式。已知直管压降与下列因素有关:管道几何特性,即管径 d、管长 l、管壁粗糙度 k;流体物理性质,即黏度 μ、密度 ρ;流体流动特征(流速 u_b)有关。

解　(1)根据已知条件,可知所涉及的 7 个物理量间满足一定的函数关系:

$$f(\Delta p,\rho,\mu,l,d,k,u_b)=0$$

(2)选择基本物理量。

对以上 7 个物理量的量纲进行分析,可知共涉及 3 个基本量纲:长度 L、质量 M、时间 T。

故只需在以上 7 个物理量中选择 3 个无关物理量,这里选择 d、ρ、u_b。

(3)将剩余物理量用所选物理量表示为无量纲量:

$$\begin{cases}\pi_1=\dfrac{\Delta p}{d^{a_1}\rho^{a_2}u_b^{a_3}}\\[2ex]\pi_2=\dfrac{\mu}{d^{b_1}\rho^{b_2}u_b^{b_3}}\\[2ex]\pi_3=\dfrac{l}{d^{c_1}\rho^{c_2}u_b^{c_3}}\\[2ex]\pi_4=\dfrac{\Delta p}{d^{d_1}\rho^{d_2}u_b^{d_3}}\end{cases}$$

(4)根据量纲一致性原理,求各物理量的指数。

$$\dim\ \Delta p=\dim(d^{a_1}\rho^{a_2}u_b^{a_3})$$

$$ML^{-1}T^{-2}=(L^1)^{a_1}(L^{-3}M^1)^{a_2}(L^1T^{-1})^{a_3}$$

$$\begin{cases}L:-1=a_1-3a_2+a_3\\T:-2=-a_3\\M:1=a_2\end{cases}$$

解得

$$\begin{cases}a_1=0\\a_3=2\\a_2=1\end{cases}$$

所以

$$\pi_1=\frac{\Delta p}{\rho u_b^2}$$

同理可求得

$$\pi_2=\frac{\mu}{d\rho u_b}=\frac{1}{Re}$$

$$\pi_3=\frac{l}{d}$$

$$\pi_4=\frac{k}{d}$$

(5)将以上无量纲量组成物理方程,即

$$f(\pi_1,\pi_2,\pi_3,\pi_4)=0$$

$$f\left(\frac{\Delta p}{\rho u^2},Re,\frac{l}{d},\frac{k}{d}\right)=0$$

故

$$\Delta p=f\left(Re,\frac{l}{d},\frac{k}{d}\right)\rho u_b^2$$

(6)根据实验进一步确定直管压降与各物理量的关系。根据实验发现,直管压降与直管长径比(l/d)成正比,而随管路粗糙度及流动雷诺数的变化情况依具体情况而各有不同,习惯上将直管压降写为

$$\Delta p=f\left(R,\frac{k}{d}\right)\frac{1}{d}\frac{\rho u_b^2}{2}$$

其中,$f\left(Re,\frac{k}{d}\right)$为圆管沿程阻力系数,用符号 λ 表示,即

$$\lambda=f\left(Re,\frac{k}{d}\right)$$

$$\Delta p=\lambda\frac{l}{d}\frac{\rho u_b^2}{2} \tag{2-15}$$

式中 u_b 为流体的平均速度，该式对于层流与湍流问题普遍适用。d、ρ、u 三个物理量具备量纲无关性特点，常被选作基本物理量。

式(2-15)为计算管路沿程阻力损失的一般表达式，叫作达西-魏斯巴赫公式(也称达西公式)。

通过以上实例分析，不难看出量纲分析方法用途较为广泛，可用于以下几个方面。

(1)在仅知与物理过程有关的物理量的情况下，利用量纲一致性原理即可求出表达该物理过程关系式的基本结构形式，并找出进一步研究该问题的途径。

(2)可以用量纲分析的方法来分析经验关系式是否完整。通过量纲一致性原理还可将经验关系式写作符合量纲一致性的形式，使经验关系式更具理论意义；另外通过量纲分析可以判断经验关系式考虑的因素是否足够完善；通过量纲分析发现经验关系式未考虑因素，为完善经验关系式打下基础。

(3)量纲分析法的 π 定理为科学组织实验研究以及整理实验数据提供了科学方法，可以将无量纲 π 项作为模型实验的相似准数处理实验数据的主要参量。因此，量纲分析法在流体力学实验研究领域被广泛应用，成为一个有效的研究手段。量纲分析法是流体力学理论与实验之间的桥梁。

然而量纲分析仅是一种数学分析方法，具有应用领域和研究内容上的局限性。例如，在研究某一问题确定过程相关物理量时，既不能遗漏重要的有关物理量，也不能考虑不必要的因素，否则将获得错误的结论。而量纲分析法本身对物理量选取不提供任何指导和启示。又如，无法通过量纲分析法直接确定用 π 定理求得一系列准数之间的具体函数形式，而只能通过理论分析和实验，来寻找解决流动现象的途径。

*2.2.3　流动相似理论

流动相似是用模型实验的方法研究流体运动的理论基础，也是工程设备放大的基本依据。其与流动有关的物理量包括几何量(长度、面积和体积)、运动量(速度)和力(惯性力、黏性力、质量力)等。与之相对应，流动相似原理包括几何相似、运动相似和力学相似等。

几何相似指两个流动的几何形状相似、相对应的线段长度成比例、对应的角度相等。几何相似的两个流动长度比尺表示为 $\lambda_l=\dfrac{l_p}{l_m}$，面积比尺和体积比尺可由长度比尺计算得出。

几何相似是最简单的相似性方法，但是单纯地依靠几何相似很难保证模型与原型流动的相似性。几何相似是流动相似的前提，只有在几何相似的流动中才能找到对应点，才能讨论对应点上其他物理量的相似问题。

运动相似指两个流场对应点上相同的运动学的量成比例，主要指两个流动的速度与加速度相似。由于两个流动的运动相似，对应的流线与对应质点的迹线也几何相似，质点流过对应线段的时间也成比例。对应的时间比尺、速度比尺分别表示为

$$\begin{cases}\lambda_t = \dfrac{t_p}{t_m} \\ \lambda_u = \dfrac{u_p}{u_m}\end{cases}$$

力学相似为改变流体运动状态的力与维持流体运动状态的惯性力比值相同。流体流动过程中涉及多种力的作用,具体包括惯性力、黏性力、重力、表面张力等。但在考虑原型与模型流动相似问题时,很难让每一种力均保持相同的比例关系。由于惯性力与流体流动直接相关,故把重力、压力、黏性力等写成直接与惯性力有关的关系式,由此得出一系列不同的相似准则。考察问题时,常选择其中一个或几个相似准数作为模型与原型相似的依据。

重力 $$F_G = mg = \rho l^3 g$$

压力 $$F_p = \Delta pA = \Delta pl^2$$

表面张力 $$F_\sigma = \sigma l$$

黏性力 $$F_\tau = \mu \frac{\partial u}{\partial l} A = \mu \frac{u}{l} l^2 = \mu ul$$

惯性力 $$F_L = ma = \rho l^3 \frac{u}{t} = \rho l^2 u^2$$

1. 黏性力相似准则

原型和模型中惯性力与黏性力之比相等即为黏性力相似准则。

$$\frac{F_L}{F_\tau} = \frac{\rho l^2 u^2}{\mu ul} = \frac{l\rho u}{\mu} = Re \tag{2-16}$$

惯性力与黏性力之比为雷诺数(Re),其最早由雷诺研究圆管内流体流动状态时得出。利用雷诺数可区分流体的流动是层流还是湍流,同时也是流体流动阻力计算方法选择的依据。

2. 重力相似准则

原型和模型中惯性力与重力之比相等即为重力相似准则。

$$\frac{F_L}{F_G} = \frac{\rho l^2 u^2}{\rho l^3 g} = \left(\frac{u}{\sqrt{gl}}\right)^2 = Fr^2 \tag{2-17}$$

式中,Fr 为弗劳德数,是模拟具有自由液面的液体流动时表征水平加速度与重力加速度之比的无量纲数。

3. 表面张力相似准则

原型和模型中惯性与表面张力之比相等即为表面张力相似准则。

$$\frac{F_L}{F_\sigma} = \frac{\rho l^2 u^2}{\sigma l} = \frac{\rho l u^2}{\sigma} = We \tag{2-18}$$

式中,We 为韦伯数,在研究毛细管、液滴、气泡等问题时用来表征惯性力和表面张力的相对大小。

4. 压力相似准则

原型和模型中压力与惯性力之比相等即为压力相似准则。

$$\frac{F_P}{F_L}=\frac{\Delta p l^2}{\rho l^2 u^2}=\frac{\Delta p}{\rho u^2}=Eu \tag{2-19}$$

式中,Eu 为欧拉数,表征压力降与其动压头之间的相对关系,体现了在流动过程中动量损失率的相对大小。

力学相似规律是进行模型试验时模型与原型流动相似的前提。但对于某一具体问题,很难保证模型与原型同时满足多个相似条件,这就需要我们在实验时抓住主要因素,得到相对适用的流体流动规律。

以上介绍的四种单项作用力的相似准则,其中黏性力相似准则、重力相似准则和压力相似准则运用较为广泛。对于不可压缩流体黏性力、重力、惯性力和流体动压力构成封闭的力多边形,在原型与模型中的任意两点,只要其中三个同名力相似,则另一个同名力也必然相似。因为力学相似准则均与惯性力相比较,故在雷诺数、弗劳德数与欧拉数之间只需两个无量纲数相同,另一个无量纲数必然相同。通常情况下,常把压降作为待求量,故常将黏性力相似准则和重力相似准则作为独立相似准则,压力相似准则作为导出准则。

例 2-6　按 1∶30 比例制成与空气管道相似的模型管,用黏度为空气 50 倍、密度为 800 倍的水做模型试验。(1)若空气管道中流速为 6 m/s,问模型中水流速应多大才与原型相似?(2)若模型中测得压降为 226.8 kPa,求原型中相应的压降为多少?

解　(1)根据相似性原理,对于几何相似管(包括相对粗糙度 ε 相等),当雷诺数相等时,达到动力相似。

用下标 p 表示原型,下标 m 表示模型,则

$$Re_{\mathrm{p}}=Re_{\mathrm{m}}$$

即

$$\frac{d_{\mathrm{p}}\rho_{\mathrm{p}}u_{\mathrm{p}}}{\mu_{\mathrm{p}}}=\frac{d_{\mathrm{m}}\rho_{\mathrm{m}}u_{\mathrm{m}}}{\mu_{\mathrm{m}}} \tag{①}$$

由式①可求出模型中水流速:

$$u_{\mathrm{m}}=11.25\ \mathrm{m/s}$$

(2)由 Eu 相等,得

$$\left(\frac{\Delta p}{\rho u^2}\right)_{\mathrm{p}}=\left(\frac{\Delta p}{\rho u^2}\right)_{\mathrm{m}}$$

故原型压降为

$$(-\Delta p)_{\mathrm{p}}=80.64\ \mathrm{Pa}$$

流体运动是由边界条件和作用力共同决定的,两个流动一旦实现了几何相似(包括几何形状相似和边界性质相同)和动力相似,流体必然以相同规律运动(运动必然相似)。由此得出结论:几何相似和独立准则是实现流体力学相似的充分必要条件。

相似条件解决了模型试验中的下列问题：

(1)设计模型,选择模型介质；

(2)确定模型与原型比较的相似准数；

(3)按相似准则进行试验并整理数据,找出规律,最终推广到原型。

将相似理论用于工程放大,几何相似是前提,力学相似是保证,流动相似往往是最终目的。模型与原型几何相似较容易满足,但力学相似往往很难找到物性上"恰好"满足相似理论的两种体系使模型与原型完全相似。因而工程上需要针对不同场合,抓住起主要作用的力学相似。对于明渠流动,弗劳德数相同更为重要;而对于管道中的流动,雷诺数相同则更为重要。在众多力学相似准则中,压力相似往往是被动满足的。

例 2-7 当依靠重力向外输油时,如果油液位太浅,就会形成液面至输油管道的漩涡,并造成输油管道中混有空气。可通过模型试验的方法确定壁面这种现象发生的最小油深。如图 2-7 所示,已知输油管道内径 $d=250$ mm,油流量 $q_v=0.14\ m^3/s$,运动黏度 $\nu=7.5\times10^{-5}\ m^2/s$,若长度比尺 $k_l=1/5$,为了保证流动相似,模型输出管的内径、模型内液体流量和运动黏度应为多少?在模型中测得最小液深为 60 mm,则原型中最小液深应为多少?

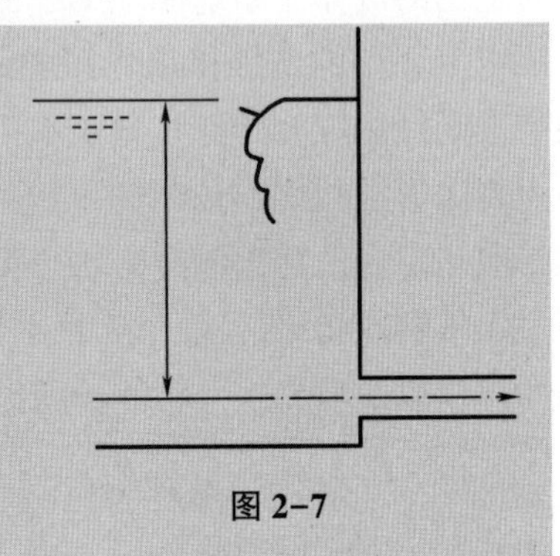

图 2-7

解 按长度比尺模型得出输出管内径为

$$d_m=k_l d=50\ \text{mm}$$

由弗劳德数可以求得模型内液体流速和流量分别为

$$u_m=\left(\frac{l'}{l}\right)^{\frac{1}{2}}u=\left(\frac{1}{5}\right)^{\frac{1}{2}}u$$

$$q_{vm}=\frac{\pi}{4}d_m^2u_m=0.002\ 5\ m^3/s$$

由雷诺数相等可求出模型内液体的运动黏度为

$$\nu_m=\frac{u_m d_m}{ud}\nu=6.708\times10^{-6}\ m^2/s$$

已知模型上最小液深为 60 mm,油池最小油深为

$$h_{min}=\frac{h_{min,m}}{k_l}=300\ \text{mm}$$

*2.2.4 相似理论用于搅拌过程放大

搅拌是一种相对较为简单的单元操作,通过该操作可以完成溶液配制、物料搅拌和物料分散等。依据被搅拌物料差异,又可细分为液-液体系搅拌、液-固体系搅拌以及固体物料的搅拌三种。

典型的搅拌设备包括搅拌槽、搅拌装置和轴封三个部分。搅拌装置又包括传动机构、搅拌轴和搅拌器。典型的搅拌设备如图 2-8 所示。

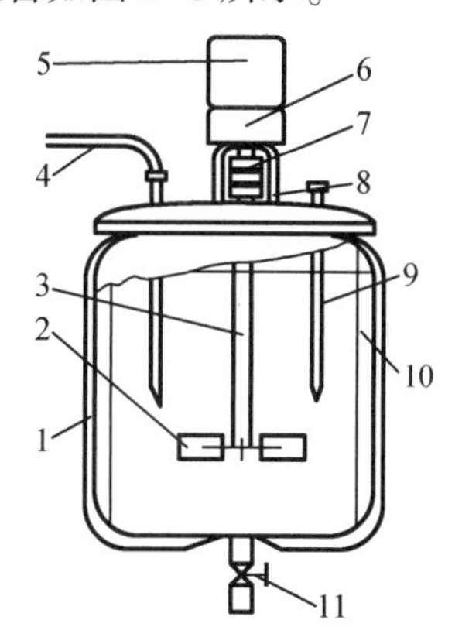

1—搅拌槽;2—搅拌器;3—搅拌轴;4—加料管;5—电动机;6—减速机;7—联轴器;
8—轴封;9—温度计套管;10—挡板;11—放料阀。

图 2-8　典型的搅拌设备

虽然搅拌设备形式比较简单,但在其放大过程中却存在着如下矛盾:一是随着几何尺寸的增大,搅拌器表面积随尺寸的平方增大,相应的被搅拌的体积(质量)随尺寸的三次方增大;二是搅拌体系往往对应着液-液、液-固、气-液-固等多相体系,多相时流体的物性以及多相体系的均匀性均对搅拌设备的放大有着自身的影响;三是目前搅拌装置特别是搅拌器并非标准化的,特别是不同类型的搅拌器对应不同的流型,增大了研究通用性的搅拌放大方法的难度。

图 2-9 展示了轴流式搅拌器与涡流式搅拌器对应流型的差异。由图 2-9 可见,在完全湍流区,轴流式搅拌器仅出现一个沿推进方向的环流(图中所示搅拌器为向下推进的类型);而涡流式搅拌器以自身为界,则在搅拌槽内形成上下两个环流。二者共同之处在于无挡板时均存在一个搅拌器周向的环流。

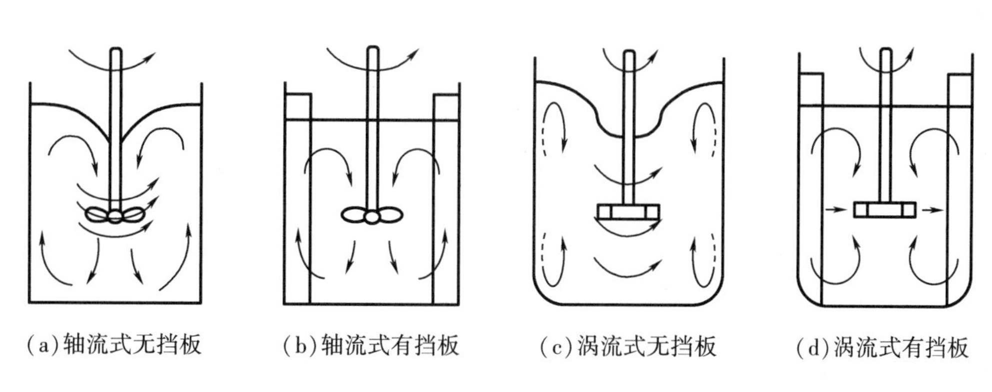

(a)轴流式无挡板　(b)轴流式有挡板　(c)涡流式无挡板　(d)涡流式有挡板

图 2-9　不同搅拌器所对应的湍流流型

考虑到搅拌的复杂性,本节仅对涡轮式搅拌器的功率准数计算以及搅拌器放大准则进行讨论。

例 2-8 已知搅拌器功率与以下因素有关：桨径 d、转速 n、流体密度 ρ、黏度 μ、重力加速度 g，用量纲分析方法建立搅拌器功率的无量纲表达式。

解 (1)建立函数关联式：

$$f(N,d,n,\rho,\mu,g)=0$$

(2)选取基本物理量 d、n、ρ。

(3)将其他物理量表示为基本物理量的无量纲形式：

$$\pi_1=\frac{N}{\rho n^3 d^5}$$

对于几何相似的叶轮，其排液量 q_v、叶轮直径 d 和转速 n 之间满足：

$$q_v \propto nd^3$$

液体离开叶轮速度正比于叶轮切向速度，可推导出压头满足：

$$H \propto n^2 d^2$$

搅拌器消耗的功率正比于压头与流量的乘积，因而

$$N \propto H;q_v \propto n^3 d^5$$

$$\pi_2=\frac{\rho n d^2}{\mu}=Re$$

$$\pi_3=\frac{n^2 d}{g}=Fr^2$$

将 π_1 定义为功率准数 N_p，可知

$$N_p=F(Re,Fr)$$

从量纲分析法得到搅拌功率关联式后，可对一定形状搅拌器进行试验，找出各流动范围的经验公式或关系算图，从而解决搅拌功率计算的问题。涡轮式搅拌器动力特性曲线如图 2-10 所示：当雷诺数较小时，重力对流动的作用表现得不明显，此时有无挡板对搅拌器功率无影响即能量方程可忽略弗劳德数的影响。当雷诺数较大时，重力影响无挡板槽能量输入；对于有挡板搅拌槽，功率准数在雷诺数达到一定值后保持不变。

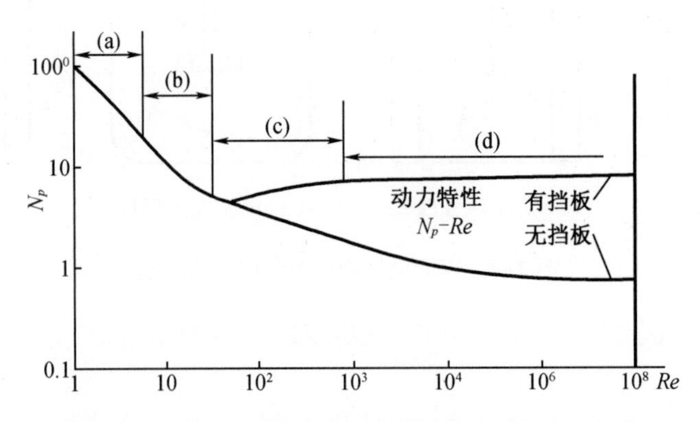

图 2-10　涡流式搅拌器功率准数随雷诺数的变化规律

在搅拌器中,特别是在湍流式搅拌器中,为避免重力对能量的消耗以及增加搅拌流体的湍动程度,需在搅拌罐内增设挡板。实验证明:挡板的宽度、数量将影响流体的流动状态,也必将影响搅拌功率。当挡板符合一定条件时,搅拌器的功率最大,这种条件称为全挡板条件。

$$\left(\frac{W}{D}\right)^{1.2} n_b = 0.35$$

式中　W——挡板宽度,一般取 $(1/10\sim1/12)D$;

n_b——挡板数,对于小槽,$n_b=2\sim4$,对于大槽,$n_b=4\sim8$。

1. 算图法

搅拌功率可通过拉什顿算图法结合具体的桨型查找出 ϕ 值,并根据其所在区间算出功率准数 N_p,如图 2-11 和图 2-12 所示。

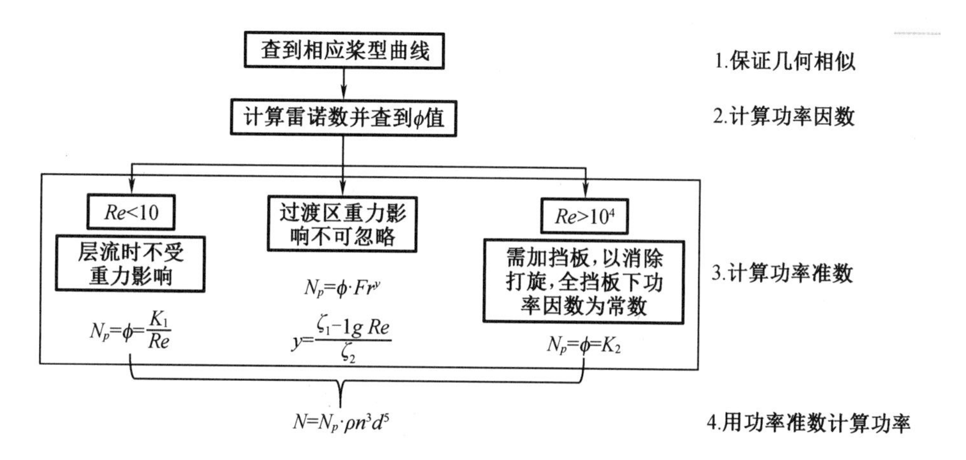

图 2-11　应用拉什顿算图求解搅拌功率的流程图

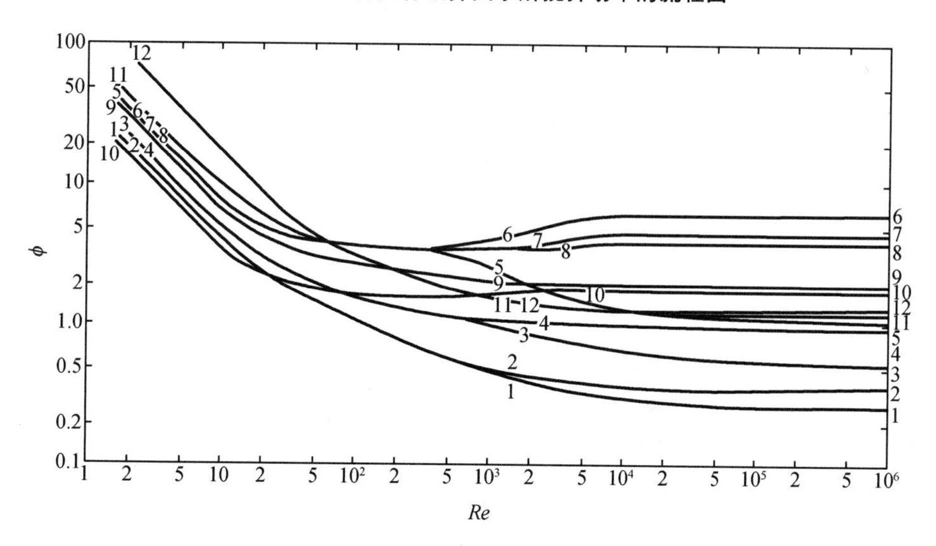

1—三叶轴流式,$s=d$,N;2—三叶轴流式,$s=d$,Y;3—三叶轴流式,$s=2d$,N;2—三叶轴流式,$s=2d$,Y;
5—六片平直叶圆盘涡轮,N;6—六片平直叶圆盘涡轮,Y;7—六片弯叶圆盘涡轮,Y;8—六片箭叶圆盘涡轮,Y;
9—八片折叶开启涡轮(45°),Y;10—双平叶桨,Y;11—六叶闭式涡轮,Y;12—六叶闭式涡轮(带十二叶静止导向器)。
Y—有挡板;N—无挡板。

图 2-12　拉什顿(Rushton)算图

2. 永田进治公式

永田进治等根据理论推导并结合实验结果得出双叶搅拌器在层流以及全挡板条件下湍流功率的计算公式。对于多叶搅拌器需要通过对叶宽的衡算,将多叶搅拌器宽度折合为双叶搅拌器宽度,即

$$2b=zb'$$

式中 z——多叶搅拌器叶数;

b'——多叶桨实际叶宽。

对于高黏度流体层流:

$$N_p=\frac{N}{\rho n^3 d^5}=\frac{\mathrm{A}}{Re}$$

$$A=14+\left(\frac{b}{D}\right)\left[670\left(\frac{d}{D}-0.6\right)^2+185\right]$$

对于全挡板条件下的湍流先计算临界雷诺数,再根据临界雷诺数计算功率准数:

$$Re_{\mathrm{c}}=\frac{25}{\frac{b}{d}}\left(\frac{b}{d}-0.4\right)^2+\left[\frac{\frac{b}{D}}{0.11\left(\frac{b}{D}\right)-0.0048}\right]$$

$$N_p=\frac{N}{\rho n^3 d^5}=B\left(\frac{H_j}{D}\right)^{\left(0.35+\frac{b}{D}\right)}\left(\frac{1\,000+1.2Re_{\mathrm{c}}^{0.66}}{1\,000+3.2Re_{\mathrm{c}}^{0.66}}\right)^p(\sin\theta)^{1.2}$$

$$B=10^{\left[1.3-4\left(\frac{b}{D}-0.5\right)^2-1.14\left(\frac{d}{D}\right)\right]}$$

$$p=1.1+4\left(\frac{b}{D}\right)-2.5\left(\frac{d}{D}-0.5\right)^2-7\left(\frac{b}{D}\right)^4$$

式中,θ为桨叶折叶角度,对于直叶浆,$\theta=90°$。

对于非均匀混合物(如悬浮液滴体系等)可采用混合物平均密度以及平均黏度进行计算:

$$\rho_{\mathrm{m}}=\varphi\cdot\rho_{\mathrm{d}}+(1-\varphi)\rho_{\mathrm{c}}$$

$$\mu_{\mathrm{m}}=\mu_{\mathrm{d}}^{\varphi}\cdot\mu_{\mathrm{c}}^{(1-\varphi)}$$

式中 φ——分散相体积分数;

μ_{d}、ρ_{d}——分别为分散相黏度及密度;

μ_{c}、ρ_{c}——分别为连续相黏度及密度。

为了达到良好的放大效果,从实验规模到生产规模的放大必须满足相似理论的要求。根据相似理论,若要进行放大设计需要两个系统完全相似或部分相似:

几何相似——两系统相应几何尺寸比例都相等;

运动相似——两系统几何相似前提下,对应点上运动速度之比相等。

动力相似——满足几何相似前提下,对应位置上受力比值相同。

黏性力相似:雷诺数 $Re=\frac{n\rho d^2}{\mu}$相同;

重力相似:弗劳德数 $Fr=\frac{n^2d}{g}$相同;

表面张力相似:韦伯数 $We=\frac{\rho n^2 d^3}{\sigma}$相同;

单位体积内能量不变:$\varepsilon=\frac{N}{V}$相同;

叶端线速度相同:$u_t=n\pi d$ 相同;

针对某一具体放大问题来讲,很难从理论上推导出到底适用哪种相似理论,需根据初步的实验结果判断体系所需满足的具体放大标准。

2.3　湍流理论及管路阻力计算

本节将介绍湍流理论,并给出层流和湍流沿程阻力及湍流局部阻力系数的计算方法。

与层流相比,湍流的特点在于其物理量的值对于时间及空间来讲都是随机的,这对于动量、质量以及能量传递都有利,因而工业生产中许多过程都涉及湍流问题。遗憾的是,至今仍没有普适的湍流理论来解释所有的湍流现象。

圆管阻力计算是管路水力计算的基础,同时也是流量测量的基础。

2.3.1　雷诺实验及湍流理论

英国的雷诺(O. Reynolds)首先在圆管稳态流动系列实验中观测到湍流流动现象。雷诺的流态实验装置及实验现象如图 2-13 所示,实验时先后开启水槽出水管和染色液管,观察玻璃管内染色液的流动状态并记录玻璃管上的压降。

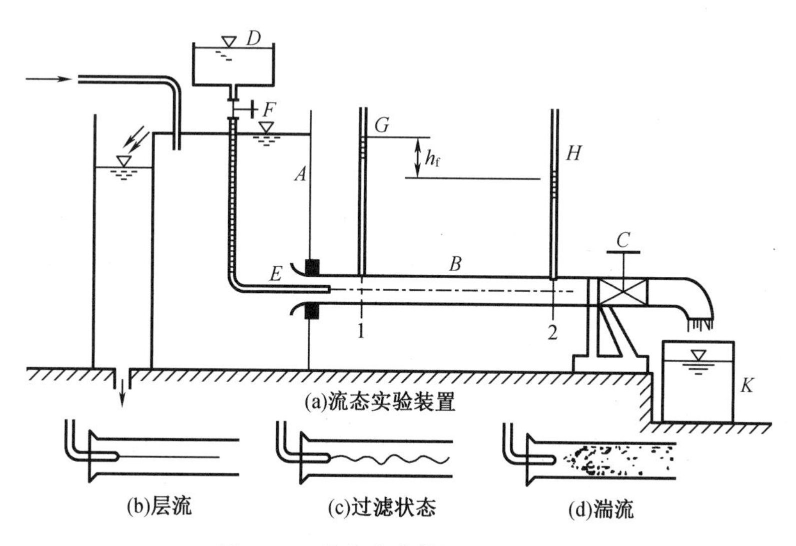

图 2-13　流态实验装置及实验现象

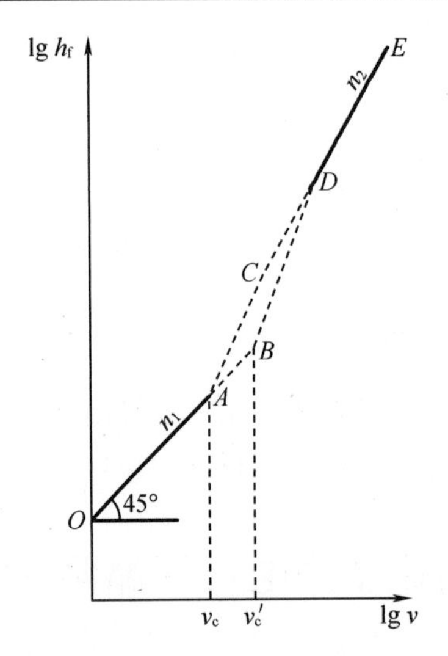

(e)流态实验中水头随流速的变化

图 2-13(续)

当玻璃管内流速较低时可以看到一条直且鲜明的有色流束,这说明管内流体没有垂直于主流方向的轴向混合,管中流线层次分明,互不掺混,故称这样的流动为层流,此时管内压降随流速线性增加;增加玻璃管内的流速,有色流束开始弯曲振动;继续增加玻璃管内的流速有色液体完全与周围液体混杂,不再维持流束状态,可见流体在玻璃管内做无规则的、复杂而又随机的运动,称此时流体的运动状态为湍流,湍流时压降增加随速度的平方成正比。通过实验发现,随着流速的增加,圆管内流态逐渐由层流过渡为湍流。

将实验反方向进行时,即阀门由全开逐渐关闭,则以以上现象相反的顺序出现,将流态转变时的速度称为临界流速,层流转变为湍流时的流速称为上临界流速(u_c'),湍流转变为层流时的流速称为下临界流速(u_c)。实验结果表明下临界流速小于上临界流速,因为流速小于下临界流速就一定会发展为层流,所以下临界流速更为常用。

实验表明,流体流动状态除与流速有关之外,还会随管径 d 或流动的运动黏度 ν 改变而发生改变,但它们组成的无量纲数 $u_c d/\nu$ 或 $u_c' d/\nu$ 变化较小。一般管道雷诺数 $Re<2\ 000$ 为层流状态,$Re>4\ 000$ 为紊流状态,Re 在 2 000~4 000 为过渡状态。

例 2-9 管道直径 $d=100$ mm,输送水量 $q_v=0.01\ m^3/s$,水运动黏度 $\nu=1\times10^{-6}\ m^2/s$,求水在管中的流动状态? 输送 $\nu_o=1.14\times10^{-4} m^2/s$ 的油,求相同体积流量下流动的状态?

解 水在管中流动的雷诺数为

$$Re=\frac{du}{\nu}=\frac{4dq_v}{\nu\pi d^2}=1.27\times10^5>2\ 000$$

故水在管道中以湍流方式流动。

得

$$Re=\frac{du}{\nu_o}=\frac{4dq_v}{\nu_o\pi d^2}=1\ 114<2\ 000$$

故油在管道中为层流状态。

湍流无论在现象、规律还是在处理方法上都与层流有很大的差别。湍流理论主要研究以下两方面的问题:揭示湍流产生的原因、研究湍流运动的规律。在介绍现有的湍流描述方法以前,先介绍湍流的特点。

质点脉动是湍流最基本的特点。在雷诺实验中,湍流表现为垂直于流动方向上出现脉动使有色液在管内迅速地与流体混合。湍流流动始于涡体的产生和发展,引起流体质点不规则运动,流体的流动与压力等物理量也随机脉动,如图 2-14 所示。

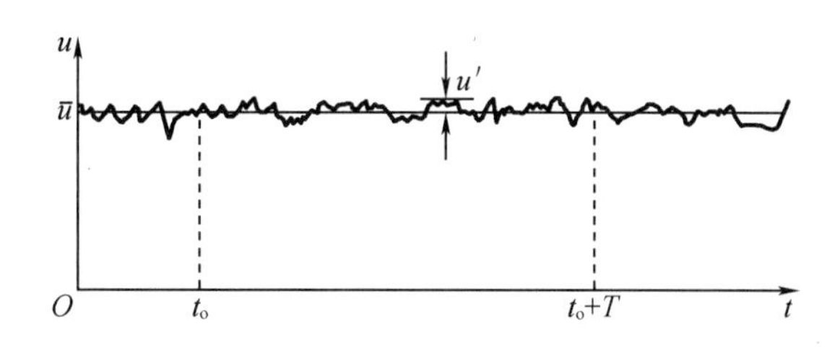

图 2-14　湍流中速度的脉动

湍流阻力要大于层流阻力,这是湍流的又一特点。湍流质点间的相互碰撞,使流体层之间应力急剧增加;由流体质点碰撞及混合导致的湍流应力远大于由于流体黏性所产生的应力。这种压力变化也是雷诺实验中判断临界速度的基础。

湍流第三个特点在于流速在垂直于流动方向上分布较均匀。出现这一现象的原因是质点在该方向的脉动加速了动量传递。

湍流是一种完全不规则的随机运动,湍流流场中物理量在时间和空间上呈随机分布,不同瞬时有不同的值,因而关注某个瞬时值没有意义。雷诺首先使用统计平均的方法描述湍流运动,即对各瞬时量平均得到有意义的平均量。此时可将物理量分解为两部分:时均部分和脉动部分,将湍流速度写为时均速度与脉动速度的加和:

$$u=\overline{u}+u' \tag{2-20}$$

从质点运动角度分析,湍流时流体质点运动呈现随机性,但从物理量时间平均的意义上讲湍流过程也可以是稳态流动。湍流瞬时量与湍流平均量均可通过实验手段进行测量。例如,瞬时速度可以使用热像风速仪或激光测速仪来测定,而平均流速可以通过毕托管等测量,一般来讲,测定湍流中的平均量在工程中更为常见。

将湍流物理量表达式代入运动方程,得到描述某一瞬时的流体运动方程,应用时均值运算法则,得到描述不可压缩牛顿型流体稳态湍流流动时运动方程组:

$$\frac{\partial\overline{u_x}}{\partial x}+\frac{\partial\overline{u_y}}{\partial y}+\frac{\partial\overline{u_z}}{\partial z}=0 \tag{2-21}$$

$$\begin{cases}\rho\left(\overline{u_x}\dfrac{\partial\overline{u_x}}{\partial x}+\overline{u_y}\dfrac{\partial\overline{u_x}}{\partial y}+\overline{u_z}\dfrac{\partial\overline{u_x}}{\partial z}\right)=-\dfrac{\partial\overline{p}}{\partial x}+\mu\nabla^2\overline{u_x}-\dfrac{\partial}{\partial x}(\rho\overline{u_x'^2})-\dfrac{\partial}{\partial y}(\rho\overline{u_y'u_x'})-\dfrac{\partial}{\partial z}(\rho\overline{u_z'u_x'})\\ \rho\left(\overline{u_x}\dfrac{\partial\overline{u_y}}{\partial x}+\overline{u_y}\dfrac{\partial\overline{u_y}}{\partial y}+\overline{u_z}\dfrac{\partial\overline{u_y}}{\partial z}\right)=-\dfrac{\partial\overline{p}}{\partial y}+\mu\nabla^2\overline{u_y}-\dfrac{\partial}{\partial x}(\rho\overline{u_x'u_y'})-\dfrac{\partial}{\partial y}(\rho\overline{u_y'^2})-\dfrac{\partial}{\partial z}(\rho\overline{u_z'u_y'})\\ \rho\left(\overline{u_x}\dfrac{\partial\overline{u_z}}{\partial x}+\overline{u_y}\dfrac{\partial\overline{u_z}}{\partial y}+\overline{u_z}\dfrac{\partial\overline{u_z}}{\partial z}\right)=\rho g-\dfrac{\partial\overline{p}}{\partial z}+\mu\nabla^2\overline{u_x}-\dfrac{\partial}{\partial x}(\rho\overline{u_x'u_z'})-\dfrac{\partial}{\partial y}(\rho\overline{u_y'u_z'})-\dfrac{\partial}{\partial z}(\rho\overline{u_z'^2})\end{cases} \tag{2-22}$$

由式(2-21)可以看出,湍流时时均速度仍满足连续性方程;而从式(2-22)看,运动方程组除了各物理量均平均值外,还增加了瞬时速度乘积的平均项,称为雷诺应力。

雷诺应力项的引入,使得由连续性方程和运动方程组成的方程组不再封闭,需要建立关于雷诺应力项的方程或者表达式。求解雷诺应力的方法有许多种,其中应用物理量平均量表示雷诺应力的方法称为雷诺平均化,转换后的方程称为雷诺方程。

19 世纪,布森涅斯克(Boussinesq)类比流体黏度提出涡流黏度系数,这是湍流理论的雏形。在三维情况下,其形式如下:

$$\tau_t=-\rho\overline{v_i'v_j'}=\rho\varepsilon_{\mathrm{m}}\left(\frac{\partial v_i}{\partial x_j}+\frac{\partial v_j}{\partial x_i}\right)-\frac{2}{3}k\delta_{ij} \tag{2-23}$$

式中 ε_{m}——湍流黏度系数;

k——单位体积流体的湍动能;

δ_{ij}——克罗内克函数,仅当 $i=j$ 时,该函数的值为 1。

湍流黏度不是流体的物理性质,而是依赖于流动情况。尽管有了该公式,尚需用实验方法确定湍流黏度系数。

1925 年,普朗特采用分子黏度类比的方法,提出混合长理论。参照分子平均自由程,假设 l 为流体微团不与其他微团相碰撞的最小距离,在该距离内流体微团的动量保持不变,当它走了 l 距离后才与其他质点碰撞发生动量交换。据此得到雷诺应力的表达式:

$$\tau_t=-\rho\overline{v_i'v_j'}=Cl^2\left|\frac{\partial v_i}{\partial x_j}\right|\frac{\partial v_i}{\partial x_j} \tag{2-24}$$

通常称 l 为流体微元的混合长,单位为 m。混合长取决于当地的流动状态,因其具有明确的物理意义,故其估值较湍流黏度系数的估值容易。在普朗特提出混合长理论之后,许多研究者基于对湍流结构的分析,提出若干半经验的混合长定义方式。从其他角度定义混合长,例如,泰勒的涡量扩散理论、卡门的相似性理论等,这里不对此进行介绍,详细内容可参考流体力学相关著作。普朗特提出的混合长理论已经被成功地应用于管流和边界层等流场的计算,这不仅使用半经验的方法解决工程问题成为可能,同时还对湍流理论的发展起到了一定的促进作用。

例 2-10 20 ℃水在内径 2 m 直管内做湍流运动。测得其速度分布为 $u_x=10+0.8\ln y$,在离管内壁 1/3 m 处剪应力为 103 Pa,求该处涡流运动黏度及混合长。

已知 20 ℃时,$\rho_{水}=-998.2\ \mathrm{kg/m^3}$,$\mu_{水}=1.005\times10^{-3}\ \mathrm{Pa\cdot s}$。

解 (1)涡流运动黏度

$$\tau_{yx}^t=\rho(\nu+\varepsilon)\frac{\mathrm{d}u_x}{\mathrm{d}y} \tag{①}$$

$$\frac{\mathrm{d}u_x}{\mathrm{d}y}=2.4\ \mathrm{s^{-1}} \tag{②}$$

将式②代入式①,并整理得

$$\varepsilon=\frac{\tau_{yx}^t}{\rho\left.\dfrac{\mathrm{d}u_x}{\mathrm{d}y}\right|_{y=0.333}}-\nu=4.30\times10^{-2}\ \mathrm{m^2/s}$$

可见,离管内壁 1/3 处黏性扩散系数与涡流扩散系数相比,可以忽略不计。(2)混合长

忽略黏性应力,则

$$\tau_{yx}^{t} \approx \rho l^2 \left(\frac{\mathrm{d}u_x}{\mathrm{d}y} \right)^2$$

解得 l =0.133 8 m。

2.3.2　圆管层流流动

1. 圆管层流结构

对于层流流动,如果流体进入管道时没有扰动,那么除了壁面处流速为零外,管道入口断面上流速均匀。但随入口距离的变化,流体速度分布因边界层的发展而变化,边界层连续发展直到在管道中心处汇合。此时层流结构只与管壁距离有关,而与入口距离无关,称为充分发展的层流;由管道入口至边界层汇合位置的距离称为圆管入口段长度。充分发展的层流从流动结构上表现出很强的规律性。

圆管内雷诺数小于 2 000 的流动为层流流动,此时质点运动方向平行于管轴,贴近管壁的一层流体速度为零,在管轴上流体速度最大,其他位置速度介于两者之间,整个管流如同无数个薄壁圆管,一层套一层地向前滑动。

根据圆管层流特点得到 $u_y = u_z = 0$,并可知两个速度的偏导数也应为零。

根据连续性方程式(1-41),可化简得出

$$\frac{\partial u_x}{\partial x} = 0$$

同理,可根据 x 与 z 方向的运动方程式(1-50)的化简,得出 $\frac{\partial p}{\partial y} = \frac{\partial p}{\partial z} = 0$,故

$$\frac{\partial p}{\partial x} = \frac{\mathrm{d}p}{\mathrm{d}x} = \frac{\Delta p}{L}$$

如图 2-15 所示,以管轴为中心取一个圆柱状区域,由该区域内流体稳态流动可知流体在该区域内受力平衡,即对所取管流有

$$\tau 2\pi r \mathrm{d}x = \frac{\partial p}{\partial x} \mathrm{d}x \pi r^2 \tag{2-25}$$

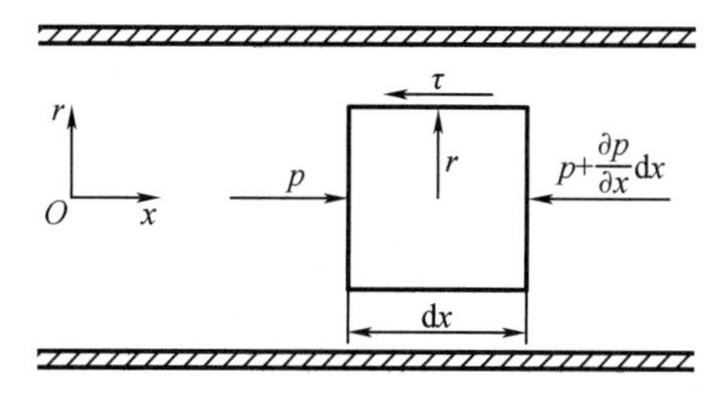

图 2-15　圆管内层流受力分析

将式(1-6)沿管壁方向转换为沿圆管管径方向,得到

$$\tau=\mu\frac{\mathrm{d}u}{\mathrm{d}y}=\mu\frac{\mathrm{d}u}{\mathrm{d}(R-r)}=-\mu\frac{\mathrm{d}u}{\mathrm{d}r}$$

代入式(2-25),得到

$$\frac{\mathrm{d}u}{\mathrm{d}r}=-\frac{\mathrm{d}p}{\mathrm{d}x}\frac{r}{2\mu}$$

将上式积分得

$$u=-\frac{\Delta p}{4\mu l}r^2+C$$

上式边界条件为管壁处速度为零($r=R$ 时,$u=0$),由此得到圆管层流时的速度分布,其形状如图 2-16 所示,数学表达式为

$$u=\frac{\Delta p}{4\mu l}(R^2-r^2) \tag{2-26}$$

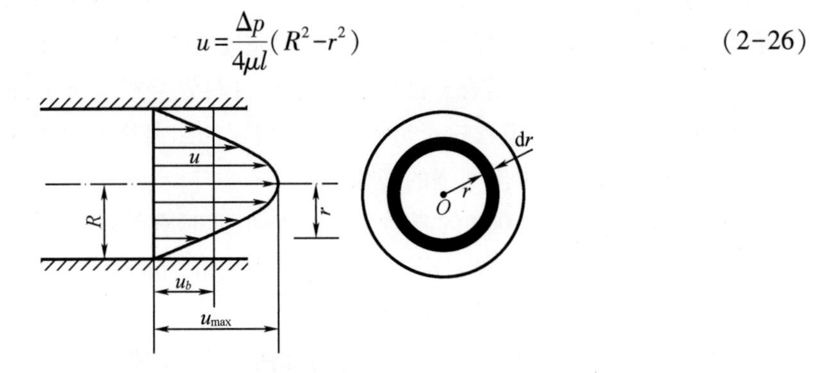

图 2-16 圆管层流的流速分布

据式(2-26)可以积分求得圆管内流动的平均流速为

$$u_b=\iint u\mathrm{d}A=\int_0^R u(r)2\pi r\mathrm{d}r=\frac{\Delta p}{8\mu l}R^2 \tag{2-27}$$

2. 圆管层流阻力计算

根据量纲分析的结果,圆管内沿程阻力损失遵循达西公式[式(2-15)]。将达西公式与式(2-27)对比,可推导出圆管沿程阻力系数表达式为

$$\lambda=64/Re \tag{2-28}$$

由式(2-28)可以看出,对于层流原管内的流动,沿程阻力系数与壁面粗糙度无关,即与层流圆管的材质、加工方式无关。将式(2-28)代入达西公式,进一步整理发现,层流圆管阻力损失与速度的一次方成正比:

$$h_f=\frac{64}{Re}\frac{l}{d}\frac{u^2}{2g}=\frac{64\mu}{d\rho u}\frac{l}{d}\frac{u^2}{2g}=\frac{32\mu l}{\rho d^2 g}u\propto u \tag{2-29}$$

例 2-11 输送润滑油管子直径 $d=8$ mm,管长 $l=15$ m,如图 2-17 所示。油的运动黏度 $\nu=15\times10^{-16}$ m²/s,体积流量 $q_v=12$ cm³/s,求油箱水头。(不计局部阻力损失)

解 管中平均流速为

$$u=\frac{4q_v}{\pi d^2}=0.239\ \mathrm{m/s}$$

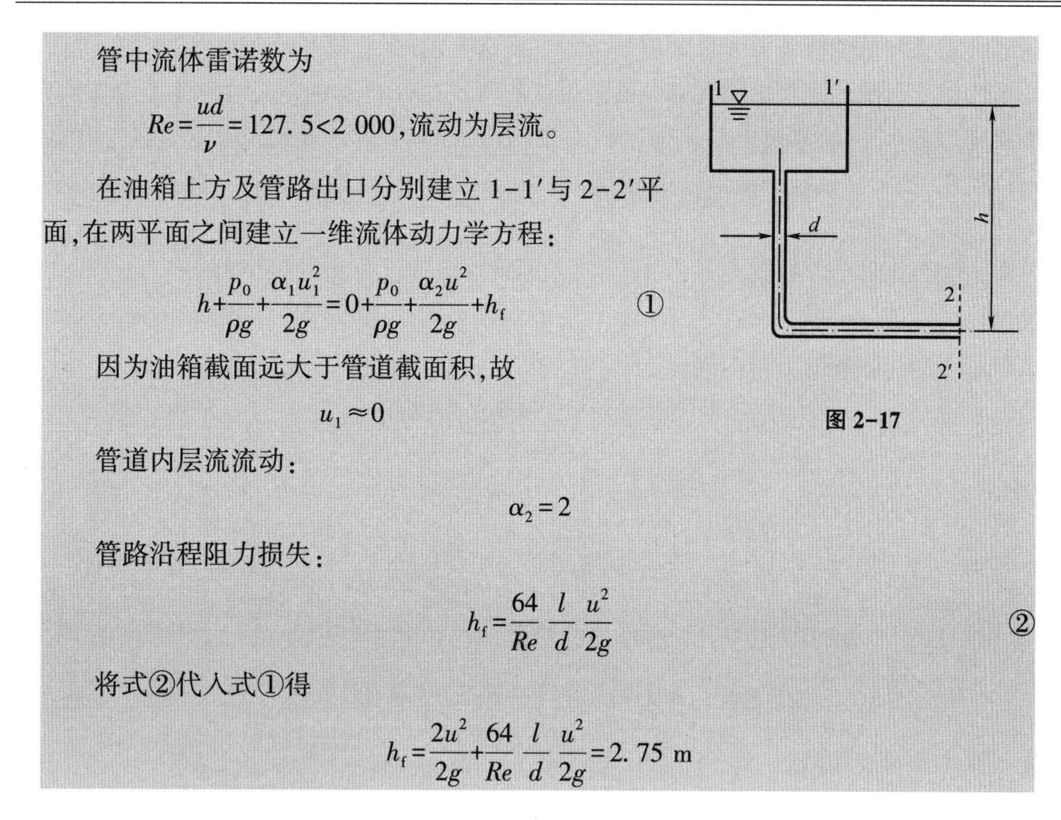

管中流体雷诺数为

$$Re=\frac{ud}{\nu}=127.5<2\ 000\text{，流动为层流。}$$

在油箱上方及管路出口分别建立 1-1′与 2-2′平面，在两平面之间建立一维流体动力学方程：

$$h+\frac{p_0}{\rho g}+\frac{\alpha_1 u_1^2}{2g}=0+\frac{p_0}{\rho g}+\frac{\alpha_2 u^2}{2g}+h_f \qquad ①$$

因为油箱截面远大于管道截面积，故

$$u_1\approx 0$$

管道内层流流动：

$$\alpha_2=2$$

管路沿程阻力损失：

$$h_f=\frac{64}{Re}\frac{l}{d}\frac{u^2}{2g} \qquad ②$$

将式②代入式①得

$$h_f=\frac{2u^2}{2g}+\frac{64}{Re}\frac{l}{d}\frac{u^2}{2g}=2.75\ \text{m}$$

图 2-17

2.3.3　圆管湍流流动

1. 光滑圆管湍流结构

湍流管道入口处流动状况与层流相似：在管道入口处速度均匀，随着流动距离的增加边界层厚度也逐渐增加。在某一点处边界层发生从层流到湍流的转变。在层流转变为湍流后，湍流边界层速度增加得更快。湍流边界层的发展比层流的复杂，当湍流边界层在管道中心汇合后，还需较长区域才形成充分发展的湍流。形成充分发展的湍流之前的管长称为湍流入口段长度，它的大小不仅与流动参数有关，还取决于管道的结构参数（例如管道的相对粗糙度）。目前还没有确定的计算湍流入口段长度的方法，习惯上通常取 20~40 倍管径长度作为入口段长度。

一般来讲，湍流入口段处各流动变量变化较大，这对流体流动参数测量以及流体传质、传热等造成了较大影响。一般来讲，流体流动参数测量应避免在湍流入口段区域测量；而传热、传质有时恰好利用入口段的特点，如短管换热器的应用，相关内容可以参考相应章节。本书研究圆管湍流运动规律，所考查的体系为水力光滑圆管内远离进口和出口的区域中不可压缩流体稳态流动。

2. 充分发展的圆管湍流

根据对圆管内流速的观察可以发现，光滑圆管内稳态湍流速度分布的特点将光滑圆管湍流分为三个部分：黏性底层、过渡层和湍流核心区，三部分关系如图 2-18 所示，图中，层流的速度剖面为旋转抛物面。其中黏性底层为靠近壁面极薄的一层，通常不到 1 mm。但其内部速度梯度很大，因而黏性剪切力占主导地位。贴近黏性底层的是较薄的过渡层，其内部雷诺剪切力与黏性剪切力的量级相当。随着雷诺数的增加,层流底层和缓冲层的厚度均会相应地减小。湍流圆管中绝大部分被湍流核心所占据。湍流核心区时均速度分布均匀,黏性剪切力很小;但流体质点湍流强度很大,此处雷诺应力占主导地位。通过进一步的实验可以发现,圆管湍流的速度梯度随着雷诺数的增大而增大;雷诺数越大的流动速度平缓区域所占的比例越大。

由于湍流流动的形式较为复杂,因而对于圆管湍流速度分布的研究都是实验结果结合湍流理论展开的。依据获得方法及数学表达形式的不同,将圆管湍流流速分布分为无量纲表达形式及纯经验表达形式两类。

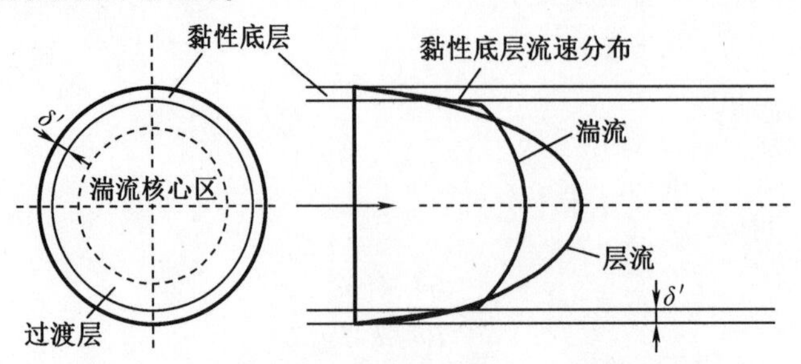

图 2-18　圆管内层流与湍流速度分布对比示意图

3. 光滑圆管湍流结构

由于流体稳态流动,因而流体内部处处受力平衡,在三个区域内总剪应力都可以表示为分子黏性应力与雷诺应力之和:

$$\tau'=\tau+\tau_t$$

在黏性底层内流体类似层流流动,由时均速度梯度产生的黏性应力占主导地位,即该区域内黏性剪切力近似等于壁面剪切力:

$$\tau_w=\tau=\mu\frac{du}{dy}$$

将上式分离变量积分,并利用壁面处速度为零,可得

$$u=\frac{\tau_w}{\mu}y$$

为寻找湍流圆管内流动规律,需将上式写成无量纲形式,为此定义摩擦速度及摩擦距离:

$$u^*=\sqrt{\frac{\tau_w}{\rho}} \tag{2-30}$$

$$y^*=\frac{\mu}{\rho u^*} \tag{2-31}$$

摩擦速度和摩擦距离有着速度与距离的量纲,对某一具体情境来说,两个量均为常数。将两个量代入黏性底层速度表达式,得到

$$\frac{u}{u^*}=\frac{y}{y^*} \tag{2-32}$$

湍流核心区内雷诺应力占主要地位,进而可以忽略黏性应力。尼古拉兹等采用普朗特

的混合长理论计算光滑圆管内雷诺应力，他通过实验发现，混合长近似与各点和管壁间的距离 y 成正比，比例常数为 k，于是得到

$$\tau_t=\rho l^2\left(\frac{\mathrm{d}u}{\mathrm{d}y}\right)^2=\rho(ky)^2\left(\frac{\mathrm{d}u}{\mathrm{d}y}\right)^2$$

将摩擦速度引入上式，得

$$\frac{\mathrm{d}u}{\mathrm{d}y}=\frac{u^*}{K}\frac{1}{y}$$

积分上式，并写成无量纲形式，可得

$$\frac{u}{u^*}=C_1\ln\frac{y}{y^*}+C_2$$

其中，常数 C 可由具体的边界条件给出后确定。尼古拉兹通过大量实验总结光滑圆管湍流主体内速度分布规律为

$$\frac{u}{u^*}=2.5\ln\frac{y}{y^*}+5.5 \tag{2-33}$$

圆管湍流过渡区内黏性应力和湍流剪切力量级相当，且过渡区的分界并不明显，因而对其理论分析较为困难。尼古拉兹通过大量实验总结出缓冲层内流动也近似呈对数规律，相应常数为

$$\frac{u}{u^*}=5.0\ln\frac{y}{y^*}-3.05 \tag{2-34}$$

由上述方法所表达的圆管内速度分布，局部速度与流体位置间遵循对数规律（图 2-19）。依这种速度分布求解圆管内体积流量及流速时，常忽略较薄的黏性底层和缓冲层，积分得到的平均流速与实际差别不大，为

$$\frac{u_b}{u^*}=\frac{\int_0^{r_i}u2\pi(r_i-y)\mathrm{d}(r_i-y)}{u^*\pi r_i^2}=2.5\ln\frac{r_iu^*\rho}{\mu}+1.75 \tag{2-35}$$

其中，r 是任意位置半径，r_i 为管道半径。

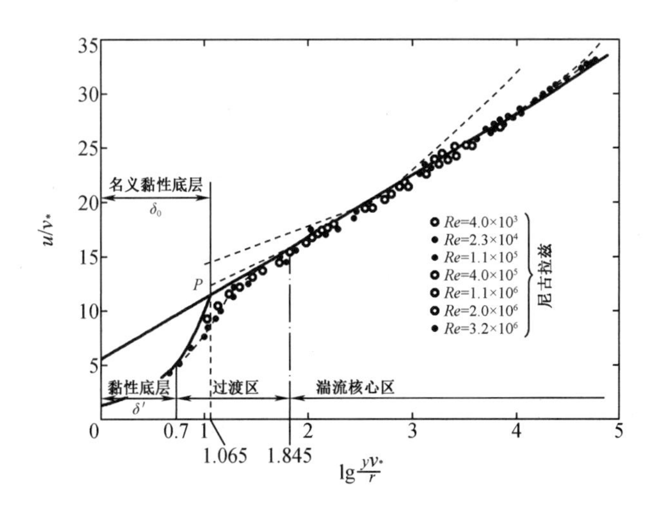

图 2-19　光滑圆管内流速分布半经验表达式的实验验证

光滑圆管内湍流流速除使用上述半经验表达式之外,还可以根据经验直接给出,其中应用较多的是一种指数律的速度表达形式:

$$\frac{u(r)}{u_{\max}}=\left(\frac{y}{r_i}\right)^{\frac{1}{n}}=\left(\frac{r_i-r}{r_i}\right)^{\frac{1}{n}} \tag{2-36}$$

指数 n 取决于雷诺数 Re,在 $Re=3.0\times10^3\sim1.0\times10^5$ 时取 $n=7$,其速度分布称为 1/7 次指数律。应该指出,这种表述只是近似的,特别在壁面附近速度梯度趋于无穷,这显然与实际不符。

对于粗糙管道,层流底层和过渡层的区域范围及各自内部速度分布变化较大,对湍流核心的速度分布影响较小。粗糙管壁中速度分布较为复杂,且随壁面粗糙度变化而变化,这里不再具体介绍。

4. 光滑圆管湍流阻力计算

管子的壁面粗糙度变化,对管内流体流动最大的影响在于增加了湍流管路中流体流动的阻力。下面介绍圆管湍流时管路沿程阻力的计算方法。

如图 2-20 所示,在湍流圆管中取长度为 l 的管段,设直径为 d,管壁面剪切力为τ,圆管两侧压力分别为 p_1、p_2,对圆管内流体进行受力分析,得

$$(p_1-p_2)\frac{\pi d^2}{4}=\tau_w\pi dl \tag{2-37}$$

由湍流管路阻力的量纲分析以及实验,根据式(2-15)可以得出

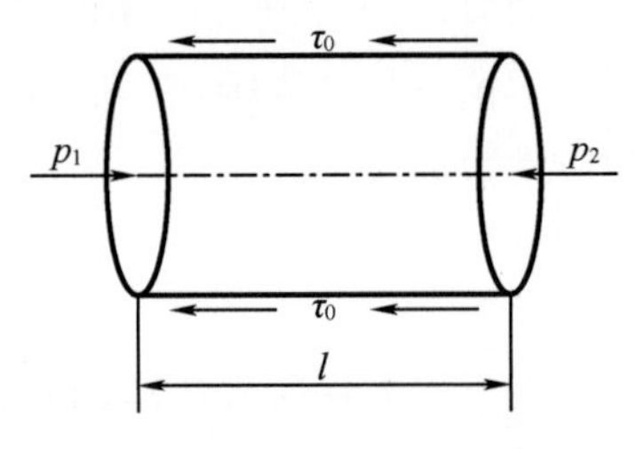

图 2-20 圆管与流体间力的作用

$$\Delta p=\lambda\frac{l}{d}\frac{\rho u_b^2}{2} \tag{2-38}$$

利用湍流圆管内平均速度的表达式(2-35),以及摩擦速度的定义式(2-30)可知,湍流平均流速与壁面剪切力之间满足一定的关系。

将式(2-37)、式(2-38)、式(2-30)转变形式后代入式(2-35)可以得到圆管沿程阻力系数与圆管平均流速之间的隐式表达式:

$$\frac{1}{\sqrt{\lambda}}=0.884\ln(Re\sqrt{\lambda})-0.91 \tag{2-39}$$

这与尼古拉兹得到的实验结果(式 2-40)相近,相应的差主要来自只采用湍流核心的速度分布来计算平均速度。沿程阻力系数隐式表达式的推导及实验表明,对于光滑圆管湍流结构及阻力系数计算的理论实现了闭环,同时也间接证明了湍流剪切力理论的可信性。但在实际应用过程中,若使用隐式表达式则需要在计算时反复试差,这对于工程应用是不利的。

$$\frac{1}{\sqrt{\lambda}}=0.868\ln(Re\sqrt{\lambda})-0.8 \tag{2-40}$$

为了便于应用,布拉修斯根据实验结果给出了沿程阻力系数的显示表达式,该表达式属于经验关联式,适用范围为:$5.0\times10^3<Re<1.0\times10^4$。

$$\lambda = 0.316Re^{-\frac{1}{4}} \tag{2-41}$$

例 2-12　试从光滑圆管中湍流核心的对数分布式[式(2-32)至式(2-34)]，以及剪切力与壁面距离的关系式$\left(\frac{\tau'}{\tau_s}=\frac{r}{R}\right)$出发，推导涡流黏度、混合长与距壁面距离 y 之间的关系。

解　在湍流中心，可忽略黏性力的影响，则

$$\tau^t \approx \tau_s\left(1-\frac{y}{r_i}\right) = \rho\varepsilon\frac{\mathrm{d}u_x}{\mathrm{d}y}$$

移项得

$$\varepsilon = \frac{\tau_w}{\rho}\left(1-\frac{y}{r_i}\right)\left(\frac{\mathrm{d}u_x}{\mathrm{d}y}\right)^{-1} \quad ①$$

依据湍流速度无量纲分布式，可得位置 y 处速度的导数：

$$\frac{u_x}{u^*} = 2.5\ln\frac{y}{y^*} + 5.5$$

$$\frac{\mathrm{d}u_x}{\mathrm{d}y} = 2.5\frac{u^*}{y} \quad ②$$

结合式①、式②，并根据已知条件 $u^* = \sqrt{\frac{\tau_w}{\rho}}$，得

$$\varepsilon = (u^*)^2\left(1-\frac{y}{r_i}\right)\frac{y}{2.5u^*} = 0.4\sqrt{\frac{\tau_w}{\rho}}\left(1-\frac{y}{r_i}\right)y \quad ③$$

依据混合长的定义式：

$$\varepsilon = l^2\left|\frac{\mathrm{d}u_x}{\mathrm{d}y}\right| \quad ④$$

将式②代入式④，得

$$\varepsilon = 2.5l^2\frac{u^*}{y} \quad ⑤$$

结合式③、式⑤可得

$$\frac{l}{r_i} = 0.4\left(1-\frac{y}{r_i}\right)^{\frac{1}{2}}\frac{y}{r_i} \quad ⑥$$

将式⑥代入式③得

$$\varepsilon = 0.4y\left(1-\frac{y}{r_i}\right)\sqrt{\frac{\tau_w}{\rho}}$$

可见混合长 l 与湍流黏度 ε 均是位置 y 的函数，混合长的大小与湍流流动的雷诺数无关。

5. 工程管道沿程阻力损失的计算

光滑圆管沿程阻力损失的计算是在水力光滑管道假设基础上得到的,但实际过程中所用的管道均有一定的粗糙度。管道粗糙度的变化并不明显改变湍流结构,但其对管路阻力的影响不容忽视。

在计算水力光滑圆管沿程阻力损失时,采用的是将直管沿程阻力损失表示为雷诺数的显式或隐式函数。对于工业管道沿程阻力损失的计算思路与水力光滑圆管沿程阻力损失计算方法类似,也是建立不同雷诺数及不同管路相对粗糙度下沿程阻力系数的表达式,并根据沿程阻力系数计算圆管阻力。

尼古拉兹为研究管壁相对粗糙度对圆管沿程阻力系数的影响,采用了人工粗糙度的方法。他把筛分后的砂粒均匀粘贴在不同直径的管壁上,做成人工粗糙管;并利用砂粒的凸起高度(直径)与圆管内径 d 之比表征圆管的相对粗糙度。通过不同雷诺数下不同相对粗糙度管路阻力系数的测定,得到了图 2-21 所示的尼古拉兹曲线。

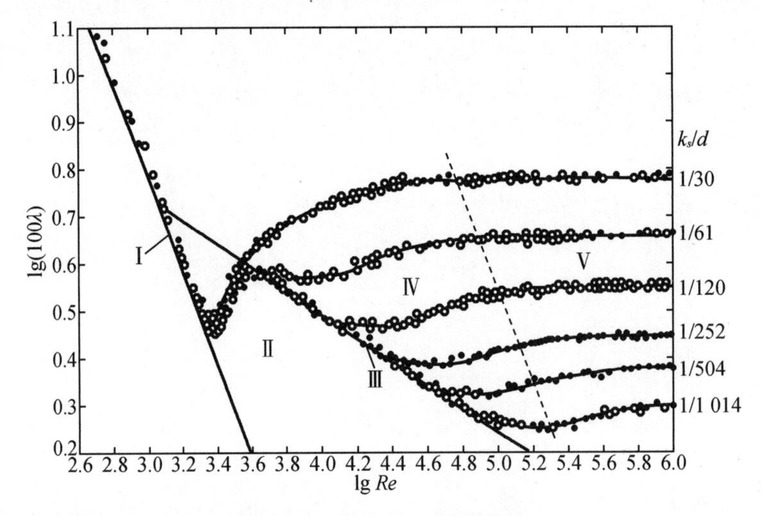

图 2-21　尼古拉兹实验曲线

根据曲线的走势,将其分为以下五个区。

(1)层流区

当 $Re<2\ 300$ 时,各管流落在同一直线上,此时壁面摩擦阻力系数为 $\lambda=64/Re$,即层流摩擦阻力系数不受壁面粗糙度的影响。

前已提及,该区内管路沿程阻力与速度的一次方成正比。

(2)层流向湍流过渡区

当 $2\ 300<Re<4\ 000$ 时,各管流的试验点极不稳定,没有明显的规律性。

(3)水力光滑区

当 $4\ 000<Re<59.6\left(\dfrac{1}{\Delta}\right)^{\frac{8}{7}}$ 时,在这一区域内,各种不同 Δ 的圆管中流体沿程阻力损失系数 λ 与圆管的相对粗糙度无关,而仅与雷诺数有关。产生这种现象的原因在于层流低层的

厚度较大，足以掩盖粗糙突出高度 k_s 的影响，该区域就是紊流水力光滑区。水力光滑区圆管阻力系数的计算方法与光滑圆管阻力系数的计算公式相同，既可以采用尼古拉兹的隐式表达式(2-39)，也可以采用布拉修斯的显式表达式(2-41)。

不同相对粗糙度下的圆管在水力光滑区均表现出水力光滑的性质，但不同的相对粗糙度的圆管在该线上所占的长度是不同的：相对粗糙度越小，则在该线上的长度越长。这意味着相对粗糙度越小的圆管，沿程阻力损失系数表现为水力光滑管所对应的雷诺数区域也越大；而相对粗糙度大的圆管，随着雷诺数的变化迅速偏离水力光滑区，如表2-3所示。

表2-3　沿程阻力系数随雷诺数变化的实验结果

区域	层流区	过渡区	水力光滑区	湍流区	阻力平方区
范围	$Re\leqslant$ 2 000	$2\,000\leqslant Re\leqslant$ 4 000	$4\,000<Re<59.6\left(\frac{1}{\Delta}\right)^{8/7}$	$\left(\frac{59.6}{\Delta}\right)^{8/7}<Re<\left(\frac{4\,160}{\Delta}\right)^{0.85}$	$Re>\left(\frac{4\,160}{\Delta}\right)^{0.85}$
λ 值	$64/Re$	不稳定	$\frac{1}{\sqrt{\lambda}}=0.868\ln(Re\sqrt{\lambda})-0.8$	$\frac{1}{\sqrt{\lambda}}=-2\log\left(\frac{\Delta}{3.7}+\frac{2.51}{Re\sqrt{\lambda}}\right)$	$\lambda=\left[1.74+2\log\left(\frac{1}{\Delta}\right)\right]^2$
λ 影响因素	Re	—	Re	Re,Δ	Δ
h_f 与 u 关系	$h_f\propto u$	—	$h_f\propto u^{1.75}$	介于Ⅲ区与Ⅴ区之间	$h_f\propto u^2$

(4)过渡粗糙区

在$\frac{59.6}{\Delta^{\frac{8}{7}}}<Re<\frac{4\,160}{\Delta^{0.85}}$的区域内，管路阻力系数受雷诺数与相对粗糙度两个因素有关。阔尔布鲁克总结这一区域管路阻力系数的表达式，提出了如下隐式表达式：

$$\frac{1}{\sqrt{\lambda}}=-2\log\left(\frac{\Delta}{3.7}+\frac{2.51}{Re\sqrt{\lambda}}\right) \tag{2-42}$$

(5)水力粗糙区

当 $Re>\frac{4\,160}{\Delta^{0.85}}$时，圆管内阻力系数仅由壁面的相对粗糙度决定，而不再受雷诺数的影响。分析达西公式不难发现，此时沿程阻力系数与管道内流速的平方成正比，因而该区域又被称为阻力平方区。该区域内圆管沿程阻力系数可由尼古拉兹的经验表达式计算：

$$\lambda=\left[1.74+2\log\left(\frac{1}{\Delta}\right)\right]^2 \tag{2-43}$$

将尼古拉兹实验结果与计算圆管沿程阻力损失的达西-魏斯巴赫公式结合，并将 Re 展开，得到以下结论。

(1)层流区

管路沿程阻力与速度成正比。

(2)湍流光滑区

湍流光滑区可以看成不同相对粗糙度的圆管进入湍流区起始点的连线。以布拉修斯的显式表达式为基础,可得出此时管路沿程阻力与速度的1.75次方成正比。

$$\lambda=0.316Re^{-\frac{1}{4}}$$

$$h_f=0.158\ 2\frac{l}{gd}\left(\frac{\rho}{\mu}\right)^{0.25}u^{1.75}$$

(3)湍流粗糙区

湍流粗糙区的沿程阻力系数与雷诺数无关,只与速度的平方成正比。所以该区域又称为阻力平方区,由于这一区域内湍流得到完全发展,故该区域又称为完全湍流区。

(4)湍流过渡粗糙区

该区域介于湍流光滑区与湍流粗糙区,沿程阻力也相应地与速度1.75~2次方成比例。

尼古拉兹曲线是在人工粗糙度的方法基础上实现的,与实际工业管路存在差异。莫狄对工业用管做了大量实验,得到了管路阻力系数与雷诺数和相对粗糙度之间的关系曲线。莫狄图(图2-22)具有较好的准确性与广泛的适用性,可以作为管路设计和管路阻力计算的依据。

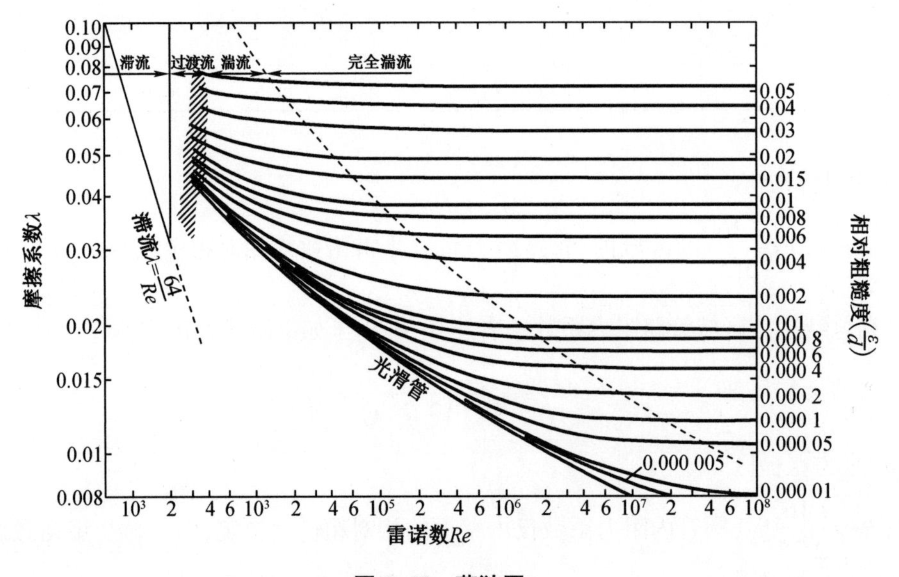

图2-22 莫狄图

如果知道了管路雷诺数及相对粗糙度,就可以从图中查出管路阻力系数。表2-4给出了常用管材绝对粗糙度的参考值,绝对粗糙度随管壁的材质、加工方法、加工精度及使用情况等因素变化,对于具体管路可以通过试验方法间接测量。

表 2-4　常用工业管道的当量粗糙度

管道材料	绝对粗糙度 ε/mm	管道材料	绝对粗糙度 ε/mm
黄铜管、铜管	0.01～0.05	橡皮软管	0.01～0.03
钢管、镀锌铁管	0.1～0.2	干净的玻璃管	0.001 5～0.01
涂沥青铸铁管	0.12	轻度腐蚀的钢管	0.2～0.3
新铸铁管	0.3	严重腐蚀的钢管	0.5 以上
旧铸铁管	0.85 以上	混凝土管	0.3～3.0

2.3.4　局部阻力损失的计算

流体在管道中流动所产生的能量损失，除沿程阻力损失之外，还包括局部阻力损失。由图 2-23 可以看出，在各种管件附近均会发生流体水头线的阶跃式损失，这种阶跃式损失就是由局部阻力损失造成的。

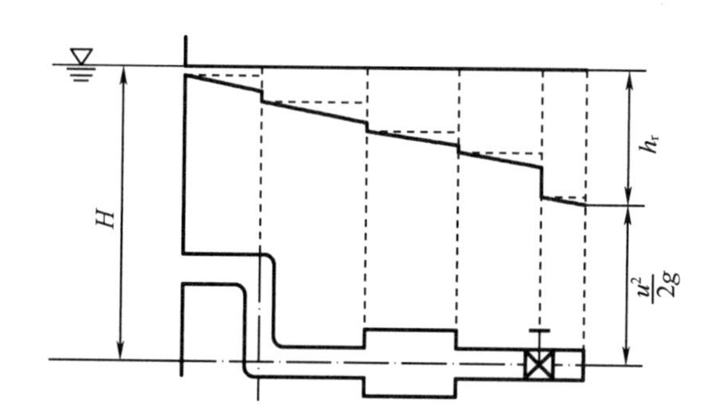

图 2-23　实际流体的总水头线沿流动方向的变化

局部阻力是指流体流经管路中各种管件（如阀门、弯头、变断面管）时，由于水流变形，速度重新分布，质点进行剧烈的动量交换而产生的阻力。由局部阻力所引起的能量损失称为局部损失，以符号 h_r 表示。

1. 管路上的局部损失产生原因

（1）主流脱离壁面，形成漩涡

当流体通过突然扩大、突然缩小、弯管、三通或阀门及管道中的局部障碍时，由于水流的惯性作用，主流脱离边壁，在主流及壁面之间形成漩涡区，如图 2-24 所示。

流体中的漩涡加剧了流体质点的紊动，增加了流体动能的摩擦损失；漩涡区与主流区不断地掺混和动量交换使得主流的能量被输运至漩涡区，并被漩涡区耗散掉；在局部阻碍附近区域，流体流速重新调整，加大了流速梯度和流层间的剪切力，也造成一定的能量损失。

主流脱离壁面，在主流与边壁间形成漩涡区是造成局部水头损失的主要原因。实验结果表明，局部阻碍处漩涡区尺寸越大，漩涡强度越大，局部水头损失也就越大。

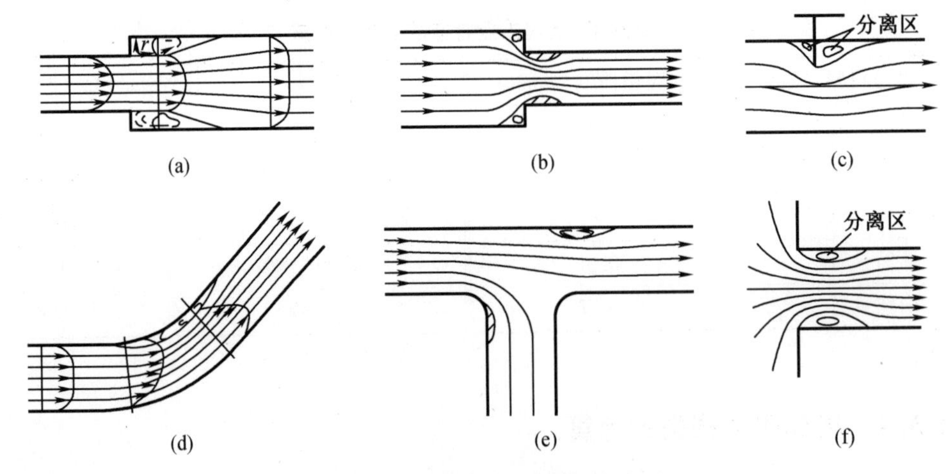

图 2-24　不同管件上的流动脱离现象

(2)二次流的产生

所谓二次流是指当流体流动方向发生变化时,在垂直于流体流动方向上形成流体流动的现象。二次流产生原理为:当流体流过弯管时流体受惯性离心力的作用,使弯管外侧(E侧)压强增大,内侧(H侧)压强减小。由于贴近壁面处流体流速较小,故在内、外两侧压强差的作用下产生一对由管壁外侧流向内侧,再在管中心处由内侧流向外侧的涡流,如图2-25所示。

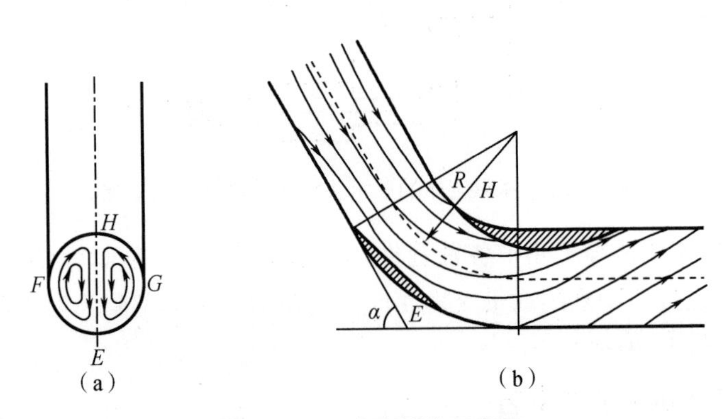

图 2-25　二次流结构示意图

二次流与主流叠加在一起形成了一对螺旋流动,加大了弯管能量损失。实验研究表明,其对主体流动的影响,在50倍管径长度处才逐渐消失。

2. 管道局部阻力的计算方法

管路局部阻力的计算方法有阻力系数法和当量长度法。

(1)阻力系数法

该法是将局部能量损失表示成流体动能因子的一个倍数,即

$$h_r=\zeta \frac{u^2}{2g} \tag{2-44}$$

式中　ζ——局部阻力系数;

u——流体在原管道中的平均流速。

①突然扩大

当流体由小直径管流入大直径管时,流体脱离壁面形成一射流注入扩大了的截面中,射流与壁面间的空间形成涡流,出现边界层分离现象。这种由于涡流而造成的能量损失可以由能量衡算的方法求得。

假定流体不可压缩,且由涡流产生的阻力远大于摩擦阻力,故摩擦阻力可忽略不计。

选择图 2-26 中截面 A_0 与 A_2 间的范围为控制体,其控制面为 A_0、A_2 以及靠近大直径管内壁的流体层(不包含管壁)。应用动量守恒定律即牛顿第二定律对所选控制体做动量衡算。牛顿第二定律为

$$\boldsymbol{F}=\frac{\mathrm{d}(M\boldsymbol{u})}{\mathrm{d}t}$$

上式可用文字表述为

控制体受力=控制体内动量变化率=动量输出速率-动量输入速率

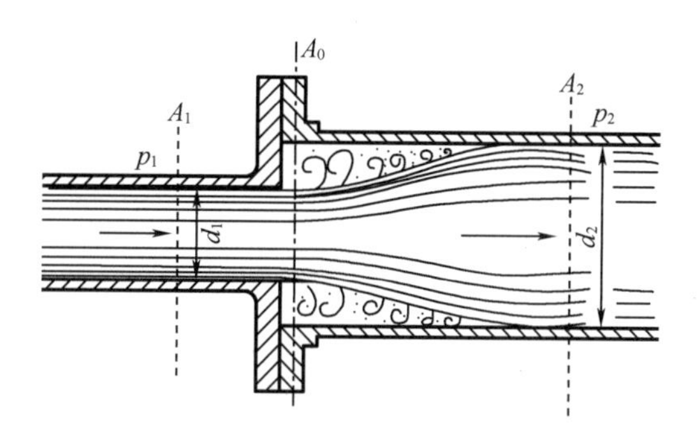

图 2-26 突然扩大管道中的流动

本问题为一维流动,指定 x 方向,则控制体在 x 方向所承受的外力为压力和摩擦阻力。根据假定,摩擦阻力可忽略,则合外力即为压力,以 $\sum p_x$ 表示之。

由于截面 A_0 与截面 A_2 相同,又假定作用在截面 A_0 与 A_2 上的压力分布均匀,分别以 p_0、p_2 表示,则

$$\sum p_x = p_0A_0 - p_2A_2 = (p_0 - p_2)A_2$$

由于截面 A_1 与截面 A_0 相接近,故可设 $p_0=p_1$,$u_{b0}=u_{b1}$,于是

$$\sum p_x = (p_0 - p_2)A_2$$

其次,考察控制体内动量变化情况。设流体在小直径管内流速为 u_{b1},在大直径管内流速为 u_{b2},则由截面 A_0 输入的动量速率为 $(\rho u_{b1}A_1)u_{b1}$。

由截面 A_2 输出的动量速率为 $(\rho u_{b2}A_2)u_{b2}$。

于是可得

$$(p_0-p_2)A_2=\rho A_2u_{b2}^2-\rho A_1u_{b1}^2 \tag{2-45}$$

根据流体的连续性,可以推导得出

$$\rho A_2u_{b2}=\rho A_1u_{b1} \tag{2-46}$$

将式(2-46)代入式(2-45),可得

$$(p_0-p_2)A_2=\rho A_2u_{b2}(u_{b2}-u_{b1}) \tag{2-47}$$

在截面 A_1 与 A_2 间列机械能衡算方程,得

$$\frac{u_{b1}^2}{2g}+\frac{p_1}{\rho g}=\frac{u_{b2}^2}{2g}+\frac{p_2}{\rho g}+h_f' \tag{2-48}$$

比较式(2-47)与式(2-48),可得

$$h_f'=\frac{1}{2g}(u_{b1}-u_{b2})^2 \tag{2-49}$$

再次应用连续性方程式(2-46),可得

$$h_r=\sigma\frac{u_{b1}^2}{2g}\left(1-\frac{A_1}{A_2}\right)^2 \tag{2-50}$$

通过与局部阻力系数法的定义式(2-44)相比较不难看出,突然扩大管局部阻力系数为

$$\zeta=\left(1-\frac{A_1}{A_2}\right)^2 \tag{2-51}$$

应当指出,由于推导过程做了许多简化假定,故得到的局部阻力系数与其真值存在一定的差异,但是在稳态湍流状况下,真值与上式计算的数值差别不大。在具体应用过程中应注意该局部阻力系数是与来流平均流速相对应的。

②突然缩小

当管道截面突然缩小时,流体流速增加、压强降低,相应的流体在顺压梯度下流动,不会出现边界层分离现象,因此此处能量损失不明显。但由于流体惯性作用,当流体进入小截面管道后,不能立即充满小管截面,而是继续缩小至某一最小截面(缩脉)后,才逐渐充满整个截面。在缩脉附近处,流体产生边界层分离和大的涡流阻力。

这种突然缩小引起的局部阻力系数,通常用以下经验公式求算:

$$\zeta=0.5\left(1-\frac{A_2}{A_1}\right) \tag{2-52}$$

与该局部阻力系数相对应的流体流速为小直径管内的平均流速。

③管入口与管出口

流体自容器流入管内,相当于截面突然缩小,且入口截面远大于流动截面,即$\frac{A_2}{A_1}\approx 0$,故可按 $\zeta=0.5$ 表征局部阻力系数。

当流体由管道流入容器,或由管路排放至管外空间时,相当于突然扩大的情况。由于出口截面积远大于管道截面积,故取 $\zeta=1$ 表征管流出口的局部阻力系数。

④管件与阀门

管件与阀门的局部阻力系数需要由实验确定。常见管件与阀门的局部阻力系数参见表 2-5。

表 2-5 常见管件与阀门的局部阻力系数

名称	局部阻力系数 ξ	名称	局部阻力系数 ξ
45°弯头	0.35	全开闸阀	0.17

表 2-5(续)

名称	局部阻力系数 ξ	名称	局部阻力系数 ξ
90°弯头	0.75	全开标准阀	6.0
三通	1.0	全开角阀	2.0
回弯头	1.5	球式止逆阀	70.0
管接头	0.04	盘式水表	7.0

(2)当量长度法

管件与阀门的局部阻力可以仿照沿程阻力的形式,写为如下形式:

$$h_r = \lambda \frac{l_e}{d} \frac{u^2}{2g} \tag{2-53}$$

式中　λ——相应管路的沿程阻力系数;

l_e——管件或阀门的当量长度,相当于长为 l_e、管径为 d 的直管阻力。

管件与阀门的当量长度需由实验测定,在工程实践中,可以通过一些图、表,或者经验关联式来估算当量长度的大小。典型阀门与管件安装在不同管径管路时的当量长度共线图如图 2-27 所示。由图可知,某一管件安装在指定直径管路中的当量长度是固定的,这与某一管件局部阻力系数是固定的类似,都是因为工程流体输送是在完全湍流区进行的。如图 2-27 所示,安装在内径 150 mm 管路中的标准弯头,其当量长度为 5.0 m。

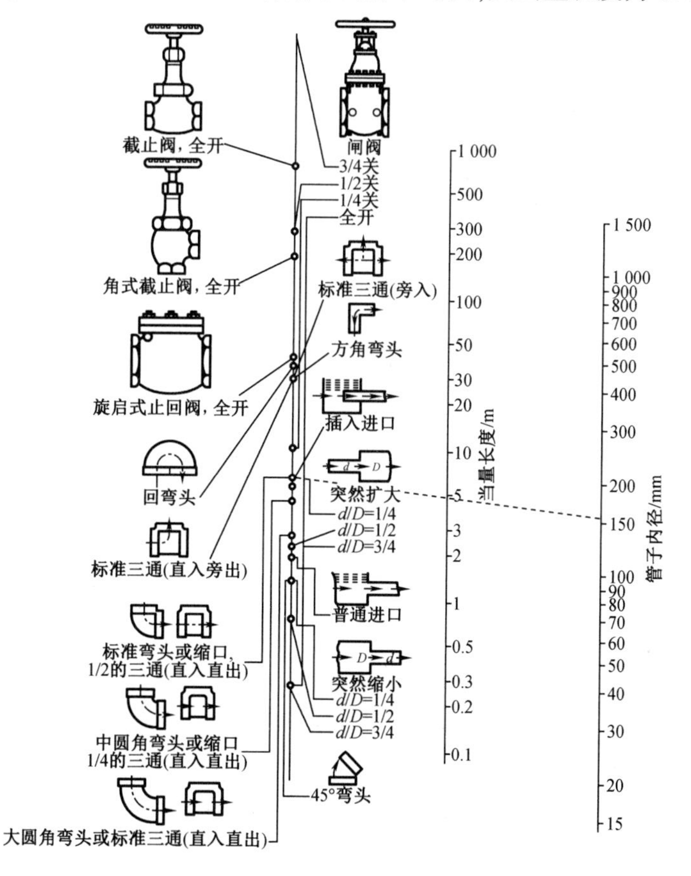

图 2-27　管件与阀门的共线图

应当指出，由于管件与阀门的构造细节及应用工况的不同，即使规格、尺寸相同，其当量长度 l_e 或其局部阻力系数 ζ 数值可能有很大差异，所以依两种方法计算出的局部阻力均须经实验验证。

综上所述，管路系统中的总阻力，包含沿程阻力损失和局部阻力损失，其计算式为

$$h_l=\left(\lambda\frac{l}{d}+\sum\zeta_i\right)\frac{u^2}{2g}\tag{2-54}$$

当以当量长度法计算局部阻力时，上式还可写为

$$h_l=\lambda\frac{\left(l+\sum l_e\right)}{d}\frac{u^2}{2g}\tag{2-55}$$

应该注意，式(2-55)仅适用于直径相同的管段或管路系统的计算。当管路中包含若干不同直径的管段时，管路的总阻力应逐段计算并最后相加。

例 2-13 如图 2-28 所示，两水池水位恒定，已知管道直径 $d=10$ cm，管长 $l=20$ cm，沿程摩擦阻力系数 $\lambda=0.042$，局部水头损失系数(局部阻力系数) $\zeta_{弯}=0.8$，$\zeta_{阀}=0.26$，通过体积流量 $q_v=65$ L/s，

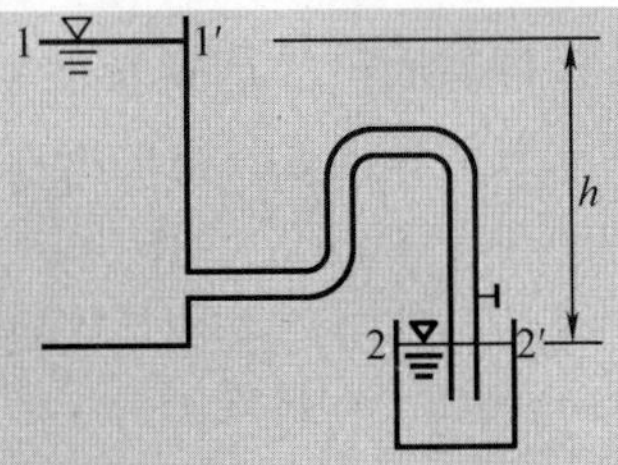

试求：(1)若水从高位槽流入低位槽，求两水池水面的高度差；

图 2-28

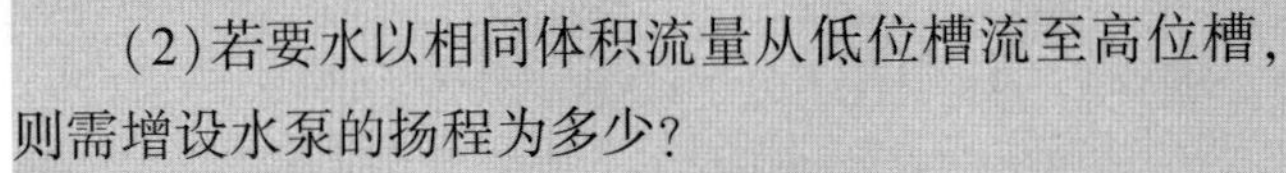

(2)若要水以相同体积流量从低位槽流至高位槽，则需增设水泵的扬程为多少？

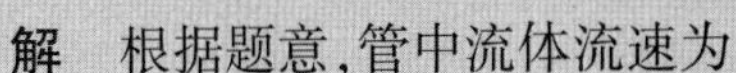

解 根据题意，管中流体流速为

$$u=\frac{4q_v}{\pi d^2}=8.28\ \text{m/s}$$

(1)分别在高、低水池自由液面处建立控制面，则两截面间伯努利方程为

$$z_1+\frac{p_1}{\rho g}+\frac{u_1^2}{2g}=z_2+\frac{p_2}{\rho g}+\frac{u_2^2}{2g}+h_l$$

根据题意，管路中总阻力损失为

$$h_l=\left(\lambda\frac{l}{d}+\sum\zeta_i\right)\frac{u_{管}^2}{2g}$$

$$=\left(\lambda\frac{l}{d}+\zeta_i+3\zeta_{弯}+\zeta_{阀}+\zeta_o\right)\frac{u_{管}^2}{2g}$$

$$=43.9\ \text{m}$$

两容器直径均大于管路直径，故在两截面上流速近似为 0，故可得出

$$h=z_1-z_2=h_l=43.9\ \text{m}$$

(2)当水由低位槽流至高位槽时，需在管路中添加水泵，水泵扬程可由两断面间伯努利方程求得，即

$$z_2+\frac{p_2}{\rho g}+\frac{u_2^2}{2g}+H_m=z_1+\frac{p_1}{\rho g}+\frac{u_1^2}{2g}+h_1$$

则

$$H_m=z_1-z_2+\sum h_f=87.8\ \mathrm{m}$$

2.4　管路水力计算

2.4.1　简单管路的水力计算

描述管路中各变量关系的方程主要有三个:连续性方程、机械能衡算方程和阻力系数方程。管路计算即依据管路中各变量之间的关系,以完成流体输送操作或者管路设计为目标的计算。管路计算具体可以分为以下三种情况。

1. 在某一确定管路中输送一定量的流体,要求计算输送设备的功率

可以通过隐式表达式或者莫狄图计算出沿程阻力系数 λ,进而计算出功率,相应的计算框图如图 2-29 所示。

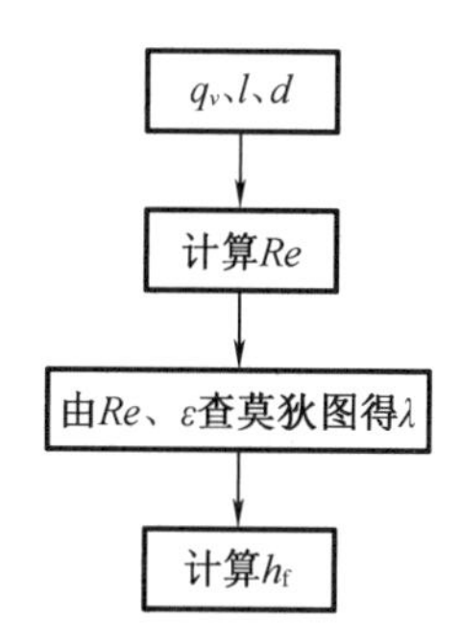

图 2-29　求解管路水头损失的流程图

例 2-14　已知通过直径 $d=200$ mm、长 $l=300$ mm、绝对粗糙度 $\varepsilon=0.4$ mm 的铸铁管道的油体积流量 $q_v=1\ 000\ \mathrm{m^3/h}$,运动黏度 $\nu=2.5\times10^{-6}\ \mathrm{m^2/s}$。试求单位重力流体的能量损失 h_f。

解　油在管道内的平均流速:

$$u=\frac{4q_v}{\pi d^2}=8.84\ \mathrm{m/s}$$

雷诺数:

$$Re=\frac{d\rho u}{\mu}=70\ 800$$

管道相对粗糙度:

$$\Delta=\frac{\varepsilon}{d}=0.002$$

方法一:

由莫狄图查的管道沿程阻力损失系数为

$$\lambda=0.023\ 8$$

代入达西公式得

$$h_f=\lambda\ \frac{l}{d}\ \frac{u^2}{2g}=142\ \mathrm{m}$$

方法二：

若依据尼古拉兹方法，可知

$$\frac{4\ 160}{\Delta^{0.85}}=458\ 000<Re$$

故流动位于阻力平方区：

$$\lambda=\left[1.74+2\log\left(\frac{1}{\Delta}\right)\right]^{-2}=0.023\ 4$$

代入达西公式得

$$h_f=\lambda\ \frac{l}{d}\ \frac{u^2}{2g}=140\ \text{m}$$

由例 2-14 可知两种方法获得结果基本一致，相比之下用莫狄图进行计算要简便得多，且更符合工业管道的实际情况。在已知管道尺寸 d、l、ε，流体性质 ρ、μ 以及体积流量 q_v（流速 u）情况下，可直接由 Re 以及壁面相对粗糙度 Δ 查出直管沿程阻力系数，进而计算出沿程阻力损失。

2. 确定管路及输送设备，求管路的输送能力

相应的计算框图如图 2-30 所示。

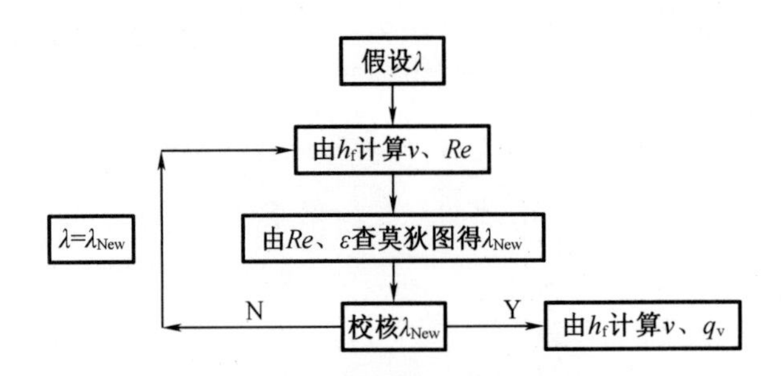

图 2-30　求解管路流量的流程图

例 2-15　15 ℃的水流过直径 $d=300$ mm 的铆接钢管，已知绝对粗糙度 $\varepsilon=3$ mm，在长 $l=300$ m 管道上水头损失 $h_f=6$ m，求水的体积流量 q_v。

解　管道的相对粗糙度 $\Delta=\varepsilon/d=0.01$，试取 $\lambda=0.038$。将已知数据代入达西公式，解得

$$u=\sqrt{\frac{h_f d\times 2g}{\lambda l}}=1.76\ \text{m/s}$$

15 ℃水的运动黏度 $\nu=1.13\times10^{-6}\ \text{m}^2/\text{s}$，于是可求得雷诺数为

$$Re=\frac{d\rho u}{\mu}=467\ 000$$

根据雷诺数及 Δ 查莫狄图，$\lambda=0.038$。

则水的体积流量为

$$q_v=uA=0.124\ 5\ \text{m}^3/\text{s}$$

若沿程阻力损失系数与所选值不一致，则应通过查图以改进其值，通过反复的迭代计算，最终计算出流速以及体积流量。

由例 2-14 可知，在已知管道尺寸 d、l、ε，流体性质 ρ、μ 以及直管沿程阻力系数 λ，以求解体积流量 q_v（流速 u）情况下，需要假定沿程阻力损失系数，并根据莫狄图对阻力损失系数进行修正至合理数值，最终通过流速及管道截面积求解出流体的体积流量。

3. 为达到输送一定量流体的目的而设计管路

求解管路直径的流程图如图 2-31 所示。

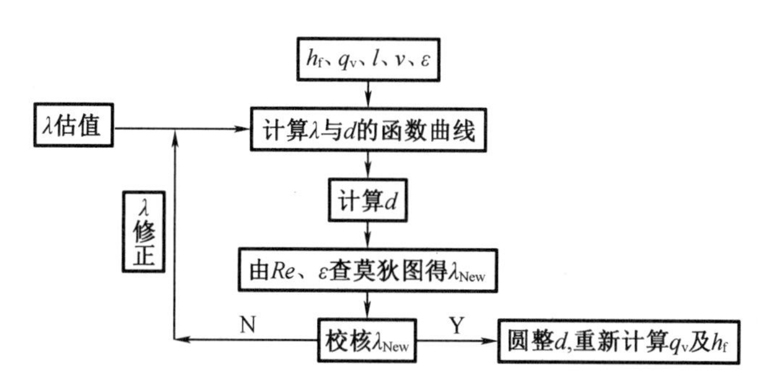

图 2-31　求解管路直径的流程图

例 2-16　欲通过绝对粗糙度 $\varepsilon=0.046$ mm，长 200 m 的钢管输送运动黏度 $\nu=1.0\times10^{-5}$ m²/s 的油。已知需要油的体积流量 $q_v=1\ 000$ m³/h，以及最大允许管路损失 $h_f=20$ m，试确定钢管的直径 d。

解　流速可由管内体积流量间接表示出来：

$$u=\frac{4q_v}{\pi d^2} \tag{①}$$

将①式代入达西公式，求解得出

$$d^5=\frac{8lq_v^2}{\pi^2 gh_f}\lambda=0.064\ 2\lambda \tag{②}$$

将式①代入 Re 表达式，得

$$Re=\frac{4q_v}{\pi\nu}\frac{1}{d}=\frac{35\ 400}{d} \tag{③}$$

假设 $\lambda=0.02$ 并代入式②，得 $d=0.264$ m，代入式③，得 $Re=134\ 000$，查莫狄图得 $\lambda=0.016$。

将 $\lambda=0.016$ 代入式②，并重复上述步骤，解得 $\lambda=0.015\ 8$。

再重复上述步骤，发现 λ 值不再发生变化，此时 $d=0.252$ m。

查工业管道的标准，最终确定管道公称直径为 0.3 m 的管子。

由例 2-15 可知，在已知管道尺寸 l、ε，流体性质 ρ、μ，体积流量 q_v，沿程阻力损失 h_f 基础上，求解管道直径需要根据沿程阻力损失系数以及雷诺数与管道直径的关系，假定沿程阻力损失系数并根据莫狄图对阻力损失系数进行修正至合理数值,最终确定管道的直径还需圆整至符合工业管道的标准的尺寸。

相比较而言,管路水力计算中求解管道阻力最为容易。对于求流量或设计管径的计算,流速或管径为未知量,无法计算 Re 以直接判别流动形态。常采取的办法为假设管路流体处于阻力平方区,并假设管路阻力系数利用试差法求解。上述试差计算过程实为非线性方程组的求解过程,利用计算机可以方便地求解这类问题。

2.4.2 管路特性方程

在管路阻力系数已知的情况下,即可用伯努利方程求出流体流经该管路时的压头变化:

$$\Delta H = \Delta Z + \frac{\Delta p}{\rho g} + \left(\sum \zeta + \lambda \frac{l}{d}\right)\frac{u_b^2}{2} \tag{2-56}$$

因为对于某一已知管路来讲,其进出口的位置是确定的,因而位头与静压头变化之和为常数。与此同时,当流动进入阻力平方区时,管路阻力系数不再发生变化,流体流速与流体体积流量成正比,因而又可将管路动压头的变化写作 Bq_v^2 的形式。由此得到管路特性方程为

$$\Delta H=A+Bq_v^2 \tag{2-57}$$

对于工程中常用的流体,管径的选择要综合考虑操作费用与设备费用两方面因素,并依赖经验公式来实现管路的设计计算。管路的经验公式分为两种:一种是给出不同流体管流的流速范围;另一种是根据流体体积流量以及流体的物理性质如黏度、密度等给出的经验关联式。管径选择是配管的主要任务之一,工程上常使用相关软件实现配管。

2.4.3 并联与分支管路的水力计算

管路中存在分流时,将其称为复杂管路。按管路分流后是否存在合流,将复杂管路分为并联管路与分支管路两种。并联管路与分支管路中各支管体积流量彼此影响,相互制约。其流动比简单管路复杂,但仍满足连续性方程与机械能守恒方程。

并联管路与分支管路计算主要内容有:给定总管体积流量和各支管尺寸,计算各支管的体积流量;规定支管的体积流量、管长、管件的设置,选择合适的管径;已知输送条件下,计算输送设备的功率等。

取并联管路的入口及出口为控制面,则可推导出并联管路各支管的阻力损失相等,用公式表示为

$$h_{l1}=h_{l2} \tag{2-58}$$

由于分支管路的进口总压头相等,因而各分支管路总压头与压头损失的加和相等:

$$z_1+\frac{p_1}{\rho g}+h_{l1}=z_2+\frac{p_2}{\rho g}+h_{l2} \tag{2-59}$$

例 2-17　如图 2-32 所示的并联管路。已知 $q_v=300\ \mathrm{m^3/h}, d_1=100\ \mathrm{mm}, l_1=40\ \mathrm{m}, d_2=50\ \mathrm{mm}, l_2=30\ \mathrm{m}, d_3=150\ \mathrm{mm}, \lambda_1=\lambda_2=\lambda_3=0.03$。试求各支管中体积流量及管道水头损失。

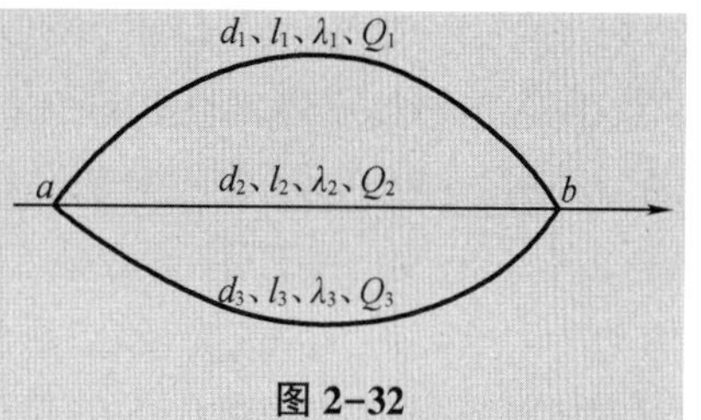

图 2-32

解　根据并联管路的流动规律,有

$$q_v=q_{v1}+q_{v2}+q_{v3} \quad ①$$

$$h_{f1}=h_{f2}=h_{f3} \quad ②$$

将式②展开,有

$$\lambda_1\frac{l_1}{d_1}\frac{u_1^2}{2g}=\lambda_2\frac{l_2}{d_2}\frac{u_2^2}{2g}=\lambda_3\frac{l_3}{d_3}\frac{u_3^2}{2g}$$

代入已知数据得

$$0.03\times\frac{40}{0.1}\times\frac{1}{2\times9.8}\times\left(\frac{4q_{v1}}{\pi\times0.1^2}\right)^2=0.03\times\frac{30}{0.05}\times\frac{1}{2\times9.8}\times\left(\frac{4q_{v2}}{\pi\times0.0.05^2}\right)^2$$

$$=0.03\times\frac{50}{0.15}\times\frac{1}{2\times9.8}\times\left(\frac{4q_{v3}}{\pi\times0.15^2}\right)^2$$

$$9\,898.98q_{v1}^2=238\,873.79q_{v2}^2=1\,634.80q_{v3}^2$$

所以

$$q_{v2}=0.2q_{v1} \quad ③$$

$$q_{v3}=2.46q_{v1} \quad ④$$

将式③、式④分别代入式①,得

$$q_{v1}=\frac{q_v}{3.66}=81.97\ \mathrm{m^3/h}$$

$$q_{v2}=16.39\ \mathrm{m^3/h}$$

$$q_{v3}=201.65\ \mathrm{m^3/h}$$

并联管道水头损失为

$$h_{f1}=\lambda_1\frac{l_1}{d_1}\frac{u_1^2}{2g}=5.15\ \mathrm{m}$$

2.5　流速测量

流速的测量包括局部流速测量和平均流速测量。通过局部流速测量可以得到总体流动在空间中的分布规律,而工程中平均流速往往更有意义。

局部流速测量在研究流型结构方面有重大意义,是流体流动理论发展的基础;同时,局部速度的测量也是设备结构改进的一种表征方法,有较大的实用价值。

局部流速测量可以使用毕托管、热线风速仪、激光多普勒测速仪、粒子成像测速仪等,本节初步介绍这些设备及其测速原理。

毕托管是通过流体动能转换为静压能实现局部流速测量的。如图 2-33 所示，在正对流体流动方向上放置一两端开口、前端弯转 90°的细管，则在管前端 A 处流体速度为 0，流体动能完全转化为静压能，该点压强即为流体的滞止压强 p'，通过滞止压强与此处静压强的差即可计算出流体的运动速度。对于稳态湍流流动，毕托管所测定流速为流速的时均值。

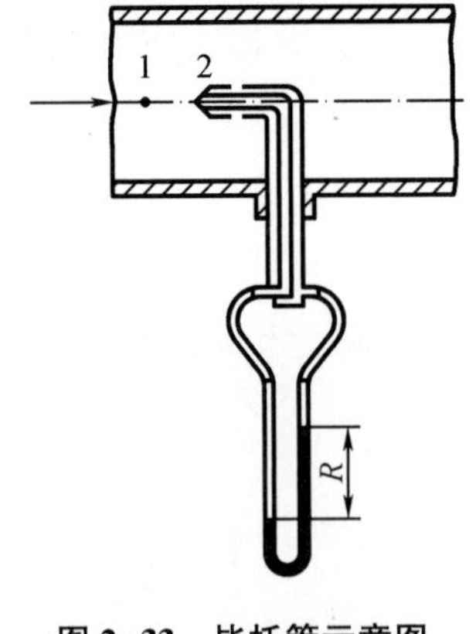

图 2-33　毕托管示意图

$$u=\sqrt{2g\frac{p'-p}{\rho g}} \qquad (2-60)$$

毕托管由滞止压强测量管、静压强测量管和压强测量装置构成。毕托管测速准确程度与其制造精度有关。一般情况下，需要引入毕托管流速修正系数 C，其值为 0.98~1.00。

毕托管测量的是某一点处的局部速度，其优点是能量损失小，通常用于测量大直径管路中的气体流速。由于毕托管两管间压差较小，常配有微压压差计。当所测流体中含有固体杂质时，会堵塞测压孔，此时不宜采用毕托管测速。

2.5.1　差压式流量计

压差式流量计是依据总体流动的机械能守恒原理设计的流量测量设备，常用的压差式流量计包括文丘里流量计和孔板流量计。

1. 文丘里流量计

文丘里流量计用于有压管道内体积流量测量，由文丘里管与压差计组成。典型的文丘里流量计如图 2-34 所示，它由收缩段、喉管与扩散段组成。在收缩段起始位置与喉管处分别与压差计连接。流体经扩压段流至喉管过程中，流体的静压头转化为动压头，通过两断面的静压头之差 Δh 来确定管道内的体积流量。

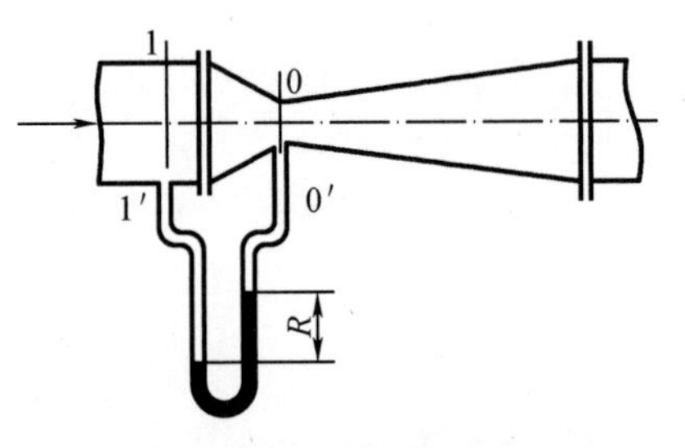

图 2-34　文丘里流量计

若忽略两断面间的水头损失，并假设动能修正系数 $\alpha_1=\alpha_2=1$，则文丘里流量计测量流速的原理为

$$u_1A_1=u_2A_2$$

$$z_1+\frac{p_1}{\rho_1 g}+\frac{u_1^2}{2g}=z_2+\frac{p_2}{\rho_1 g}+\frac{u_2^2}{2g}$$

$$z_1\rho_1 g+p_1=z_2\rho_1 g+p_2+\Delta p$$

$$\Delta p=\rho_1 gR$$

由以上四式可以求出：

$$q_v=\frac{\frac{1}{4}\pi d_1^2}{\sqrt{\left(\frac{d_1}{d_2}\right)^4-1}}\sqrt{2\frac{(\rho_{指}-\rho)gR}{\rho}}=K\sqrt{R} \tag{2-61}$$

其中,K 为仪器常数,与文丘里管的结构有关;$\rho_{指}$ 为 U 形压差计中指示液密度,kg/m³。由于上式在推导过程中忽略了水头损失,故所计算体积流量要比实际值大。为修正水头损失的影响,引入文丘里体积流量系数 C_μ 来修正体积流量,C_μ 可通过实验测定得出,其取值为 0.95~0.98。文丘里管流量计算表达式为

$$q_v=C_\mu K\sqrt{R} \tag{2-62}$$

例 2-18　用文丘里流量计来测定管道的流量。设进口直径 $d_1=100$ mm,喉管直径 $d_2=50$ mm,水银压差计实测到水银面高度差 $\Delta h=4.76$ cm,流量计的流量修正系数 $\mu_0=0.95$。试推导管道输水流量。

解　流速因数:

$$k=\sqrt{\frac{\frac{\rho_{Hg}g}{\rho g}-1}{\left(\frac{d_1}{d_2}\right)^4-1}}=0.9165$$

流量公式:

$$q_v=C_\mu k\frac{\pi}{4}d_1^2\sqrt{2g\Delta h}=6.6\times10^{-3}\ \text{m}^3/\text{s}$$

2. 孔板流量计

孔板流量计测量体积流量的原理与文丘里管相似,也是通过孔板的节流作用使流体流速增大,压力减小,以产生的压力差作为测量的依据。

如图 2-35 所示,在管道内垂直于流动方向上插入垂直的孔板,配合测压装置即构成孔板流量计。

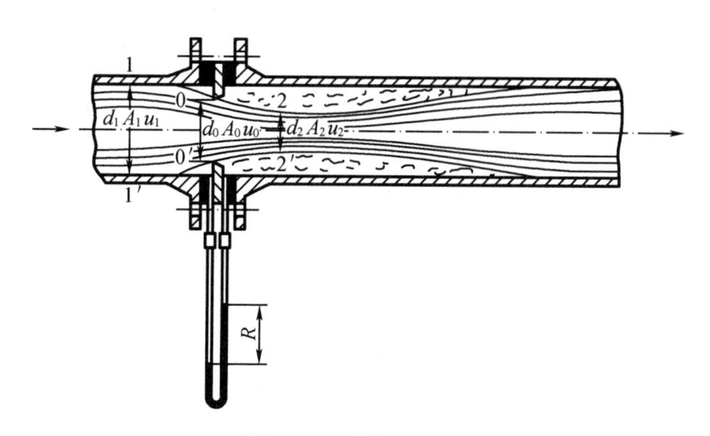

图 2-35　孔板流量计

当流体流过孔板后，在孔板附近形成涡流，流体流动截面不断缩小，管道流动截面的最小处称为缩脉。在缩脉处流体流速最大而压力最低，但其位置难以确定，故以孔板的下游截面作为测压位置。

孔板流量计流量计算方法与文丘里流量计方法相似。孔板流量计流量计算方法为

$$q_v = C_0 A_0 \sqrt{\frac{2}{\rho}(p_1 - p_2)} \tag{2-63}$$

式中 A_0——流道截面积；

C_0——孔板流量计体积流量系数，其值与流体管道中流动的雷诺数、孔板尺寸和管道尺寸有关，孔板流量计体积流量系数与 Re 间的关系可根据相关的设备手册查出。

与文丘里流量计比较，孔板流量计结构简单易更换，因而具有广泛的适应性。但其水头损失大，损失的压头随着 A_0/A_1 减小而增大。

例 2-19 用离心泵将蓄水池中 20 ℃的水（$\rho = 1\ 000\ kg/m^3$，$\mu = 0.001\ Pa \cdot s$）送到敞口高位槽，流程如图 2-36 所示。管路为 $\phi 57\ mm \times 3.5\ mm$ 的光滑钢管，直管长度与所有局部阻力（包括孔板）当量长度为 250 m。输水量用孔板流量计测量，孔径 $d_0 = 20\ mm$，孔流系数为 0.61。从池面到孔板前测压点 A 界面的管长为 100 m。U 形管中指示液为汞。摩擦系数可采用下式计算：$\lambda = \frac{0.316}{Re^{0.25}}$。当输水量为 7.42 m^3/h 时，试求：

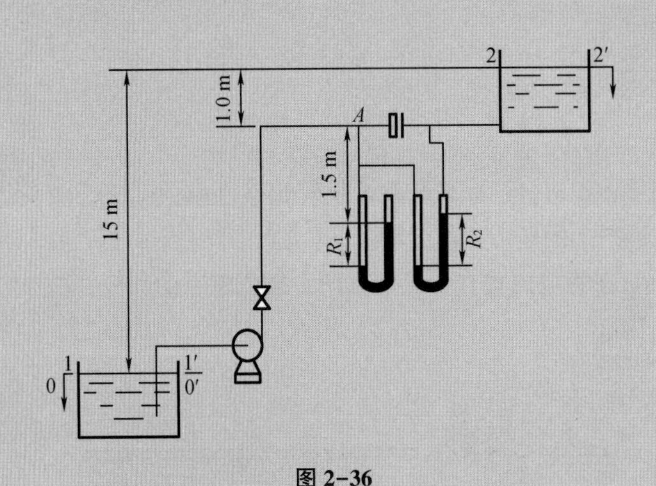

图 2-36

(1)每千克水通过泵所获得的净功；

(2)A 截面 U 形管读数 R_1；

(3)孔板流量计 U 形管读数 R_2；

解 (1)有效功 We

在 1-1′与 2-2′两截面间建立流体动力学方程，得到

$$W_e = g\Delta z + \frac{\Delta u^2}{2} + \frac{\Delta p}{\rho} + g\sum h_f$$

式中：

$$u_1=u_2\approx 0, p_1=p_2=0(\text{表压}), z_1=0, z_2=15\ \text{m}$$

$$u=\frac{q_v}{A}=\frac{7.42}{3\,600\times\pi/4\times 0.05^2}=1.05\ \text{m/s}$$

$$Re=\frac{d\rho u}{\mu}=52\,500$$

$$\lambda=0.316\,4/Re^{0.25}=0.020\,9$$

$$\sum h_f=\lambda\frac{\sum l_e+l}{d}\frac{u^2}{2}=5.878\ \text{J/N}$$

故

$$W_e=204.7\ \text{J/kg}$$

(2)由 A 截面与 2-2′截面间流体动力学得到

$$\frac{p_A}{\rho g}+\frac{u^2}{2g}=z_{A-2}g+g\sum h_{1,A-2}$$

式中，$u=1.05\ \text{m/s}, z_{A-2}=1\ \text{m}, \sum h_{1,A-2}=3.524\ \text{m}, p_A=4.38\times 10^4\ \text{Pa}$（表压）

读数 R_1 由 U 形管静力学方程求解：

$$p_A+(1.5+R)\rho g=R_1\rho_A g$$

所以

$$R_1=0.474\ \text{m}$$

(3)U 形管压差计读数 R_2

$$q_v=C_0A_0\sqrt{\frac{2R_2(\rho_A-\rho)g}{\rho}}$$

代入数据可求得 $R_2=0.468$ m。

2.5.2　转子流量计

转子流量计是通过转子在不同截面上受力平衡来计量流体体积流量的。转子在不同位置处压力差保持不变，而流体流过的截面积是不同的，这类流量计属于变截面流量计。

图 2-37 为转子流量计示意图，它由截面自下而上逐渐扩大的锥形垂直玻璃管和一个可自由旋转的转子构成。被测流体由底端进入，当转子两侧压力差和转子自身重力与浮力之差相等时，转子处于平衡状态。此时转子处于某一位置，所对应平面示值即为流体体积流量。当体积流量变化时，转子平衡状态被打破，转子运动至其他位置达到新的平衡。

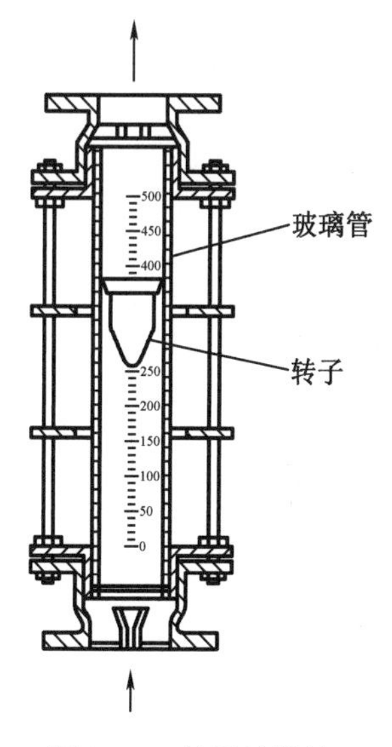

图 2-37　转子流量计

转子流量计体积流量测量可以用下述公式表示：

$$q_v = C_R A_R \sqrt{\frac{2(p_1 - p_2)}{\rho}} \tag{2-64}$$

式中 A_R——转子与锥形玻璃管间环形截面的面积；

C_R——转子流量计体积流量系数，其值由 Re 及转子形状有关；

$p_1 - p_2$——转子上下两平面的压力差，其值可由转子受力平衡来计算，对于固定转子其值为定值。

$$(p_1 - p_2)A_f = (\rho_f - \rho)V_f g \tag{2-65}$$

式中 A_f——转子最大截面积，m^2；

V_f——转子体积，m^3；

ρ_f——转子密度，kg/m^3。

对于特定的转子流量计，在体积流量测量范围内，C_R 为常数。流体体积流量可通过 A_R 大小表示出来，而 A_R 可由转子平衡位置来计量。转子流量计出厂时，其体积流量标度由水或者空气作为标定流量计的介质。因此，当测量其他流体时，需要对原有刻度加以校正。

转子流量计的优点是能量损失小，测量范围宽。但耐温、耐压性差。

例 2-20 某转子流量计由水标定，转子密度 7 800 kg/m^3；现用于煤油输送，油密度 790 kg/m^3；当转子流量计示数为 40 L/h 时，煤油的真实流量为多少？

解

$$q_v = C_R A_R \sqrt{\frac{2(p_1 - p_2)}{\rho}}$$

$$(p_1 - p_2)A_f = (\rho_f - \rho)V_f g$$

转子流量计截面积 A_f 为定值，故

$$\frac{q_v}{q_v'} = \sqrt{\frac{\dfrac{(\rho_f - \rho)}{\rho}}{\dfrac{(\rho_f - \rho')}{\rho'}}}$$

代入数据得

$$q_v' = 45.69 \text{ L/h}$$

本章符号说明

符号	意义	计量单位
q	系统中单位体积流体吸收的热量	J/m^3
U	热力学能	J/m^3
w_i	单位体积流体对环境所做的功	J/m^3
h_1	两过流断面间单位重量流体的平均水头损失	J/N

符号	意义	计量单位
h_f	沿程阻力损失	J/N
h_r	局部阻力损失	J/N
α	动能修正系数	
Δp	来流平面与流到平面间压强差，$\Delta p=p_1-p_2$	Pa
λ	沿程阻力系数	
τ'	总应力	N/m^2
τ_t	雷诺应力	N/m^2
τ_w	壁面处剪应力	N/m^2
y	圆管中距壁面的距离	m
r	圆管中与轴心间的距离	m
R	圆管半径	m
u^*	摩擦速度	m/s
y^*	摩擦距离	m
Δ	壁面相对粗糙度	
$u(r)$	半径 r 处局部速度	
u_b	管道中平均流速，常简写作 u	m/s
l	湍流混合长	m
L	管道长度	m
N_e	有效功率	J/s 或 W
H_m	流体输送机械对单位重量流体所做的功	J/N
Re	雷诺数	
Fr	弗劳德数	
We	韦伯数	
Eu	欧拉数	
W	挡板宽度	m
N_p 或 φ	功率准数	
ζ	局部阻力系数	
L_e	管件或阀门的当量长度	m
A_0	孔板截面积	m^2
C_0	孔板流量计体积流量系数	

符号	意义	计量单位
C_R	转子流量计体积流量系数	
A_R	转子与锥形玻璃管间环形截面的面积	m^2
A_f	转子截面积	m^2
V_f	转子体积	m^3
ρ_f	转子密度	kg/m^3

习　题

一、填空题

1. 动能修正系数是用来修正实际动能与________之比;沿程阻力损失的含义是____________________。

2. 已知水在直径 1 cm 管道内流动,流速为 0.01 m/s 时动能修正系数取值为________;若流速增长为 0.5 m/s,此时动能修正系数取值为________。

3. 黏性流体总体流动一维流体动力学方程中 h_l 的含义为________,在管路系统中它由沿程阻力损失和________________两部分构成。

4. 某管道流动壁面剪应力为 $\tau_s = 10\ N/m^2$,流体密度 $\rho = 1\ 000\ kg/m^3$,动力黏度 $\mu = 0.001\ Pa \cdot s$,此时圆管湍流速度分布表达式中摩擦速度 u^* 为________;摩擦距离 y^* 为________。

5. 湍流与层流的最本质区别为________________;雷诺时均化方法中瞬时速度等于时均速度与________________的加和,后者的时均值等于________。

6. 黏性流体总体流动一维流体动力学方程中 h_r 的含义为____________________,在管路系统中它成因包括____________________和二次流等两类。

7. 水在直径 200 mm 的管内流动,其在管截面上速度分布式为 $u = 100y - 500y^2$,其中 y 为截面上任意点距管壁的径向距离(m);u 为该点处的流速(m/s),则每米管长的压降为________ Pa。

8. 对于光滑圆管湍流,其沿程水头损失 h_f 与平均流速 u 的________次方成正比。

9. 孔板流量计理想测压位置为________处,但由于其位置难于确稳态取________作为测压位置。

二、选择题

1. 已知圆管半径为 R,管内某一点速度为 u,且该点与管上轴距离为 r,流体平均速度为 $\bar{u}$,则动能修正系数为　　(　　)

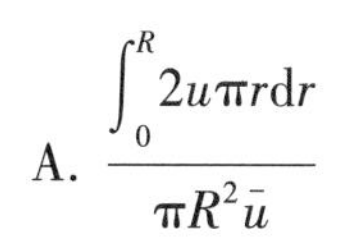

A. $\dfrac{\int_0^R 2u\pi r\mathrm{d}r}{\pi R^2\bar{u}}$　　B. $\dfrac{\int_0^R 2u^2\pi r\mathrm{d}r}{\pi R^2\bar{u}^2}$　　C. $\dfrac{\int_0^R 2u^3\pi r\mathrm{d}r}{\pi R^2\bar{u}^3}$　　D. $\dfrac{\int_0^R 2u^4\pi r\mathrm{d}r}{\pi R^2\bar{u}^4}$

2. 用图 2-38 所示装置进行局部阻力系数测量。已知水在细管中流速为 8 m/s，细管内径 20 mm，粗管内径 40 mm，两压差计读数分别为 R_1 = 19.1 mm，R_2 = 38.3 mm，指示液为汞。假设各直管段的流体沿程阻力分别相等，即 $h_{\mathrm{f},1-2}=h_{\mathrm{f},2-0}$；$h_{\mathrm{f},0-3}=h_{\mathrm{f},3-4}$，则局部阻力系数为　　(　　)

A. 0.55　　B. 0.52

C. 8.83　　D. 8.34

图 2-38

3. 水通过倾斜变径管段（$A\rightarrow B$）而流动，U 形管指示液为汞，如图 2-39 所示。已知此时 A、B 两点间的垂直距离 h=0.3 m。现其他条件不变，将管路水平放置，U 形管截面压强差有何变化？

A. 上升 0.023 8 m

B. 下降 0.3m

C. 不变

D. 下降 0.023 8 m

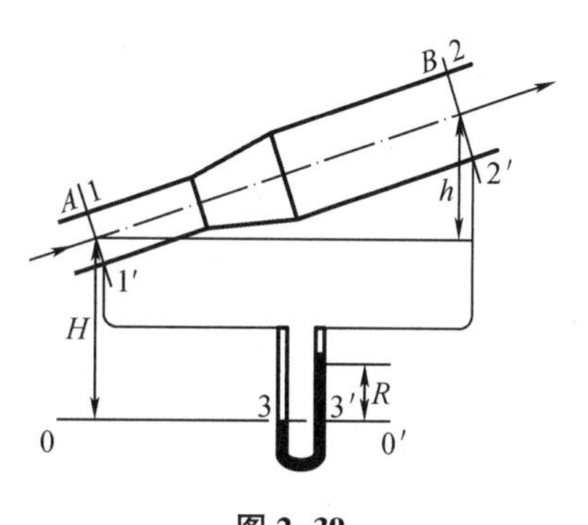

图 2-39

4. 关于量纲分析方法，下述说法正确的是　　(　　)

A. 在研究某一问题，确定物理量时，可根据量纲分析方法对物理量进行取舍；

B. 通过量纲分析方法可以直接确定无量纲变量之间的函数关系；

C. 量纲分析方法基础是量纲一致性原理，即客观物理规律必定可以通过无量纲量之间的关系式来表达。

D. 对任意流体流动问题进行理论分析时，通常选取 μ、ρ、u 作为其基本变量。

5. 由长度 l(m)、密度 ρ(m^3/s)、流速 u(m/s)、表面张力 σ(N/m)所组成的无量纲量为　　(　　)

A. $\dfrac{\rho u^2 l}{\sigma}$　　B. $\dfrac{\rho u l}{\sigma}$　　C. $\dfrac{\rho u\sigma}{l}$　　D. $\dfrac{\rho u^2\sigma}{l}$

6. 关于圆管输送的阻力损失，下列说法错误的是　　(　　)

A. 尽量以直线的形式排布管线，以减少阻力损失

B. 尽量不安装不必要的管件和阀门等

C. 离心泵管路中，调节阀门开度的体积流量调节方法是很不经济的

D. 增大管径可明显降低流体流速以及沿程阻力损失系数，是降低管路阻力最为有效、可行的方式

7. 三根长度相等的并联管路，管径的比为 1∶2∶3，三根管的沿程阻力系数相等，则三根管的体积流量之比　　(　　)

A. 1∶2∶3　　B. 1∶$\sqrt{2}$∶$\sqrt{3}$　　C. 1∶4$\sqrt{2}$∶9$\sqrt{3}$　　D. 1∶4∶9

8. 当流体以相同流速流过同一直管，沿程阻力损失 h_f 不随流体种类变化的情况是 （　　）

A. 层流区　　B. 湍流光滑区　　C. 湍流粗糙区　　D. 湍流过渡区

9. 水力光滑管是指 （　　）

A. 壁面绝对粗糙度等于零的圆管

B. 湍流层流底层厚度大于壁面相对粗糙度的圆管

C. 壁面相对粗糙度等于零的圆管

D. 湍流层流底层厚度大于壁面绝对粗糙度的圆管

10. 关于复杂管路，下列说法错误的是 （　　）

A. 并联管路两支路阻力损失相同

B. 串联管路支路任一点处总压头与进口时相同

C. 稳态条件下，串、并联管路支管体积流量之和均与原管路相等

D. 虽然复杂管路含局部阻力因素，但在湍流粗糙区仍可对其使用管路特性方程

11. 关于流动与测量，下述说法正确的是 （　　）

A. 采用毕托管可以测量湍流中的瞬时速度

B. 转子流量计中转子平衡条件是上下表面压差与其浮力、质量力达平衡，因而属于变压差流量计

C. 测量流体中静压强时，一般要求壁面测压孔孔径足够小，且孔的轴线垂直于壁面

D. 液位测量基础是等压面，其含义是同一流体中压力相等点组成的连续平面

三、分析题

1. 举例说明什么是流动相似，它包含哪些方面？

2. 试用 π 定理分析固体颗粒曳力 F_D 表达式。已知圆球绕流阻力与下列因素有关。固体特性：当量直径 d_e，球形度 φ_s；流体物理性质：黏度 μ，密度 ρ；圆球运动特征：圆球相对于流体的速度 u。

3. 比较圆管层流和湍流在剪切力、速度分布、沿程阻力系数及沿程水头损失的差异所在。局部水头损失产生原因有哪些？局部阻力系数与哪些因素有关？

4. 光滑圆管湍流内无量纲速度分布方程为

$$\frac{u}{u^*}=\frac{y}{y^*}，当\frac{y}{y^*}\leqslant 5$$

$$\frac{u}{u^*}=5.0\ln\left(\frac{y}{y^*}\right)+3.05，当 5<\frac{y}{y^*}\leqslant 30$$

$$\frac{u}{u^*}=2.5\ln\left(\frac{y}{y^*}\right)+5.5，当 30<\frac{y}{y^*}$$

用以上关系式和圆管受力平衡关系推导圆管沿程阻力系数表达式。

5. 用文丘里流量计（图 2-40）测定管道中的体积流量的公式为 $q_v=\mu K\sqrt{R}$，式中 μ 为偏离理想情况的修正系数，R 为安装于流量计上的 U 形管读数，试采用合适方法推导出 K 表达式。

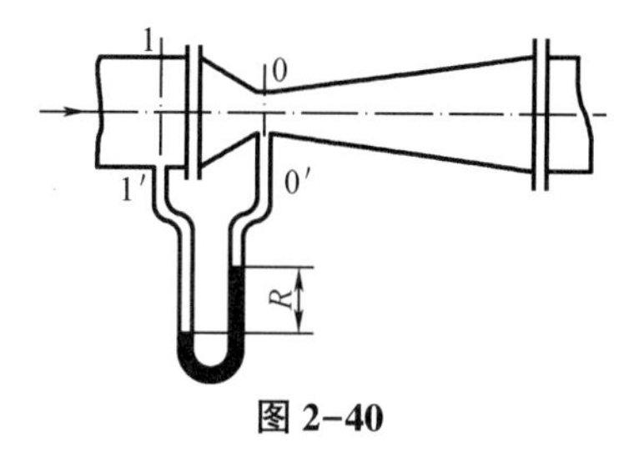

图 2-40

四、计算题

1. 如图 2-41 所示的马里奥特容器，罐直径 $D=1.2$ m，底部连有长 2 m、直径 ϕ34 mm×2 mm 的放料钢管。假设放料管流体流动阻力为 12 J/kg（除出口阻力外，包括了所有局部阻力）。罐内吸入 3.0 m 深的料液，料液上面为真空。

（1）根据图示装置提出一种恒速放液方案；

（2）计算恒速放液所需的时间。

2. 用水洗塔除去气体中所含的微量有害组分 A，流程如图 2-42 所示。操作参数为：温度 27 ℃，当地大气压强为 101.33 kPa，U 形管汞柱压差计度数分别为 $R_1=436$ mm，$R_2=338$ mm，气体在标准状况下的密度为 1.29 kg/m^3。求气体通过水洗塔的能量损失。

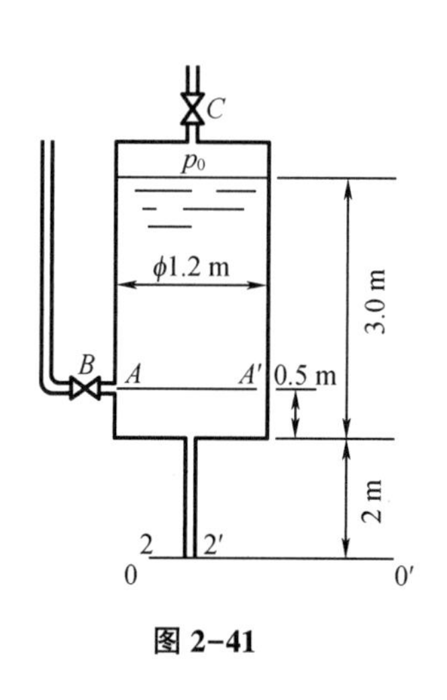

图 2-41

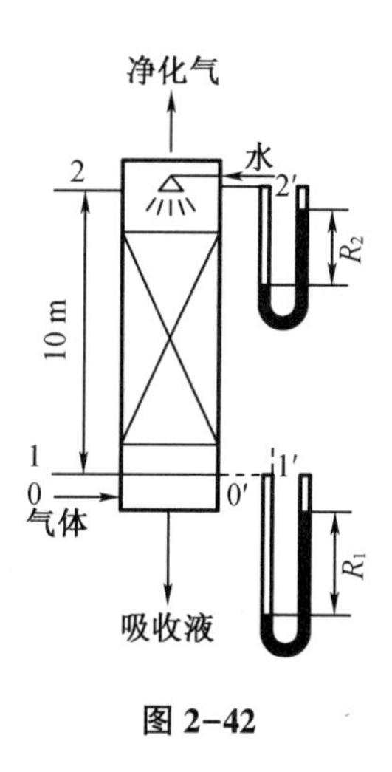

图 2-42

3. 高位槽水面高于地面 8 m（图 2-43），水从 ϕ108 mm×4 mm 的管道中流出，管路出口高于地面 2 m。在本题特定条件下，水流系统能量损失 $\sum h_f=6.5u^2$，式中 u 为水在管内流速，单位 m/s，试计算：

（1）水的体积流量，以 m^3/h 计；

（2）若高位槽供水中断，求高位槽液面下降 1 m 所经历的时间。

4. 如图 2-44 所示一垂直水管，从相距 5 m 的 A、B 两管接到倒置 U 形管压差计上。压差计指示液为煤油（密度 880 kg/m^3），压差计读数为 0.2 m，试问管中水的流向以及 A、B 两点间的压差为多少？

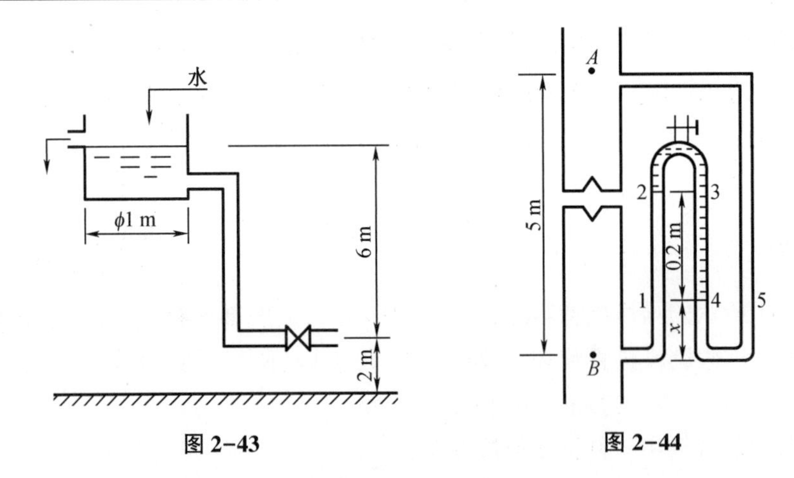

图 2-43　　　　图 2-44

5. 内径为 0.3 m 的搅拌槽,槽内装有 $d=1.0$ m 的六片平直叶圆盘涡轮式搅拌器,搅拌器距槽底高度为 1 m,槽内装有 4 块宽度为 0.3 m 的挡板,液面深度 $H=3.0$ m,液体黏度为 1.0 Pa·s,密度为 960 kg/m^3。分别用两种方法计算搅拌器 $n=90$ rpm 时的搅拌功率。

6. 用水模拟输油管道。已知输油管直径 $d_p=500$ mm,管长 $l_p=100$ m,输油体积流量 $q_{vp}=100$ L/s,油的运动黏度 $v_p=150\times10^{-6}$ m^2/s,实验水管直径 $d_m=25$ mm,水的运动黏度 $v_m=1.01\times10^{-6}$ m^2/s。试求:

(1)模型水管的长度 l_m 和体积流量 q_{vm};

(2)若模型水管上压差水头为 2.35 cm,则输油管道上压差油头为多少?

7. 为设计流化床反应器,在实验室内用 20 ℃的常压空气和真实催化剂进行冷模试验,测得起始流化速度为 0.062 m/s。已知实际反应气体密度为 1.4 kg/m^3,温度为 300 ℃,压强为 1.96×10^5 Pa(表压),黏度为 2.9×10^{-5} Pa·s,问:实际床层的起始流化速度是多少?已知 20 ℃常压密度 1.2 kg/m^3,黏度为 1.81×10^{-5} Pa·s。

8. 有一空气管路直径为 300 mm,管路中安装有一孔径 150 mm 的孔板,管内空气温度 200 ℃,压力为 101 kPa(可按理想气体处理,分子质量 29 g/mol),最大气速 10 m/s。为测定孔板在最大气速下的阻力损失,在直径为 30 mm 的水管上进行模拟实验。求:(1)实验孔板的孔径应为多大;(2)水流速应为多大;(3)若模拟实验测得孔板阻力损失 2.67 J/kg,实际孔板阻力损失为多少?

9. 采用六片平直叶涡轮搅拌器,在有挡板的搅拌罐内搅拌水-有机物物系,有机相为分散相。有机物的密度为 833 kg/m^3,黏度为 0.802×10^{-3} Pa·s;水密度为 994 kg/m^3,黏度为 1×10^{-3} Pa·s。搅拌槽内径 0.23 m,液层厚度 0.2 m。搅拌器直径 0.077 m,转速为 400 r/min。若有机相体积分数为 0.2,试计算搅拌功率。

10. 某萃取器利用搅拌实现萃取剂与原溶液的接触。已知连续相流量 5.306 6 kg/s,连续相密度 1 200 kg/m^3,黏度 0.012 Pa·s;分散相流量 1.796 1 kg/s,密度 960 kg/m^3,黏度 0.058 Pa·s;搅拌器形式为涡轮式四直叶搅拌器, 试求:(1)设计搅拌罐尺寸(含挡板尺寸及个数);(2)设计搅拌器尺寸;(3)小试实验体系下 $Re=6\ 000$,据黏性力相似确定搅拌器转速及有效功率。

11. 如表 2-6 所示,已知设备容积 9.36 L,槽内径 229 mm。流体密度 $\rho=1\ 400$ kg/m^3,

黏度 1 Pa · s。现采用几何相似的模型分别得到将搅拌槽尺寸分别放大两倍和四倍，通过实验测得了相同流动条件下不同搅拌体系的搅拌转速，试求该体系放大遵循哪种相似准则？

表 2-6

设备编号	槽径 D/mm	槽容积 V/L	桨径 d/mm	转速 n/(r · m^{-1})
原槽	229	9.36	76	1273
放大到两倍	457	75	152	650
放大到四倍	915	600	304	318

6. 某管路由一段并联管路组成，已知总体流动率 120 L/s，支管 A 管径为 250 mm，长 1 000 m，支管 B 分为两段：B 至 O 段管径 300 mm，管长 900 m，O 至 N 段管径 250 mm，管长 300 m，已知各段粗糙度均为 0.4 mm，试求各支管体积流量及 MN 之间的阻力损失。（各段沿程阻力损失系数 λ 相等）

7. 在图 2-45 所示管路系统中，装有一球阀和一压强表，高位槽内液面恒定且高出管路出口 8 m，压强表轴心距中心线距离为 0.3 m，假定压强表及连管中充满液体。试求：

（1）球形阀某一开度，管内流速 1 m/s 时，压强表读数为 58 kPa，则各管段的阻力损失 $h_{f,AB}$；$h_{f,AC}$；$h_{f,BC}$ 及阀门局部阻力系数为多少？（忽略 B、C 段的直管阻力）；

（2）调节阀门开度使体积流量加倍，则各管段阻力及局部阻力系数如何变化？此时压强表读数为多少 kPa？已知阀门开大前后均处于阻力平方区，液体密度 1 000 kg/m^3。

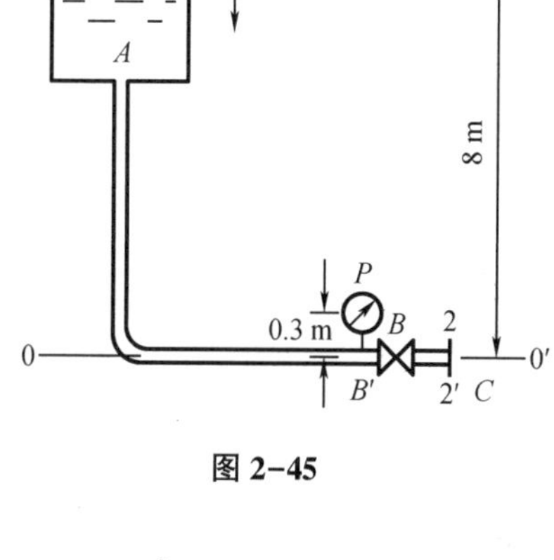

图 2-45

8. 水从贮槽 A 经图 2-46 所示装置流向某设备。贮槽内水位恒定，管路 ϕ89 mm×3.5 mm，管路上装一闸阀 C，闸阀前距管路入口端 26 m 处安装一 U 形管压差计，指示液为汞，测压点与管路出口之间的距离为 25 m。试求：

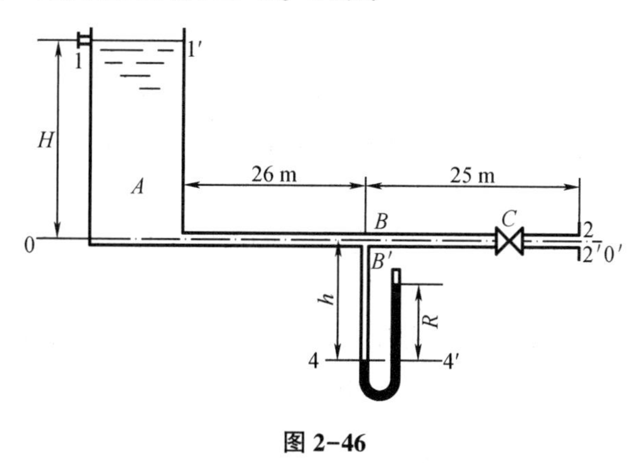

图 2-46

(1)当闸阀关闭时测得 $h=1.6$ m,$R=0.7$ m;当阀门底部开启时,$h=1.5$ m,$R=0.5$ m。管路摩擦系数 $\lambda=0.023$,则每小时从管中流出水量及此时闸阀当量长度为多少?

(2)当闸阀全开时($l_e/d=15$,$\lambda=0.022$),测压点 B 处压强为多少?

9. 如图 2-47 所示,从液面恒定的水塔向车间送水。塔内水面与管路出口的垂直距离 $h=12$ m,输送管内径为 50 mm,管长 l 为 56 m(包括所有局部阻力的当量长度)。现用水量增加 50%,欲对原管路进行改造,提出三种方案:

(1)换用内径 75 mm 的管子;

(2)与原管路并联一根 25 mm 的管子(含局部阻力当量长度的总管长 56 m);

(3)在原管路上并联一段管长 28 m(含局部阻力的当量长度),内径 50 mm 的管子。求原管中水的体积流量,并比较三种方案的效果。沿程阻力系数 λ 均取 0.026。

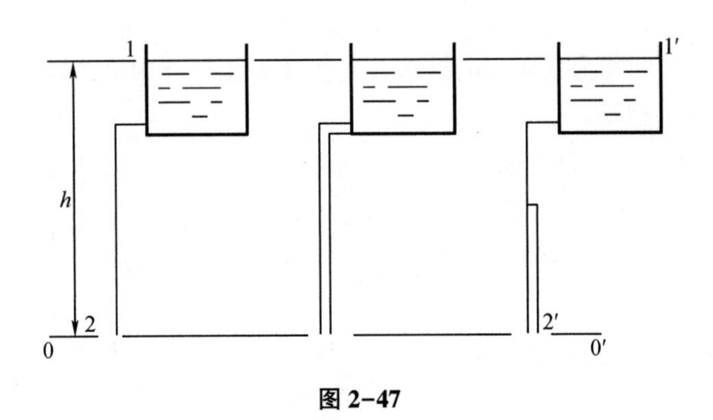

图 2-47

10. 如图 2-48 所示马里奥特容器。罐直径为 $D=1.2$ m,底部连有长 2 m、直径 $\phi 34$ mm×2 mm 的放料钢管。假设放料管流体流动阻力为 12 J/kg(除出口阻力外,包括了所有局部阻力)。罐内吸入 3.0 m 深的料液,料液上面为真空。(1)根据图示装置提出一种恒速放液方案;(2)计算将容器内料液全部放出所需的时间。

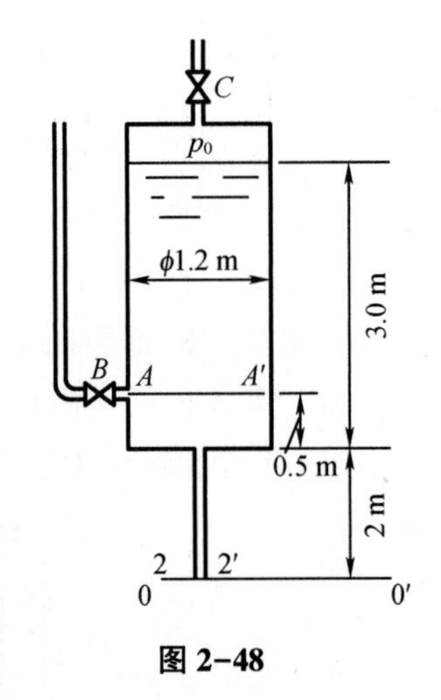

图 2-48

11. 水以 0.056 7 m³/s 的流量流过长为 122 m 的水平管道。已知总压为 1.03×10^5 Pa,试估算管路直径。

12. 如图 2-49 所示,20 ℃水自水塔输送至车间,输送管路 $\phi 144$ mm×4 mm 的钢管,管路总长 190 m(含管件与阀门损失)。水塔内液面恒定,并高于出口 15 m。水密度 1 000 kg/m³;黏度 1.236×10^{-3} Pa·s,求输水量。

13. 水以 0.056 7 m³/s 的流量流过长为 122 m 的水平管道。已知总压将 1.03×10^5 Pa,试估算管路直径。

14. 高位槽内密度 $\rho=1\,260$ kg/m³,黏度为 0.1 Pa·s 的甘油由管路输送至某容器,管内体积流量为 1.96×10^{-5} m³/s。现甘油温度上升为 100 ℃(密度不变,黏度下降为 0.013 Pa·s),求此时管内的体积流量(流动始终处于阻力平方区)。

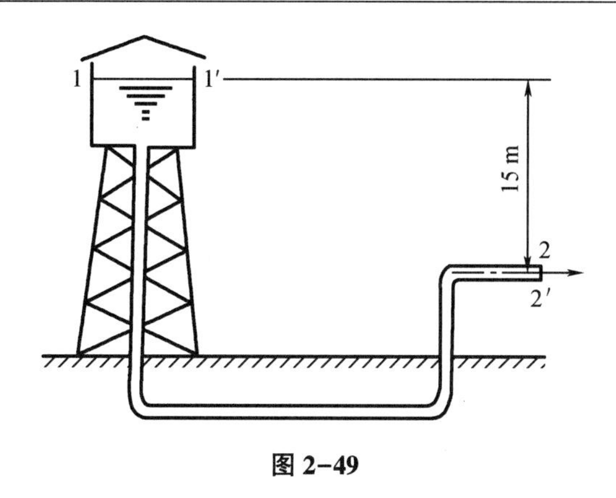

图 2-49

15. 水通过倾斜变径管段($A \to B$)而流动。已知直径 $d_1 = 100$ mm,内径 $d_2 = 200$ mm,水的体积流量 $q_v = 120$ m^3/h,在截面 A 与 B 处接一 U 形管水银压差计,其读数为 $R = 28$ mm,A、B 两点间的垂直距离 $h = 0.3$ m。试求:

(1)AB 两截面的压强差;

(2)AB 管段的流动阻力;

(3)其他条件不变,将管路水平放置,U 形管截面压强差有何变化?

16. 用离心泵将水池内水送至高位槽,两液面恒定,流程如图 2-50 所示。输水管路直径为 ϕ55 mm×2.5 mm,管路系统全部阻力损失为 49 J/kg,摩擦系数 λ 可取作 0.024,汞柱压差计读数分别为 $R_1 = 50$ mm 及 $R_2 = 1\ 200$ mm,其他尺寸见图 2-50 中标注。试计算:

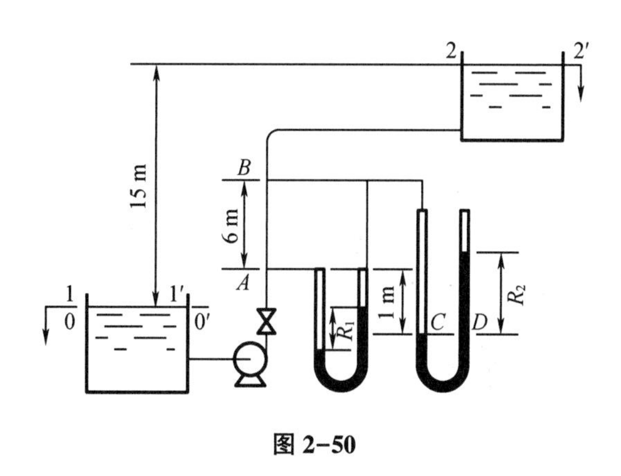

图 2-50

(1)管内水的流速;

(2)泵的轴功率(效率为 71%);

(3)A 截面上表压强。

17. 某转子流量计由水标定,转子密度 7 800 kg/m^3;现用于煤油输送,油密度 790 kg/m^3;当转子流量计示数为 40 L/h 时,煤油的真实流量为多少?

第3章　流体输送机械

流体输送是化工生产及其他生产过程中最常见的单元操作,通过流体输送机械使管路中流体的机械能增大。本章介绍常用流体输送机械的基本结构、工作原理及操作特性。

依据工程流体机械输送流体的工作原理,可以将其分为三大类:离心式流体输送机械、正位移式流体输送机械以及液体作用式流体输送机械。其中正位移式又可根据其机械运动形式进一步分为回转式和往复式,典型的流体输送机械分类及举例如表3-1所示。

表3-1　流体输送机械分类及设备举例

被输送物料	离心式	正位移式		液体作用式
		回转式	往复式	
液体输送	离心泵、旋涡泵、轴流泵	齿轮泵、螺杆泵	往复泵、柱塞泵、计量泵与隔膜泵	喷射泵、空气升液器、虹吸管
气体输送	离心式通风机、鼓风机与压缩机	罗茨鼓风机、液环压缩机与真空泵	往复压缩机、往复真空泵、隔膜压缩机	蒸汽喷射真空泵、水喷射真空泵

能够根据流体性质以及工艺要求合理选择流体输送机械的种类以及规格是化工过程设计的最基础内容。

3.1　离　心　泵

3.1.1　离心泵及其基本方程

流体输送需要依靠流体输送机械来提供能量。流体输送机械有很多种,以离心泵为例,以其结构简单、操作容易、购置费和操作费均较低,在工业生产过程中应用广泛。

离心泵基本部件包括叶轮和泵壳,叶轮由若干后弯叶片组成,并随泵轴由电机驱动。泵壳为螺旋形,泵壳中央吸入口与吸入管相连,泵壳侧旁的排出口与装有阀门的排出管相连。

离心泵启动后,泵轴带动叶轮旋转,迫使叶片间的液体旋转,在离心力的作用下液体沿叶片径向运动,碰到泵壳时流动方向转变并有部分动能转换成静压能,最终沿着泵壳上的出口流出。泵壳不仅是汇集液体的部件,同时也是能量转换的装置。当叶轮中的液体被甩离叶轮后,就使叶轮中央形成低压区,吸入管中流体受压力差的作用被吸进叶轮中心。依靠叶轮的连续转动,液体便被连续地吸入与排出。液体经过离心泵,其动能与静压能均得到升高。离心泵构造示意图如图 3-1 所示。

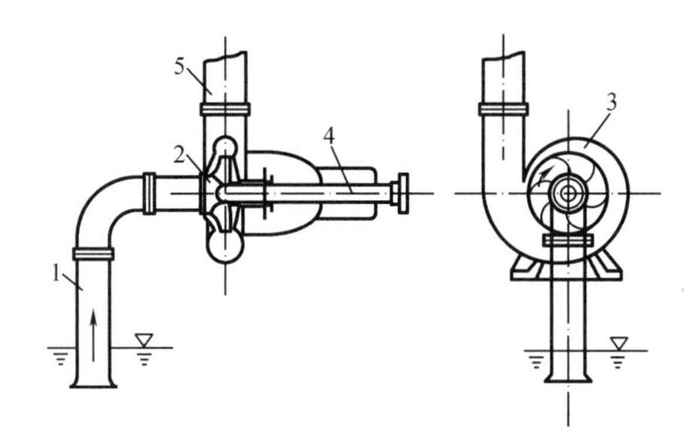

1—进水管;2—叶轮;3—泵壳;4—泵轴;5—出水口。

图 3-1　离心泵构造示意图

针对具体的流体输送任务,要选择合适规格的离心泵并使之安全、高效运行,就需要了解泵的性能及其相互关系。离心泵的主要性能参数包括流量、压头、轴功率、效率等,他们之间的关系常用特性曲线来表示。

单位时间内泵输送流体的体积称为离心泵的流量,用 q_v 表示,单位为 m^3/h 或者 m^3/s。

离心泵的压头或称泵的扬程,是指单位重量(1 N)流体从进入离心泵至离开离心泵所获得的能量,单位为 m,用 H 来表示。离心泵压头的计算是建立于叶轮内液体流动规律基础上的,为了得到液体流动规律,做了如下假设。

①叶轮由无限多、无限薄的理想叶片组成,流体质点完全沿着叶片表面流动,流束形状与叶片形状一致,进出口处相对速度恰与叶片相切,且在进出口圆周上速度分布都是均匀的。

②流体是理想流体,没有黏性损失,不计压缩性的影响。

③流动是稳态的。

由以上假设可得出指定转速下可达到的最大压头——理想压头。

为了考察液体所具有的总机械能,需要选择静止壁面为基准的静止参考系,此时流体流动分为两个部分:一是随叶片绕轴旋转称为圆周速度,其方向即液体质点所在位置的切线方向,其大小随着半径而变化;另一是沿着叶片径向流动,称为相对速度,其方向为液体质点所在处叶片的切线方向,其速度随着流道变宽而减小。圆周速度与相对速度的合速度即为绝对速度,即流体相对于静止坐标系的速度。绝对速度与圆周速度之间的夹角用符号 α 来表示;相对速度与圆周速度反方向延长线之间的夹角称为流动角,用符号 β 来表示。α 及 β 的大小与叶片形状有关,如图 3-2 所示。

在上述各速度已知的情况下,即可计算出流体流量、动量矩、输入的能量以及压头:

$$q_v = 2\pi r_2 b u_{r2} = 2\pi r_1 b u_{r1} \tag{3-1}$$

式中　$u_r = u\sin\alpha$——流体质点的径向分速度;

r——叶轮半径;

b——叶轮宽度。

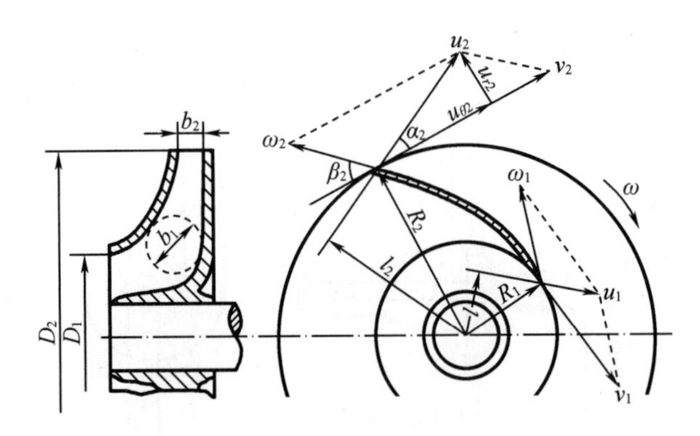

图 3-2 液体在离心泵中的流动

$$T_s=\rho q_v(r_2u_{\theta 2}-r_1u_{\theta 1}) \tag{3-2}$$

式中 $u_\theta=u\cos\alpha$——液体质点等速旋转的角速度。

$$\dot{W}_s=T_s\omega \tag{3-3}$$

$$H=\frac{\dot{W}_s}{\rho g q_v}=\frac{(vu_{\theta 2}-vu_{\theta 1})}{g} \tag{3-4}$$

假设流体沿径向流入叶轮,即流体进入叶片时流动角为 90°,此时流体获得压头为

$$H=\frac{vu_{\theta 2}}{g}=\frac{v(v-u_{r2}\cot\beta)}{g} \tag{3-5}$$

根据流体流量的表达式,可将流体压头写为

$$H=\frac{vu_{\theta 2}}{g}=\frac{v^2}{g}-\frac{v\cot\beta}{2\pi rbg}q_v \tag{3-6}$$

磁力驱动泵是通过磁场间相互作用进行无接触能量传递的流体输送机械。由于转动部件密封在泵头内,故可免去轴封装置,因此可以通过多种泵头材料的选择实现高温液体或腐蚀性液体的输送。磁力驱动泵的泵头可以是离心式或往复式,由于磁涡流损失的存在,磁力泵效率会降低 1%~7%。这部分能量最终会转化为热能,故磁力泵往往需要冷却,因而在使用内循环磁力泵时不允许空转(即无液体进出时运行)。

典型离心式磁力泵泵头如图 3-3 所示。

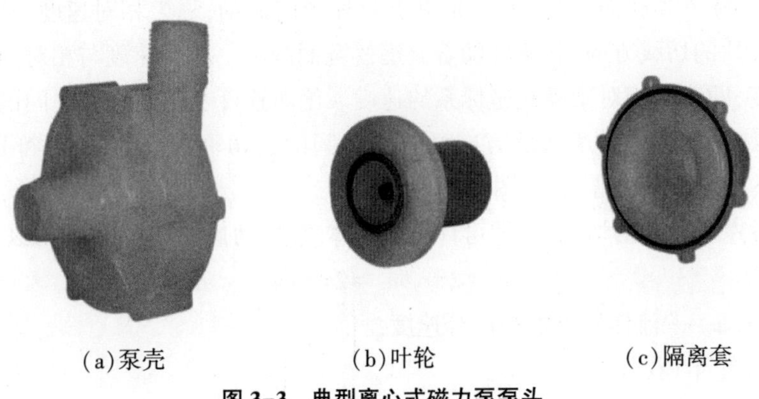

(a)泵壳　(b)叶轮　(c)隔离套

图 3-3 典型离心式磁力泵泵头

3.1.2　离心泵性能参数及其特性曲线

由前文的介绍可知,离心泵理论压头与流量之间呈线性关系。但由于流体黏性,必然引起离心泵内流体能量损失,所以泵的实际压头与离心泵关系曲线应在理论特性曲线下方。离心泵的流量压头曲线通常在一定条件下由实验测定得出。

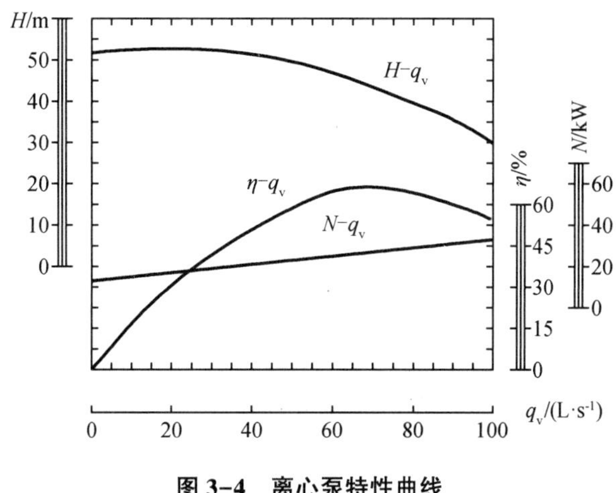

图3-4　离心泵特性曲线

离心泵的轴功率是指原动机输入到泵轴上的功率,单位为W。离心泵有效功率用符号 N_e 来表示,是指流体在单位时间内从叶轮获得的能量,单位为W。

在实际过程中离心泵输出的有效功率要小于轴功率,这是由于运行过程中能量损失造成的。离心泵能量损失主要包括以下三个部分:容积损失、水力损失和机械损失。容积损失是由于流体泄漏造成的能量损失;水力损失是指流体流经叶片、涡轮以及泵壳时的沿程阻力损失和局部阻力损失;机械损失是指泵轴在轴承轴封处由于摩擦所造成的损失。

离心泵的效率是指泵输出的有效功率与所输入的轴功率之比,用符号 η 来表示,它也随离心泵的流量变化而变化。

离心泵压头、轴功率及效率均随离心泵流量变化,在离心泵出厂前需要测出 $H-q_v$、$N-q_v$、$\eta-q_v$ 的关系曲线,即特性曲线。特性曲线是在一定转速下,于常压下由20 ℃的清水测定得出的。虽然各种离心泵有不同的特性曲线,但它们有一些共同规律:压头随流量增加而下降,这与离心泵理论压头的变化趋势一致;轴功率在流量为零时最小,随流量增加而增加;流量为零时,离心泵效率为零。随流量的增大,效率先增大后减小。离心泵在最高效率点上工作最为经济,因而将该点称为泵的设计点。离心泵铭牌上标出的参数即为最高效率点所对应的参数。在工程应用中,离心泵应在高效区(最高效率的92%范围)内工作。

离心泵特性曲线与输送流体的黏度、密度有关,且随转速叶轮直径而变化。

一般来讲,离心泵流量、压头与被输送流体的密度无关,但其轴功率与液体的密度成正比;随着被输送流体黏度的增加,离心泵的流量以及压头均减小,轴功率却会增加,此时泵的特性3-4曲线发生变化;当泵的转速增加时,泵的流量、压头以及轴功率均增加,当被输送流体黏度较低且转速变化不大于±20%时,它们的关系可用比率定律来表示,见式(3-7);

对于同一型号的离心泵,可换用直径较小的叶轮,当离心泵转速一定时,其流量、压头、轴功率均与离心泵叶轮直径的关系符合切割定律,见式(3-8)。

$$\begin{cases}\dfrac{q_{v1}}{q_{v2}}=\dfrac{n_1}{n_2}\\[2mm]\dfrac{H_1}{H_2}=\left(\dfrac{n_1}{n_2}\right)^2\\[2mm]\dfrac{N_1}{N_2}=\left(\dfrac{n_1}{n_2}\right)^3\end{cases}\tag{3-7}$$

$$\begin{cases}\dfrac{q_{v1}}{q_{v2}}=\dfrac{D_1}{D_2}\\[2mm]\dfrac{H_1}{H_2}=\left(\dfrac{D_1}{D_2}\right)^2\\[2mm]\dfrac{N_1}{N_2}=\left(\dfrac{D_1}{D_2}\right)^3\end{cases}\tag{3-8}$$

3.1.3 离心泵工作点及其流量调节

离心泵在管路系统中工作时,泵提供的流量与压头应与管路系统所要求的流量和压头一致。此时安装于管路的离心泵必须同时满足管路特性方程与泵的特性方程,联解两个方程即得到泵在此管路中一定转速下的有效压头。

管路的特性方程:

$$H=A+Bq_v^2\tag{3-9}$$

泵的特性方程:

$$H=f(q_v)\tag{3-10}$$

离心泵工作点(图3-5)由管路特性曲线和泵特性曲线共同决定,因此改变任一条曲线均能达到调节流量的目的。

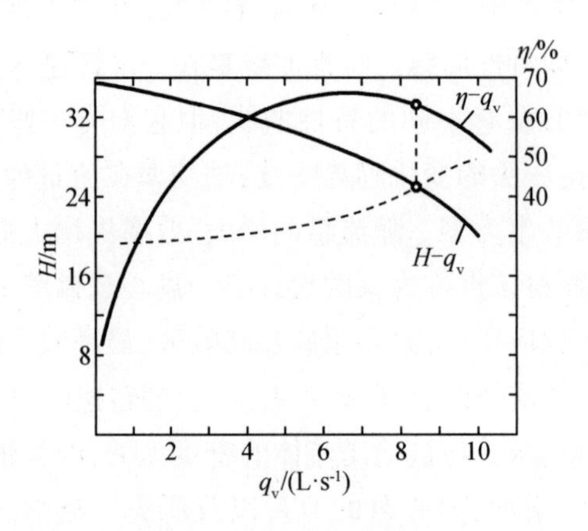

图3-5 离心泵工作点

1. 改变管路特性曲线——改变出口阀开度

改变离心泵出口阀开度即可改变管路特性方程中的 B 值,从而使管路特性曲线发生变化。采用出口阀调节管路流量快速简便,流量可连续变化,因而应用广泛。其缺点是阀门关小时,不仅增加了管路系统的流动阻力,而且使泵效率下降,在经济上不太合理。

2. 改变泵的特性曲线

改变泵的转速和改变叶轮直径是常用的改变泵特性曲线的方法。这两种方法一定范围内能保证泵仍在高效区内工作,能量利用较合理,但改变泵的转速需要配备变速装置或原动机,车削叶轮又不太方便,因而生产上很少使用。

3. 离心泵的串并联

当单台泵不能满足输送任务要求时,可选用离心泵的串联或并联操作。

两台相同型号的离心泵并联的泵特性曲线中,流量为原压头下的两倍。操作点为组合泵的特性曲线与原管路曲线的交点。并联方式适用于低阻型管路,即 G 值较小的管路。由图 3-6 可见,并联后管路流量低于原流量的两倍,压头略高于单台泵的压头。并联泵的总效率与每台泵的效率相等。

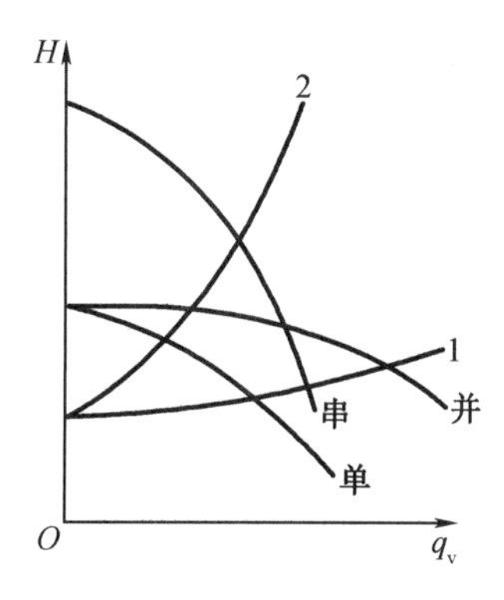

1—低阻型管路特性方程;2—高阻型管路特性方程。

单—单台离心泵;并—两离心泵并联;串—两离心泵串联。

图 3-6　离心泵串(并)联

两台相同的离心泵串联时,相同流量下可以获得两倍于原泵的压头,串联泵的特性曲线与管路曲线的交点即为新的工作点。串联操作方式适用于单台泵压头小于管路特性中 K 及其他高阻型管路的情况。由图 3-6 可见,串联泵的总压头低于二倍于原来的压头,流量大于原管路中的流量。串联泵的效率等于串联流量下单台泵的效率。

例 3-1　用离心泵向密闭高位槽送料,流程如图 3-7 所示,在特定转速下,泵的特性方程为 $H=42-7.56\times10^4 q_v^2$($q_v$ 单位 m^3/s),输水流量 $q_v=0.01\ m^3/s$ 时,流动处于阻力平方区。

(1)现改送 $\rho=1\ 260\ kg/m^3$ 的水溶液时(黏度不变),密闭容器维持表压 118 kPa 不变,求输送溶液时流量和泵的有效功率。

(2)若将高位槽改为常压,输送水量变为多少?

解 (1)在本题条件下,泵的特性方程不变

$$H=42-7.56\times10^4 q_v^2 \quad ①$$

原工况条件下,管路特性曲线为

$$H_e=\Delta z+\frac{\Delta p}{\rho g}+Bq_v^2$$

因 $\Delta z=12$ m,$\Delta p=118$ kPa,$\rho=1\ 000$ kg/m^3,$g=9.8$ m/s^2,$q_v=0.01$ m^3/s,结合泵的特性曲线,解得原管路特性曲线:

$$H_e=24+1.040\times10^3 q_v^2 \quad ②$$

改送高密度溶液后,由于流动处于阻力平方区,管路特性方程的比例系数 B 不变,随着输送液体密度的增加,管路特性方程中 $\Delta p/\rho g$ 减小,管路特性方程为

$$H_e'=\Delta z+\frac{\Delta p}{\rho' g}+Bq_{v2}^2=21.55+1.040\times10^3 q_{v2}^2 \quad ③$$

将该式③与式①联立,解得

$$q_{v2}=0.010\ 66\ \text{m}^3/\text{s}$$

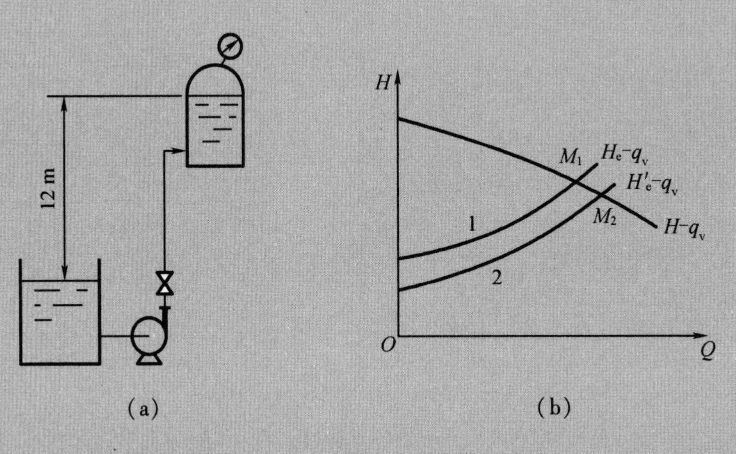

图 3-7

(2)将高位槽改为常压后,泵的特性方程仍不变,管路特性方程中压力头项消失,即

$$H_e=\Delta z+Bq_v^2=12+1.040\times10^3 q_{v3}^2 \quad ④$$

将式④与式①联立,解得

$$q_{v2}=0.012\ 9\ \text{m}^3/\text{s}$$

3.2 往 复 泵

往复泵是活塞泵、柱塞泵和隔膜泵的总称,它是容积泵中应用较为广泛的一种。往复泵是通过活塞的往复运动直接以压力能形式向液体提供能量的液体输送机械。往复泵特性曲线与离心泵存在较大差异,本节将介绍往复泵的特性曲线及其流量调节方法。

3.2.1 往复泵的性能参数与特性曲线

1. 往复泵的结构

往复泵主要由泵缸、活塞、活塞杆、单向开启的吸入阀和单向开启的排出阀构成，其结构如图 3-8 所示。

往复泵工作时活塞在泵缸中移动依靠单向的吸入阀与排出阀实现液体输送。按活塞运动一周吸液、排液次数将往复泵分为单动泵和双动泵，单动泵在活塞运动周期内只吸液与排液一次，而双动泵则在活塞运动周期内进行两次吸液与排液。

对于机动泵，活塞由连杆和曲轴带动，这种情况下活塞在左右两端点间的运动是不等速的，于是形成了图 3-9 所示的流动曲线。

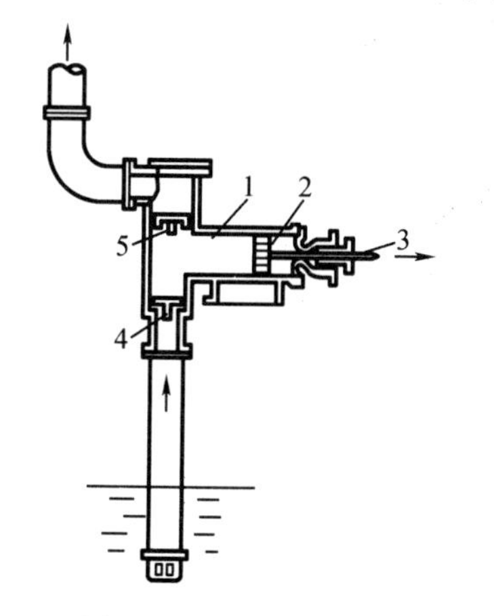

1—泵缸；2—活塞；3—活塞杆；4—吸入阀；5—排出阀。

图 3-8　往复泵结构图

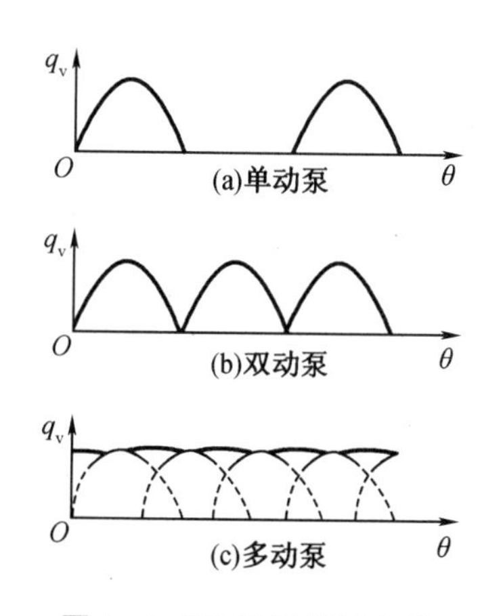

图 3-9　往复泵的流量曲线

2. 往复泵的流量

单动泵供液不均匀是单动泵的明显缺点，它使管路内液体处于变速运动状态，这限制了这种泵在要求流速均匀场合的应用。同时，管路内液体变速运动增加了惯性能量损失，引起了泵吸液能力的下降。

双动泵在活塞两侧均装有吸入阀和排出阀，使活塞运动周期内实现两次吸液与排液，改善了送液的不连续性，但由于活塞运动的不均匀性，流量仍有起伏。

往复泵流量由泵缸尺寸、活塞冲程及往复次数决定，理论平均流量计算式如下。

单动泵：

$$q_v = ASn_r \tag{3-11}$$

双动泵：

$$q_v = (2A-B)Sn_r \tag{3-12}$$

式中　B——连杆截面积；

A——泵缸截面积；

S——活塞冲程；

n_r——单位时间活塞往复运动的次数。

由于活塞与泵缸之间的泄漏,以及泵缸内排液不完全等因素,往复泵的实际流量往往低于理论流量。往复泵实际流量与理论流量间的差异,可以采用容积效率来描述。容积效率以符号 η_v 来表示,往复泵容积效率值为 0.85~0.99,一般来讲,泵越大容积效率越高;对于同一台泵,其提供的压头越高,容积效率越低。

$$q_v = \eta_v q_{vT} \tag{3-13}$$

3. 往复泵的压头

如图 3-10 所示,往复泵的压头与泵本身的几何尺寸及流量无关,只取决于管路情况。只要泵的机械强度及原动机的功率允许,往复泵可以提供任意高的压头。但随着压头的升高,可能造成泵容积损失的增加,即泵流量稍有下降。

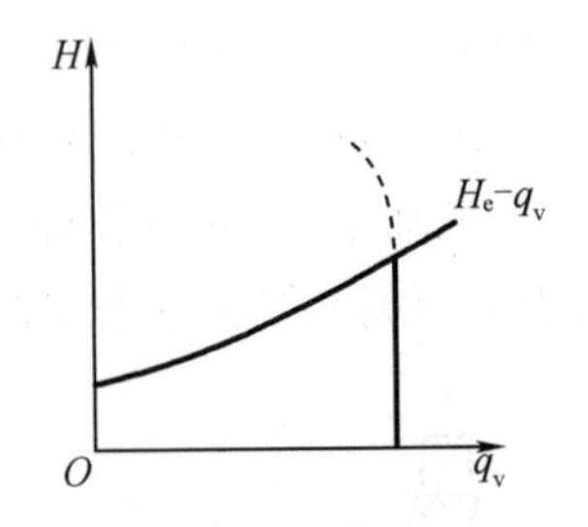

图 3-10 往复泵工作压头的确定

往复泵的输液能力只取决于活塞位移而与管路情况无关,泵的压头仅随系统要求变化,这种性质称为正位移性,因而往复泵属于正位移泵的一种。

4. 往复泵的轴功率

往复泵轴功率的计算同样由泵的流量与压头乘积得到,即

$$N = \frac{H q_v \rho g}{60\eta}$$

式中 η——往复泵的总效率,其值为 0.65~0.85,可由实验测定。

3.2.2 往复泵流量调节

往复泵的工作点也是泵特性曲线与管路特性曲线的交点,但往复泵的正位移特性导致其不能通过管路中的阀门调节流量。要改变往复泵的输液能力可以采取如下措施。

1. 旁路调节

往复泵可以采用旁路调节阀来调节流量,这也是其他正位移泵通用的流量调节方法。

在往复泵连接管路的两端并联上一用于流量调节的阀门,这就可以通过改变这一阀门的开度实现流体在主管路以及并联管路之间的分配。并联管路中的流体通过阀门又被往复泵吸入。旁路调节的方法造成了功率的消耗,但由于这种流量调节方法简便易行,故常在生产中常采用这种方法调节流量。

2. 改变活塞冲程或往复频率

由泵理论流量计算公式可知,改变活塞冲程或往复频率均可达到流量调节的目的。这种方法从能量利用效率角度来看较为合理,但却需要大幅度增加设备投资,且不适合经常性的流量调节。

例 3-2　如图 3-11 所示,用往复泵将某液体输送至密闭容器,用旁路调节流量。主管上装有孔板流量计 C,孔径 $d_0=30$ mm,孔流系数 $C_0=0.63$。主管直径为 $\phi 66$ mm×3 mm,DA 管段长度(包含局部阻力当量长度)为 80 m;旁路调节直径为 $\phi 38$ mm×3 mm,其长度(包含局部阻力当量长度)为 50 m。被输送液体黏度 0.1 Pa·s,密度 1 200 kg/m^3,U 形管读数为 $R=0.3$ m,指示液为水银,A 槽内表压 49 kPa。已知主管、直管沿程阻力损失系数相同,忽略往复泵进口段的阻力损失。试求:

(1)支管流量 q_v

(2)泵的轴功率($\eta=85\%$)。

解　(1)由 U 形管压力计可求出主管内流量

$$q_{v1}=C_0A_0\sqrt{\frac{2R(\rho_A-\rho)g}{\rho}}=3.472\times10^{-3}\ \mathrm{m^3/s}$$

$$u=\frac{q_{v1}}{A_1}=1.228\ \mathrm{m/s}$$

$$Re=\frac{d\rho u}{\mu}=884$$

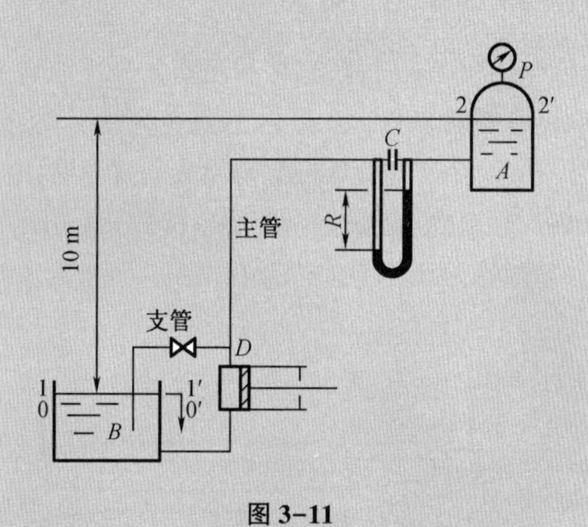

图 3-11

可判断流动状态为层流,则

$$\lambda=\frac{64}{Re}=0.072\ 38$$

$$\sum h_f=\lambda\frac{l}{d}\frac{u^2}{2g}=7.43\ \mathrm{m}$$

选取如图 3-11 所示截面,在 1-1′与 2-2′两截面间一维流体动力学方程,得

$$W_e=\Delta z+\frac{\Delta p}{\rho g}+\frac{\Delta u^2}{2g}+\sum h_f=21.60\ \mathrm{m}$$

对于支管,泵的有效功率用于克服阻力,在 0-0′与 1-1′截面列一维流体动力学方程,得

$$W_e = \sum h'_f = \frac{64\mu}{d\rho u_2}\frac{l}{d}\frac{u_2^2}{2g} = \frac{64\mu}{d\rho}\frac{l}{d}\frac{4q_{v2}}{2g\pi d^2}$$

故

$$q_{v2} = 1.308\times10^{-3}\ \mathrm{m^3/s}$$

(2)泵的轴功率可由管路的流量及压头求得

流经往复泵的总体流动率:

$$q_v = 4.78\times10^{-3}\ \mathrm{m^3/s}$$

往复泵功率:

$$N=\rho gW_e\cdot q_v = 1.429\ \mathrm{kW}$$

3.3 流体作用式输送设备

3.3.1 喷射泵

喷射泵的工作液体可以是液体或气体,它是利用流体静压能转变为动能产生真空来抽送液体的。在化工生产中,喷射泵常用于抽真空,故又称为喷射真空泵。

喷射泵的结构如图 3-12 所示:工作流体(蒸汽)首先通过喷嘴,由于喷嘴截面积缩小使流体静压能转变为动能,同时产生真空;被输送流体(引射流体)由于压力差被吸入混合室;工作流体带动被输送液体进入扩散管,两流体间通过动能交换实现被输送流体总压头的升高。

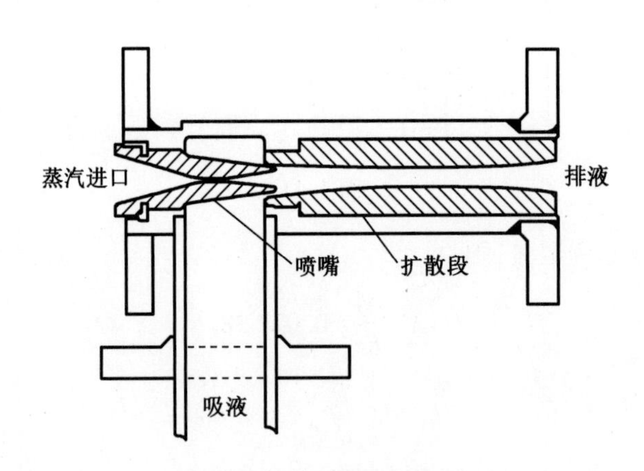

图 3-12 蒸汽喷射泵结构

喷射泵结构简单,内无运动部件,适用于有杂质、腐蚀性和放射性气体及液体。但其应用要受以下因素的限制。

(1)喷射泵在实现提高被输送流体压头的同时,也造成了工作流体与被输送流体的混合,即被输送流体在输送过程中被工作流体所稀释。

(2)喷射泵工作液体的消耗量大,能量利用的效率很低(一般 10%~25%)。工作介质的绝热膨胀,往往伴随着流体温度的升高,因而要考虑被输送流体温度的限制。

(3)喷射泵出口压头存在极限值,该值与工作流体的物性有关。例如单级蒸汽喷射泵可以达到 90%的真空度;蒸汽喷射泵的极限压力为 6.66 kPa,这一压力是采用蒸汽喷射泵理论上所能获得的最低压力。虽然采用多级蒸汽喷射泵能够减小抽吸系统的实际真空度,但抽吸压力仍大于这一极限值。

例 3-3　在 $\phi 45\ \text{mm}\times 3\ \text{mm}$ 管路上装一文丘里管,上游接一压强表,读数为 137.5 kPa,压强表轴心与管中心线的垂直距离为 0.3 m,管内水流速 $u_1=1.3\ \text{m/s}$,文丘里管喉径 10 mm,文丘里管喉部接一直径 20 mm 的玻璃管,玻璃管的下端插入水池中,池内水面到管中心线的垂直距离为 3.0 m。若将水视为理想流体,判断池中水能否被吸入管中;若能吸入,每小时吸入量为多少立方米?

解　对于理想流体可采用伯努利方程进行计算。

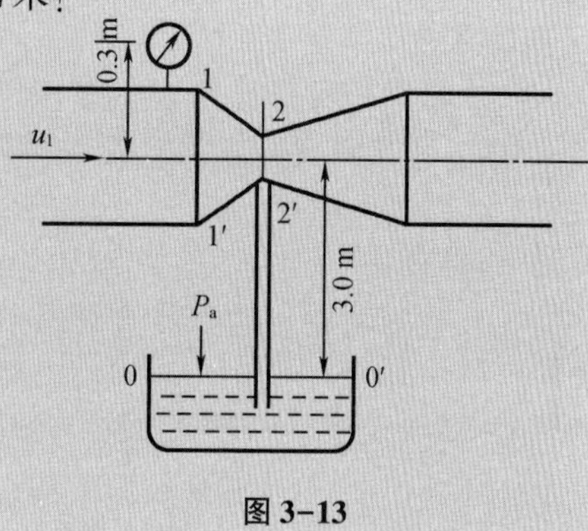

图 3-13

在 1-1′、2-2′截面间建立伯努利方程可得

$$\frac{u_1^2}{2g}+\frac{p_1}{\rho g}+z_1=\frac{u_2^2}{2g}+\frac{p_2}{\rho g}+z_2$$

2-2′截面速度由连续性方程计算得出:

$$u_2=\left(\frac{d_1}{d_2}\right)^2 u_1=19.77\ \text{m/s}$$

以 0-0′截面为基准面,2-2′截面总势能为

$$\frac{p_2}{\rho g}+z_2=-2.522\ \text{m}$$

结果小于 0,故喉管处有吸液能力(即 0-0′截面势能大于 2-2′截面势能)。

在池面 0-0′和喉管 2-2′处建立伯努利方程,可求得

$$\frac{u_0^2}{2g}+\frac{p_0}{\rho g}+z_0=\frac{u_2'^2}{2g}+\frac{p_2}{\rho g}+z_2$$

根据已知条件可知池面处机械能为 0,因而可求得

$$u_2'=7.031\ \text{m/s}$$

此时体积流量为

$$q_v=\frac{\pi d^2}{4}u_2'=7.952\ \text{m}^3/\text{h}$$

3.3.2　空气升液器

空气升液器(图 3-14)是一种提升液体的装置,由贮槽、提升管、空气管和气液分离罐组成。在后处理厂中,当流量较低时,特别是不希望有蒸汽喷射泵所引起的稀释和加热时,常用空气升液器来进行流体输送。

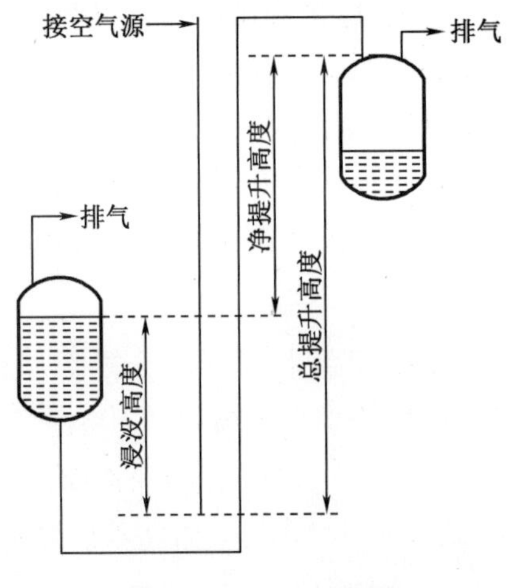

图 3-14 空气升液器

空气升液器具有自动调节功能,输液容器中液面的降低会减小浸没高度,因而自动降低输送速度,因此输液容器下面的空间高度必须和待提升的净高度相对应,并尽量维持输液容器中液面高度恒定。当一个空气升液器不能满足输液高度要求时,可以采用两个空气升液器串联使用。

空气升液器的缺点是会产生有污染气体,因而增加废气的处理量;空气升液器不能用于提升易起泡液体和不能接触空气的液体,对于具有较强热稳定性的液体也有采用蒸汽代替空气的情况。

在后处理厂中,空气升液器用于待分析溶液的取样、溶剂萃取料液的转移、溶剂洗涤剂的输送和废液输送等方面。

空气升液器的排液系统中,应避免较长的水平管线,否则就要有适当的排气措施以防止气堵。

除了喷射泵和空气升液器外,还有利用真空将液体从一个贮槽抽到另一个贮槽的方法,称为真空抽吸法;另一种就是利用压缩空气给某一贮槽加压,将流体压至另一个贮槽,称为压空排液法。这两种方法还可以用于完成长距离输液或扬程较大的输液场合,由于其比较简单这里不再详细阐述。

例 3-4 如图 3-15 所示,水从一密闭水箱沿一直立管路送到上面的敞口水箱中,已知 $d=25$ mm,$l=5$ m,$h=0.5$ m,$q_v=5.4$ m^3/h,阀门局部阻力系数 $\zeta_{阀}=6$,水温 50 ℃($\rho=989$ kg/m^3,$v=0.556\times10^{-6}$ m^2/s),壁面绝对粗糙度 $\Delta=0.2$ mm,求压力计读数 p_0。

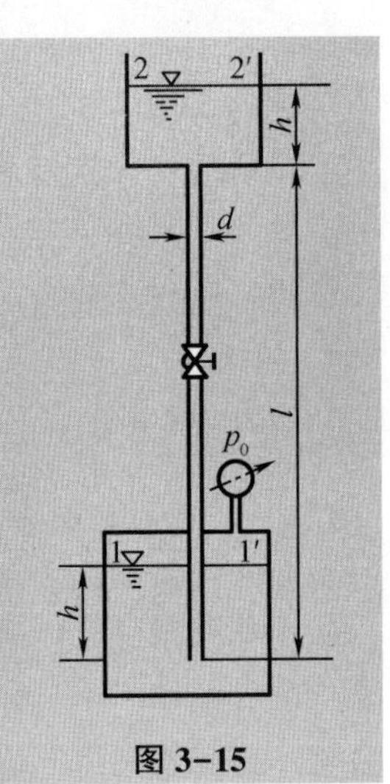

图 3-15

解 在截面 1-1′、2-2′间建立一维流体动力学方程,得

$$\frac{p_0}{\rho g}+z_0+\frac{u_0^2}{2g}=\frac{p_2}{\rho g}+z_2+\frac{u_2^2}{2g}+h_1$$

式中阻力损失为

$$h_1=\sum h_f+\sum h_r=\lambda\frac{l}{d}\frac{u^2}{2g}+(\zeta_i+\zeta_o+\zeta_{阀})\frac{u^2}{2g}$$

$$Re=\frac{d\rho u}{\mu}=137\ 590$$

$$\Delta=\frac{\varepsilon}{d}=0.008$$

根据莫狄图查得

$$\lambda=0.036$$

求解得出

$$h_1=7\ \text{m}$$

带入上式得出压力计读数为

$$p_0=\rho g(z_2-z_1+h_1)=116.28\ \text{kPa}$$

本章符号说明

符号	意义	计量单位
T_s	扭矩	N·m
ω	角速度	(°)/s
β	流动角	(°)
n	转速	r/min
D	叶轮直径	m
S	往复泵活塞截面积	m^2
η	效率	

习　　题

一、填空题

1. 如图 3-16 所示，某离心泵入口和出口分别装有真空表和压强表，并在出口管路上装有阀门。打开阀门至某一开度，两表读数分别为 $p_1=5$ kPa 与 $p_2=10$ kPa，则离心泵提供的有效压头为________m，关小出口阀则真空表读数________(判断增大、减小或者不变)，压强表读数________(判断增大、减小或者不变)。

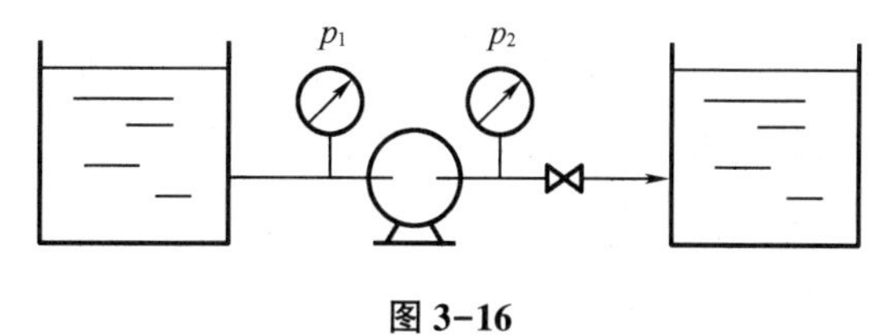

图 3-16

2. 离心泵扬程是指＿＿＿＿＿＿＿＿＿＿，该数值小于流体输送机械对单位重量流体所做的功，其原因包括机械损失、＿＿＿＿＿和水力损失。

二、选择题

1. 离心泵常用的叶片选择形式及原因是　（　　）

A. 前弯叶片，相同转速下可获得更大的扬程

B. 后弯叶片，产生能量中静压头占更大比例

C. 前弯叶片，产生能量中静压头占更大比例

D. 后弯叶片，相同转速下可获得更大的扬程

2. 下面关于离心泵，说法错误的是　（　　）

A. 理想叶片下理论压头为 $H_{T\infty}=A-Bq_v$，其中 A、B 均为大于零的常数

B. 后弯叶片更有优势，因为在相同的有效压头下其提供的压力头相对较大

C. 离心泵标示的是水在最高效率点上的压头及流量，选用时应在高效区工作

D. 离心泵能量损失主要包括容积损失、水力损失和机械损失三个部分

3. 如图 3-17 所示，用离心泵将水从水池送往敞口高位槽，在泵的入口和出口分别装有真空表和压强表。泵在一定转速、阀门开度下，测得一组数据：流量 q_v、压头 H、真空度 p_1、压强 p_2、轴功率 N。现用现有管路输送密度更大液体则以上几个量变化趋势为　（　　）

A. 增大　减小　增大　增大　增大

B. 增大　减小　减小　增大　减小

C. 不变　不变　不变　不变　增大

D. 减小　增大　减小　减小　无法判断

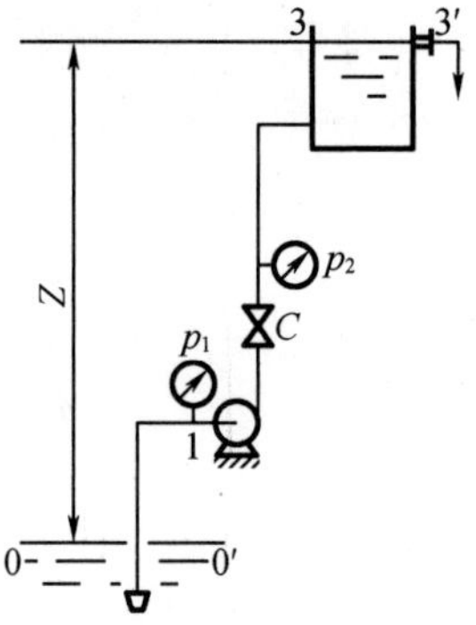

图 3-17

4. 以下不会影响离心泵流量的因素为　（　　）

A. 被输送流体的黏度

B. 叶轮的转速

C. 叶轮的直径

D. 被输送流体的密度

5. 以下不会影响离心泵流量的因素为　（　　）

A. 被输送流体的黏度

B. 叶轮的转速

C. 叶轮的直径

D. 被输送流体的密度

6. 用内径 100 mm 钢管从江中取水送入一蓄水池中。水由池底进入，池中水面高出江面 30 m。已知管路摩擦系数为 0.028，管路长度（含局部阻力的当量长度）为 60 m。水在管中流速 1.5 m/s。现有四种类型的离心泵，则应选择哪台泵输送流体？　（　　）

A. $q_v=15$ L/s；$H=35$ m

B. $q_v=12\ L/s$;$H=32\ m$

C. $q_v=17\ L/s$;$H=42\ m$

D. $q_v=16\ L/s$;$H=38\ m$

7. 下面关于离心泵,说法错误的是　　　　(　　)

A. 理想叶片下理论压头为 $H_{T\infty}=C-Dq_v$,其中 C、D 均为大于零的常数

B. 后弯叶片更有优势,因为在相同的有效压头下其提供的压力头相对较大

C. 离心泵标示的是水在最高效率点上的压头及流量,选用时应在高效区工作

D. 离心泵能量损失主要包括容积损失、水力损失和机械损失三个部分

8. 关于往复泵以下说法错误的是　　　　(　　)

A. 直接以压力能形式向液体提供能量的液体输送机械

B. 往复泵有供液不均匀的缺点,同时管路内液体变速运动增加了惯性能量损失

C. 调节阀门开度是调整往复泵管路中流体流量的主要方式

D. 改变活塞冲程或往复频率均可实现流量调节,但却需要大幅度增加设备投资

三、分析题

1. 试从各设备原理出发,分析各种流体输送设备有无自吸功能。

2. 确定液体输送管径时需经济核算,使固定投资与操作费的总和最小。已知单位管长投资费用为 $I=A+Bd$ 元/m,式中 A、B 为常数,d 为管径,年折旧率为 E(以管路投资费分数表示),操作费用只考虑克服阻力损失的能耗费用计算,年操作费用为 $F=Kp$ 元/a,其中 K 为常数,p 为液体流过单位管长所耗功率(W),试写出流体密度 ρ(kg/m^3)、黏度 μ(Pa·s)、流量为 q_v(m^3/s)的液体的最经济管径的表达式。已知阻力系数可按布拉修斯公式 $\lambda=0.316/Re^{0.25}$,泵效率为 η。

3. 理想叶片入口流动角为 90°,出口流动角分别为 45°和 135°的后弯、前弯叶片。已知叶片区域均为 $R_1<r<R_2$,宽度为 b。两组叶片旋转角速度分别为 ω_1 和 ω_2,以保证两组叶片有相同的总压头。试写出两组叶片所提供静压能占总机械能的百分比表达式。

4. 液体喷射泵结构示意图如图 3-18 所示,工作流体为水,引射流体为气体,试分析其工作原理。

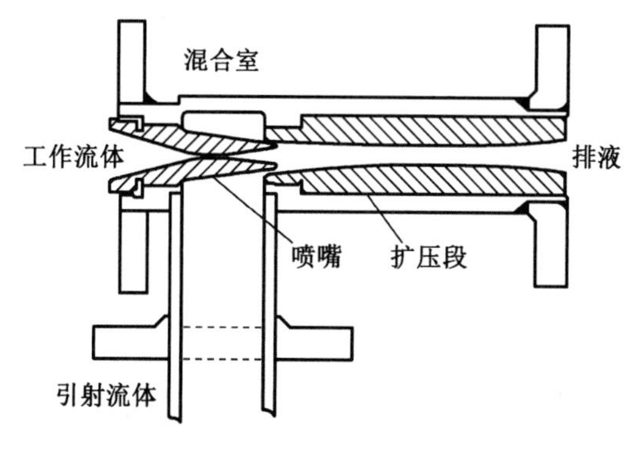

图 3-18　液体喷射泵结构示意图

5. 简述空气升液器提升液体的原理及其优缺点。

四、计算题

1. 用离心泵向密闭高位槽送水，流程如图 3-19 所示。泵的特性方程为 $h=40-7.0\times10^4q_v^2$（q_v 单位 m^3/s），当压力表读数 100 kPa 时，输水量为 10 L/s，此时管内流动处于阻力平方区。其他条件不变时，仅压力表读数变为 80 kPa 时，求：

（1）输水的体积流量；

（3）离心泵的有效功率。

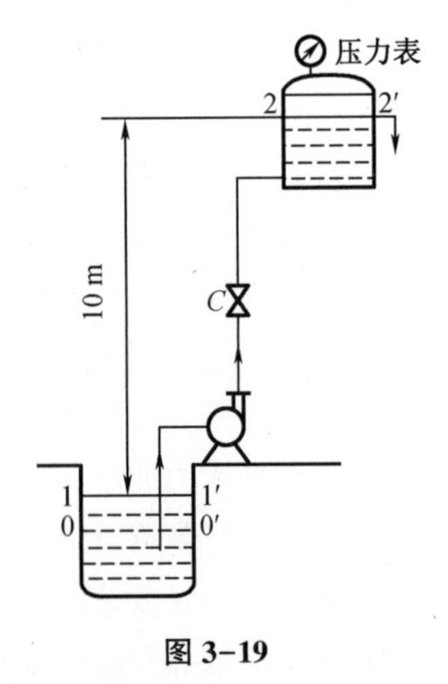

图 3-19

2. 用离心泵将水从蓄水池输送至某塔顶，塔顶压强表读数 49.1 kPa，输水量为 30 m^3/h。输水管出口与水池面保持恒定高度差 10 m，管路内经 81 mm，直管长度 18 m，管线中阀门全开时所有局部阻力系数之和为 13，沿程阻力系数为 0.021。在规定转速下，泵的特性方程为 $h=22.4+5q_v-20q_v{}^2$（q_v 为水的流量，m^3/min）。泵的效率可表达为 $\eta=2.5q_v-2.1q_v{}^2$。求：

（1）泵的轴功率（kW）；

（2）泵的适用性（规定流量下压头能否满足管路要求，是否在高效区工作）。

3. 大小相同的后弯叶轮及前弯叶轮各一个，如图 3-20 所示。两叶轮外缘半径 $r_2=180$ mm，内径半径 $r_1=70$ mm，外缘出口宽度 $b_2=10$ mm，内缘入口宽度 $b_1=20$ mm，后弯叶片入口倾角 β_1 和出口倾角 β_2 皆为 30°，出口倾斜角 $\beta_2=150°$。若叶轮转速 $n=2\ 900$ r/min，流量 $q_v=300\ m^3/h$，不计叶片通道的阻力损失和叶片厚度，试求：

（1）后弯叶片可能产生的理论压头是多少？势能所占比例多大？

（2）前弯叶片可能产生的理论压头是多少？势能所占比例多大？

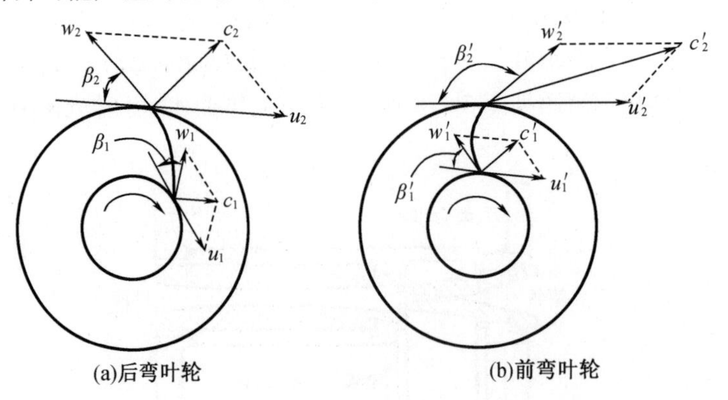

图 3-20

4. 用离心泵将蓄水池中 20 ℃ 的水送到高位槽中，流程如图 3-21 所示。管路为 $\phi57$ mm×3.5 mm 的光滑钢管，其直管长度与所有局部阻力（包括孔板）当量长度之和为 250 m。输水量用孔板流量计测量，孔径 $d_0=20$ mm，孔流系数为 0.61 从池面到孔板前测压点 A 截面的管长（含所有局部阻力当量长度）为 100 m。U 形管中指示液为汞。

摩擦系数可近似用下式计算：$\lambda=0.316/Re^{0.25}$，当水流量为 7.42 m^3/h，试求：

(1)每公斤水获得的净功；

(2)A 截面 U 形管压差计读数 R_1；

(3)孔板流量计的 U 形管压差计读数 R_2。

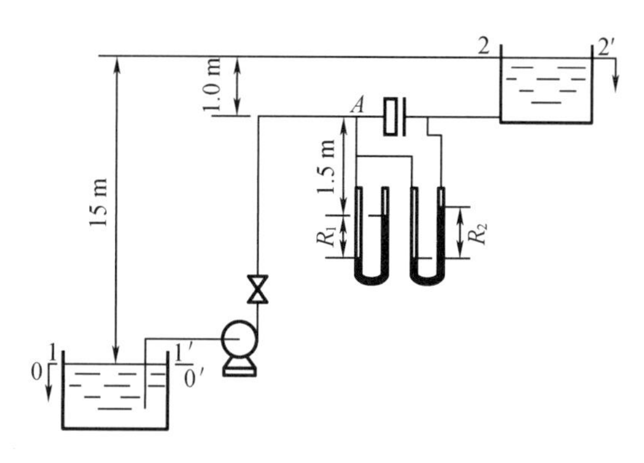

图 3-21

5. 如图 3-22 所示，用往复泵将某液体输送至密闭容器，用旁路调节流量。主管上装有孔板流量计 C，孔径 $d_0=30$ mm。孔流系数 $C_0=0.63$；主管直径为 ϕ 66×3 mm，DA 管段长度(包含局部阻力当量长度)为 80 m；旁路调节直径为 ϕ38 mm×3 mm，其长度(包含局部阻力当量长度)为 50 m，被输送液体黏度 0.1 Pa · s，密度 1 200 kg/m^3，U 形管读数为 $R=0.3$ m，指示液为水银；A 槽内表压 49 kPa。已知主管、直管沿程阻力损失系数相同，忽略往复泵进口段的阻力损失。试求：

(1)支管流量 q_v；

(2)泵的轴功率($\eta=85\%$)。

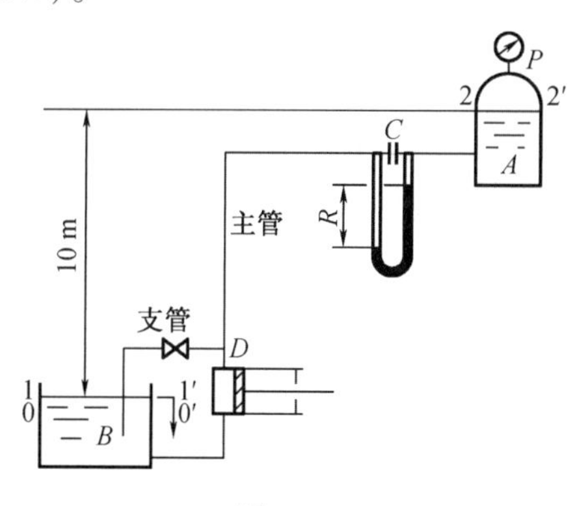

图 3-22

6. 如图 3-23 所示，用离心泵将水以 10 m^3/h 的流量由水池输送到高位槽，液面高度差为 20 m，且保持不变。管路总长度(含所有当量长度)为 100 m，压强表后管路长度为 80 m(含局部阻力当量长度)，管路沿程阻力系数 $\lambda=0.025$，管子内径为 0.05 m，水的密度为 1 000 kg/m^3，泵的效率为 80%，试求：

(1)泵的轴功率；

(2)泵出口阀开大,真空表与压强表读数将如何变化(沿程阻力系数不变)。

7. 如图 3-24 所示,用离心泵将储槽 A 内液体输送到高位槽 B(两个槽为敞开)。两槽液面保持恒定高度差 12 m,管路内径为 38 mm,管路总长度为 50 m(含管件、阀门、流量计的当量长度)。管路上安装一孔板流量计,孔板的孔径为 20 mm,流量系数 C_0 为 0.63,U 形管压差计读数 R 为 540 mm,指示液为汞(汞的密度为 13 600 kg/m^3)。操作条件下液体密度为 1 260 kg/m^3,黏度为 1×10^{-3} Pa · s。若泵的效率为 80%,求泵的轴功率。

已知沿程阻力系数层流时 $\lambda=64/Re$;湍流时 $\lambda=0.316/Re^{0.25}$。

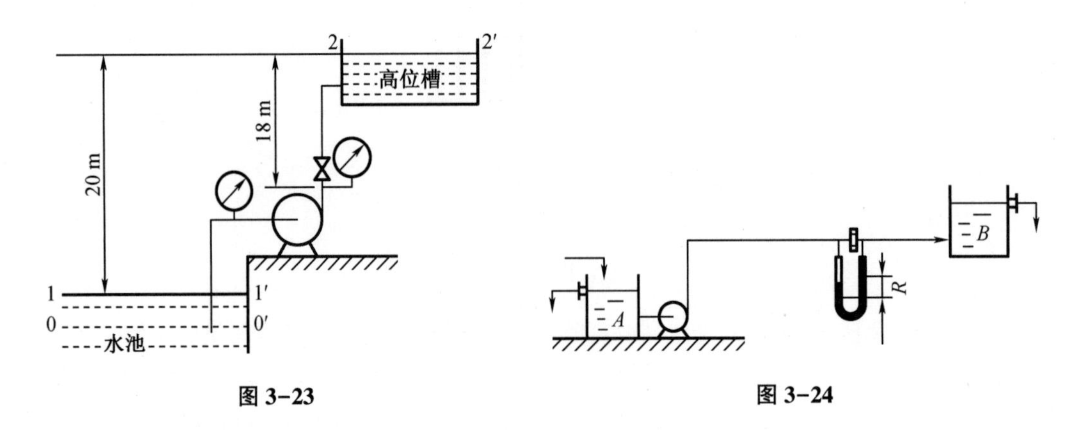

图 3-23

图 3-24

8. 用离心泵向密闭高位槽送料,密闭容器压力表读数为 118 kPa,流程如图 3-25 所示。在特定转速下,泵的特性方程为 $h=42-7.56\times10^4q_v^2$(q_v 单位 m^3/s),输水流量 $q_v=0.01$ m^3/s 时,流动处于阻力平方区。试求:

(1)现改送 $\rho=1\ 260$ kg/m^3 的水溶液时(黏度不变),求输送溶液时流量和泵的有效功率;

(2)若将高位槽改为常压,输送水量变为多少?

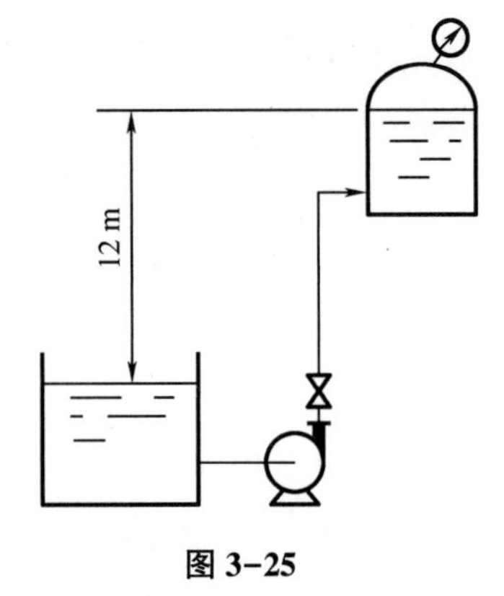

图 3-25

9. 用离心泵将水池中水输送至高位槽,两液面恒差 13 m,管路系统压头损失 $h_f=3\times10^5q_v^2$(q_v 为水流量,单位 m^3/s),流动处于阻力平方区。在指定转速下,泵的特性方程为 $h=28-2.5\times10^5q_v^2$。试求:

(1)两槽均为敞口,泵的流量、压头和轴功率;

(2)两槽敞口,改送碱水溶液($\rho=1\ 250$ kg/m^3),求泵的流量和轴功率;

(3)高位槽改为密闭,表压 49.1 kPa,输送清水流量将变为多少;

(4)现有一台相同型号的离心泵,欲向表压 49.1 kPa 高位槽输送碱液,比较两泵串联还是并联能获得较大的流量。(各种情况下泵效率均取为 70%)

10. 用离心泵将水池内的水输送至塔顶,流程如图 3-26 所示。泵入口真空表读数 24.66 kPa,喷头与连接管接头处 C 截面的表压为 98.1 kPa。吸入管内径为 70 mm,其流动阻力(含所有局部阻力)可表达为 $h_{f,1}=2u_1^2$(u_1 为吸入管内水的流速)排出管内径为 50 mm,其流动阻力可表达为 $h_{f,2}=10u_2^2$(u_2 为排出管内水的流速,m/s)。试求:

（1）水的流量 m^3/h；

（2）泵的轴功率。

11. 如图 3-27 所示的输水系统，管路直径 $\phi 80\ mm\times 2\ mm$，当流量为 $36\ m^3/h$ 时，吸入管路的能量损失为 6 J/kg，排出管的压头损失为 0.8 m，压强表读数为 246 kPa，吸入管轴线到 U 形管汞面的垂直距离 $h=0.5\ m$，当地大气压强为 98.1 kPa，试求：

（1）泵提供的总压头；

（2）泵的轴效率；

（3）泵吸入口压差计读数 R。

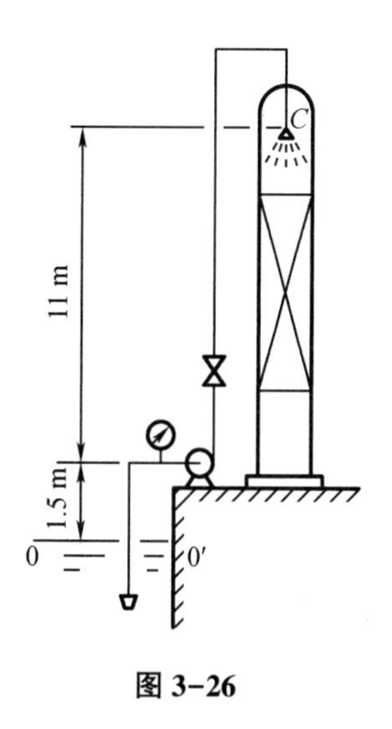

图 3-26

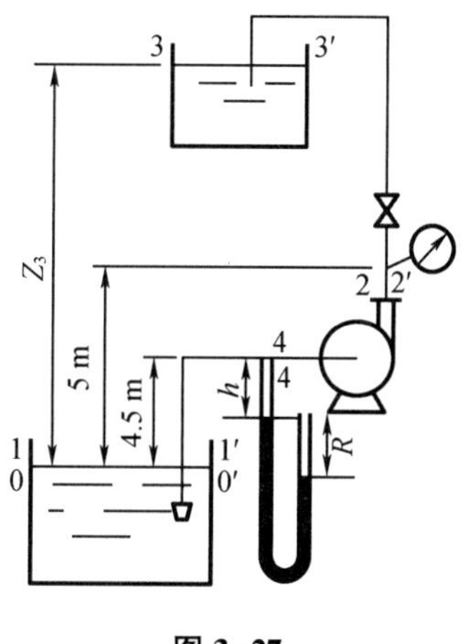

图 3-27

12. 用离心泵向水洗塔送水，泵在规定转速下送水量为 $0.013\ m^3/s$，压头为 48 m。此时，管路进入阻力平方区，当泵阀门全开时，管路特性方程为 $h_e=26+1.0\times10^5 q_v^2$（$q_v$ 单位为 m^3/s），为适应泵特性，关小阀门以改变管路特性。试求：

（1）因关小阀门而损失的压头；

（2）关小阀门后管路特性方程。

13. 用离心泵将水从蓄水池输送至某塔顶，塔顶压强表读数 49.1 kPa，输水量为 $30\ m^3/h$。输水管出口与水池面保持恒定高度差 10 m，管路内径 81 mm，直管长度 18 m，管线中阀门全开时所有局部阻力系数之和为 13，沿程阻力系数为 0.021。在规定转速下，泵的特性方程为 $h=22.4+5q_v-20q_v^2$（q_v 为水的流量，m^3/min）。泵的效率可表达为 $\eta=2.5q_v-2.1q_v^2$。求：

（1）泵的轴功率（kW）；

（2）泵的适用性（规定流量下压头能否满足管路要求；是否在高效区工作）。

14. 用往复泵从敞口水池向密封容器供水，容器内压强为 9.81×10^4 Pa（表压），容器比水池面高 10 m，主管线长度（含局部阻力的当量长度）为 100 m，管径为 50 mm；在泵进口处设置一内径 30 mm 的旁路。试求：

（1）当旁路关闭时，管内流量 $0.006\ m^3/s$，泵的有效功率为多少？

(2)若所需流量减半,采用旁路调节,则旁路的总阻力系数和泵的有效功率为多少?

(3)若改变活塞行程实现流量调节,相应的有效功率为多少?

沿程阻力系数层流时 $\lambda=64/Re$;湍流时 $\lambda=0.316/Re^{0.25}$。

15. 如图 3-29 所示,用离心泵将密度 810 kg/m^3 的油从甲罐输送至乙罐。离心泵的进、出口及出口阀的下游处分别装有三块压力表 A、B、C。离心泵启动前,A、C 表读数相等。启动离心泵出口阀处于某一开度时油流量为 30 m^3/h,A、B、C 的读数分别为 100 kPa、620 kPa 和 616 kPa。设输油管的内径为 100 mm,摩擦系数为 0.02,试求:

(1)出口阀在此开度下管路特性方程;

(2)估算出口阀在此开度下的当量长度(可忽略 B、C 间的直管阻力);

(3)估算输油管线的长度。

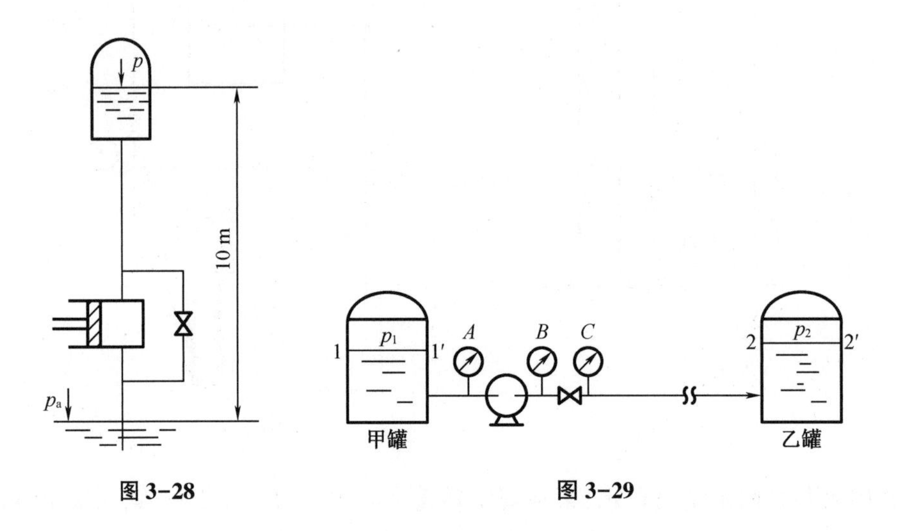

图 3-28　　　　图 3-29

16. 如图 3-30 所示的输送系统,将水池中的清水输送到高位槽中。

(1)分析当出口阀开度增大时,真空表和压力表读数如何变化;

(2)离心泵特性方程为 $h=32-7.0\times10^4q_v^2$(q_v 单位 m^3/s),求输水量为 0.01 m^3/s 时的管路方程。(已知管中流动始终处于粗糙区)

17. 用离心泵向密闭高位槽送水,流程如图 3-31 所示。泵的特性方程为 $h=40-7.0\times10^4q_v^2$(q_v 单位 m^3/s),当压力表读数 100 kPa 时,输水量为 10 L/s,此时管内流动处于粗糙区。

当管路及阀门开度不变时,压力表读数变为 80 kPa 时,试求:

(1)管路特性方程;

(2)输水的体积流量;

(3)离心泵的有效功率。

18. 如图 3-32 所示,某管路由一段并联管路组成,已知总体流动率 120 L/s,支管 A 管径为 250 mm,长 1 000 m,支管 B 分为两段:B 至 O 段管径 300 mm,管长 900 m,O 至 N 段管径 250 mm,管长 300 m,已知各段粗糙度均为 0.4 mm,试求各支管流量及 MN 之间的阻力损失。(各段沿程阻力损失系数 λ 相等)

19. 实验室有一输水装置如图 3-33(a)所示。当阀门全开时,测得泵出口所连压差计读数 R 为 650 mmHg(汞柱上端充满水),所用管内径 20 mm,管路长 17 m,沿程阻力系数 $\lambda=0.02$。忽略局部阻力损失,泵效率不变。试求:

(1)每小时输水量。

(2)A 点压力为多少?

(3)增加泵转速,使 U 形管读数变为 700 mmHg 时泵功率增加多少?

(4)从 B 出发并联同样的管径同样长度的管到水槽,问主管流量为多少(假设压差计读数仍为 650 mmHg)?

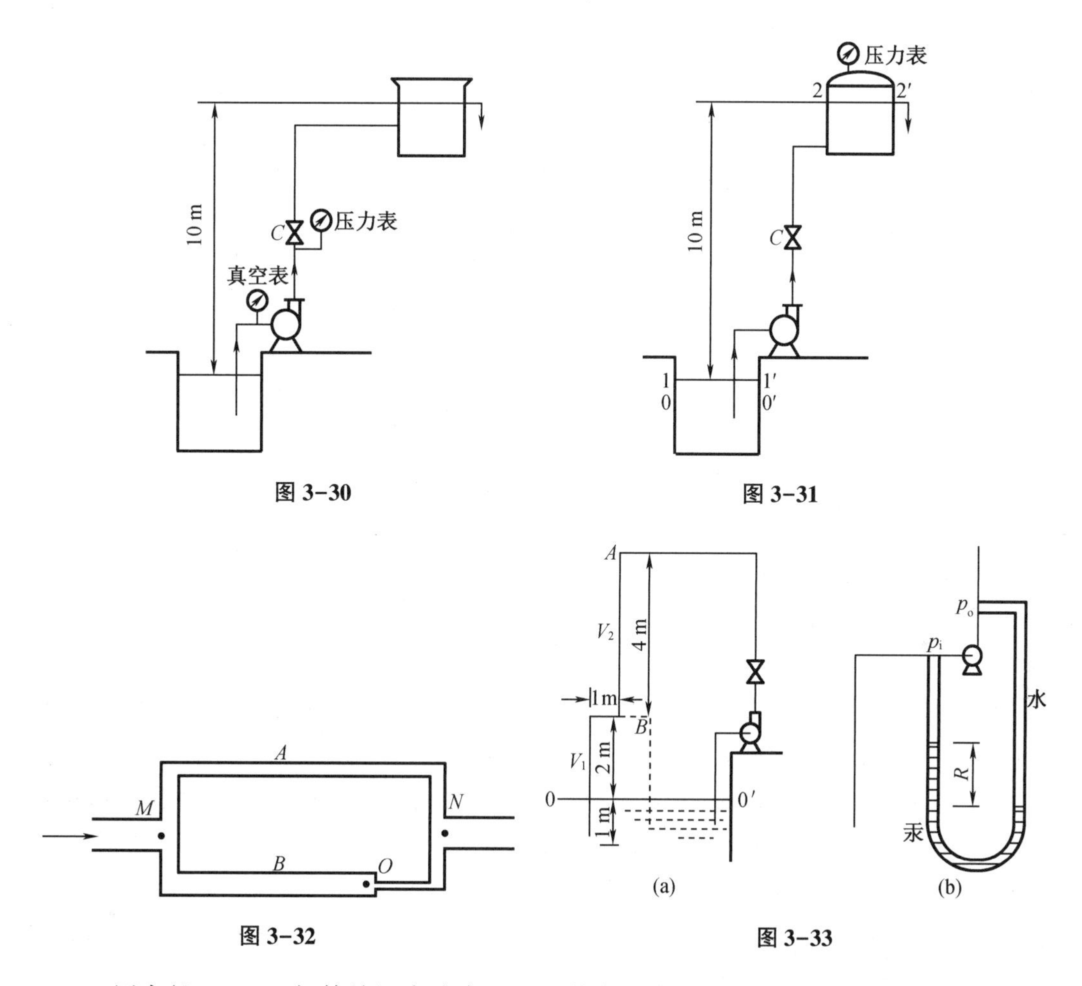

20. 用内径 100 mm 钢管从江中取水送入一蓄水池中。水由池底进入,池中水面高出江面 30 m。管路长度(含局部阻力的当量长度)为 60 m。水在管中流速 1.5 m/s。今库存四种类型的离心泵,如表 3-2 所示。问能否从中选出一台泵?已知管路摩擦系数为 0.028。

表 3-2

泵	Ⅰ	Ⅱ	Ⅲ	Ⅳ
流量/($L\cdot s^{-1}$)	17	16	15	12
压头/m	42	38	35	32

21. 单动泵活塞直径为 160 mm，冲程为 200 mm。现拟用此泵输送 930 kg/m^3 的液体至某设备，所需流量为 25.8 m^3/h，设备的液体入口较储槽液面高 19.5 m，设备内液面上方压力为 0.32 MPa(表压)，贮槽为敞口，外界大气压 0.098 MPa，管路总压头损失为 10.3 m，当有 15%液体漏回和总效率为 72%时，分别计算活塞泵每分钟往复次数与轴功率。

22. 由离心泵经管路向水塔供水，其装置情况如下：

输入管路直径 $d_1=250$ mm，管长 $l_1=20$ m，每米长度的沿程损失 h_{l1} 为 0.02 mH_2O，装有一个带底阀的漏水网($\zeta_v=4.45$)，90°弯头($\zeta_b=4.45$)两个。

压出管路直径 $d_2=200$ mm，管长 $l_2=200$ m；每米长度的沿程损失 h_{l2} 为 0.03 mH_2O；装有一个全开闸阀($\zeta_g=0.05$)，90°弯头($\zeta_b=0.291$)三个，管路出口局部阻力损失系数 $\zeta_{ex}=1$。

管路吸入口高度 $h_s=4$ m，管路出口高度 $h_d=30$ m，输水量 $q_v=60$ L/s，吸水池与水塔液面均为大气压。

试确定此水泵应具备的扬程 H。

23. 如图 3-34 所示，某水罐液面高度位于地面以上 $z_1=60$ m，通过分支管将水引到高于地面 $z_2=30$ m 和 $z_3=15$ m 的水罐 2 和 3 中，已知 $l_1=l_2=l_3=2\ 500$ m；$d_1=d_2=d_3=0.5$ m，各管沿程阻力系数均为 0.04。试求引入每一水罐的流量。

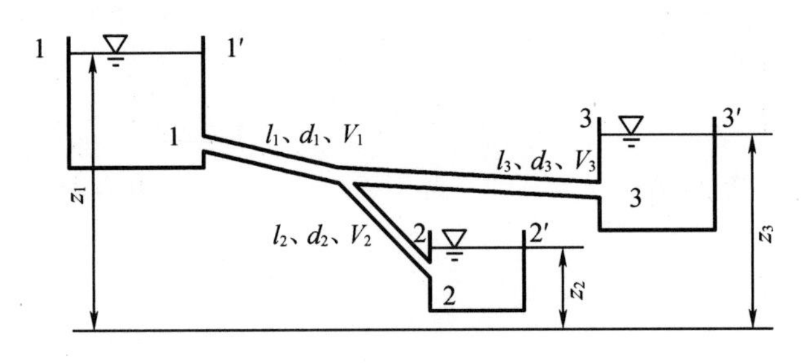

图 3-34

24. 用离心泵从井中抽水，吸水量为 20 m^3/h，吸水管直径为 ϕ108 mm×4 mm，吸水管路阻力损失为 0.5 mH_2O，求泵入口处的真空度为多少？

25. 某油田用 ϕ600 mm×25 mm 钢管输送原油，管路总长 1 600 km，输送量为 1 000 t/h，油温为 50 ℃，此时油黏度 $\mu=0.187$ Pa·s，密度 890 kg/m^3。管路水平，局部阻力可忽略。若油管允许承受的最高压力为 6 MPa(表压)，问油管全程需设多少个加压泵站？

$Re<2\ 000$ 时 $\lambda=64/Re$；$3\ 000<Re<1\times10^5$ 时 $\lambda=0.316/Re^{0.25}$；$10^5<Re$ 时 $\lambda=\left(1.74+2\log\left(\frac{1}{\Delta}\right)\right)^2$。

26. 某水塔供水系统(水面维持恒定)，管路总长(含局部阻力的当量长度)为 200 m，水塔液面高于进水口 15 m，若每小时供水需求为 120 m^3，试计算输水管直径。设管道绝对粗糙度 $\varepsilon=0.3$ mm。

27. 一输水管路全长 600 m(含局部阻力的当量长度)，要求输水量为 800 m^3/h，在给定泵压头前提下，根据计算需购买管径 0.3 m 钢管，但现购买的钢管内径为 0.29 m，试求：

(1)泵提供的压头不变前提下，实际的输水量为多少？

(2)仍需 800 m^3/h 的水量,所需压头要增加多少?

28. 如图 3-35 所示液体循环系统,液体由密闭容器 A 进入离心泵,又由泵送回容器 A,液体循环量为 2.8 m^3/h,液体密度为 750 kg/m^3。输送管路系统内径为 25 mm 的碳钢管,从容器内液面至泵入口的压头损失为 0.55 m,泵出口至容器 A 液面的全部压头损失为 1.6 m,泵入口处静压头比容器 A 液面上方静压头高出 2 m,容器 A 内液面恒定。试求:

(1)管路系统要求泵的压头 h_e;

(2)容器 A 中液面至泵入口的垂直距离 h_0。

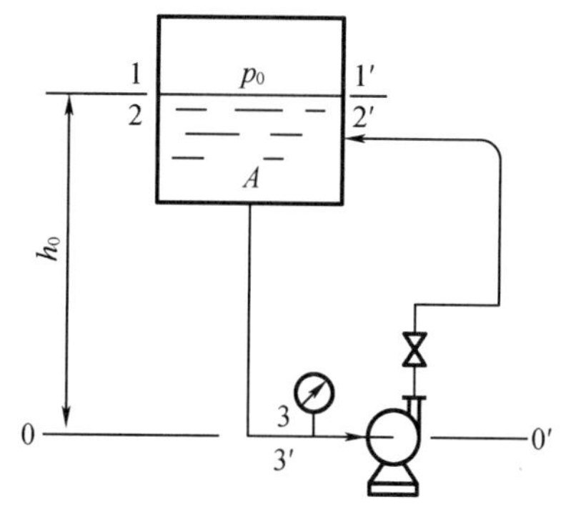

图 3-35

第 4 章　机 械 分 离

化工过程中分离过程可以分为两类,其一是从均相溶液中分离某些组分,另一类则是非均相混合物的分相,后者往往可以通过施加机械能的方式来控制分离速率,因而统称为机械分离。典型的机械分离包括从气相或液相中分离固体颗粒、从气相或液相中分离另一相的液滴,同时也包括不同尺寸固体颗粒间的分离。值得一提的是,某些含高分子或聚合物的均相溶液可以通过小孔径的膜(如超滤)等实现与溶液的分离,因而相应的膜分离过程也属于机械分离。本章介绍机械分离仅针对非均相物系的分离,而不讨论均相物系的速率分离过程。

4.1　两相流动基础

两相流动问题普遍存在于核化工生产过程和化工设备中,如流体和非流体的输送,多相反应和相际的传质分离等过程均涉及两相流问题。在流体和非流体的输送方面,蒸汽喷射泵和空气升液器用于流体的输送,省去了流体输送机械中的运动部件;固体颗粒的气力输送和水力输送则是其颗粒输送的基本途径。在多相反应方面,流化床和移动床等反应器的应用实现了气-固两相反应的连续进行,增强了气-固反应的反应速率。在机械分离方面沉降、旋风分离等操作实现了气体中的颗粒分离,过滤实现滤液与悬浮颗粒的分离。在以上过程中,两相的流动与接触状态影响过程的效率,甚至决定了这些过程能否应用。因而,研究非均相流体中受力与运动有较为重要的意义。但是也应当看到两相流涉及范围非常大,不同的两相流所侧重的研究内容是不同的,因而本书将两相流分为流体-固体(流固)两相流、流体-流体(液液)两相流来分别介绍。

4.1.1　流体-固体两相流基础

在流固两相流中,固体颗粒的性质、颗粒群性质和流体的流速是影响流固两相流的关键因素。

固体颗粒的特性包括颗粒体积、表面积、比表面积和球形度等。颗粒球形度(符号 φ_s,无单位)是定义与颗粒相等体积的球形表面积除以颗粒的表面积得到的无量纲数。因为相同体积下球形的表面积最小,所以颗粒的球形度永远小于或等于 1。颗粒的比表面积(符号 α,单位 m^2/m^3)是指颗粒的表面积与颗粒体积的比值。以与颗粒体积相等的球形颗粒的直径作为颗粒的当量直径(符号 d_e,单位 m),颗粒球形度与颗粒比表面积之间满足如下关系:

$$\alpha=\frac{6}{\varphi_s d_e} \tag{4-1}$$

$$d_e = \sqrt[3]{\frac{6}{\pi} V_P} \tag{4-2}$$

$$\varphi_s = \frac{S_P}{S} \tag{4-3}$$

大量大小不等的颗粒物料堆积在一起即形成颗粒群。颗粒群的性质可以用颗粒平均性质或整体性质来描述;但同时由于颗粒间的大小不等,还需考虑颗粒的分布特性。

颗粒分布主要考虑颗粒粒度分布,常用颗粒群粒度测量方法为筛分法。筛分分析是在一套标准筛中进行的,各种标准筛的规格不尽相同。常用的泰勒制是以每英寸边长上的孔数为筛号,称为目。经一系列标准筛筛分后颗粒常取两筛尺寸的平均直径表示筛子所截留颗粒的直径。

颗粒的整体性质包括颗粒群体积、颗粒群的比表面积和颗粒的平均直径等。颗粒群体积为组成颗粒群所有颗粒体积的加和;颗粒群比表面积为所有颗粒表面积与颗粒群体积之比;颗粒群平均直径一般采用颗粒质量分数加权计算得到。

$$d_{Pi} = \frac{d_i + d_{i-1}}{2} \tag{4-4}$$

$$\overline{d_P} = \frac{1}{\sum \frac{x_i}{d_{Pi}}} \tag{4-5}$$

用流体的体积流量除以所流经通道的截面积所得到的速度称为表观流速;而用流体流量除以流体在通道中所占的截面积称为流体的实际速度或相速度。一般来讲流体的表观速度因较易测量而更具通用性。

当液体或气体以很低的表观速度向上通过颗粒床层时固体颗粒不动,形成固定床。随着流体表观流速的增加,固体颗粒逐渐变为可动状态,这一点称为临界流态化或起始流态化点。固体流态化过程可以通过床层压降来表征,如图4-1所示,随着表观流速的增加,流体通过固体颗粒的床层压降线性增加;当表观流速高于一定值后,床层压降的增加趋势减缓;进一步增加流体表观流速,则床层压降会下降至某一定值并保持不变。完全流化状态所对应的最低表观流速称为临界流化表观流速。从这一点开始,固定床逐渐转变为流化床,因而该点的确定有着重要的意义。

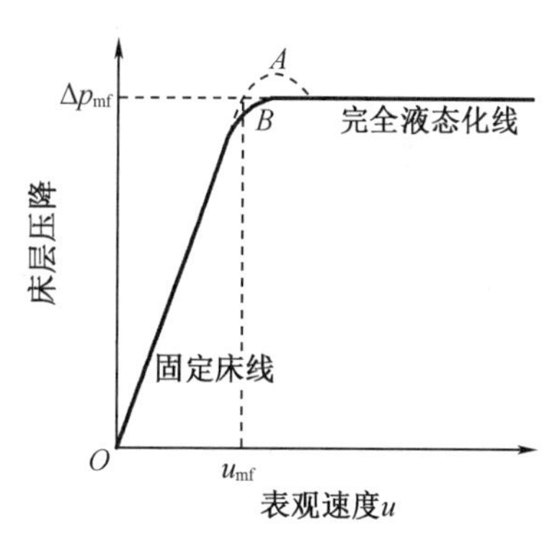

图4-1 用于确定临界流化速度的床层压降与表观速度间的关系曲线

如图4-2所示,流体垂直流过装有固体颗粒的床层时,垂直管道中流固两相流可能出现6种流型,具体如下。

1. 固定床

当流体速度小于颗粒临界速度时,颗粒静止,流体从颗粒间隙流过。

2. 散式流态化

当流体表观流速大于临界流化速度而小于鼓泡流化速度 u_{mb} 时，床层为散式流化状态。在该流态下，床层平稳、均匀的膨胀；床层上方有一稳定的界面；颗粒在床层内小幅度的运动，分布趋向于均匀；床层压力波动较小。u_{mb} 的大小与临界流化速度一样仅取决于颗粒与流体的性质。大多数流化床，正常操作状态下，只能观察到散式流化的流型。

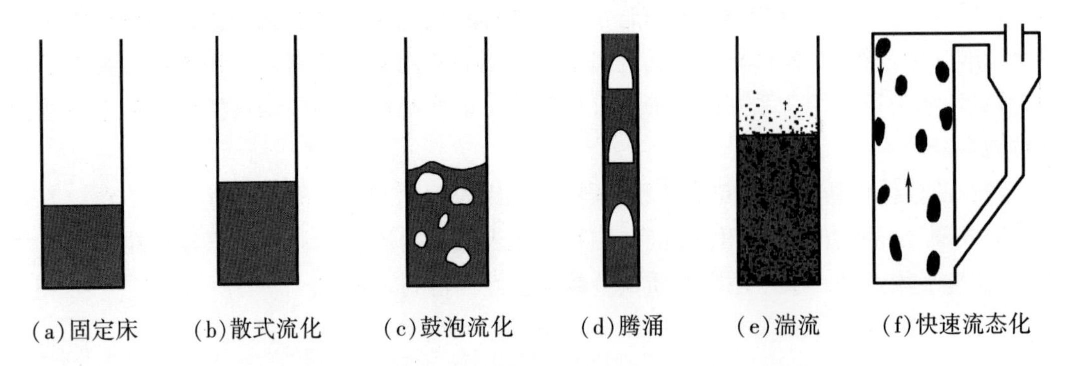

图 4-2 空气垂直流过固体颗粒床层的典型流型示意图

3. 鼓泡流态化

流体表观流速高于鼓泡流速而小于腾涌流速 u_{ms} 时，流化床为鼓泡流化状态。这一状态的特征为：在流化区域出现气体空穴，空穴会由于合并而长大，并上升至上表面；上表面为一确定界面，会周期性的有气泡穿出并破裂；床层压力不规则的波动。腾涌速度的大小不仅与固体颗粒与流体的特性有关，还取决于塔的直径与床层深度。

4. 腾涌

流体表观流速高于腾涌流速而小于湍流下临界速度 u_k 时，床层为腾涌状态。此时气体空穴充满塔体断面的大部分区域；上表面以一定规律上升并破裂；压力波动较大，但也较为均匀。湍流下临界速度与塔直径有关，因而在某些大直径的塔内可能不会出现腾涌现象。

5. 湍流

流体表观流速高于湍流下临界流速而小于湍流上临界流速 u_{tr} 时，流化床为湍流流型。此种流型为颗粒群的湍动程度较大，使大气泡破裂为一系列小气泡，颗粒群与小气泡来回运动；上表面难以确定；压力波动幅度较小。上临界湍流速度取决于颗粒进入塔的速度。

6. 快速流态化

当流体表观流速高于湍流上临界流速时，表现为快速流态化的流动状态。此时床内不再存在上表面，颗粒随流体飞出床层；集中在壁面处的颗粒或颗粒簇向下运动。在这种状态下需要不断地补充固体颗粒以维持两相的流型。

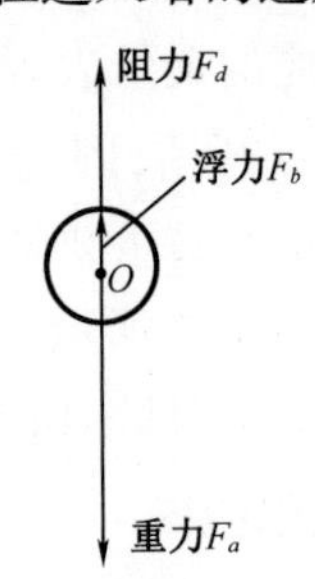

图 4-3 固体颗粒受力分析

在重力场中密度为 ρ_s，直径为 d 的球形颗粒在密度为 ρ 的流体中运动时，受力包括以下几种。

重力：

$$F_g=\frac{\pi}{6}d^3\rho_s g$$

浮力：

$$F_b=\frac{\pi}{6}d^3\rho g$$

曳力：

$$F_D=C_D\frac{\pi d^2}{4}\frac{\rho u^2}{2}$$

惯性力：

$$F_i=\frac{\pi}{6}d^3\rho_s\frac{\mathrm{d}u}{\mathrm{d}t}$$

例 4-1 试用 π 定理分析圆球绕流阻力表达式。已知圆球绕流阻力与下列因素有关。圆球特性：直径 d；流体物理性质：黏度 μ、密度 ρ；圆球运动特征：圆球相对于流体速度 u 有关。

解 (1)根据已知条件，可知所涉及 5 个物理量间满足一定的函数关系：

$$f(F_D,\rho,\mu,d,u)=0$$

(2)选择基本物理量

对以上 5 个物理量的量纲进行分析，共涉及 3 个基本量纲：长度 L，质量 M，时间 T，故只需在以上 5 个物理量中选择 3 个无关物理量，这里选择 d、ρ、u 作为基本物理量。

(3)将剩余物理量用所选物理量表示为无量纲量

$$\pi_1=\frac{F_D}{d^{a_1}\rho^{a_2}u^{a_3}}$$

$$\pi_2=\frac{\mu}{d^{b_1}\rho^{b_2}u^{b_3}}$$

(4)根据量纲一致性原理，求各物理量的指数

$$\pi_1:\dim F_D=\dim(d^{a_1}\rho^{a_2}u^{a_3})$$

$$\mathrm{MLT^{-2}}=(\mathrm{L^1})^{a_1}(\mathrm{L^{-3}M^1})^{a_2}(\mathrm{L^1T^{-1}})^{a_3}$$

$$\begin{cases}\mathrm{L}:1=a_1-3a_2+a_3\\ \mathrm{T}:-2=-a_3\\ \mathrm{M}:1=a_2\end{cases}$$

解得：

$$\begin{cases}a_1=2\\ a_2=2\\ a_3=1\end{cases}$$

所以

$$\pi_1=\frac{F_D}{\rho d^2u^2}$$

同理,可以解得

$$\pi_2=\frac{\mu}{d\rho u}=\frac{1}{Re}$$

(5)将以上 2 个无量纲量组成物理方程,即

$$F(\pi_1,\pi_2)=0$$

$$F\left(\frac{F_D}{\rho d^2u^2},Re\right)=0$$

故

$$F_D=f(Re)\rho d^2u^2$$

习惯上将上式写作:

$$F_D=f(Re)\frac{\pi d^2}{4}\frac{\rho u^2}{2}=C_DA\frac{\rho u^2}{2}$$

式中,$C_D=f(Re)$为曳力系数(无单位),是雷诺数的函数。

对于更一般的情况,即对非球形颗粒的稳态运动问题来讲,固体颗粒的曳力系数除与 Re 有关外,还与颗粒的球形度 φ_s 有关。图 4-4 给出了颗粒曳力系数随雷诺数及球形度变化的一般规律。利用该图可以通过估值迭代计算的方法得出某一球形度的颗粒沉降的终端速度。

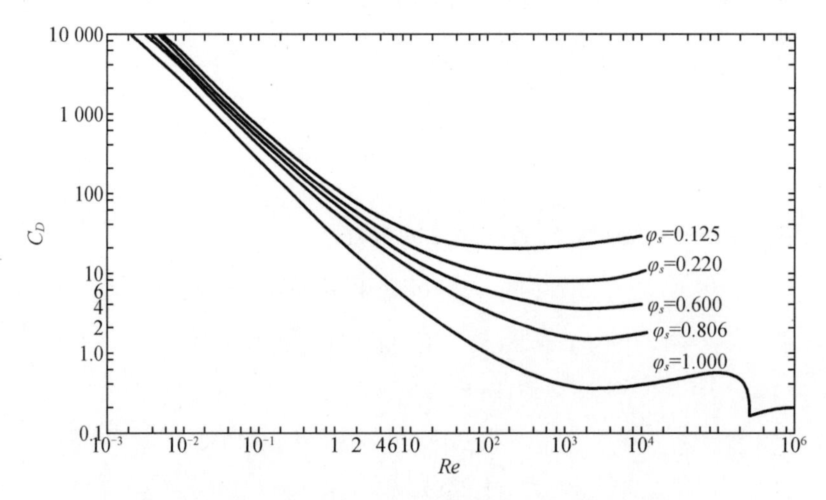

图 4-4　颗粒沉降曳力系数与雷诺数及球形度的关系曲线

一般来讲,固体颗粒的运动可以分为加速段和匀速段两段;其中加速段所占时间较短,也就是说固体颗粒运动的绝大部分时间均处于匀速运动状态,因此匀速段速度又称为终端速度,分析固体颗粒匀速运动速度也是研究固体颗粒运动的重要问题之一。依据固体匀速运动时受力特点可将颗粒运动终端速度写为

$$u_t = \sqrt{\frac{4gd(\rho_s-\rho)}{3C_D\rho}} \tag{4-6}$$

例 4-2　已知球形颗粒在斯托克斯区沉降曳力系数为 $C_D = \frac{24}{Re}$，颗粒密度为 2 650 kg/m^3，颗粒直径为 80 μm，20 ℃水密度 998.2 kg/m^3，黏度为 1.005×10^{-3} Pa · s，试求：

(1)颗粒沉降速度 u_t；

(2)粒子达 99%终端速度所需时间。

解　(1)

$$F_g = F_b + F_D$$

$$u_t = \frac{d^2(\rho_s-\rho)g}{18\mu} = 5.73\times10^{-3}\ \text{m/s}$$

牛顿第二定律表达式，即

$$F_g = F_b + F_D + F_i$$

$$\frac{\pi}{6}d^3\rho_s g = \frac{\pi}{6}d^3\rho g + C_D\frac{\pi d^2}{4}\frac{\rho u^2}{2} + \frac{\pi}{6}d^3\rho_s\frac{\mathrm{d}u}{\mathrm{d}t} \tag{①}$$

由斯托克斯定律知颗粒终端速度：

$$\frac{18\mu}{d^2} = \frac{(\rho_s-\rho)g}{u_t} \tag{②}$$

将式②代入式①得到

$$\frac{\mathrm{d}u}{\mathrm{d}t} = \frac{(\rho_s-\rho)g}{\rho_s}\left[1-\frac{u}{u_t}\right]$$

将上式积分得到

$$u = u_t\left[1-\exp\left(-\frac{18\mu}{d^2\rho_s}t\right)\right]$$

代入数据得到 99%终端速度时间为

$$t = 4.32\times10^{-3}\ \text{s}$$

从图 4-4 可以看出，对球形颗粒($\varphi_s = 1$)，曲线按 Re 数值大致分为三个区域，各区域内曲线分别用各自关系式表达如下。

$10^{-4}<Re<1$ 区域为爬流区，此时球体所受黏性力占主导地位，而惯性力可忽略不计，可以推导出球形颗粒阻力系数为

$$C_D = \frac{24}{Re} \tag{4-7}$$

对应可求得流体在该区域内终端速度为

$$u_t = \frac{d^2(\rho_s-\rho)g}{18\mu} \tag{4-8}$$

$1<Re<1\ 000$ 为过渡区，阻力系数为

$$C_D = 18.5/Re^{0.6} \tag{4-9}$$

对应可求得流体在该区域内终端速度为

$$u_t = 0.27\sqrt{\frac{d(\rho_s - \rho)g}{\rho}Re^{0.6}} \tag{4-10}$$

$1\ 000 < Re < 2\times10^5$ 为湍流区，阻力系数为

$$C_D = 0.44 \tag{4-11}$$

对应可求得流体在该区域内终端速度为

$$u_t = 1.74\sqrt{\frac{d(\rho_s - \rho)g}{\rho}} \tag{4-12}$$

例 4-3 用密度 2 600 kg/m^3 的刚性小球测某液体的黏度，已知待测液体的密度为 750 kg/m^3，测得 25 ℃时小球在待测液体中沉降 15 cm 时间为 37.5 s。同一小球在 25 ℃水中沉降 20 cm 的时间为 25 s。求待测液体黏度。

解 假设小球在斯托克斯区沉降，$C_D = 24/Re$。

小球匀速运动下受力关系为

$$\frac{\pi d^3}{6}\rho g + C_D\frac{\pi d^2}{4}\frac{\rho u^2}{2} = \frac{\pi d^3}{6}\rho_s g$$

可以推导出沉降速度为

$$u_t = \frac{d^2(\rho_s - \rho)g}{18\mu}$$

代入数据可根据水中数据求解出小球直径为

$$d = 9.064\times10^{-5}\ \text{m}$$

小球在水及待测液体沉降速度之比

$$\frac{u_{t,H_2O}}{u_{t,liq}} = \frac{(\rho_s - \rho)}{(\rho_s - \rho_{liq})}\frac{\mu_{liq}}{\mu}$$

代入数据可解出待测液体黏度

$$\mu_{liq} = 2.071\times10^{-3}\ \text{Pa}\cdot\text{s}$$

验证运动区间，得

$$Re_{H_2O} = 0.81$$

$$Re_{liq} = 0.13$$

故小球均在斯托克斯区运动，假设合理。

*4.1.2 流体-流体两相流基础

部分互溶的液液两相的接触往往以物质分离为目的，所以通常以一相分散至另一相以提高两相接触面积。液-液两相体系中，较重要的物理量包括表征两相流量和两相接触状态的表观流速、离散相存留分数和离散相液滴的直径分布等。

两相的表观流速均是由各自体积流量除以流通截面积得到的，在依靠液-液两相接触而实现分离的设备中，两相总体流动率标志着设备的处理能力，而两相流量（或表观流速）

之比则影响着分离的效果和效率。

在两相相互接触时，某一相以离散的状态分布于另一连续相中，分散相在流体空间中所占的体积分数称为存留分数。一般来讲，存留分数要小于连续相体积分数，但在某些条件下，分散相存留分数大于连续相体积分数的情况也是有的。

用某一相液体的表观流速除以该液体的体积分数即得到液体的相速度，在工程中常用相速度作为液体的真实速度。

分散相以液滴的形式存在于两相体系中，液滴的大小及其分布规律影响着两相接触方式。在搅拌体系中，往往以正态分布描述液滴直径；在实际应用过程中，用液滴表面积和体积加权的液滴索特直径（符号 d_{32}，单位 m）更加受人们的重视。液滴索特直径定义式如下：

$$d_{32}=\frac{6\int d_i^2\mathrm{d}n_i}{\int d_i^3\mathrm{d}n_i} \tag{4-13}$$

其中，n_i 为单位体积内直径为 d_i 的液滴的个数，称尺寸为 d_i 的液滴的数密度。

液滴的索特直径不仅与两相密度、黏度、相间表面张力等物性参数有关，还与体系能量输入方式、能量耗散情况有关。

4.1.3　气–液两相流基础

1. 滴泡的形状及典型流型

气液两相流中基本概念与液液两相流的中基本概念相近，但由于气体密度远小于液体，另外气体有可压缩性，使得两相流中的物理量在数值上有较大差异。

如图 4–5 所示，在牛顿流体中，由于重力作用而上升或下降的液滴和气泡通常属于球形、椭球形和球帽形中的一种。通常情况下，也将一些不太规则的气泡或液滴归为这三种基本形状之一。球形液滴或气泡泛指最小纵横比大于 0.9 情况；椭球形泛指外廓有凹曲面的扁平液滴和气泡；球帽泛指前缘椭球状背面是中凹的液滴或气泡。

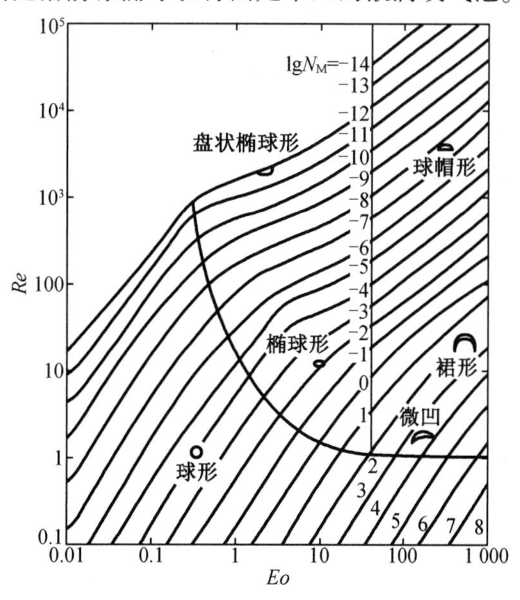

图 4–5　重力作用下液滴与气泡形态图

气泡与液滴的形状与连续液体的密度、黏度,气泡或液滴密度、黏度及表面张力等因素有关。常用的表示液滴或气泡无量纲数的参数包括:雷诺数 Re、奥托斯数 Eo 和莫顿数 Mo。

$$Re=\frac{\rho d_{e}u_{r}}{\mu} \tag{4-14}$$

$$Eo=\frac{g\Delta\rho d_{e}^{2}}{\sigma} \tag{4-15}$$

$$Mo=\frac{g\mu^{4}\Delta\rho}{\rho^{2}\sigma^{3}} \tag{4-16}$$

式中 d_e——相同体积球形的直径,m;

u_r——气泡或液滴相对于流体的速度,m/s;

$\Delta\rho$——两相密度差,kg/m^3;

ρ 和 μ——连续流体的密度与黏度;

σ——两相间的表面张力,N/m。

Grace 以雷诺数、奥托斯数和莫顿数为依据划分了液滴、气泡的形状范围。

总结图 4-5,可以将气泡和液滴形状分为以下四个部分:

- Re 很小($Re<1$),气泡呈球形,对应小气泡;
- Re 很大($Re>1\,000$),Eo 也很大($Eo>50$),气泡呈球帽形,对应于低黏度或中黏度液体中的大气泡;
- 中等 Re 和大 Eo,气泡呈裙形或微凹形,对应于高黏液体中的大气泡;
- 中等 Re 和 Eo,气泡呈椭球形和盘状,不断摆动,盘旋上升。

图 4-5 中三个无量纲数不受分散相黏度的影响,可见它对于液滴、气泡的形状及终端速度均不起重要作用。

一般来讲,球形液滴或气泡运动和受力规律与固体颗粒类似;在没有传热、传质的情况下,滴、泡内部也不会存在较强的环流。直径较大的滴、泡会发生变形而偏离球形,与此同时,还会伴随着显著的界面现象及较强的内部运动,这使得大滴、泡表现出完全不同于固体颗粒的受力、运动规律,下面就分别分析固体颗粒与气泡、液滴的运动规律。

(1)气体-液体两相流动

气液两相流中,气体所占的体积分数称为容积气含率(符号 β,单位 m^3/m^3)两相单位截面积上的平均速度称为折算速度(符号 u_j,单位 m/s);折算速度除以截面含率为某一相的真实速度,用符号 u 表示;气体与液体真实速度之比称为滑速比(符号 S,无单位),各项表达式如下:

$$\beta=\frac{V''}{V} \tag{4-17}$$

$$u_{jg}=\frac{V''}{A} \tag{4-18}$$

$$u_{g}=\frac{V''}{A''}=\alpha u_{jg} \tag{4-19}$$

$$S=\frac{u_{g}}{u_{l}} \tag{4-20}$$

垂直上升管道中，如果流道截面积不变，含气率不变，则流型沿管长不发生变化，流动形式大致分为以下几种，如图4-6和图4-7所示。

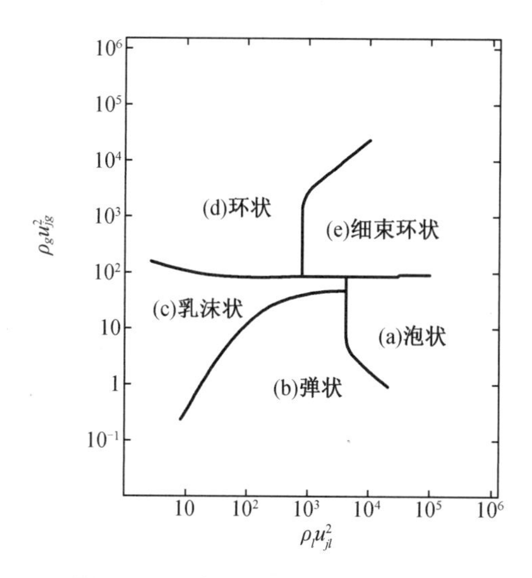

图4-6　垂直上升管中气-液两相流型

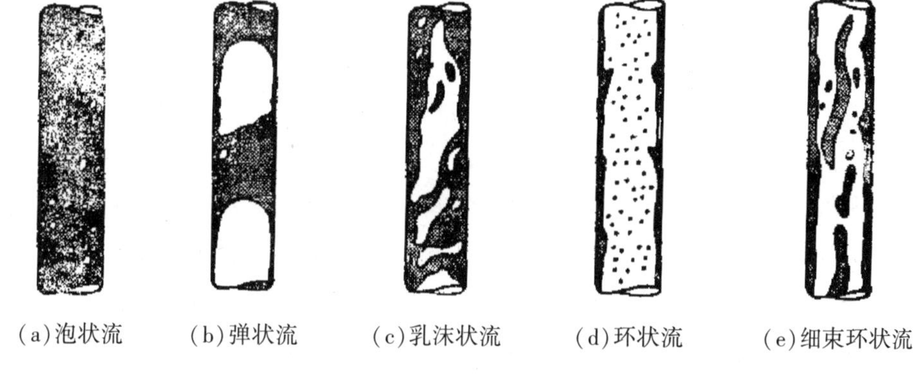

图4-7　垂直上升管道中的基本流型示意图

①泡状流流型主要特征是气相不连续，即气相以小液泡形式不连续地分布于连续的液体中。泡状流的气泡大多是圆球形的，气泡在管子中部的密度较大，在管壁附近气泡数量较少。在泡状流形成初期气泡直径较小，而在泡状流末端气泡直径可能很大，这种流型主要出现在低含气率区。

②弹状流型特征是大气泡和大块液体相间出现。气泡与壁面被液膜隔开，气泡长度变化相当大，而且在流动的大气泡尾部常出现许多小气泡。这种流型下，流体有较大的可压缩性，所以，在这种流动形势下容易出现流动的不稳定性，即流量随时间发生变化。

③当管道中气相介质流量比弹状流更大时，弹状流形式遭到破坏，形成了乳沫状流。乳沫由大气泡破裂形成，破裂后气泡形状不规则，有许多小气泡掺杂于液流中。这种流动的特征是震荡型的，液相在流道中交替上下运动，像煮沸的液体一样。一般来说，这也是一种过渡流型。在有些情况下，可能观察不到这种流型。

④当气相含量比乳沫状流还高时，乳沫状流消失，块状流被击碎，形成气相轴心，从而

产生了环状流。这种流型在两相流中所占范围最大，是一种典型的流动形式。环状流特征是液相沿管壁连续流动，中心则是连续的气体流。在液膜和气相核心之间，存在一波动的交界面。由于波动的作用造成液膜的破裂，使液滴进入气相核心中；同时气相核心内的液滴也会返回液膜中来。

⑤细束环状流型与环状流相近，只是气芯处液体足以形成连串向上的流动。

(2)液体-液体两相流动

液液两相流往往在相间传质设备中出现，因而这里介绍脉冲筛板萃取柱内两相流的流型。在脉冲筛板萃取柱内，重相(密度较大的一相)从萃取柱顶部进入底部流出，轻相从萃取柱底部进入顶部流出，两相逆流接触过程中完成萃取，脉冲的加入是为了增加两相接触强度。脉冲萃取柱的流型受两相总体流动速与脉冲强度的影响较大，在不同的两相流速和脉冲强度下可以表现为5种基本流型，如图4-8所示。

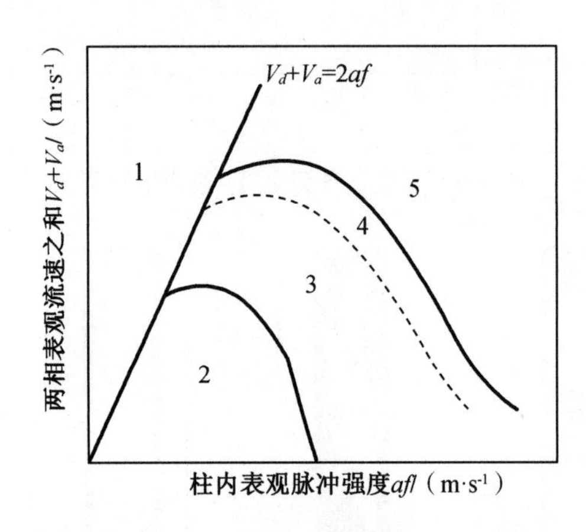

1—脉冲不足所致液泛；2—混合-澄清区；3—乳化区；4—过渡区；5—乳化液泛区。

图4-8　脉冲筛板柱的流型

①在没有或者低脉冲且两相通量之和较大时，为由于脉冲强度不足而引起的液泛。该区域内逆流接触的两相不能顺利地通过筛板，而在筛板两侧形成累积，累积的液体导致液泛。液体的累积与两相密度、两相与筛板间的表面张力有关，在非常低的表面张力下，可能不会产生此类流型。

②当脉冲强度较小且萃取柱内两相通量也较小时萃取柱会进入混合-澄清区。该区特点是轻相与重相呈分离的两相，在筛板之间的区域可以观察到稳定的相界面。两相分别在不同的脉冲阶段以液滴的形式通过另一相。在这种条件下，筛板柱内的存留分数在脉冲的不同阶段也不同。

③乳化区内是脉冲柱应用于萃取过程的典型工况。乳化区内离散相均匀地分散于连续相中，而不会在筛板附近聚集。该区域界面湍动剧烈，且具有较大的传质面积，传质效率较高，因而是脉冲筛板柱常选择的操作区。

④当脉冲能量输入过大时进入乳化液泛区。此时流体内高湍动和高剪切率导致大液滴被剪切为一系列小液滴，小液滴终端速度小于连续相表观流速，致使离散相存留分数在萃取柱内迅速增加并最终导致液泛。

⑤在乳化区乳化液泛区之间存在一过渡区间,称为过渡区。该区域内会出现大液滴被粉碎,两相边缘有时呈波浪形。该区域并不是稳定操作区间,而其与乳化区之间的界定,往往也不十分明显。

2. 液滴与气泡的运动与受力

由于液体与气体的流动性使得液滴与气泡在运动过程中会发生形变而偏离球形,由此导致液滴与气泡的运动与受力表现出不同于固体颗粒的现象;另外,滴、泡相对于连续相的运动也会导致滴泡的表面环流,并导致滴泡内流体的内循环。滴、泡的变形及内循环在小尺寸的滴、泡内并不显著,而在较大尺寸的滴、泡上表现得尤为明显,故这里将分别介绍大、中、小尺寸滴、泡的运动规律。

纯净体系下(无表面活性剂存在情况下)液滴曳力系数与液滴运动的 Re 之间的关系如图 4-9 所示,在 $Re<1$ 时,液滴基本为球形,但液滴曳力系数不同于斯托克斯定律计算的值,相应的,曳力系数数值可用哈马德-赖博钦斯基公式(H-R 公式)表示,H-R 公式形式如下所示:

$$C_D=\frac{8}{Re}\frac{3\kappa+2}{\kappa+1} \tag{4-21}$$

其中,κ 代表液滴动力黏度与连续相流体(可以是液体或气体)动力黏度之比,即

$$\kappa=\frac{\mu_d}{\mu_c} \tag{4-22}$$

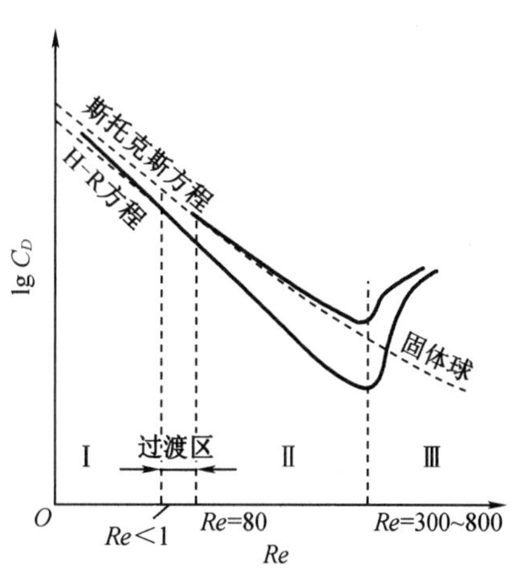

图 4-9　液滴曳力系数与雷诺数关系

当增加 Re 经过过渡区之后($Re>80$)液滴的阻力系数会逐渐减小至某一最小值,由图 4-9 可见此时液滴阻力系数要远小于相应固体球曳力系数;进一步增加 Re,会进入区域Ⅲ($Re>300$),该区域会在变形的液滴后存在较大的尾涡,进而使得阻力系数急剧增加。

值得一提的是,在存在表面活性剂的情况下,上述Ⅰ、Ⅱ区的液滴的阻力系数会急剧降低,但对Ⅲ区阻力系数的影响不大。

对于气泡来说,由于连续相(液相)的密度远大于气相,故稳定运动的气泡仅受浮力与曳力的影响。$Re<1$ 的气泡对应直径一般小于 0.01 cm,其曳力系数的表达式与液滴的相同,均遵循 H-R 公式。由于离散相(气相)的密度、动力黏度远小于连续相(液相)的密度与动力黏度,故气泡运动的曳力系数及终端速度可表述为

$$C_D=\frac{16}{Re} \tag{4-23}$$

$$u_t=-\frac{d^2\rho_c g}{12\mu_c} \tag{4-24}$$

随着气泡尺寸的增大雷诺数迅速增大,对于直径为 0.1~0.2 cm 的液滴,其雷诺数为 700~800,属于中等尺度的气泡,对于中等尺度的气泡,其形状仍类似于球形。在没有扰动的前提下,中等尺度的气泡会沿直线上升,在这种情况下曳力系数仍正比于速度的一次方,曳力系数近似表达为

$$C_D=\frac{48}{Re} \tag{4-25}$$

此时气泡上升速度的表达式为

$$u_t=-\frac{d^2\rho_c g}{36\mu_c} \tag{4-26}$$

对于直径为0.2~1.5 cm的气泡,$Re>800$,称为大气泡。大气泡不再能保持球形,具体形状不仅与Re有关,还与奥托斯数Eo有关。由于大气泡底部存在较强的尾涡,使其呈现出螺线型的运动轨迹。大气泡受力与运动情况较为复杂,不仅与体系的组成有关,还与运动的状态息息相关,在此不再细述。

颗粒、液滴及气泡的运动在流体输送、固体颗粒的流化反应、液-液萃取、固-液分离、气-固分离等过程中广泛应用,因而研究其运动与受力对于了解过程机理、实现过程强化的意义非常重大。

3. 液滴与气泡的群体平衡

前面所讲的连续性方程和运动方程,均是某一种特定量的守恒。这种守恒是广义的守恒,包含可能的产生和消失。例如连续性方程是通过流体质量守恒描述流体密度随空间坐标和时间上的分布情况;运动方程是通过流体力学平衡描述流体三方向速度分量随空间坐标和时间上的分布情况。

对于大多数化工过程,以质量和动量等平衡组成的方程组广泛适用,但对于两相流过程还涉及液滴或气泡的尺寸分布。通过前面的介绍可知,滴泡的分布关系到离散相的存留分数、两相接触面积和滴泡的最终上升速度,因而有重要的研究意义。滴泡的尺寸分布,可以通过不同尺寸滴泡的群体平衡模型来表示。

群体平衡模型表示滴泡数量在时间和空间上的守恒,在考虑了滴泡的破裂与合并之后,可以表示为

滴泡的累积速率=滴泡的产生速率-滴泡的消失速率

用滴泡数值密度$n_i(x,y,z,t)$来表示直径为d_i的滴泡在单位体积内的个数;B_i表示单位体积内直径为d_i的液滴的产生速率;D_i表示单位体积内直径为d_i的液滴的消失速率;引入数值密度函数后,滴泡群体平衡模型可以表示为

$$\frac{\partial}{\partial t}\int \mathrm{d}n_i + u_x\frac{\partial}{\partial x}\int \mathrm{d}n_i + u_y\frac{\partial}{\partial y}\int \mathrm{d}n_i + u_z\frac{\partial}{\partial z}\int \mathrm{d}n_i = \int (B_i - D_i)\,\mathrm{d}n_i \tag{4-27}$$

滴泡的群体平衡模型是一种积分-微分方程,直径仍无普遍的解析求解方法,只能借助数值求解的方法实现对其求解。

如图4-10所示,滴泡的数值密度是随着液滴直径而连续变化的函数,例如搅拌体系中液滴的数值密度通常用正态分布的方式予以描述。而离散的处理方法则是将数值密度函数考虑为一系列离散尺寸的液滴的数值密度函数,从而将该积分-微分方程转化为偏微分方程组,而方程组中方程的个数与所考虑的离散液滴的组数相同。

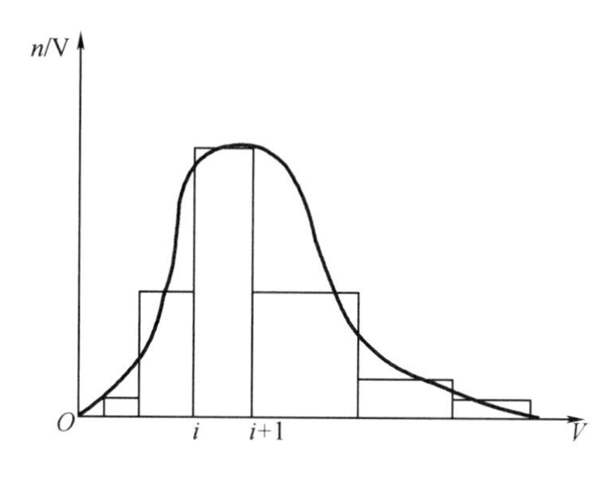

图 4-10 滴泡数密度规律及其离散化方法

群体平衡模型自提出以来,得到了普遍的关注,被应用于两相流中的各个方面。人们对其的研究集中于滴泡产生、消失速率的表达式确定上,群体平衡模型方程单独求解以及群体平衡模型与其他流体力学方程联立求解得到了广泛的应用和发展。

*4.1.4 两相流的数学描述

前面几节介绍了两相流中研究的一些基本内容,可见两相流是一种极其复杂的理论。与此同时,由于两相流的构成较为复杂,每种两相流问题又可划分为多种流型,就更增加了两相流问题研究的复杂性。正是由于两相流问题的复杂性,才使得建立普遍适用的两相流数学模型得到了人们的关注。

两相流的数值模拟受人们认识水平、求解能力和需要层次等方面的限制。随着计算机科学的迅猛发展,使得数值模拟方法广泛应用,也推动了两相流理论的迅猛发展。

本节将打破气液、流固和液液各种两相流之间的差异,而依据两相流中体积分数、两相相对速度和两相接触方式来介绍几种常用的两相流模型。

1. 均相流模型

均相流模型把两相混合物看作一种均匀介质,用这种均匀介质的物理性质作为两相混合物的物理性质,将两相流简化为单相流。这种模型适用于相间没有相对运动或相对运动速度较小,某相均匀分布于另一相的情况;同时也适用于第二相体积分数远小于第一相的情况。

两相流的均匀流模型描述的物理性质如下:

$$\rho_m = \alpha\rho_1 + (1-\alpha)\rho_2 \tag{4-28}$$

$$\mu_m = \alpha\mu_1 + (1-\alpha)\mu_2 \tag{4-29}$$

式中 α——第二相体积分数。

2. 漂移流模型

漂移流模型假设两相以某一混合速度流动时,某一相相对于另一相有一固定的速度差。习惯上将连续相或体积分数较大的相的流速作为混合物流速,而将另一相的相对速度定义为漂移速度。漂移流模型由两相各自的连续性方程与混合体系的运动方程构成,当两相间没有相对速度后,该模型就转化为均相流模型。

3. 分相流模型

分相流模型是将两相均当作连续流体分别来处理,并考虑了两相之间的相互作用。其基本假设为:

(1)两流体速度均为常数,但不一定相等。

(2)两相流体占据不同的流体空间,在相互接触的两相界面处存在相互作用。

分相流模型适用于分层流和环状流等情况,对每一相建立各自的连续性方程,对整个体系建立运动方程。这一方程与漂移流模型的不同点在于两相之间不再是互相贯穿的,而是有明显的相分界面;两相之间不再设置固定的速度差,而是通过相交界面实现相间的动量交换。

4. 两流体模型

两流体模型是最复杂的两相流模型,同时也是适用性最广的模型。这一模型分别对两相流体进行建模,分别建立两相各自的连续性方程与运动方程。对于连续相流体通常采用欧拉的描述方法;而依据分散相流体的不同处理方法,有可将该模型继续划分为欧拉-欧拉建模方法和欧拉-拉格朗日建模方法。

对于欧拉-欧拉建模方法,把两相流体均视为连续的充满整个流体区域,两相在某一区域内的体积以该区域体积乘以该相的体积分数得到,相间速度差依据两相间作用力平衡计算得到。

对于欧拉-拉格朗日建模方法,对于离散相采用拉格朗日的描述方法,跟踪每一离散相流体微团的运动,当该模型与群体平衡模型结合起来后,还可以考虑离散相微团的破碎与合并等问题。

可以看到,两流体模型在两相流建模时考察的因素最多,同时也最为复杂。正是因为模型的复杂性,所以至今仍不能普遍适用。

4.2 沉 降

由于颗粒与流体密度差的存在,在重力或离心力场作用下,含有颗粒的悬浊液中均会发生颗粒与流体的相对运动。这种相对运动与流体本身静止或流动的状态无关,只与颗粒密度、形状、尺寸以及场力的类型及大小有关。

利用上述相对运动从悬浊液(或含尘气体)中分离固体颗粒,或者从悬浊液中将不同密度、尺寸的颗粒分开,即成为沉降。

在重力场中发生的沉降即为重力沉降。本节将从沉降速度以及典型沉降设备两个角度来介绍重力沉降。

4.2.1 沉降速度

沉降速度指颗粒在流体中的终端速度,是颗粒与流体间的相对运动速度。由 4.1.1 节可知,颗粒沉降速度主要受两相密度差和颗粒尺寸影响;在其他条件相同条件下,密度差越大的颗粒沉降速度越大;在其他条件相同的情况下颗粒尺寸越大,其沉降速度也必然越大。

除以上因素外，颗粒沉降速度还与其球形度、颗粒间的相互作用有关。

不同区间（不同 Re_p）的曳力系数有不同的经验关联式，在计算沉降速度前首先要判断颗粒运动所属区间，然后在该区域内求解终端速度；当核算得出初始假定的运动区间不合理时，要及时更换曳力系数的表达式并重新试差计算。但考虑到颗粒运动的终端速度仅随颗粒尺寸单调变化，故考虑是否可以通过不包含终端速度的无量纲数来判断所处的区间。

对于斯托克斯区的运动，将其终端速度表达式（4-8），代替雷诺数中终端速度，可以得出此时雷诺数的表达式，并据此定义摩擦数群（F_n）。在斯托克斯区，$Re_p \leqslant 1$ 时，$F_n \leqslant 2.62$；即当摩擦数群 $F_n \leqslant 2.62$ 时，判断颗粒运动处于斯托克斯区，进而应用式（4-9）求解终端速度：

$$Re_t = \frac{d^3(\rho_s - \rho)\rho g}{18\mu^2} = \frac{F_n^3}{18} \tag{4-30}$$

$$F_n = d \cdot \sqrt[3]{\frac{(\rho_s - \rho)\rho g}{\mu^2}} \tag{4-31}$$

对于牛顿区的运动，将曳力系数与终端速度关系间表达式（4-6）整理后可以推导出曳力系数的表达式；将其与雷诺数二次方相乘，同样可以转化为与摩擦数群（F_n）成正比的表达式。在牛顿区，$Re_p > 1\ 000$ 时，$F_n > 69.1$；即当摩擦数群 $F_n > 69.1$ 时，判断颗粒运动处于牛顿区，进而应用式（4-12）求解终端速度。

$$C_D = \frac{4gd(\rho_s - \rho)}{3\rho u_t^2} \tag{4-32}$$

$$C_D = \frac{4d^3(\rho_s - \rho)\rho g}{3\mu^2} = \frac{4}{3}F_n^3 \tag{4-33}$$

当摩擦数群 $2.62 < F_n \leqslant 69.1$ 时，颗粒运动处于过渡区，此时可用式（4-10）计算终端速度。

例 4-4　直径 80 μm，密度 3 000 kg/m³ 的固体颗粒分别在 25 ℃的空气和水中自由沉降，试计算两种情况下各自的沉降速度。

解　25 ℃的空气（密度 1.29 kg/m³，黏度 1.84×10^{-5} Pa·s）中：

$$F_n = d \cdot \sqrt[3]{\frac{(\rho_s - \rho)\rho g}{\mu^2}} = 3.86 \tag{①}$$

处于过渡区（艾伦区），相应终端速度计算式为

$$u_t = \frac{0.154 g^{1/4} d^{1.6/1.4} (\rho_s - \rho)^{1/1.4}}{\rho^{0.4/1.4} \mu^{0.6/1.4}}$$

$$= \frac{0.154 \times 9.8^{1/1.4} (80 \times 10^{-6})^{1.6/1.4} (3\ 000 - 1.29)^{1/1.4}}{1.29^{0.4/1.4} (1.84 \times 10^{-5})^{0.6/1.4}}$$

$$= 0.495 \text{ m/s} \tag{②}$$

25 ℃的空气（密度 1 000 kg/m³，黏度 1×10^{-3} Pa·s）中：

$$F_n = d \cdot \sqrt[3]{\frac{(\rho_s-\rho)\rho g}{\mu^2}} = 2.15 \quad ③$$

处于爬流区(斯托克斯区),可以用式(4-8)来计算终端速度:

$$u_t = \frac{d^2(\rho_s-\rho)g}{18\mu}$$
$$= \frac{(80\times10^{-6})^2\times(3\,000-1\,000)\times9.8}{18\times(1\times10^{-3})}$$
$$= 6.97\times10^{-3}\ \text{m/s} \quad ④$$

4.2.2 重力沉降设备

重力场中,颗粒与流体间密度差会使二者间存在相对运动,利用这种相对运动可实现气相与颗粒间的分离,进而可以收集分散物质、净化分散介质,达到环境保护与安全生产的目的。相应的典型分离设备包括降尘室、颗粒分级器等。

1. 降尘室

降尘室是依靠重力沉降从气流中分离出固体微粒的设备。如图 4-11 所示,颗粒随气体进入降尘室后,既会随着流体向前运动,同时也会由于密度差而向下运动。当颗粒竖直方向上运动到降尘室底部的时间小于流体在降尘室的停留时间时,该颗粒将从流体中分离出来;如果沉降所需时间大于或等于气体停留时间则该颗粒会被流体带走。对于高度为 H、长度为 l 的降尘室,当颗粒运动满足式 $l/u \geq H/u_t$ 时,该颗粒可以在该降尘室中分离。

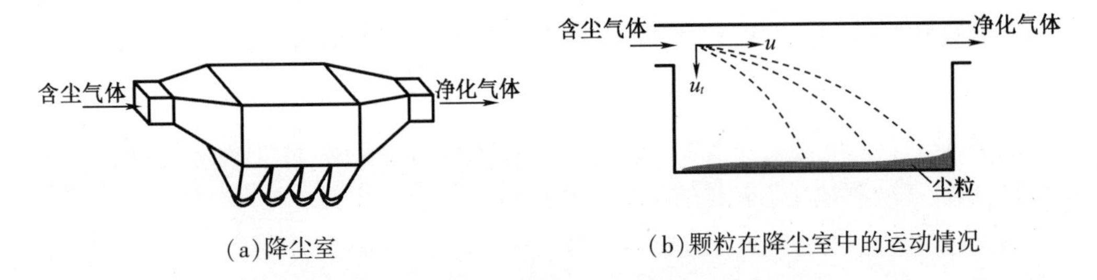

(a)降尘室　　(b)颗粒在降尘室中的运动情况

图 4-11　降尘室结构及其内部运动情况示意图

例 4-5　流量 1 m^3/s 的 20 ℃常压含尘气体在进入反应器之前需要尽可能除尽尘粒并升温至 400 ℃。已知固体颗粒密度 1 800 kg/m^3,沉降室底面积为 65 m^2。试求:

(1)先除尘后升温,理论上能完全除去的最小颗粒直径;

(2)先升温后除尘,理论上能完全除去的最小颗粒直径?

已知:20 ℃时空气密度 1.205 kg/m^3,黏度 1.81×10^{-5} Pa·s;400 ℃时空气密度 0.524 kg/m^3,黏度 3.31×10^{-5} Pa·s

解　(1)先除尘后升温,降尘室能完全去除的颗粒尺寸终端速度为

$$u_t = \frac{H}{\left(\frac{l}{u}\right)} \quad ①$$

降尘室高度可以通过体积流量计算出来：

$$q_v = u \cdot Hb \quad ②$$

联立以上两式，可得

$$u_t = \frac{q_v}{(lb)} = 0.015\ 38\ \text{m/s} \quad ③$$

假设沉降在爬流区，则

$$d_{\min,1} = \sqrt{\frac{18\mu u_t}{(\rho_s - \rho)g}} = 1.69 \times 10^{-5}\ \text{m}$$

核算雷诺数：

$$Re = \frac{d\rho u_t}{\mu} = 1.465 \times 10^{-2} < 1$$

计算合理。

(2)先升温后除尘，计算原理相同

$$u_{t2} = \frac{q_{v2}}{(lb)} = q_v \times \frac{273+400}{273} / 65 = 3.792 \times 10^{-2}\ \text{m/s}$$

$$d_{\min,2} = \sqrt{\frac{18\mu_2 u_{t2}}{(\rho_s - \rho_2)g}} = 3.483 \times 10^{-5}\ \text{m}$$

$$Re_2 = \frac{d\rho_2 u_{t2}}{\mu_2} = 2.09 \times 10^{-2} < 1$$

计算合理。

从例 4-5 可以看出，在降尘操作中较低的温度可获得较好的除尘效果；同时，也要考虑到对含尘气体加热可能对换热器有较大的污染。

2. 分级器

当颗粒运动速度与流体主体流动速度方向相反时，可以利用颗粒相对于静止坐标的绝对速度实现不同密度（或尺寸）颗粒的水力分级。当调整主体流动速度的大小时，可以调整可分离的密度（或尺寸）。

例 4-6　如图 4-12 所示双锥分级器：混合粒子从分级器上部加入，水经可调锥与壁面间环隙上升流动。沉降速度大于水在环隙流动速度的颗粒将沉降至底部；沉降速度小于水在环隙流速的颗粒则被溢流带出。利用该分级器将方铅矿和石英矿分离，已知粒子形状均为正方形。粒子的棱长为 0.08~0.7 mm；方铅矿密度 7 500 kg/m^3，石英矿密度 2 650 kg/m^3。试求：

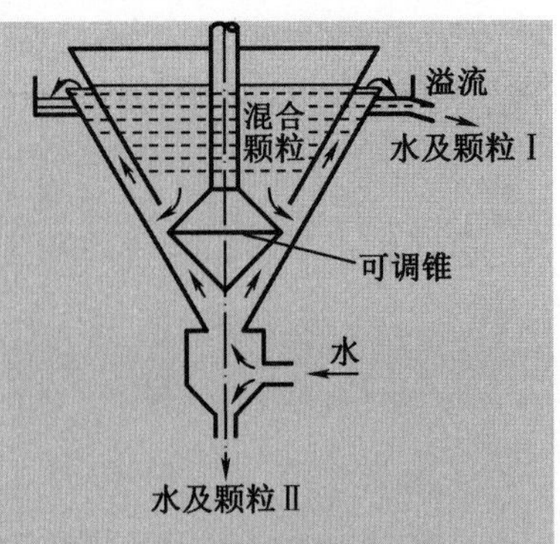

图 4-12　双锥分级器

(1)欲得纯方铅矿,水上升流速为多少?

(2)所得纯方铅矿尺寸范围?

解　欲得到纯方铅矿,要使石英离子全部被溢流带出,即需要水流速大于最大石英矿离子沉降速度。

对于正方体颗粒,需要根据其体积求出当量直径:

$$d_e = \sqrt[3]{\frac{6}{\pi}V} = \sqrt[3]{\frac{6}{\pi}l^3} = 8.685\times10^{-4}\ \text{m}$$

颗粒的球形度可通过其定义式求解得出:

$$\varphi_s = \frac{S}{S_p} = \frac{\pi d_e^2}{6l^2} = 0.806$$

此时摩擦数群:

$$F_n = d_e \cdot \sqrt[3]{\frac{(\rho_s-\rho)\rho g}{\mu^2}} = 22.0$$

颗粒运动处于艾伦区。

假设流速为 0.08 m/s,

求得

$$Re_p = \frac{d_e\rho u_t}{\mu} = 35$$

查图得 $C_D=3$。带入终端速度表达式求得

$$u_{t2} = \sqrt{\frac{4gd(\rho_s-\rho)}{3C_D\rho}} = 0.079\ \text{m/s}$$

利用新求得终端速度重新代入,得

$$Re_{p2} = \frac{d_e\rho u_t}{\mu} = 68$$

故上升流速应大于等于 0.079 m/s。

(2)方铅矿中沉降速度小于 0.079 m/s 的方铅矿颗粒将随溢流流出,此时方铅矿对应的当量直径为

$$d_2 = \left(\frac{u_t \cdot \rho^{0.4/1.4}\mu^{0.6/1.4}}{0.154g^{1/4} \cdot (\rho_s-\rho)^{1/1.4}}\right)^{\frac{1}{1.6/1.4}} = 5.9\times10^{-4}\ \text{m}$$

此时对应正方体棱长:

$$l = \frac{d_2}{\sqrt[3]{\frac{6}{\pi}}} = 4.76\times10^{-4}\ \text{m}$$

故能分离出边长范围为 0.476~0.7 mm。

4.2.3 离心沉降设备

重力场中,颗粒沉降速度有限,故考虑采用离心力来强化颗粒与流体的分离。更大的场力使得有限空间内分离出更细小尺寸的颗粒成为可能。离心沉降既可用于气固两相也可用于液固体系的分离,典型设备包括旋风分离器和旋液分离器等,本章重点介绍用于气相中微粒分离的旋风分离器的基本原理。

图4-13为标准旋风分离器基本结构及其内部气体流动路径。旋风分离器主体上部为圆筒形,其进气管位于圆筒的外侧靠上位置。旋风分离器下部为直径不断缩小的圆锥形,在锥口处需要设置排灰口。含尘气体从进气管进入旋风分离器后,受惯性以及壁面阻挡作用下沿着旋风分离器外侧流动,被净化后从位于旋风分离器上部的排气口排出。

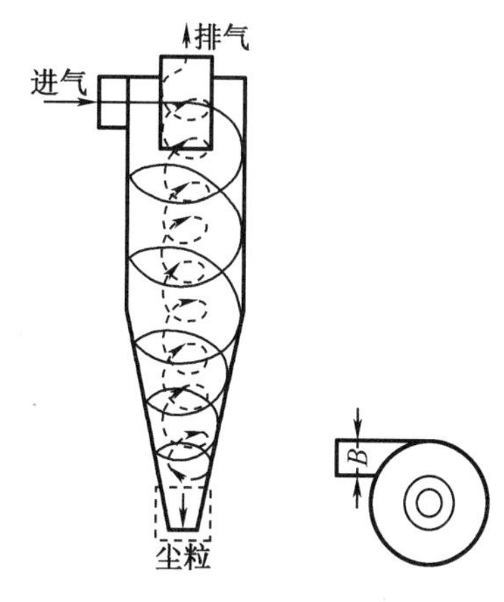

图4-13 旋风分离器及其俯视图

颗粒在旋风分离器内的离心沉降的分离过程可简化为以下模型:气固混合物进旋风分离器后,按照螺旋形的路线等速旋转,其中气相切向速度始终等于进口速度;颗粒沉降距离为进气管宽度(俯视图中的B),颗粒接触到壁面后,与壁面发生碰撞并滑落至出灰口;颗粒与流体间的运动处于爬流区,与主体空气的运动状态无关。

将气流在旋风分离器内有效运动圈数记为N_e,则可根据气体流动计算出颗粒在旋风分离器内的停留时间θ。

$$\theta=\frac{2\pi R_m N_e}{u_b} \tag{4-34}$$

式中 R_m——旋风分离器圆筒半径长度,m;

N_e——空气有效运动圈数;

u_b——气体进入旋风分离器时的流速,m/s。

颗粒穿过宽度为B(单位m)的流体时,颗粒沉降所需要的时间可以通过颗粒沉降的终端速度u_t计算得出,而离心力场中,加速度等于气体进口速度平方除以旋转半径R_m(即进口两侧半径位置长度的平均值,单位m)。相应的直径为d的球形颗粒分离所需时间(θ_t,单位s)计算方法为

$$\theta_t=\frac{B}{u_t}=\frac{B}{\left(\frac{d^2\rho_s}{18\mu}\cdot a_r\right)}=\frac{B}{\left(\frac{d^2\rho_s}{18\mu}\cdot\frac{u_b^2}{R_m}\right)} \tag{4-35}$$

若某颗粒沉降所需时间恰好等于停留时间θ,该颗粒就是理论上能被完全分离下来的最小颗粒,其直径称为临界直径(d_c,单位m)。

将式(4-34)和式(4-35)联立得

$$d_c=\sqrt{\frac{9\mu B}{\pi N_e\rho_s u_b}} \tag{4-36}$$

标准旋风分离器 N_e 值为 5。由式(4-36)可发现,临界直径与旋风分离器宽度 B 成正向比例关系,而与旋风分离器圆筒本身直径无关,故在相同处理量情况下,采用若干小型旋风分离器并联处理效果要优于单台 B 值较大的旋风分离器。工程中旋风分离器各结构长度之间满足固定的比例关系,即 B 确定情况下,R_m 值也会随之确定。

由于粒子形状不规则,颗粒直径并不是决定其能否被完全分离的唯一因素。因而会出现颗粒直径大于临界直径却不能 100%分离;直径小于临界直径的颗粒仍有部分可以被分离出去的问题。因而提出旋风分离器分离效率的概念。

旋风分离器的分离效率采用质量百分比为单位,有两种表示方法,一是总效率,用符号 η_0 表示;一是分级效率,又称粒级效率,用符号 η_p 表示。总效率是指被分离出的颗粒占进入旋风分离器全部颗粒的质量百分比,即

$$\eta_0=\frac{C_1-C_2}{C_1} \tag{4-37}$$

式中 C_1——进入旋风分离器含尘浓度,g/m^3;

C_2——离开旋风分离器含尘浓度,g/m^3。

总效率是工程中最常用的,也是最容易测量的分离效率。但仅使用该表示方法的缺点在于不能表明不同尺寸粒子的粒级效率的差异。含尘气流中颗粒大小是不均匀的,颗粒群中颗粒尺寸往往会满足一定的分布规律,为了方便表示,可以人为地把气流中所含尺寸范围分成若干段。通过旋风分离器后各种尺寸段内颗粒被分离下来的百分率并不相同,每种离子被分离下来的质量占该尺寸段内所有颗粒总质量百分比,即为粒级效率。

$$\eta_{pi}=\frac{C_{1i}-C_{2i}}{C_{1i}} \tag{4-38}$$

式中 C_{1i}——进入旋风分离器第 i 小段范围内颗粒浓度,g/m^3;

C_{2i}——离开旋风分离器第 i 小段范围内颗粒浓度,g/m^3。

总分离效率可通过分段质量百分比对粒级效率加权求和得出,即

$$\eta_0=\sum_{i=1}^{n}x_i\eta_{pi} \tag{4-39}$$

式中 x_i——粒径在第 i 小段范围内颗粒占全部颗粒的质量分率。

颗粒群中,同一分段内颗粒尺寸并不均匀,在球形度上也会存在较大差异,因而在终端速度上会出现较大差异。这种差异会导致离心分离器对于小于临界直径的颗粒仍有一定的分离效果;而直径大于临界直径的颗粒粒级效率也并非全为 100%。粒级效率与颗粒尺寸的关系曲线称为粒级效率曲线,这种曲线可通过实验测定得出。有时也把旋风分离器粒级效率表示为 d/d_{50} 的函数曲线。d_{50} 是粒级效率恰好为 50%的颗粒直径,称为分割粒径。对于标准旋风分离器,其分割粒径可通过下式估算:

$$d_{50}\approx 0.27\sqrt{\frac{\mu D}{u_i(\rho_s-\rho)}} \tag{4-40}$$

4.3　过　　滤

过滤是在外力作用下,使悬浮液中的液体通过多孔介质的孔道,而固体被截留在介质上,从而实现固、液分离的操作。其中多孔介质称为过滤介质,所处理的悬浮液称为滤浆(或料浆),滤浆中被固体介质截留的固体颗粒称为滤渣或滤饼,滤浆中通过滤饼及过滤介质的液体称为滤液。

实现过滤操作的外力可以是重力、压力差或惯性离心力。在化工中应用最多的是以压力差为推动力的过滤。

过滤是分离悬浮液最普遍有效的单元操作之一,通过过滤操作可以得到清洁的液体或固相产品。与沉降相比,过滤可使悬浮液分离更迅速、更彻底。在某些场合,过滤是沉降的后续操作。

4.3.1　过滤过程基础

工业上的过滤分为饼层过滤和深床过滤。

饼层过滤(图4-14)时真正起到截留颗粒作用的是滤饼层而非过滤介质。饼层过滤过程中,悬浮液在流经过滤介质过程中出现“架桥现象”,使包括小于孔道尺寸的细小颗粒也被截留形成滤饼,如图4-15所示。饼层过滤初始阶段得到的悬浊液,可待滤饼形成后返回料浆槽重新处理;随着过滤进程的进行,饼层的厚度会随滤液的处理量增加而增加。饼层过滤适用于处理固体含量高(固相体积分数大于1%)的悬浮液。

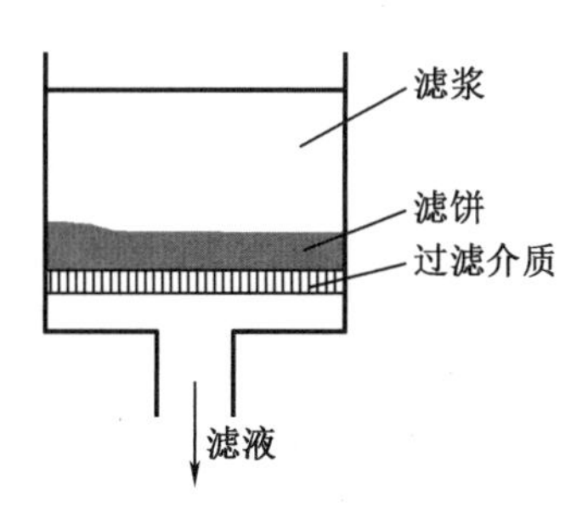

图4-14　饼层过滤基本原理

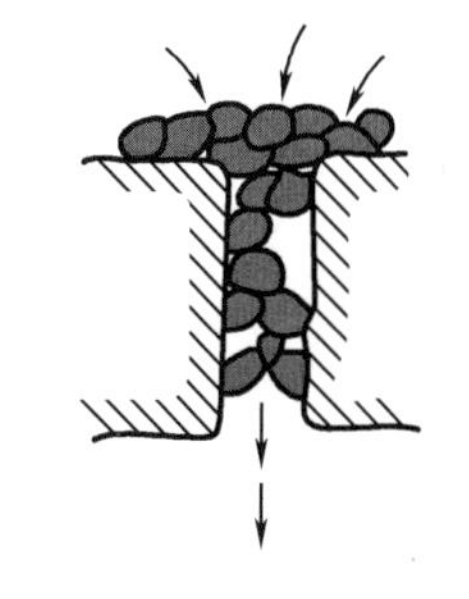

图4-15　过滤介质上的架桥现象

深床过滤时,过滤介质是很厚的床层,床层孔道直径大于颗粒尺寸,悬浮液中固体颗粒沉积于过滤介质床层内部,而非形成滤饼。深床过滤只适用于固体颗粒极少(体积分数在0.001以下)的悬浮液。膜分离之前的砂滤利用的就是这一原理。

膜分离过程中在废水处理、海水淡化等领域应用广泛,其中微滤和超滤都是利用膜的选择透过性进行两相分离的。在膜两侧压力差作用下溶剂、无机离子小分子可以通过上述两类膜,而截留微粒和大分子。一般来讲,微滤可截留0.5~50 μm颗粒,而超滤可截留0.05~10 μm的颗粒。

化工过程中所处理的悬浮液固相体积百分比往往较高,因而本节仅考虑饼层过滤。

饼层过滤中,过滤介质有支撑滤饼的作用,对其基本要求是足够的机械强度和尽可能小的流动阻力,同时还要有必要的化学稳定性。

饼层过滤中,滤饼厚度会逐渐增加,因此对滤液的流动阻力也逐渐增加。滤饼的可压缩性会对流动阻力的变化趋势造成影响。滤饼的可压缩性往往是由颗粒的特性决定的。不易变形的坚硬固体(如硅藻土、碳酸钙等)属于不可压缩滤饼,颗粒形状、间隙不会随滤饼两侧压力差变化而发生明显变化;而胶体物质往往属于可压缩滤饼,颗粒形状、间隙会在滤饼两侧压力差变化时发生明显变化。

对于可压缩滤饼,往往需要加入助滤剂来改变滤饼结构,从而降低过滤所需要的阻力。助滤剂通常在只以获得清洁滤液为目的时才进行使用,选助滤剂需要兼顾化学稳定性和有助于形成刚性颗粒两方面的要求。

过滤基本模型可以理解为浆液经过多孔的饼层实现颗粒与滤液分离的过程。在这一过程中,滤饼的厚度会逐渐增加。在恒定压差作用下,处理浆液的速率会逐渐降低;若要维持恒定的生产速率,则需要逐渐增加滤饼两侧的压力差。

多孔的饼层由大量颗粒堆积而成,在堆积的颗粒之间会有足够的孔隙允许滤液流过。滤液流过的速率既受饼层本身的特性影响,同时还与饼层两侧压差的大小有关,滤液流过饼层时有下述三个特点:

①滤液通道细小而曲折,呈不规则网状结构;

②随过滤进行,滤饼厚度不断增加,因而相应流动属非定常流动;

③细小的孔隙内流速较低,滤液的流动大多处于层流状态。

考虑到以上三个特点,将流体流经饼层过程简化为流体流经与此时饼层相同高度的平行细管的模型。细管的当量直径(d_{eb})可由床层的孔隙率(ε)和颗粒表面积(a)计算得出。

例 4-7 流体流经由颗粒堆积成的固定床时可等效为流经一系列当量直径为 d_e 的平行管道。试计算同时满足平行细管容积等于滤饼层体积与孔隙率的乘积,平行细管的表面积等于颗粒群内的表面积时,平行细管的当量直径(d_{eb})与颗粒群孔隙率(ε)以及颗粒群比表面积(a)之间的关系。

解 颗粒比表面积 a 与床层比表面积 a_b 之间关系为

$$a_b=a(1-\varepsilon)$$

床层比表面积可由等效圆管面积除以床层体积得出

$$a_b=\frac{n\cdot \pi d_e l}{V}$$

床层孔隙率可由等效圆管体积除以床层体积得出

$$\varepsilon=\frac{n\cdot \pi d_e^2 l}{V}$$

将三者联立,消去床层体积、管数以及床层厚度时,可得出

$$d_{eb}=\frac{4\varepsilon}{(1-\varepsilon)a}$$

$$d_{eb}=\frac{4\varepsilon}{(1-\varepsilon)a}$$

对于毛细管内滞留流动，满足泊肃叶方程（Poiseuile law），即

$$u_i \propto \frac{d_e^2 \Delta p_c}{\mu L}$$

式中　u_i——流体在管束中的流速，与滤液表观流速间存在 $u=u_i \cdot \varepsilon$ 关系。

经过实验总结，可得出康采尼公式来表述：

$$u=\frac{\varepsilon^3}{5a^2(1-\varepsilon)^2}\frac{\Delta p_c}{\mu L} \tag{4-41}$$

对于非定常的过滤过程，其过程速率常以单位时间获得的滤液体积来进行描述。通常将单位时间内获得滤液体积称为过滤速率，单位为 m^3/s。而单位过滤面积上的过滤速率称为过滤速度，单位为 $m^3/(m^2 \cdot s)$。对于任一瞬时，过滤速度可写成式（4-42），而过滤速率可写成式（4-43）。

$$u=\frac{dV}{Ad\theta}=\frac{\varepsilon^3}{5a^2(1-\varepsilon)^2}\left(\frac{\Delta p_c}{\mu L}\right) \tag{4-42}$$

$$\frac{dV}{d\theta}=\frac{\varepsilon^3}{5a^2(1-\varepsilon)^2}\left(\frac{A \cdot \Delta p_c}{\mu L}\right) \tag{4-43}$$

上述表达式中反映床层特性的参数群的数值随物料种类变化，将其倒数定义为滤饼的比阻，单位为 $1/m^2$，以符号 r 表示。从比阻的表达式可以看出，床层孔隙率越小，比表面积越大，床层的比阻越大，也说明滤饼对滤液的阻滞作用越明显。

$$r=\frac{5a^2(1-\varepsilon)^2}{\varepsilon^3} \tag{4-44}$$

将滤饼比阻与滤饼的瞬时厚度 L 乘积，称为滤饼阻力，单位为 1/m，以符号 R 表示。此时过滤速度与过滤速率可以写成式（4-45）和式（4-46）。

$$u=\frac{dV}{Ad\theta}=\frac{\Delta p_c}{\mu R} \tag{4-45}$$

$$\frac{dV}{d\theta}=\frac{A \cdot \Delta p_c}{\mu R} \tag{4-46}$$

饼层过滤初期，滤饼尚在形成阶段，此时介质的阻力不能忽略。过滤介质的阻力与其材料、厚度等因素有关，并在发生架桥现象后该阻力数值不再发生变化。仿照滤饼中过滤速率和过滤速度，可以写出穿过过滤介质速率和速度关联式式（4-47），相应的定义介质两侧的压力差 Δp_m 和过滤介质阻力 R_m。

$$u=\frac{dV}{Ad\theta}=\frac{\Delta p_m}{\mu R_m} \tag{4-47}$$

对于实际过滤过程，滤饼与过滤介质面积相同，通过它们滤液的速度也相同。由于很难划定介质与滤饼之间的分界面，更难预测分界面处的压力，所以过滤计算中总是把过滤介质和滤饼联合起来考虑：

$$u=\frac{dV}{Ad\theta}=\frac{\Delta p_c+\Delta p_m}{\mu(R+R_m)}=\frac{\Delta p}{\mu(R+R_m)}=\frac{\Delta p}{\mu r(L+L_e)} \tag{4-48}$$

在式（4-48）中，L_e 为过滤介质当量厚度，单位为 m。同一种过滤介质在一定操作条件

下,L_e 为定值,但同一介质在不同的过滤操作中,L_e 值却可能随浆液特性、过滤速率等因素而发生变化。

若每获得 1 m^3 滤液所形成的滤饼体积为 v m^3,滤饼厚度 L 与滤液体积 V 间的关系为

$$LA=vV \tag{4-49}$$

式(4-49)中 A 为过滤的截面积,单位为 m^2,v 为滤饼体积与相应的滤液体积之比,单位为 m^3(滤饼)/m^3(滤液)。对于过滤介质,按相似的原理定义虚拟滤液体积 V_e,有

$$L_eA=vV_e \tag{4-50}$$

将式(4-48)与式(4-49)、式(4-50)联立可得含过滤介质、滤饼的过滤速率为

$$\frac{dV}{d\theta}=\frac{A^2\cdot\Delta p}{\mu rv(V+V_e)} \tag{4-51}$$

式(4-51)即为过滤速率的一般关系式,他可以直接适用于不可压缩滤饼的过滤过程。而对于可压缩滤饼,通常可以采用与压差有关的指数表达式来进行描述,相应关联式为

$$r=r'(\Delta p)^s \tag{4-52}$$

式中,s 为滤饼压缩性指数,无量纲。其数值为 0~1。对不可压缩滤饼,$s=0$。典型物料的压缩指数如表 4-1 所示。

表 4-1　典型物料的压缩指数

物料	硅藻土	碳酸钙	钛白(絮凝)	高岭土	滑石	黏土	硫酸锌	氢氧化铝
S	0.01	0.19	0.27	0.33	0.51	0.56	0.69	0.9

将式(4-52)代入式(4-51),可得到过滤基本方程:

$$\frac{dV}{d\theta}=\frac{A^2\Delta p^{1-s}}{\mu r'v(V+V_e)} \tag{4-53}$$

式(4-53)从形式上看是常微分方程,需要积分才可得出过滤时间与滤液体积间的关系。过滤操作通常有两种操作方式:恒压过滤和恒速过滤。为防止压差过高,常采用先恒速后恒压的方式,当压差升到一定数值后,再采用恒压操作。当然,工业上也有不属于恒压或恒速的过滤操作,如用离心泵向压缩机送浆即属此例。

对于恒压过滤过程,式(4-53)中右侧仅($V+V_e$)为变量,其余因素均为定值,将其作为一个整体 K,即

$$\frac{dV}{d\theta}=\frac{KA^2}{2(V+V_e)} \tag{4-54}$$

式中　$K=\dfrac{2\Delta p^{1-s}}{\mu r'v}$——过滤常数,$m^2/s$。

式(4-54)的积分可以在两段时间内分别进行。一段是过滤开始至通过滤液量等于虚拟料液体积的时间,将其以 θ_e 表示。θ_e 被命名为虚拟过滤时间,单位为 s。在经过虚拟过滤时间以后,过滤介质上搭桥现象完成,也标志着饼层过滤的开始。因而引入描述搭桥过程的 V_e、θ_e 以后,整个过滤过程被人为划分为两段。相应的数学表达式也对两段过程分别进行,结果如表 4-2 所示。

表 4-2　分段计算过滤过程表达式

过滤阶段	过滤时间	滤液体积	数学表达式
虚拟过滤(架桥)	$0 \to \theta_e$	$0 \to V_e$	$V_e^2 = KA^2\theta_e$
过滤	$\theta_e \to \theta+\theta_e$	$V_e \to V_e+V$	$(V+V_e)^2 = KA^2(\theta+\theta_e)$

值得注意的是,V_e、θ_e 无法在实验中直接测量得出,实验过程直接测量的仅为滤液体积 V 以及过滤时间 θ。但在实际过程中 V_e、θ_e 在过滤过程中是真实存在的,是可以对实验数据的处理过程中拟合得到的。当过滤介质阻力相对于滤饼阻力可忽略时,可以认为:$V_e=0$,$\theta_e=0$。

例 4-8　在 9.81×10^3 Pa 的恒压差下过滤。悬浮液中固相为 0.1 mm 的球形颗粒,固相体积分率为 0.1,过滤时滤饼孔隙率为 60%。已知水黏度 1.0×10^{-3} Pa·s,过滤介质阻力可忽略。试求:

(1)每平方米过滤面积上获得 1.5 m^3 滤液所需要的时间;

(2)过滤时间延长一倍,每平方米获得滤液多少?

解　(1)恒压过滤常数的计算

根据已知条件,球形颗粒比表面积

$$a=6/d=6\times10^4\ m^2/m^3$$

已知 $\varepsilon=0.6$,则

$$r=\frac{5a^2(1-\varepsilon)^2}{\varepsilon^3}=1.333\times10^{10}\ L/m^2$$

恒压过滤常数:

$$K=\frac{2\Delta p^{1-s}}{\mu r' v}=4.42\times10^{-3}\ m^2/s$$

将恒压过滤方程积分,得

$$\frac{d(V+V_e)/A}{d\theta}=\frac{K}{2(V+V_e)/A}$$

所以

$$\theta=\frac{\left[\dfrac{V+V_e}{A}\right]^2}{K}=509\ s$$

(2)过滤时间加倍条件下

$$\theta'=2\theta=1\ 018\ s$$

代入积分后表达式:

$$(V'-V_e)/A=\sqrt{K\theta'}=2.12\ m^3/m^2$$

时间加倍后每平方米获得滤液量为 2.12 m^3。

例 4-9 在 0.04 m^2 过滤面积上以 1×10^{-4} m^3/s 的速率进行恒速过滤实验。测得 100 s 时，过滤压力差为 3×10^4 Pa；过滤 600 s 时，过滤压力差为 9×10^4 Pa。滤饼不可压缩。今用滤框尺寸 635 mm×635 mm×60 mm 的板框压滤机处理同一料浆，所用滤布与实验时相同。过滤开始时采用恒速过滤，直至压差增至 6×10^4 Pa 时改为恒压操作。每获得 1 m^3 滤液生成滤饼的体积为 0.02 m^3。求充满滤饼所需要的时间。

解 第一阶段为恒速过滤，$dV/d\theta$ 为常数，将该式变形并求解可得

$$\frac{d(V/A)}{d\theta}=\frac{\Delta p}{\mu r'v(V+V_e)/A}=C$$

积分该式得 V/A 以及 Δp 与 θ 关系：

$$V/A=C\theta$$

$$\Delta p=\mu rvC^2\theta+\mu rvCV_e/A=a\theta+b$$

将实验结果带入，可得代数方程组

$$3\times10^4=100a+b$$

$$9\times10^4=600a+b$$

可解出

$$\Delta p=120\theta+1.8\times10^4$$

恒速过滤终了时压力差 $\Delta p_R=6\times10^4$ Pa，故恒速过滤时间为

$$\theta_R=\frac{\Delta p_R-b}{a}=350\ \text{s}$$

恒速过滤阶段过滤速度与实验相同：

$$C=\frac{V}{A\theta}=2.5\times10^{-3}\ \text{m/s}$$

$$\frac{V}{A}=C\theta=0.875\ \text{m}^3/\text{m}^2$$

根据 a、b 表达式，可求解出压力差 6×10^4 Pa 时，

$$K=6.250\times10^{-3}\ \text{m}^2/\text{s}$$

$$\frac{V_e}{A}=0.375\ \text{m}^3/\text{m}^2$$

恒压差过滤时，

$$[V^2-(CA\theta_1)^2]/A^2+2\frac{V_e}{A}\frac{V-CA\theta_1}{A}=K(\theta-\theta_R)$$

代入数值后求得过滤总时间为 662.5 s。

4.3.2 过滤设备及其产能

根据处理浆液的特性以及产能需求不同，目前已经开发出多种过滤机。按照操作方式的差异，可将过滤设备分为间歇式和连续式两类；按照推动力方式可以分为压滤、吸滤和离

心过滤三类。这里分别以工程中常用的板框压滤机这种间歇式设备以及转筒真空过滤机这种连续生产设备来分别介绍各自的结构、操作原理以及生产能力。

1. 板框压滤机

板框压滤机在工业生产中应用最早,至今仍广泛使用。板框压滤机由过滤板、滤框和洗涤板组合在一起形成基本单元,再将多个这样的单元组合在一起,其基本结构如图 4-16 所示。板和框的角端开有圆孔,在其组合后分别形成供滤浆、洗水流动的通道。框与滤布围成容纳滤浆以及滤饼的空间,每个框的内部均有与滤浆通道相连的开孔,以保证滤浆顺利流入压滤机并在滤布的阻挡作用下实现滤饼与滤液的分离。过滤板与洗涤板分别安装在框的两边,过滤时均有收集滤液的作用;二者区别在于洗涤板上有洗水的进口,而过滤板上没有。

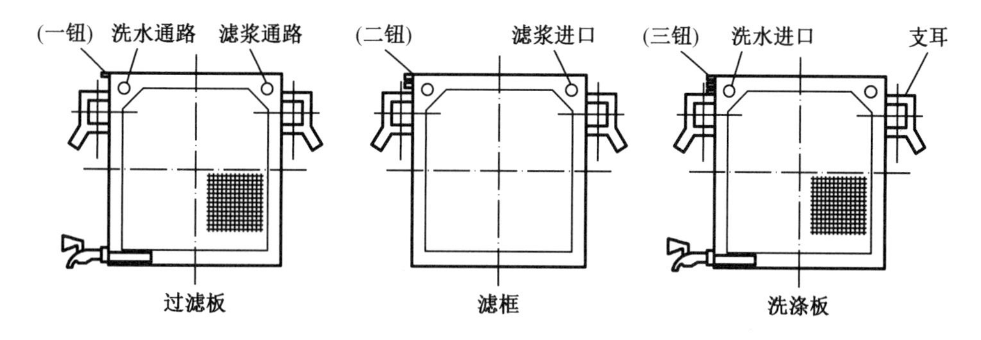

图 4-16 过滤板框的基本组成

板框压滤机属于间歇过滤设备,完整的生产周期包括过滤、洗涤和卸料三个步骤。

过滤过程和洗涤过程均在不打开压滤机条件下完成。过滤过程中,浆液经框上的进口进入压滤机,滤液分别汇聚于过滤板和洗涤板,相应的流体流动路径如图 4-17(a)所示;待滤饼充满滤框后,过滤过程结束。滤饼是否充满可以通过获得滤液的体积大小来进行判断。

若滤饼需要洗涤,则在过滤过程停止后停止滤浆进料,而打开洗水通路。此时洗水会从洗涤板流入压滤机,经过框后进入过滤板汇集后排出。洗涤时以洗涤板、滤框和过滤板之间形成相对独立的通路,一系列通路之间以并联的方式连接在一起,如图 4-17(b)所示。

洗涤目的包括回收滞留在颗粒缝隙间的滤液,以及净化构成滤饼的颗粒两个。通过对过滤过程以及洗涤过程的比较不难发现,洗涤时洗水横穿整个滤饼,流动路径为过滤终了时滤浆流动路径的两倍;洗水横穿两层滤布,而不是像过滤时滤浆可分别从滤框两侧的滤布穿过,因而洗涤时面积仅为过滤面积的一半,因而洗水通过速率仅为过滤终了时滤液产生速率的四分之一,即

$$\left(\frac{\mathrm{d}V}{\mathrm{d}\theta}\right)_W=\frac{1}{4}\cdot\left(\frac{\mathrm{d}V}{\mathrm{d}\theta}\right)_E \tag{4-55}$$

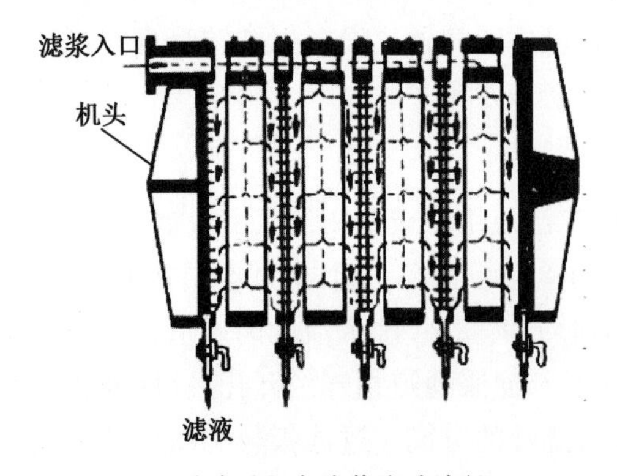

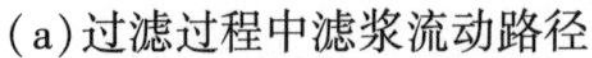

(a)过滤过程中滤浆流动路径

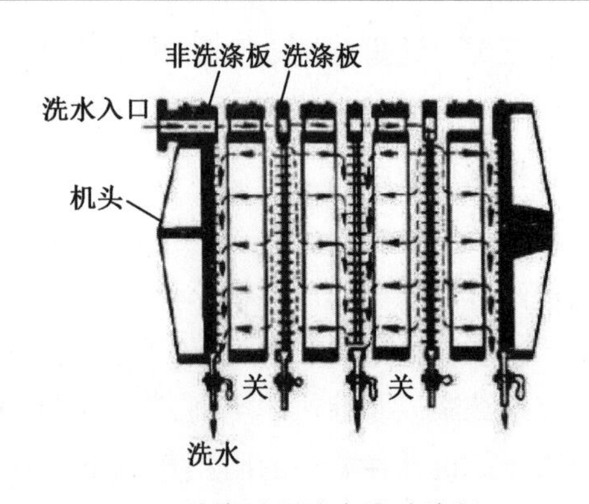

(b)洗涤过程洗水流动路径

图 4-17 板框压力机内流动路径示意图

洗涤结束之后,打开压滤机压紧装置,依次卸出滤饼,清洗滤布,并重新组装压滤机以进入下一个操作循环。

板框压滤机结构简单、制造方便、占地面积小而过滤面积大,同时还有操作压力高、适应能力强的优点,故其应用较为广泛。它的主要缺点是间歇操作、生产效率低、滤布损耗较快。

间歇过滤机的生产能力是在一个完整的循环周期内衡算得出的,而整个循环周期包括过滤、洗涤、卸料、清理以及装合等操作。因而生产能力的计算方式为

$$T=\theta+\theta_w+\theta_D \tag{4-56}$$

式中 T——一个操作循环的时间,即操作周期,s;

θ——一个操作循环的过滤时间,s;

θ_w——一个操作循环的洗涤时间,s;

θ_D——一个操作循环的卸渣、清理以及装合时间,s。

板框压力机生产能力为

$$Q_v=\frac{3\ 600V}{T}=\frac{3\ 600V}{\theta+\theta_w+\theta_D} \tag{4-57}$$

式中 V——一个操作循环所获得的滤液体积,m^3;

Q_v——生产能力,m^3/h。

2. 转筒真空过滤机

转筒真空过滤机是一种工业上应用较广的连续操作的过滤设备。设备的主体是一个能转动的水平圆筒,筒侧面装有一层金属网,滤布覆盖在金属网上。筒的下部浸没在滤浆中,如图 4-18 所示。筒的内部分为若干互不联通的栅格,每个格栅都有孔道联通至分配头上。凭借分配头的作用,这些孔道依次与真空管以及压缩空气管相连,从而在圆筒回转一周的过程中,每个扇形表面都可顺序地进行过滤、洗涤、吸干、吹送、卸饼等操作。

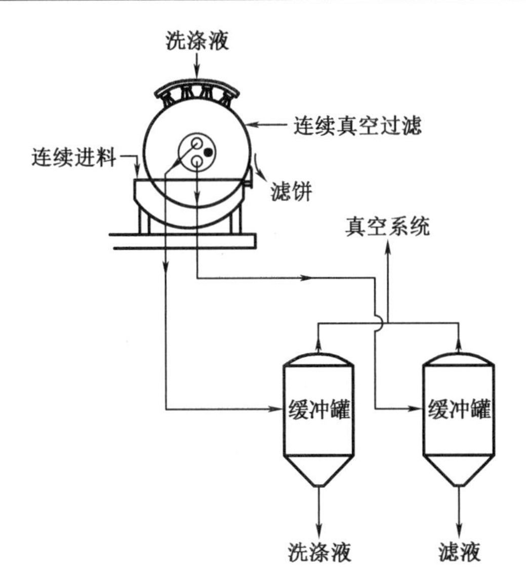

图4-18　转筒真空过滤机工作原理示意图

转筒过滤机浸没部分面积一般占转筒面积的30%~40%，转筒转速一般在0.1~3 r/min，所得滤饼中液体含量一般为10%~30%。

转筒真空过滤机能连续自动操作，节省人力，生产能力大，对处理量大、容易过滤的料浆特别适宜，对于难于过滤的胶体物质或细微颗粒的悬浮液，可采用预涂助滤剂的措施来强化过滤效果。

转筒真空过滤机缺点在于附属设备较多，过滤面积不大。此外由于其采用真空过滤，因而过滤推动力有限，尤其不能过滤温度较高的滤浆，滤饼的洗涤也不充分。

转筒真空过滤机滤饼洗涤过程中，滤饼厚度不再发生变化，因而在恒定压力差作用下洗涤过程速率恒定。但洗涤过程压力差不一定等于过滤过程的压力差，洗水黏度与浆液黏度也不尽相同，因而洗水通过速度与过滤终了时速度不一定相等。

转筒真空过滤机的生产能力也是以一个完整的操作周期为基准的，其耗时等于转筒旋转一周所用的时间 T。若转筒转速为 n（单位为 r/min），则周期为 $T=60/n$（单位为 s）。在一个转动周期内，转筒中的任何一块表面都只有一部分时间进行过滤操作。将浸没部分表面积与整个转筒侧面积的商称为浸没度，以符号 ψ 表示，即

$$\psi=\frac{\text{浸没角度}}{360°}$$

在一个转动周期内，任意表面参与过滤的时间均为 $\theta=\psi T=\frac{60\psi}{n}$，因而在操作周期 T 时间内，参与过滤的面积为 A 的转筒真空过滤机，其生产能力与过滤面积为 A、操作周期为 T、过滤时间为 θ 的间歇过滤设备等效。因而完全可以依照等效的结果来进行其单周期内生产能力的计算。而转筒真空过滤机的整体产能则由单周期内产能乘以单位时间转数计算得出。

例 4-10 用转筒真空过滤机过滤悬浮液,料浆处理量为 40 m^3/h。已知,1 m^3 滤液可得滤饼 0.04 m^3,要求转筒浸没度为 0.35,过滤表面上滤饼厚度不低于 7 mm。现测得过滤常数 $K=8\times10^{-4}\ m^2/s$,$q_e=0.01\ m^3/m^2$。试求过滤机的过滤面积 A 和转筒转速 n。

解 以 1 min 为基准,依据题目可知:$v=0.04$;$\varphi=0.35$

$$Q=\frac{40}{(1+v)}/60=0.642\ m^3/min$$

$$\theta_e=q_e^2/K=0.125\ s$$

$$\theta=\frac{60\varphi}{n}=\frac{21}{n} \quad ①$$

所得滤饼体积:

$$0.642\times0.04=0.025\ 68\ m^3/min$$

取滤饼厚度 $\delta=7$ mm,于是得到

$$n=\frac{0.256\ 8}{\delta A}=\frac{3.669}{A}\ r/min \quad ②$$

因转筒每转一周,可等效为过滤时间$\frac{60\varphi}{n}$,过滤面积为转筒面积的过滤过程,其间产生滤饼的量为

$$V=\sqrt{KA^2\left(\frac{60\varphi}{n}+\theta_e\right)}-Ve \quad ③$$

每分钟获得滤液量:

$$Q=nV=0.642\ m^3/min$$

将式①和式②带入式③,得

$$0.642=\frac{3.669}{A}\sqrt{8\times10^{-4}A^2\left(\frac{60\times0.35}{\frac{3.669}{A}}+0.125\right)}-0.01A$$

可以解得:$A=7.45\ m^2$,从而 $n=0.492\ 5$ r/min

本章符号说明

符号	意义	计量单位
α	颗粒的比表面积	m^2/m^3
φ_s	颗粒球形度	
C_D	曳力系数	
F_D	曳力	N

符号	意义	计量单位
F_i	惯性力或动量变化率	N
u_t	颗粒运动的终端速度	m/s
d_{32}	液滴群的索特直径	m
η	效率	
Eo	奥托斯数	
Mo	莫顿数	
σ	界面张力	N/m
β	容积气含率	
u_j	折算速度	m/s
S	滑速比	
κ	液滴动力黏度与连续相流体动力黏度之比	
Q_v	过滤速度	m^3/s
q	滤液通量	$m^3/(m^2 \cdot s)$
θ	时间	s
N_e	空气有效运动圈数	
R_m	旋风分离器圆筒半径长度	m
d_{50}	分割粒径	m
ε	床层的孔隙率	
u	过滤速率	m^3/s
r	滤饼的比阻	$1/m^2$
v	滤饼体积与相应的滤液体积之比	
K	过滤常数	m^2/s

习　　题

一、填空题

1. 落球法测量液体黏度是利用固体球在________区沉降得到的。

2. 其他条件不变情况下，随着颗粒尺寸的增大，颗粒沉降速度将________（增加、减小或不确定）。

3. 对于流化床，随着空气硫化速度的增大，床层压降将________（增加、减小或不确定）。

4. 饼层过滤是指____________________;深床过滤是指____________________。

5. 用板框压滤机恒压过滤某悬浮液,过滤方程为$(V/A)^2+0.062V/A=5\times10^{-5}\theta$,式中$V$为滤液体积($m^3$),$A$为过滤截面积($m^2$),$\theta$为过滤时间(s),写出以下数值及单位:$K=$________;$V_e/A=$________;$\theta_e=$________。该过滤机由635 mm×635 mm×20 mm的10个框组成,其过滤面积$A=$________ m^2,介质的虚拟滤液体积$V_e=$________ m^3。

6. 根据过滤基本方程式$\frac{dV}{d\theta}=\frac{A\Delta p}{\mu r'v(V+V_e)}$,说明提高过滤机生产能力的措施(任意不重复的3条)________、________、________。

7. 恒压过滤某种悬浮液(介质阻力可忽略,滤饼不可压缩),已知10 min单位过滤面积上的滤液为0.1 m^3。若1 h得滤液2 m^3,则所需过滤面积为________ m^2。

8. 转筒真空过滤机的生产能力为$Q\propto A^a n^b \Delta p^c$($A$为过滤面积,$m^2$;$n$为转筒转速,r/min;$\Delta p$为过滤压强差,Pa;介质阻力可忽略,滤饼不可压缩),则式中$a=$________;$b=$________;$c=$________。

二、选择题

1. 以下哪个因素不会影响气泡在连续液体中的形状 ( )

A. 气相动力黏度　　B. 气相密度

C. 液相动力黏度　　D. 液相密度

2. 关于颗粒(液滴、气泡)运动以下说法错误的是 ( )

A. 求解气泡在液体中运动时可以近似忽略气相的重力

B. 纯净体系下液滴曳力系数与液滴运动的Re之间的关系可用哈马德-赖博钦斯基公式表示

C. 固体颗粒运动时曳力系数不仅与雷诺数有关,还与颗粒的形状有关

D. 阻碍颗粒(液滴、气泡)的力包括黏性阻力和形体阻力两类

3. 板框压滤机采用横穿洗涤法的洗涤速率与终了过滤速率之比为( );转筒真空过滤机在推动力不变条件下洗涤速率与终了过滤速率之比为( )

A. 1/4　　B. 1/2　　C. 2　　D. 1

三、分析题

1. 推导落球法测定某流体动力黏度μ的表达式。已知钢球直径为d,密度为ρ_s;待测流体密度为ρ;球体在斯托克斯区沉降时曳力系数表达式为$C_D=24/Re$;钢球在Δt时间内运动距离为L,已知落球释放后极短时间就可加速到终端速度。

2. 证明板框压滤机过滤时,在滤饼不可压缩以及过滤介质阻力可忽略条件下,当辅助时间与过滤时间相等时,过滤机可获得最大产能。

四、计算题

1. 一种液体黏度计由钢球及玻璃筒组成。测试时筒内充满被测液体,记录钢球下落一定距离所需的时间。球直径为0.6 mm,测试一种糖浆时,钢球下落200 mm所需时间为

7.32 s,此糖浆密度 1 300 kg/m^3,钢球密度 7 900 kg/m^3,求此糖浆的黏度。

2. 直径为 0.08 mm,密度为 2 469 kg/m^3 的玻璃珠在 300 K 和 101.32 kPa 的空气中自由沉降,其自由沉降速度为多少?另有闪锌矿颗粒密度为 4 000 kg/m^3 的颗粒在空气中沉降,速度与上述玻璃珠相同,颗粒的直径为多少?已知空气密度 $\rho = 1.177$ kg/m^3,黏度 $\mu = 1.85 \times 10^{-5}$ Pa · s

3. 直径为 5 cm 的玻璃管内盛有 1 m 深的水,在玻璃管底部,以液滴形式加入密度为 600 kg/m^3 的油类,每秒准确加入 2 滴,液滴直径为 3 mm。试求:

(1)若管内水是静止的,玻璃管内有多少液滴同时向上浮升?

(2)若管内水以 0.1 m/s 的速度自上而下流动,玻璃管内有多少液滴同时向上浮升?

(3)若管内水流速大于浮升速度,会发生什么情况?

提示:可用固体球阻力系数及终端速度估算液滴的曳力系数及终端速度。

4. 实验室中于 294 kPa 的压强差下对某悬浮体系进行过滤实验。悬浮液中固相质量分数为 0.09,固相密度 2 000 kg/m^3,滤饼不可压缩,其中水质量分数为 0.4,比阻 1.4×10^{14} 1/m^2。单位面积上过滤介质虚拟滤液体积 $V_e/A = 0.01$ m^3/m^2,滤液黏度 $\mu = 1.005 \times 10^{-3}$ Pa · s。

现用 635 mm×635 mm×25 mm 的 26 个滤框进行上述悬浮液的过滤,操作条件与实验相同。试求:

(1)滤饼充满滤框所用的时间;

(2)过滤结束后用滤液体积 10%清水横穿洗涤滤饼,求洗涤时间;

(3)操作辅助时间 20 min。过滤机生产能力为多少?

5. 在一定压差下进行恒压过滤实验,过滤 5 min 时测得滤饼厚度为 3 cm,又过滤了 5 min,滤饼厚度为 5 cm。现用该实验条件,在厚度为 26 cm 的板框压滤机上过滤相同的悬浮液,求一个操作周期内的过滤时间。

提示:滤液体积与滤饼厚度存在 $V \cdot v = L \cdot A$ 关系。

6. 用小型板框压滤机对某悬浮液进行恒压过滤实验,压强差 150 kPa,实验测得过滤常数 2.5×10^{-4} m^2/s,单位面积上虚拟滤液体积 $V_e/A = 0.02$ m^3/m^2。今使用转筒真空过滤机进行过滤,操作真空度 60 kPa,其余条件与实验时相同。转筒转速 0.5 r/min,浸没度为筒侧面积的 1/3。求转筒真空过滤机生产能力为 5 m^3 滤液/h 时,所需要的过滤面积。已知滤饼不可压缩。

在一定条件下恒压过滤,实验测得 $K = 5 \times 10^{-5}$ m^2/s, $V_e = 0.5$ m^3。现采用滤框尺寸为 635 mm×635 mm×25 mm 的板框压滤机进行过滤,欲在 30 min 获得 5 m^3 滤液,试求所需滤框个数。

第5章 传　　热

传热不仅是自然界普遍存在的现象，在科学技术、工业生产中也尤为重要。传热是化工中重要的单元操作之一，传热设备在化工厂设备投资中可占到40%左右，了解和掌握传热的基本规律，在化学工程中具有重要意义。

化工对传热过程有两方面的要求：

(1)强化传热过程，以高传热速率来进行热量传递，可以使传热设备紧凑，节省设备费用；

(2)削弱传热过程，如对高温设备或管道进行保温，以减少热损失。

传热有三种基本方式：热传导、对流传热和辐射传热。热量传递可以其中一种方式进行，也可以其中两种或三种方式同时进行。所有的传热过程以及传热方式都要满足热力学的四条基本定律。

5.1 热　传　导

5.1.1 热传导的基本概念

热量不依靠宏观混合运动从高温区向低温区转移的过程叫作热传导，简称导热。热传导在固体、液体和气体中都可以发生。从导热机理角度，液体与气体导热是气体分子热运动时相互碰撞的结果；固体导热则是以电子迁移或晶格振动的方式进行。虽然在传热机理上有所差异，但热传导的宏观规律都可用傅里叶定律来描述。

傅里叶定律是指单位时间内通过给定截面的热通量，正比于垂直于该界面方向上的温度梯度和截面面积，传热的方向与温度升高的方向相反。

$$\frac{Q}{A}=q=-\lambda\frac{\partial t}{\partial n}$$

式中　Q——传热速率，W；

A——传热面积，m^2；

q——传热通量，W/m^2；

λ——热导率，W/(m·℃)或W/(m·K)；

t——温度，℃或K；

n——传热方向上的距离，m。

描述一维导热的傅里叶定律的形式为

$$Q=-\lambda A\frac{\mathrm{d}t}{\mathrm{d}x} \tag{5-1}$$

由公式(5-1)可以转化为热导率的定义式：

$$\lambda = -\frac{Q/A}{\partial t/\partial n}$$

从形式上看，总传热系数等于单位温度梯度下的热通量。热导率越大，代表材料的导热性能越好。从强化传热来看，应选用热导率大的材料；相反如果要削弱传热，应选用热导率小的材料。热导率是物质的物理性质之一，其大小与物质的形态、组成、密度、温度和压力有关。

与其他物态相比，气体的热导率最小，对传热最不利，却最利于保温或绝热。在实验室常见的换热设备外侧，可以用较厚的海绵包覆层来达到绝热效果。海绵包覆层的绝热性能取决于其内部含有大量热导率较小的空气。

单原子稀薄气体的热导率通常可根据气体分子运动理论计算，即

$$\lambda = \frac{1}{\pi^{\frac{3}{2}} d^2}\sqrt{\sigma^3 T/M} \tag{5-2}$$

式中　d——分子半径，m；

σ——玻尔兹曼常数，1.38×10^{23} J/K；

T——热力学温度，K；

M——分子质量，g/mol。

由式(5-2)可知，单原子气体热导率会随温度的升高而增大，通常与压力无关。气体的热导率仅在压力极高(>200 MPa)或极低(<270 kPa)的情况下才随压力的增大而增大。

对于双原子气体以及气体混合物的热导率，常采用经验关联式的形式给出。常见气体的热导率如表5-1表示。

表5-1　气体的热导率举例

物质	温度 T/℃	热导率 λ/[W/(m·℃)]	物质	温度 T/℃	热导率 λ/[W/(m·℃)]
氢气	-100	0.011 3	水蒸气	46	0.020 8
	-50	0.014 4		100	0.023 7
	0	0.017 3		200	0.032 4
	50	0.019 9		300	0.042 9
	100	0.022 3		400	0.054 5
	300	0.030 8		500	0.076 3
甲烷	-100	0.017 3	空气	0	0.024 2
	-50	0.025 1		100	0.031 7
	0	0.030 2		200	0.039 1
	50	0.037 2		300	0.045 9

液体热导率要对金属液体和非金属液体分别进行分析。大多数金属液体的热导率会随温度的升高而减小。非金属液体中,水的热导率最大;除水和甘油外,其他非金属液体热导率均随温度升高而减小。表 5-2 为液体的热导率举例。

表 5-2　液体的热导率举例

物质	温度 T/ ℃	热导率 λ/[W/(m · ℃)]	物质	温度 T/℃	热导率 λ/[W · m^{-1} · $℃^{-1}$]
水	0	0.551 3	丙酮	30	0.177
	20	0.598 9		75	0.161
	40	0.633 8	四氯化碳	0	0.185
	60	0.659 4		68	0.163
	80	0.674 5	乙醇	20	0.182
	100	0.682 7		50	0.151
	120	0.686 2	煤油	20	0.149
	140	0.685 0		75	0.140

在所有种类的固体中,金属的热导率相对较大。一般而言,金属的热导率与电导率成正比。合金的热导率会低于纯金属的热导率。固体材料的热导率随温度而线性变化,可用式(5-3)来表示:

$$\lambda=\lambda_0(1+\beta t) \tag{5-3}$$

式中　λ_0——0 ℃下的热导率,W/(m · ℃);

β——温度系数,对于金属材料,温度系数为负;对于非金属材料,温度系数为正。

工程中对于热传导的固体材料的热导率,常采用定性温度下的数值。在热传导过程中,整个系统内始终存在着温度差,即不同位置均对应着不同的温度。考虑随位置和时间变化的热导率取值有利于精确建模,但却不利于工程应用。工程上采用两侧温度的代数平均值即此时的定性温度,并取定性温度下的热导率来计算导热速率。

5.1.2　通过平板壁面的一维稳态热传导

某些情况下的导热可以通过一维、稳态的导热模型来进行描述,典型的情景包括平板传热、管道保温等。

在平板一维稳态传热模型中,温度仅随传热方向上的距离变化,即 $t=t(x)$,此时沿着传热方向(图 5-1 中 x 轴方向)进行热量衡算,首先可以将微元体系中导热率写为截面位置的函数,如 Q_x 代表 x 位置处的导热率。考虑到热导率随着位置连续变化,微元系统传递出的导热传热量可以由进入热量的泰勒级数展开,并仅保留至一阶精度,可得

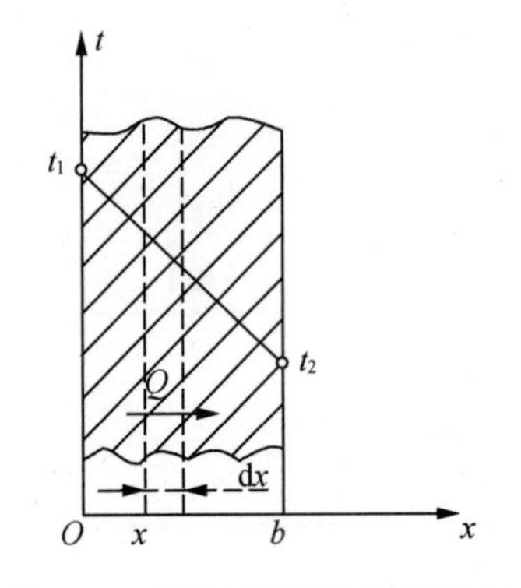

图 5-1　单层平壁的稳定热传导

$$Q_{x+dx}=Q_x+\frac{dQ_x}{dx}\cdot dx$$

对于稳态温度场,薄层内各点温度均不发生变化,即无热量积累,即

$$\frac{\partial Q_x}{\partial\theta}=0$$

因此图5-1所示微元的能量守恒可简化为

$$Q_x-Q_{x+dx}=0$$

将右侧导热通量表达式代入,并考虑到微元距离在建模过程中真实存在,其值一定不等于零,故可得

$$\frac{dQ_x}{dx}=0$$

式中,Q_x 数值可以通过傅里叶定律中的传热速率代入,进一步可得

$$d\left(\lambda A\frac{dt}{dx}\right)\Big/dx=0 \tag{5-4}$$

在单层平壁的稳态热传导情况下,传热面积 A 为常数;λ 取定性温度下常数时,将式(5-4)积分两次,并将测量出的平板两侧温度作为边界条件($x=0$ 时,$t=t_1$;$x=b$ 时,$t=t_2$),可以积分求解出平板内不同位置温度的函数表达式:

$$t=\frac{t_2-t_1}{b}x+t_1 \tag{5-5}$$

由式(5-5)可知此时固体中温度(t)随位置(x)线性变化,将该直线斜率代入傅里叶定律可得

$$Q=\frac{\lambda}{b}\cdot A\cdot(t_1-t_2)=\frac{t_1-t_2}{\dfrac{b}{(\lambda\cdot A)}} \tag{5-6}$$

式中 Q——热流量,即单位时间通过平壁的热量,W 或 J/s;

A——平壁的面积,m^2;

b——平壁的厚度,m;

λ——平壁的热导率,W/(m·℃);

t_1、t_2——平壁两侧的温度,℃。

式(5-6)右侧表达式中温度差 $\Delta t=(t_1-t_2)$ 可看作传热的推动力;分母可以看作导热热阻,记为 $R=b/(\lambda\cdot A)$,单位为 ℃/W,此时可得 $Q=\Delta t/R$,即

导热速率=导热推动力/导热热阻

例5-1 已知一平壁厚500 mm,两侧温度分别维持900 ℃、250 ℃不变,热导率 λ 为温度的函数,可表示为 $\lambda=1.0(1+0.001t)$,式中 t 的单位为 ℃。若将热导率分别按常量(取平均热导率)和变量计算时,试求平板内的温度分布。

解 (1)热导率按平壁的平均温度 t 取常数:

$$t=(900+250)/2=575\ ℃$$

则热导率的平均值为

$$\lambda_m=1.0\times(1+0.001\times575)=1.575\ W/(m\cdot K)$$

微分方程形式为

$$\frac{d^2t}{dx^2}=0$$

利用已知位置处温度作为边界条件,积分求解上式得

$$t=\frac{t_2-t_1}{b}x+t_1=250+1\ 300x$$

(2)考虑到热导率随位置变化:

$$\frac{d}{dx}\left(\lambda\frac{dt}{dx}\right)=0$$

积分该式可得

$$t=\sqrt{4.095\times10^6x+1.562\ 5\times10^6}-1\ 000$$

如图 5-2 所示,将两种温度分布的数据画在同一张图上,可以发现相对误差均小于 10%,即采用平均热导率计算温度分布的误差可接受。

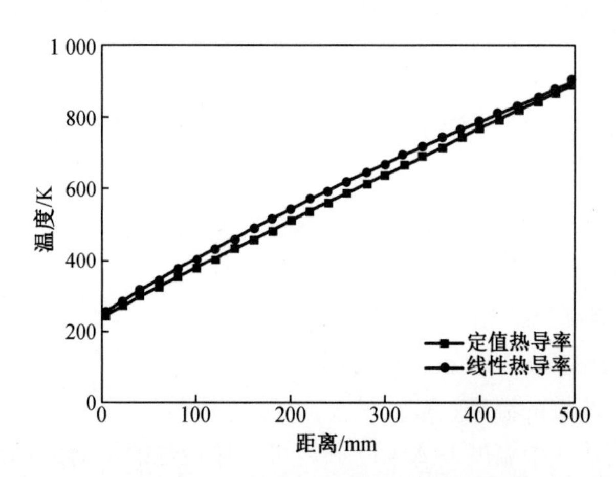

图 5-2 采用定值与线性变化热导率计算所得的温度分布

对于通过多层平壁的稳态热传导(图 5-3),每一层的模型方程和边界条件形式均与单层时相同,相应的求解过程和求解结果也相近。稳态条件下导热的多层平板,可以发现各层之间的热流量数值上是相等的,如公式(5-7)所示:

$$Q=\frac{t_1-t_2}{\dfrac{b_1}{\lambda_1A}}=\frac{t_2-t_3}{\dfrac{b_2}{\lambda_2A}}=\frac{t_3-t_4}{\dfrac{b_3}{\lambda_3A}} \tag{5-7}$$

该式也可以改写为传热速率=推动力/阻力的形式,如公式(5-8)所示:

$$Q=\frac{t_1-t_{n+1}}{\sum_{i=1}^{n}\frac{b_i}{\lambda_i A}}=\frac{t_1-t_{n+1}}{\sum_{i=1}^{n}R_i} \tag{5-8}$$

从式(5-7)还可以推导出各层的温差之比与各层热阻之比相等,即

$$(t_1-t_2):(t_2-t_3):(t_3-t_4)=\frac{b_1}{\lambda_1 A}:\frac{b_2}{\lambda_2 A}:\frac{b_3}{\lambda_3 A}=R_1:R_2:R_3 \tag{5-9}$$

在稳态多层壁导热过程中,哪层导热热阻大,哪层温差就大;反之,哪层温差大,哪层热阻一定大。当总温差一定时,传热速率的大小取决于总热阻的大小。

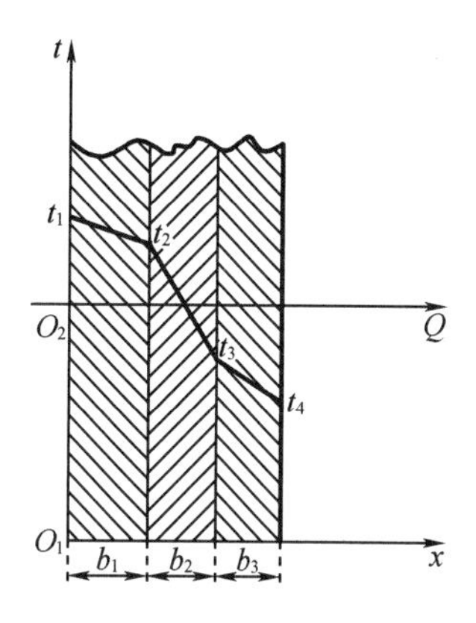

图 5-3　多层平壁的稳态热传导

例 5-2　某工厂的墙壁由 3 层材料组成,内层为松木,厚度 12.7 mm;中层为软木厚度为 101.6 mm;外层为混凝土,厚度为 76.2 mm。测得内墙内表面温度为 255.4 K,外墙外表面温度为 297.1 K。已知软木的热导率 $\lambda_2=0.043\ 3$ W/(m·K),松木的热导率 $\lambda_1=0.151$ W/(m·K)混凝的热导率 $\lambda_3=0.762$ W/(m·K)。试求每平方米墙面的散热量和各层接触面上的温度。

解

$$q=\frac{t_1-t_4}{\frac{b_1}{\lambda_1}+\frac{b_2}{\lambda_2}+\frac{b_3}{\lambda_3}}=-16.18\ \text{W/m}^2$$

负号说明热量是从外侧传向内侧,即存在冷量损失。

接触面上的温度为

$$t_2=t_1+\Delta t_1=t_1+\frac{R_1}{q}=256.8\ \text{K}$$

同理可得

$$t_3=t_2+\Delta t_2=t_2+\frac{R_2}{q}=295.5\ \text{K}$$

5.1.3　通过圆筒壁的一维稳态热传导

对于管道、塔设备壁面的保温或导热的情景,可将其简化为通过圆筒型壁面的稳态导热模型。

如图 5-4 所示,在圆筒壁中,传热只在壁面方向(圆筒径向)进行,而稳态意味着壁面内任一点的温度均不随时间变化。

在上述条件下,壁面内的温度紧随其所在的径向方向变化,即

$$t=f(r)$$

此时的傅里叶定律可写为

$$q=-k\frac{\mathrm{d}t}{\mathrm{d}r} \tag{5-10}$$

在圆筒壁内取厚度为 dr 同心薄层圆筒，并对其作热量衡算，可得

$$Q_r-Q_{r+\mathrm{d}r}=\rho 2\pi r\mathrm{d}rC_p\frac{\partial t}{\partial \theta}$$

在温度不发生变化条件下，薄层内始终无热量积累，即 $\partial t/\partial \theta$ 等于 0，因此可化简为

$$q_r 2\pi r-q_{r+\mathrm{d}r}2\pi(r+\mathrm{d}r)=0$$

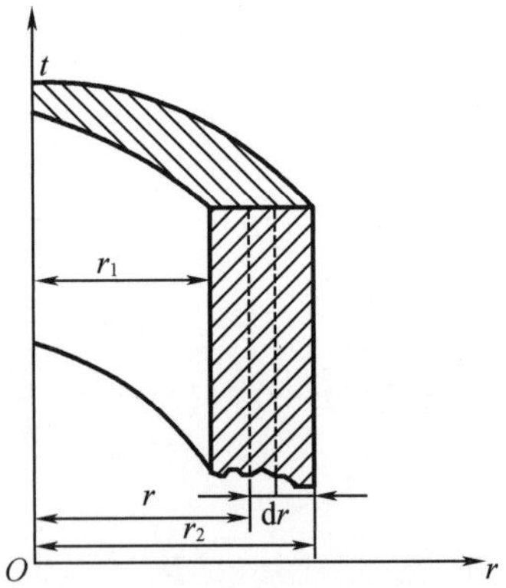

图 5-4　单层圆筒壁的稳态热传导

将 $r+\mathrm{d}r$ 处的热通量用 r 处热通量表示，并将热导率视为定性温度下的常数时，将傅里叶定律带入并化简得

$$\lambda\frac{1}{r}\frac{d}{\mathrm{d}r}\left(r\frac{\mathrm{d}t}{\mathrm{d}r}\right)=0 \tag{5-11}$$

在 $r=r_1$ 处，$t=t_1$；$r=r_2$ 处，$t=t_2$，热导率取定性温度 $(t_1+t_2)/2$ 下的数值时，求解上述常微分方程得

$$t=t_1-\frac{t_1-t_2}{\ln\left(\frac{r_2}{r_1}\right)}\ln\frac{r}{r_1} \tag{5-12}$$

将该温度分布代入傅里叶定律，得

$$q=\frac{\lambda}{r}\frac{t_1-t_2}{\ln\frac{r_2}{r_1}} \tag{5-13}$$

式中　q ——热通量，即单位面积、单位时间通过圆筒壁的热量，W/m^2；

l ——圆筒的长度，单位 m；

λ——圆筒壁的热导率，W/(m · ℃)；

t_1、t_2——圆筒壁两侧的温度，℃；

r_1、r_2——圆筒壁内外半径，m。

式(5-13)可以变形为推动力与热阻之比的形式，为便于记忆，引入对数平均面积的概念：

$$Q=\frac{2\pi\cdot\lambda\cdot l(t_1-t_2)(r_2-r_1)}{(r_2-r_1)\ln\frac{r_2}{r_1}}=\frac{\lambda\cdot(t_1-t_2)(A_2-A_1)}{b\ln\frac{A_2}{A_1}}=\frac{(t_1-t_2)}{\frac{b}{\lambda A_m}}=\frac{\Delta t}{R}=\frac{\text{推动力}}{\text{热阻}} \tag{5-14}$$

式中　A_1、A_2——筒壁的内外表面积，m^2。

A_m——对数平均面积。

对于 $r_2/r_1<2$ 的圆筒壁，以算术平均值 $(A_1+A_2)/2$ 代替对数平均值 A_m 导致的误差 <4%，这类误差对于工程计算是可以接受的。

通过平壁的热传导，各处的 Q 和 q 均相等；而在圆筒壁的热传导中，圆筒的内外表面积

不同，所以在各层圆筒的不同半径 r 处传热速率 Q 相等，但各处热通量 q 却不等。

5.1.4 通过多层圆筒壁的稳态热传导

如图5-5所示，多层圆筒壁导热的总推动力也为总温度差，总热阻也为各层热阻之和，但是计算时采用各层各自的对数平均面积 A_{mi}。对于 n 层圆筒壁的计算，有

$$Q=\frac{t_1-t_{n+1}}{\sum_{i=1}^{n}\frac{b_i}{\lambda_i A_{mi}}}=\frac{t_1-t_{n+1}}{\sum_{i=1}^{n}R_i}=\frac{2\pi L(t_1-t_{n+1})}{\sum_{i=1}^{n}\frac{1}{\lambda_i}\ln\frac{r_{i+1}}{r_i}} \tag{5-15}$$

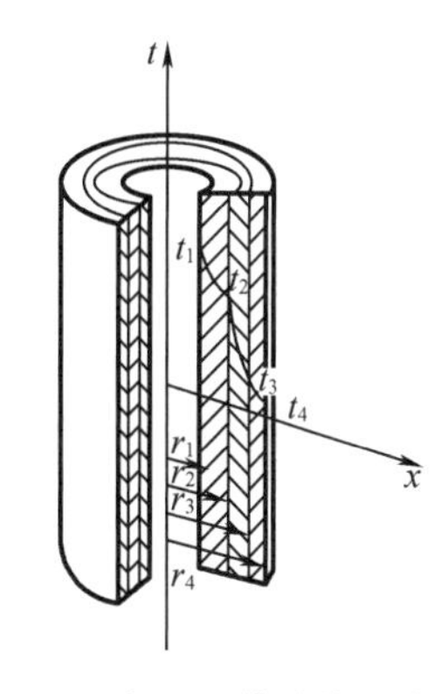

图5-5 多层圆筒壁的稳态热传导

由于各层圆筒的内外表面积均不相同，所以在稳态传热时，单位时间通过各层的传热量 Q 虽然相同，但单位时间通过各层内外壁单位面积的热通量 q 满足下述关系：

$$Q=2\pi\cdot r_1 lq_1=2\pi\cdot r_2 lq_2=2\pi\cdot r_3 lq_3 \tag{5-16}$$

或

$$r_1q_1=r_2q_2=r_3q_3$$

式中 q_1、q_2、q_3——半径 $y_2'\to x_2'$ 处的热通量。

例5-3 ϕ50 mm×3 mm的蒸汽管外包两层保温材料。第一层为40 mm厚矿渣棉（$\lambda_1=0.07\ \mathrm{W\cdot m^{-1}\cdot K^{-1}}$），第二层为20 mm厚石棉（$\lambda_2=0.15\ \mathrm{W\cdot m^{-1}\cdot K^{-1}}$）蒸汽管内壁温 $t_1=140$ ℃管道的外表面温度 $t_3=30$ ℃，求每米管道的热损失？如果将两层材料交换内外，厚度不变，热损失情况会如何变化？

解 忽略钢管的热阻和内外壁温度差，即管外壁温度也为140 ℃，用两层圆筒壁热传导公式进行计算。

$$\frac{Q}{l}=\frac{2\pi(t_1-t_3)}{\frac{1}{\lambda_1}\ln\frac{r_2}{r_1}+\frac{1}{\lambda_2}\ln\frac{r_3}{r_2}}=\frac{2\pi(140-30)}{\frac{1}{0.07}\ln\frac{65}{25}+\frac{1}{0.15}\ln\frac{85}{65}}=44.8\ \mathrm{W/m}$$

如果将两层材料交换内外，厚度不变，则

$$\frac{Q'}{l}=\frac{2\pi(t_1-t_3)}{\frac{1}{\lambda_1}\ln\frac{r_2}{r_1}+\frac{1}{\lambda_2}\ln\frac{r_3}{r_2}}=\frac{2\pi(140-30)}{\frac{1}{0.15}\ln\frac{65}{25}+\frac{1}{0.07}\ln\frac{85}{65}}=67.7\ \mathrm{W/m}$$

故，每米管道的热损失为44.8 W，如果材料厚度不变，保温性好的矿渣棉在外，热损失变大。

5.2 对流传热

在化工过程中，常遇到流体间或流体与壁面间的热交换过程。在这些过程中除分子运动造成传热外，还会涉及流体流动造成的传热。这种热对流与导热兼备的过程，称为对流传热。本节重点探讨流体与固体壁面间的对流传热的机理，包括强制对流传热、自然对流传热以及冷凝和沸腾传热的基本规律，通过对多种对流传热过程速率的计算的分析，来探讨强化换热的手段。

5.2.1 对流传热过程模型

流体与壁面间的对流传热，根据传热过程中流体是否发生相变，将对流传热分为以下几种基本情境。

1. 无相变的对流传热

流体在换热过程中不发生蒸发、凝结等相的变化，如水的加热或冷却。根据引起流体质点相对运动的原因，对流传热又分自然对流和强制对流。

(1)自然对流，由流体内部温差而引起密度差 $\Delta\rho$ 的不同使流体流动的称为自然对流。其中，温差增大，密度差增加，自然对流越强烈。

(2)强制对流，在外力强制作用下造成的流动，以增加流速，常用风机、泵、搅拌做外力设备。其优点是便于控制、传热快，但消耗机械能增加。

强制对流时流体流速高，能加快热量传递，因而工程上应用广泛。

2. 有相变的对流传热

流体在与壁面换热过程中，本身发生了相态的变化。这一类对流传热包括蒸气冷凝传热和液体沸腾传热。

(1)蒸气冷凝传热，由蒸气冷凝变成了液体，放出了冷凝热。

(2)液体沸腾传热，由液体吸热变成了蒸气，吸收了汽化热。

对于纯物质来说，沸点仅为温度和压力的函数，相应的汽化热和冷凝热相等。但对于均相溶液来说，相同温度下不同组分的饱和蒸气压存在差别，因而溶液的泡点与相同摩尔分数的蒸汽露点并不相同。如果在蒸发或冷凝过程中气相或液相组成一直发生变化，那么相应体系的饱和温度也会随着组成而改变。

流体在平壁上流过时，流体和壁面间将进行换热，引起壁面法向方向上温度分布的变化，形成一定的温度梯度。近壁处，流体温度发生显著变化的区域，称为热边界层或温度边界层。

流体在换热器内的流动大多数情况下为湍流，此时依据流速随位置关系的差异将湍流边界层进一步分为层流底层、过渡层(缓冲层)、湍流核心。在层流底层内，流体质点只沿流动方向上做一维运动，在传热方向上无质点的混合，温度变化大，传热主要以热传导的方式进行。湍流核心位于远离壁面的区域，该区域内流体质点充分混合，传热主要以对流方式进行。在层流底层与湍流核心之间过渡区域为缓冲层，温度分布不像湍流主体那么均匀，也不像层流底层变化明显，传热以热传导和对流两种方式共同进行。

对于稳态传热过程,温度不随时间变化,仅为位置的函数;对于非稳态过程,温度同时随位置和时间而变化。

对流传热过程中,整个流体区域内均存在着温度差,但温度差分布并不均匀。在层流底层内,传热以分子传递为主,相应温度差较大;而在其外部的湍流主体中,由于质点的强烈混合使得相应的温度梯度较小。故常在建模湍流的对流传热时,认为传热阻力仅存在于贴近壁面的一层流体中,而将其外部的湍流主体考虑成温度均匀的统一整体,如图 5-6 所示。由于对流传热阻力主要集中于贴近壁面的层流底层,因而削弱层流底层的厚度是强化传热的有效途径。

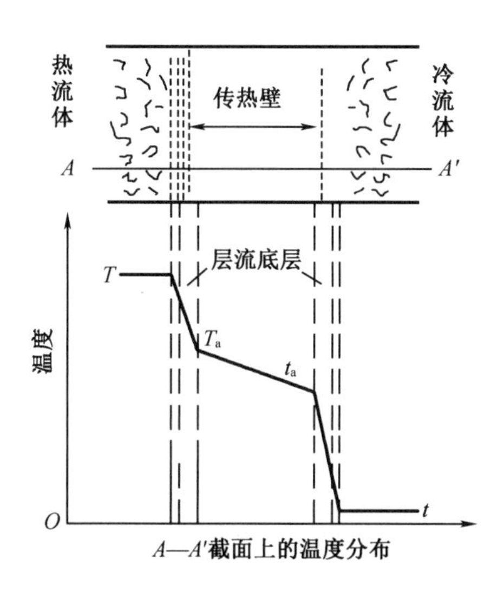

图 5-6　对流传热的简化模型

在对流传热过程,可使用牛顿冷却定律来描述传热过程的速率:

$$Q=\alpha A(t_w-t_b)=\frac{t_w-t_b}{\dfrac{1}{\alpha A}} \tag{5-17}$$

式中　Q——对流传热速率,W;

α——对流传热系数,W/(m^2·℃);

t_w——壁温,℃;

t_b——流体(平均)温度,℃;

A——对流传热面积,m^2。

牛顿冷却定律同样可以看成推动力/对流传热阻力的形式。传热推动力为壁面温度与流体主体温度的温度差,圆管内流体的主体温度可以通过局部流速以及局部温度加权平均计算得出。

对流传热热阻 1/(αA),单位为 J/(s·K)或 W/K。在流固两相对流传热时,传热面积一般就是固体浸润面积。对流传热系数的影响因素较多,它既与流体的物理性质、壁面的几何形状和粗糙度有关,同时还受流体流速、传热温度差影响。对流换热系数的理论解析,可以通过对特定位置的热通量以及传热温度差计算得出;比如层流圆管壁面处换热通量,其数值可以通过傅里叶定律导出。工程中,对流传热系数常用经验关联式的形式给出,经验关联式有两种获得方式:其一是在量纲分析的基础上,结合实验获得对流传热系数指数乘积的表达式;其二是通过相似性理论,直接建立起对流传热系数与对流流动沿程阻力系数之间的关系,通过已知的沿程阻力系数来预测对流传热系数。

$$t_b = \int_0^{r_i} ut \cdot 2\pi r \mathrm{d}r \tag{5-18}$$

$$a = \frac{\dfrac{Q}{A}}{(t_w - t_b)} = \frac{-k \left.\dfrac{\partial t}{\partial y}\right|_{y=0}}{(t_w - t_b)} \tag{5-19}$$

5.2.2 对流传热过程的量纲分析

获得对流换热系数是研究对流传热过程速率的基础,而对流换热系数既与物性相关,又受到流动、温度等因素的影响,因而从每个物理量对对流换热系数的影响角度进行研究势必须要极大的实验量。而通过量纲分析的来设计实验,在此基础上获取相应的经验关联式,将大大简化实验次数。

例 5-4 已知强制对流传热过程中,对流换热系数 a 与以下因素有关:传热设备特征尺寸 d,流体流动特性 u,流体物性密度 ρ、黏度 μ、比热 c_p、热导率 λ。试根据 π 定理来将以上定律表示为无量纲量的形式。

解 根据题意,可由题干中物理量组成某函数,使:

$$f(a, d, u, \rho, \mu, \lambda, c_p) = 0$$

这里共涉及 4 个基本量纲,除常见的 L、M、T 之外,还涉及温度量纲 Θ,故选 4 个基本物理量,这里选 d、u、μ、λ

余下三个物理量组成的无量纲量为

$$\prod_1 = \frac{a}{d^{a_1} u^{b_1} \mu^{c_1} \lambda^{d_1}}; \dim(a) = \mathrm{M}\Theta^{-3}\mathrm{T}^{-1}; 故 \prod_1 = \frac{a}{d^{-1}\lambda}$$

$$\prod_2 = \frac{u}{d^{a_2} u^{b_2} \mu^{c_2} \lambda^{d_2}}; \dim(u) = \mathrm{LT}^{-1}; 故 \prod_2 = \frac{u}{d^{-1}\rho^{-1}\mu}$$

$$\prod_3 = \frac{c_p}{d^{a_3} u^{b_3} \mu^{c_3} \lambda^{d_3}}; \dim(c_p) = \mathrm{L}^2\Theta^{-2}\mathrm{T}^{-1}; 故 \prod_2 = \frac{c_p\mu}{\lambda}$$

故可将传热过程函数以无量纲数形式表述为

$$F(\prod_1, \prod_2, \prod_3) = 0$$

对于以上 3 个无量纲量, $\prod_2$ 为雷诺数,即 $Re = \frac{d\rho u}{\mu}$; $\prod_1$ 为努塞尔数,即 $Nu = \frac{ad}{\lambda}$; $\prod_3$ 为普朗特数,即 $Pr = \frac{c_p\mu}{\lambda}$。

例 5-5 已知自然对流传热过程中,对流换热系数 a 与以下因素有关:传热设备特征尺寸 d、流体流动特性 u、流体物性密度 ρ、黏度 μ、比热 c_P、热导率 λ,流体密度差所导致的单位体积内的浮力 F_b/V。试根据 π 定理来将以上定律表示为无量纲量的形式。

解 自然对流传热,除包含强制对流传热 3 个无量纲数外,还包含 1 个单位体积内由于密度变化所引起的浮力项。在相同的基本物理量选取方法下,前面 3 个无量纲数分别为努塞尔数、雷诺数和普兰德数,这些与强制对流相同,这里重点分析浮力项所组成的无量纲数。

自然对流中产生浮力在于流体质量的变化,对于单位体积内的质量变化即密度差 $\Delta\rho$,单位体积内的浮力又可写为

$$\frac{F_D}{V}=\Delta\rho \cdot g$$

产生密度变化在于流体温度差下的体积膨胀,即密度差可以用体积膨胀系数乘以温度差计算得出:

$$\Delta\rho=\beta\Delta t$$

式中 β 为流体体积膨胀系数,单位为 1/℃ 或 1/K;Δt 为流体与壁面间温度差, ℃。故相应无量纲数为

$$\prod_4=\frac{\beta g\Delta t}{d^{a_4}u^{b_4}\mu^{c_4}k^{d_4}}$$

$$\dim(\beta g\Delta t) = \mathrm{L} \cdot \mathrm{T}^{-2}$$

故

$$\prod_4=\frac{d^3\rho^2 g\beta\Delta t}{\mu^2}$$

将 $\prod_4$ 称为格拉斯霍夫数,符号为 Gr,含义是自然对流时由温度差引起的浮力与黏性力之比。

5.2.3 无相变传热时对流传热系数

1. 流体在管内强制湍流

对于低黏度流体在圆管内强制湍流时,可用迪特斯(Dittus)-贝尔特(Boelter)关联式来拟合对流传热系数。

$$Nu=0.023Re^{0.8}Pr^{n} \tag{5-20}$$

式中,n 由管内流体传热状态确定,当流体被加热时,n 取值 0.4;而当流体被冷却时,n 取值 0.3。

在应用该关联式时,需要确定同时满足该公式的适用范围:$Re>10\ 000$,$0.7<Pr<120$,$L/d_i>60$。最后一个长径比的要求目的是确定直管内流体充分发展。如果长径比不满足该条件,则需要在求解的对流传热系数基础之上乘以$[1+(d_i/L)^{0.7}]$,进行校正。

对于高黏度流体湍流流动,相应的 Pr 较大,可以采用西德尔(Sieder)-泰特(Tate)经验

关联式。

$$Nu=0.027Re^{0.8}Pr^{1/3}\left(\frac{\mu}{\mu_w}\right)^{0.14} \tag{5-21}$$

式中,μ_W 为壁面温度所对应的流体黏度。

高黏性流体对流传热系数经验关联式适用范围为:$Re>10\ 000, 0.7<Pr<1\ 700, L/d_i>60$。由于使用该式进行传热求解时,如壁面温度是待求相,故在应用式(5-21)进行计算时,需要试差法。为了避免迭代,可以采用经验性的 φ_W 值来代替黏度比的指数项。典型经验性 φ_W 值为:液体被加热 $\varphi_W=1.05$;液体被冷却 $\varphi_W=0.95$;对于气体,由于其黏度较低,故 φ_W 值恒取为 1。

2. 流体在管内强制层流

流体强制层流时流速较低,由于密度差所引起的自然对流此时不可忽略,也正因为上述原因,强制层流传热的对流换热系数误差要比湍流的大。当管径较小、传热温差较小且流体运动黏度较大时,可采用西德尔(Sieder)-泰特(Tate)提出的适用于层流的经验关联式来进行描述:

$$Nu=1.86\left(RePr\frac{d_i}{L}\right)^{1/3}\left(\frac{\mu}{\mu_w}\right)^{0.14} \tag{5-22}$$

式(5-22)适用范围为:$Re<2\ 300, 0.7<Pr<6\ 700, RePrd_i/L>60$。使用该式计算层流对流传热系数时管长不宜过大,不然 d_i/L 趋于 0 时与之成正比的对流传热系数也将趋于零,这显然是不合理的。

3. 流体在换热器壳程的流动

换热器壳程流体受管束间折流挡板的影响,并非沿流动方向一维流动。这种流动状态,使得壳程流体对流换热系数计算方法与管程流体存在一定的差异。管壳式换热器折流板形式也较多,在计算对流传热系数时还需要考虑具体的挡板结构。

(1)对于无挡板的壳程流体,可采用当量直径的方法计算管外流动的特征长度,采用与管内流体相同的对流换热系数计算方法来计算对流传热系数。

(2)在有挡板存在情况下,壳程流体对流传热系数可采用多诺呼法(Donohue)或者凯恩(Kern)法来计算。

多诺呼法:

$$Nu=0.23Re^{0.6}Pr^{1/3}\cdot\left(\frac{\mu}{\mu_w}\right)^{0.14} \tag{5-23}$$

适用范围:

$$3<Re<2\times10^4$$

凯恩法:

$$Nu=0.36Re^{0.55}Pr^{1/3}\cdot\left(\frac{\mu}{\mu_w}\right)^{0.14} \tag{5-24}$$

适用范围:

$$2\ 000<Re<1\times10^4$$

(3)对于流体垂直流过一系列均匀排列圆管的情况,对流换热系数与管道的排列方式有关。

(4)对于正三角形排列或转角正方形排列管束外的垂直流动,当管束排数大于10,雷诺数大于3 000时,对流传热系数为

$$Nu=0.33Re^{0.6}Pr^{0.33} \tag{5-25}$$

对于转角正三角形以及正方形排列的管束外的垂直流动,当管束排数大于10,雷诺数大于3 000时,对流传热系数为

$$Nu=0.26Re^{0.6}Pr^{0.33} \tag{5-26}$$

5.3 辐射传热

温度大于绝对零度的物体,都会不停地以电磁波的形式向外辐射能量;同时,又不断吸收来自外界其他物体的辐射能。当物体向外界辐射的能量与其从外界吸收的辐射能不等时,该物体与外界就产生热量的传递,称为辐射传热。

此外,辐射能可以在真空中传播,不需要任何物质作媒介,这是区别于热传导、对流的主要不同点。因此,辐射传热的规律也不同于对流传热和导热。

5.3.1 辐射传热的基本概念

物体以电磁波的方式向外发射能量的过程称为辐射,所发射的能量称为辐射能。物体可由多种原因产生电磁波,从而发射辐射能。按照波长的不同,电磁波可分为:无线电波、红外线、可见光、紫外线、X射线、γ射线等。如果辐射能的发射是由于物体本身的温度引起的,则称为辐射传热。能被物体吸收而转变为热能的辐射能主要为可见光(0.38~0.76 μm)和红外线(0.76~100 μm)两部分。工程上经常遇到的辐射传热都是由温度在2 000 K以下物体发出的,波长集中在0.76~40 μm,所说的辐射传热主要是指红外辐射。

与其他传热方式相比,辐射传热有如下特点。

(1)辐射传热不需要中间介质,如阳光能够穿过辽阔的太空向地面辐射。

(2)辐射传热过程中不仅进行热量的传递,而且伴随有能量形式的转换。物体的一部分内能转化为电磁波能发射出去,当这些电磁波被吸收时,又转换为内能。

(3)一切温度高于0 K的物体都在不断地向外发射辐射能,也在吸收从周围物体发射到它表面上的辐射能。当两物体温度不同时,不仅高温物体辐射给低温物体能量,低温物体同样辐射给高温物体能量,只不过高温物体辐射给低温物体的能量大于低温物体辐射给高温物体的能量,高温、低温物体之间相互辐射的综合结果是高温物体把热量传给低温物体。即使各个物体温度相同,这种辐射换热过程仍在不断地进行着,只不过辐射与吸收之间处于动态平衡。

(4)辐射的本质和传播的机理,除了应用电磁波理论说明外,还可以用量子理论来解释。从宏观的角度,辐射是连续的电磁波传播过程;从微观的角度,辐射是不连续的离散量子传递能量的过程。每个量子具有能量和质量,它的振动频率相当于波动频率,即辐射具有波粒二象性。

辐射传热和可见光的光辐射一样,当来自外界的辐射能投射到物体表面上,也会发生

吸收、发射和穿透现象，服从光的反射和折射定律，在均一介质中做直线传播，在真空和大多数气体中可以完全透过，但热射线不能透过工业上常见的大多数固体和液体。

如图 5-7 所示，假设外界投射到物体表面上的总能量 Q，其中一部分进入表面后被物体吸收 Q_a，一部分被物体反射 Q_r，其余部分穿透物体 Q_d。

$$Q=Q_a+Q_r+Q_d$$

或

$$\frac{Q_a}{Q}+\frac{Q_r}{Q}+\frac{Q_d}{Q}=1 \tag{5-27}$$

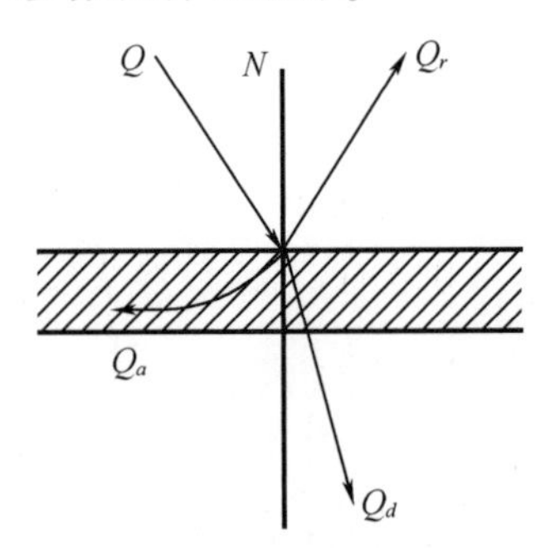

图 5-7 物体对辐射能的吸收、反射和透过

式中 $\frac{Q_a}{Q}$——吸收率，用 a 表示；

$\frac{Q_r}{Q}$——反射率，用 r 表示；

$\frac{Q_d}{Q}$——穿透率，用 d 表示。

可以将公式(5-27)简写为

$$a+r+d=1 \tag{5-28}$$

吸收率、反射率和透过率的大小取决于物体的性质、温度、表面状况和辐射线的波长等，一般来说，表面粗糙的物体吸收率大。

对于固体和液体不允许辐射传热透过，可以认为 $d=0$；而气体对辐射传热几乎无反射能力，可以认为 $r=0$。

黑体，能全部吸收辐射能的物体，可以认为 $a=1$。引入黑体的概念是理论研究的需要，黑体是一种理想化物体，实际物体只能或多或少地接近黑体，但没有绝对的黑体，如没有光泽的黑漆表面，其吸收率为 $a=0.96\sim0.98$。

白体，能全部反射辐射能的物体，可以认为 $r=1$。实际上白体也是不存在的，实际物体也只能或多或少地接近白体，如表面磨光的铜，其反射率为 $r=0.97$。

透热体，能透过全部辐射能的物体，可以认为 $d=1$。

一般来说，单原子和由对称双原子构成的气体，如 He、O_2、N_2、H_2 等，可视为透热体。而多原子气体和不对称的双原子气体则只能有选择地吸收和发射某些波段范围的辐射能。

灰体，能够以相同的吸收率吸收所有波长的辐射能的物体。工业上遇到的多数物体，能部分吸收所有波长的辐射能，但吸收率相差不多，可近似视为灰体。

5.3.2 发射能力和辐射基本定律

物体在一定温度下，单位表面积、单位时间内所发射的全部辐射能（波长从 0 到∞），称为该物体在该温度下的发射能力，以 E 表示，单位 W/m^2。

1. 黑体的发射能力

斯蒂芬-波尔兹曼定律表明黑体的辐射能力与其表面的绝对温度的四次方成正比，也称为四次方定律，如式(5-29)所示。

$$E_b = \sigma_0 T^4 \tag{5-29}$$

式中　E_b——黑体的辐射能力，W/m²；

σ_0——黑体辐射常数，其值为 5.67×10^{-8} m² · K⁴；

T——黑体表面的绝对温度，K。

为了方便，通常公式(5-29)变形为

$$E_b = C_0\left(\frac{T}{100}\right)^4$$

式中　C_0——黑体辐射系数，其值为 5.67 W/(m² · K⁴)。

显然辐射传热与对流和传导遵循完全不同的规律。斯蒂芬-波尔兹曼定律表明，辐射传热对温度异常敏感，低温时辐射传热往往可以忽略，而高温时则成为主要的传热方式。

2. 实际物体的发射能力

由于黑体是一种理想化的物体，在工程上要确定实际物体的辐射能力。在同一温度下，实际物体的辐射能力恒小于同温度下黑体的辐射能力，不同物体的辐射能力也有较大的差别，引入物体的黑度，如公式(5-30)所示。

$$\varepsilon = \frac{E}{E_0} \tag{5-30}$$

物体的黑度 ε 表示为实际物体的辐射能力与黑体的辐射能力之比。由于实际物体的辐射能力小于同温度下黑体的辐射能力，黑度表示实际物体接近黑体的程度，$\varepsilon<1$。

物体的黑度是物体的一种性质，只与物体本身的情况有关，与外界因素无关。例如，物体的黑度 ε 受到物体的种类、表面温度、表面状况(如粗糙度、表面氧化程度等)、波长的影响。

由于多数工程材料，在波长 0.76~20 μm 范围内的辐射能，其吸收率随波长变化不大。因此为了简化工程计算，引入灰体的概念，灰体的辐射能力 E 的计算，如公式(5-31)所示。

$$E = C\left(\frac{T}{100}\right)^4 \tag{5-31}$$

式中　C——灰体的辐射系数，W/(m² · K⁴)。

3. 克希霍夫定律

克希霍夫定律表明了物体的发射能力和吸收率之间的关系。

如图5-8所示，设有两块很大，且相距很近的平行平板，两板间为透热体，一板为黑体，一板为透过率为0的灰体。现以单位表面积、单位时间为基准，讨论两物体间的热量平衡。设灰体的吸收率、辐射能力及表面的热力学温度为 a_1、E_1、T_1；黑体的吸收率、辐射能力及表面的热力学温度为 a_0、E_0、T_0；且 $T_1>T_0$。

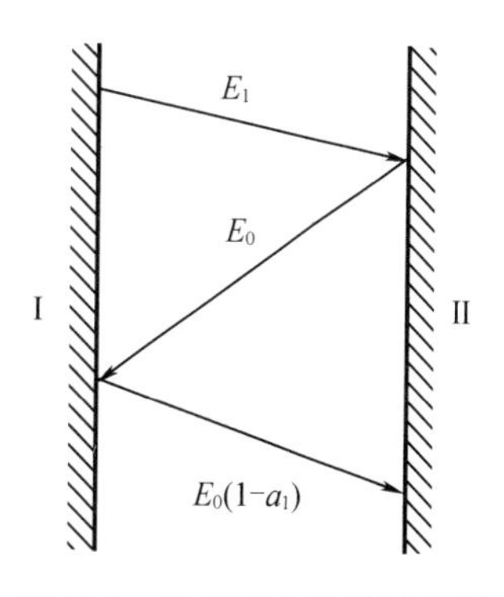

图5-8　克希霍夫定律的推导

灰体Ⅰ所发射的能量 E_1 投射到黑体Ⅱ上被全部吸收；黑体Ⅱ所发射的能量 E_0 投射到灰体Ⅰ上只能被部分吸收，即 a_1E_0 的能量被吸收，其余部分 $(1-a_1E_0)$ 被反射回黑体后被黑体Ⅱ吸收。

因此,两平板间热交换的结果,以灰体Ⅰ为例,发射的能量为 E_1,吸收的能量为 a_1E_0,两者的差为

$$Q=E_1-a_1E_0 \tag{5-32}$$

当两平壁间的热交换达到平衡时,温度相等 $T_1=T_0$,且灰体Ⅰ所发射的辐射能与其吸收的能量必然相等,即 $E_1=a_1E_0$ 或 $\frac{E_1}{a_1}=E_0$。

把上面这一结论推广到任一平壁,得到克希霍夫定律:

$$\frac{E}{a}=\frac{E_1}{a_1}=E_0 \tag{5-33}$$

此定律说明任何物体(灰体)的辐射能力与其吸收率的比值恒为常数,且等于同温度下黑体的辐射能力,故其数值与物体的温度有关。与式(5-31)相比较,得

$$\frac{E}{E_0}=a=\varepsilon \tag{5-34}$$

式(5-34)说明在同一温度下,灰体的吸收率与其黑度在数值上相等。这样实际物体难以确定的吸收率可用其黑度的数值表示。

5.3.3 两固体间的相互辐射

核工业上常遇到两固体间的相互辐射传热,一般可视为灰体间的辐射传热。两灰体间由于辐射传热而进行热交换时,从一个物体发射出来的能量只能部分到达另一物体,而达到另一物体的这部分能量由于还有反射出一部分能量,从而不能被另一物体全部吸收。同理,从另一物体反射回来的能量,也只有一部分回到原物体,而反射回的这部分能量又部分反射和部分吸收。

两固体间的辐射传热总的结果是热量从高温物体传向低温物体。它们之间的辐射传热计算非常复杂,与两固体的吸收率、反射率、形状及大小有关,还与两固体间的距离和相对位置有关。

工业上常遇到以下几种情况的固体之间的相互辐射。

(1)两平行物面之间的辐射,一般又可分为极大的两平行面的辐射和面积有限的两相等平行面间的辐射两种情况。

(2)一物体被另一物体包围时的辐射,一般可分为很大物体 2 包住物体 1 和物体 2 恰好包住物体 1 两种情况。

两固体之间的辐射传热,如公式(5-35)所示。

$$Q_{1-2}=C_{1-2}\varphi_{1-2}A\left[\left(\frac{T_1}{100}\right)^4-\left(\frac{T_2}{100}\right)^4\right] \tag{5-35}$$

式中 Q_{1-2}——高温物体 1 向低温物体 2 传递的热量,W;

C_{1-2}——总辐射系数,W/(m^2 · K^4);

φ_{1-2}——几何因子或角系数;

A——辐射面积,m^2;

T_1——高温物体的温度，K；

T_2——低温物体的温度，K。

其中总辐射系数 C_{1-2} 和角系数 φ_{1-2} 的数值与物体黑度、形状、大小、距离及相互位置有关，在某些具体情况下其数值见表 5-3。

表 5-3　角系数与总发射系数计算式

序号	辐射情况	面积 A	角系数 φ	总发射系数 C_{1-2}
1	极大的两平行面	A_1 或 A_2	1	$\dfrac{C_0}{\dfrac{1}{\varepsilon_1}+\dfrac{1}{\varepsilon_2}-1}$
2	面积有限的两相等平行面	A_1	<1	$\varepsilon_1\varepsilon_2 C_0$
3	很大的物体 2 包住物体 1	A_1	1	$\varepsilon_1 C_0$
4	物体 2 恰好包住物体 1 $A_2\approx A_1$	A_1	1	$\dfrac{C_0}{\dfrac{1}{\varepsilon_1}+\dfrac{1}{\varepsilon_2}-1}$
5	在 3、4 两种情况之间	A_1	1	$\dfrac{C_0}{\dfrac{1}{\varepsilon_1}+\dfrac{A_1}{A_2}\left(\dfrac{1}{\varepsilon_2}-1\right)}$

例 5-6　用裸露热电偶测得管道内高温气体温度 $T_1=923$ K。已知管壁温度为 440 ℃，热电偶表面的黑度 $\varepsilon_1=0.3$，高温气体对热电偶表面的对流传热系数 $\alpha=50$ W/(m^2·K)。

(1) 试求管内气体的真实温度 T_g 及热电偶的测温误差。

(2) 如图 5-9 所示，如采用单层遮热罩抽气式热电偶，热电偶的指示温度为多少？假设由于抽气的原因气体对热电偶的对流传热系数增至 90 W/(m^2·K)，遮热罩表面的黑度 $\varepsilon_2=0.3$。

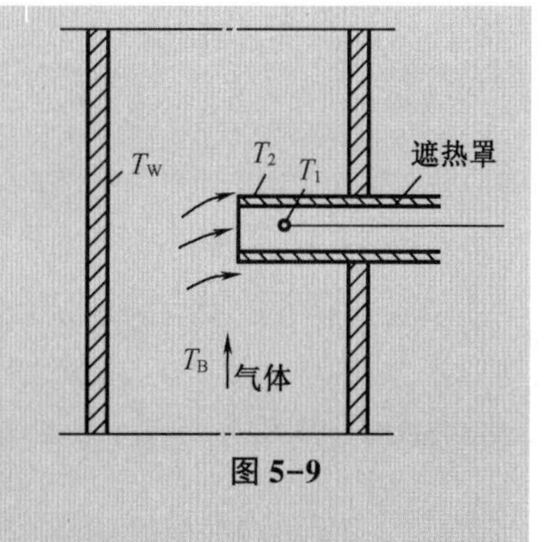

图 5-9

解　(1) 由于热电偶工作点具有凸表面，其表面积相对于管壁面积很小，$A_1/A_2\approx 0$。因此，它们之间的辐射传热可以按表 5-3 中序号 3 的情况计算。在定态条件下，热电偶的辐射散热和对流受热应相等。

$$q=\alpha(T_g-T_1)=\varepsilon_1 C_0\left[\left(\frac{T_1}{100}\right)^4-\left(\frac{T_2}{100}\right)^4\right]$$

$$T_g=T_1+\frac{\varepsilon_1 C_0}{\alpha}\left[\left(\frac{T_1}{100}\right)^4-\left(\frac{T_2}{100}\right)^4\right]$$

$$=923+\frac{0.3\times5.67}{50}\times\left[\left(\frac{923}{100}\right)^4-\left(\frac{713}{100}\right)^4\right]$$

$$=1\ 082\ \text{K}$$

测温的绝对误差为 159 K,相对误差为 14.7%。这样大的测量误差显然是不能允许的。

(2)设遮热罩表面温度为 T_2,气体以对流方式传给遮热罩内外表面的热流通量为

$$q_1=2\alpha_1(T_g-T_2)=2\times90\times(1\ 082-T_2)$$

遮热罩对管壁的散热热流通量为

$$q_2=0.3\times5.67\times\left[\left(\frac{T_2}{100}\right)^4-\left(\frac{731}{100}\right)^4\right]$$

定态时 $q_1=q_2$,于是可从两式用试差法求出遮热罩壁温:

$$T_2=1\ 009\ \mathrm{K}$$

气体对热电偶的对流传热热流通量为

$$q_3=\alpha_1(T_g-T_1)=90\times(1\ 082-T_1)$$

热电偶对遮热罩的辐射散热热流通量为

$$q_4=0.3\times5.67\times\left[\left(\frac{T_2}{100}\right)^4-\left(\frac{1\ 009}{100}\right)^4\right]$$

由 $q_3=q_4$,求出热电的指示度温度 $T_1=1\ 045$ K。此时测温的绝对差为 37 K,相对误差为 3.4%。可见采用热罩抽气式热电偶使测温精度大为提高。

5.3.4 设备及管道的热损失

由于在化工生产中设备或管道的外壁温度常高于周围环境的温度,其高温设备的外壁一般以自然对流和辐射两种形式向外散热,如式(5-36)所示。

$$Q=Q_C+Q_R \tag{5-36}$$

其中以对流方式损失的热量,如公式(5-37)所示。

$$Q_C=\alpha_C A_W(t_W-t) \tag{5-37}$$

以辐射方式损失的热量,如公式(5-38)所示。

$$Q_R=C_{1-2}\varphi A_W\left[\left(\frac{T_W}{100}\right)^4-\left(\frac{T}{100}\right)^4\right] \tag{5-38}$$

令 $\varphi=1$,辐射损失热量也写成牛顿冷却定律的形式,即

$$Q_R=C_{1-2}A_W\left[\left(\frac{T_W}{100}\right)^4-\left(\frac{T}{100}\right)^4\right]\frac{t_W-t}{t_W-t}=\alpha_R A_W(t_W-t) \tag{5-39}$$

其中辐射总传热系数 α_R:

$$\alpha_R=\frac{C_{1-2}\left[\left(\frac{T_W}{100}\right)^4-\left(\frac{T}{100}\right)^4\right]}{t_W-t} \tag{5-40}$$

式中 α_C——空气的对流传热系数,$\mathrm{W/(m^2\cdot K)}$;

α_R——辐射总传热系数,$\mathrm{W/(m^2\cdot K)}$;

T_W——设备或管道外壁温度,K;

t_W——设备或管道外壁温度,℃;

T——周围环境温度,K;

t——周围环境温度,℃;

A_W——设备或管道的外壁面积或散热的表面积,m^2。

基于此,设备或管道的总的热损失可通过对流-辐射联合总传热系数形式写出:

$$Q=Q_C+Q_R=(\alpha_C+\alpha_R)A_W(t_W-t)=\alpha_T A_W(t_W-t) \tag{5-41}$$

式中 α_T——对流-辐射联合总传热系数,$W/(m^2 \cdot K)$。

5.4 传热过程的计算

在实际生产中需要冷热两种流体进行热交换,在不允许它们互相混合情况下,需要采用间壁式的换热器。此时,冷、热两流体分别处在间壁两侧,两流体间的热交换包括了固体壁面的导热和流体与固体壁面间的对流传热,本节主要讨论间壁式换热器的传热计算。

5.4.1 总传热速率方程

换热器两侧流体的热交换过程包括如下 3 个串联的传热过程。如图 5-10 所示,截取换热器一段微元来进行研究,其传热面积为 dA,微元壁内、外流体温度分别为 T、t(平均温度),则单位时间通过 dA 冷、热流体交换的热量 dQ 应正比于壁面两侧流体的温差,而此时方程中的 K 与所取微元面的位置有关,故称为局部总传热系数。

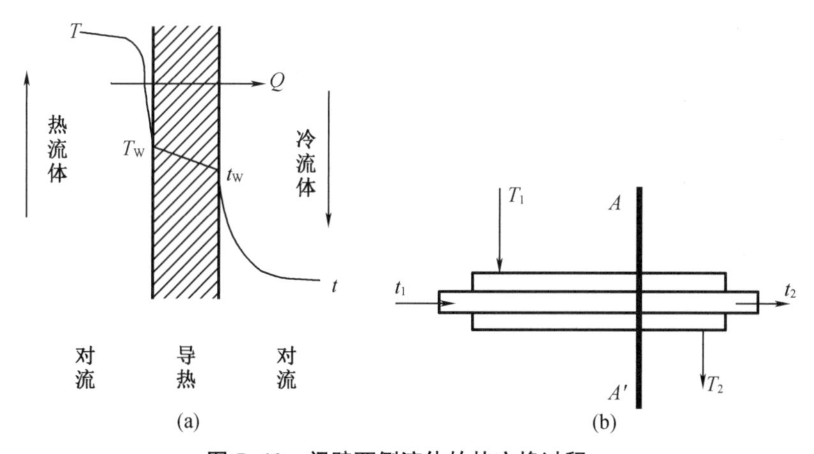

图 5-10 间壁两侧流体的热交换过程

$$dQ=KdA(T-t) \tag{5-42}$$

由图 5-10 可知,微元内两流体的热交换过程由以下 3 个串联的传热过程组成。

(1)热流体失去热量

$$dQ_1=\alpha_1 dA_1(T-T_W)$$

(2)管壁热传导

$$dQ_2=\frac{\lambda}{b}dA_m(T_W-t_W)$$

(3)冷流体获得热量

$$dQ_3=\alpha_2 dA_2(t_W-t)$$

对于稳态传热,3 个传热过程的热流量是相等的,即

$$dQ=dQ_1=dQ_2=dQ_3$$

将上式展开,并写成推动力/热阻形式,如公式(5-43)、式(5-44)所示。

$$dQ=\frac{T-T_W}{\frac{1}{\alpha_1 dA_1}}=\frac{T_W-t_W}{\frac{b}{\lambda dA_m}}=\frac{t_W-t}{\frac{1}{\alpha_2 dA_2}}=\frac{T-t}{\frac{1}{\alpha_1 dA_1}+\frac{b}{\lambda dA_m}+\frac{1}{\alpha_2 dA_2}} \tag{5-43}$$

$$\frac{1}{KdA}=\frac{1}{\alpha_1 dA_1}+\frac{b}{\lambda dA_m}+\frac{1}{\alpha_2 dA_2} \tag{5-44}$$

式中　K——局部总传热系数,$W/m^2 \cdot K$。

(1)当传热面为平面时:

$$dA=dA_1=dA_2=dA_m$$

则

$$\frac{1}{K}=\frac{1}{\alpha_1}+\frac{b}{\lambda}+\frac{1}{\alpha_2} \tag{5-45}$$

(2)当传热面为圆筒壁时,两侧的传热面积不等,化工过程中通常以外表面作为基准,即取上式中 $dA=dA_1$,则

$$\frac{1}{K_1}=\frac{1}{\alpha_1}+\frac{b}{\lambda}\frac{dA_1}{dA_m}+\frac{1}{\alpha_2}\frac{dA_1}{dA_2}\text{或}\frac{1}{K_1}=\frac{1}{\alpha_1}+\frac{b}{\lambda}\frac{d_1}{d_m}+\frac{1}{\alpha_2}\frac{d_1}{d_2} \tag{5-46}$$

式中　K_1——以换热管的外表面为基准的总传热系数;

A_m——换热管的对数平均面积,当薄层圆筒壁$\frac{d_1}{d_2}<2$时,可用算数平均值代替。

例 5-7　热空气在冷却管外流过,$\alpha_2=90\ W/(m^2 \cdot K)$。冷却水在管内流过 $\alpha_1=1\ 000\ W/(m^2 \cdot K)$,冷却管外径 $d_2=16$ mm,壁厚 $\delta=1.5$ mm,$\lambda=40\ W/(m^2 \cdot K)$。试求:

(1)总传热系数 K;

(2)管外对流传热系数 α_2 增加一倍,总传热系数有何变化?

(3)管内对流传热系数 α_1 增加一倍,总传热系数有何变化?

解　因为$\frac{d_1}{d_2}<2$,因此 d_m 用算数平均值代替,有

$$d_m=(d_1+d_2)/2=(16+13)/2=14.5\text{ mm}$$

(1)

$$K=\frac{1}{\frac{1}{\alpha_1}\cdot\frac{d_2}{d_1}\times\frac{\delta}{\lambda}\times\frac{d_2}{d_m}+\frac{1}{\alpha_2}}$$

$$=\frac{1}{\frac{1}{1\ 000}\cdot\frac{16}{13}\times\frac{0.001\ 5}{40}\times\frac{16}{14.5}+\frac{1}{90}}$$

$$=80.8\ \mathrm{W/(m^2\cdot K)}$$

(2)

$$K_1=\frac{1}{0.001\ 23+\frac{1}{2\times 90}}=147.4\ \mathrm{W/(m^2\cdot K)}$$

总传热系数增加了83%。

(3)

$$K_2=\frac{1}{\frac{1}{2\times 1\ 000}+\frac{16}{13}+0.011}=85.3\ \mathrm{W/(m^2\cdot K)}$$

总传热系数增加了6%，要提高K，应提高较小的对流传热系数α_2值比较有效。

换热器使用一段时间后，传热速率Q会下降，这往往是由于传热表面有污垢积存的缘故，污垢的存在增加了传热热阻。即使污垢不厚，由于其总传热系数小、热阻大，在计算K值时通常不可忽略。

可以根据经验直接估计污垢热阻值，将其考虑在K中，即

$$\frac{1}{K}=\frac{1}{\alpha_1}+R_1+\frac{b}{\lambda}\frac{d_1}{d_m}+R_2\frac{d_1}{d_2}+\frac{1}{\alpha_2}\frac{d_1}{d_2} \tag{5-47}$$

式中 R_1、R_2——传热面两侧的污垢热阻，$\mathrm{m^2\cdot K/W}$。

通过对局部总传热系数表达式(5-47)进行分析，可以发现局部总传热系数除与设备的材料、几何尺寸有关外，还与管内外的对流传热系数有关。而对流传热系数可通过5.2.3节的经验关联式来进行计算，经验关联式中的雷诺数、普兰德数均与物性有关，而物性是温度的函数，整个传热设备内不同位置的温度又存在一定的差异，因而局部对流传热系数会随所研究的位置而变化。

在计算某一特定换热器管程与壳程流体的对流换热系数时，流体物性需要取定性温度下的数值，在不考虑物性随位置变化的情况下，所计算的局部对流传热系数仅与换热器的形式、几何结构以整体温度变化有关，不再随所处的位置变化，此时称为总传热系数。

5.4.2 平均温度差法

传热微分方程[式(5-42)]需要在整个换热器内积分之后才能用于传热过程的计算，而在不同情境下，这一系列微分方程的积分形式不尽相同，本节将从恒温度差传热和变温传热两种典型工况来探讨传热过程积分形式的速率方程。

1. 冷凝-沸腾传热过程温度差

对于冷凝-沸腾传热，壳程流体与管程流体均有相变，即换热器两侧流体的主体温度始终等于各自所处状态下的饱和温度。此时对于换热器的不同位置，均满足传热温差$\Delta t=T-t$

为常数,在此条件下可直接对微分传热方程左右两侧的传热量以及换热面积进行积分,得

$$Q=KA\Delta t$$

2. 变温传热过程平均温度差

这里的变温过程,对应着壳程流体与管程流体均无相变的对流传热过程,以单管式换热器为例,典型操作方式包括逆流与并流两种情况,如图 5-11 所示,其中并流为参与换热的两种流体沿传热面平行而同向的流动;逆流为参与换热的两种流体沿传热面平行而反向的流体。

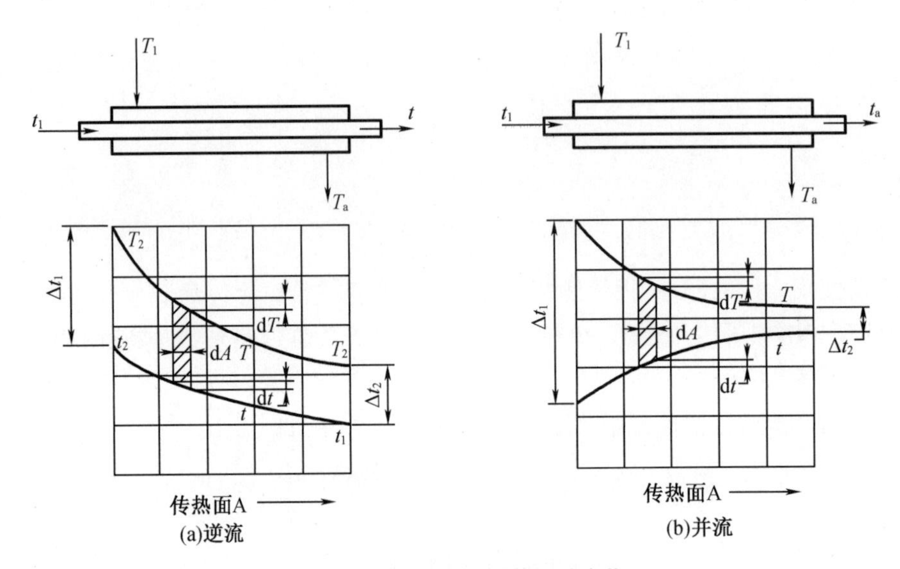

图 5-11　双侧变温时的温差变化

沿传热面的局部温度差($T-t$)是变化的,对于满足以下情景的变温传热过程可以采用平均温度差法计算:稳态传热,即换热器内不同位置处流体的温度均不随时间变化;物性(包括密度、黏度、热导率、比热容)可以按常数取值;局部总传热系数不随所处位置变化,且始终等于总传热系数;忽略热损失,即热流体减少热能全部用于提升冷流体的热能。

下面以逆流操作(两侧流体无相变)为例,推导 Δt_m 的计算式。如图 5-9 所示,热流体的质量流量 G_1,比热容 c_{ph},进出口温度为 T_1、T_2;冷流体的质量流量 G_2,比热容 c_{pc},进出口温度为 t_1、t_2。对于换热器两侧流体同时进行能量衡算,微元段传热速率与微元段流体温度变化间存在下述关系:

$$\frac{\mathrm{d}Q}{\mathrm{d}T}=-G_1c_{ph}$$

$$\frac{\mathrm{d}Q}{\mathrm{d}t}=-G_2c_{pc}$$

考虑到流体的连续性以及两侧流体的流动截面均未发生变化,而在比热可以取值为定性温度下的数值,故两方程右侧均可看作常数,即 $Q-T$ 与 $Q-t$ 均为线性关系,即

$$T=mQ+k$$

$$t=m'Q+k'$$

将以上两式相减，可得

$$T-t=(m-m')Q+k-k'$$

由上式可知局部温度差 Δt 与传热速率 Q 呈线性关系，相应直线斜率为

$$\frac{\mathrm{d}\Delta t}{\mathrm{d}Q}=\frac{\Delta t_2-\Delta t_1}{Q}$$

将微元传热速率 $\mathrm{d}Q$ 对应的对流传热方程(5-42)替换，即可得出

$$\frac{\mathrm{d}\Delta t}{\Delta t}=K\frac{\Delta t_2-\Delta t_1}{Q}\mathrm{d}A \tag{5-48}$$

对该式进行定积分，结合换热器两侧的边界条件，可得

$$\int_{\Delta t_1}^{\Delta t_2}\frac{d\Delta t}{\Delta t}=K\frac{\Delta t_2-\Delta t_1}{Q}\int_0^A\mathrm{d}A \tag{5-49}$$

即

$$Q=KA\Delta t_{\mathrm{m}}=KA\frac{\Delta t_2-\Delta t_1}{\ln\dfrac{\Delta t_2}{\Delta t_1}} \tag{5-50}$$

式中，Δt_{m} 为换热器的对数平均温度差，当换热器两侧温度差较小，即 $\Delta t_2/\Delta t_1\leqslant 2$ 时，使用算数平均温度差$(\Delta t_2+\Delta t_1)/2$ 代替对数平均温度差，相应计算误差小于 4%。对于并流传热换热器，相应的推导和平均温度差计算方法均与逆流时相似。

例 5-8 在一台螺旋板式换热器中，热水流量为 2 000 kg/h，冷水流量为 3 000 kg/h，热水进口温度 $T_1=80$ ℃，冷水进口温度 $t_1=10$ ℃。如果要求将冷水加热到 $t_2=30$ ℃，试求并流和逆流时的平均温差，其中 $c_{\mathrm{p1}}=c_{\mathrm{p2}}=4.2$ kJ/(kg · ℃)。

解

$$q_{\mathrm{m1}}c_{\mathrm{p1}}(T_1-T_2)=q_{\mathrm{m2}}c_{\mathrm{p2}}(t_1-t_2)$$

$$2\ 000\times(80-T_2)=3\ 000\times(30-10)$$

$$T_2=50\ ℃$$

并流时：

$$\Delta t_{\mathrm{m}}=39\ ℃$$

逆流时：

$$\Delta t_{\mathrm{m}}=44.8\ ℃$$

可见逆流操作的 Δt_{m} 比并流时大 12.3%。

5.4.3 壁温的计算

在热损失和某些对流传热系数(如自然对流、强制层流、冷凝、沸腾等)的计算中都需要知道壁温。此外选择换热器类型和管材时，也需要知道壁温。下面来看壁温的计算。

对于稳态传热，由式(5-43)可知：

$$Q=KA\Delta t_m=\frac{T-T_W}{\frac{1}{\alpha_1 A_1}}=\frac{T_W-t_W}{\frac{b}{\lambda A_m}}=\frac{t_W-t}{\frac{1}{\alpha_2 A_2}} \tag{5-51}$$

利用上面的公式计算壁温,得

$$T_W=T-\frac{Q}{\alpha_1 A_1}$$

$$t_W=T_W-\frac{bQ}{\lambda A_m}$$

$$t_W=t+\frac{Q}{\alpha_2 A_2} \tag{5-52}$$

式中　T、t、T_W、t_W——热、冷流体及管壁两侧的温度。

(1)一般换热器金属壁的 λ 大,即 $b/\lambda A_m$ 小,热阻小,$t_W=T_W$;

(2)当 $t_W=T_W$,得$\frac{T-T_W}{T_W-t}=\frac{\frac{1}{\alpha_1 A_1}}{\frac{1}{\alpha_2 A_2}}$,说明传热面两侧的温度差之比等于两侧热阻之比,哪侧热阻大其温差就大,避免温度就接近热阻小的一侧流体的温度。如 $\alpha_1 \gg \alpha_2$,得:$(T-T_W) \ll (T_W-t)$,T_W 接近于 T,即 α 大、热阻小那侧流体的温度。

(3)如果两侧有污垢,还应考虑污垢热阻的影响。

$$Q=KA\Delta t_m=\frac{T-T_W}{\left(\frac{1}{\alpha_1}+R_1\right)\frac{1}{A_1}}=\frac{T_W-t_W}{\frac{b}{\lambda A_m}}=\frac{t_W-t}{\left(\frac{1}{\alpha_2}+R_2\right)\frac{1}{A_2}} \tag{5-53}$$

例 5-9　有一废热锅炉由 ϕ25 mm×2.5 mm 锅炉钢管组成。管外为沸腾的水压力为 2.57 MPa。管内走烟道气,温度由 57 ℃下降到 472 ℃。已知转化气一侧 $\alpha_2=300\ \mathrm{W\cdot m^{-2}\cdot K^{-1}}$,水侧 $\alpha_1=10\ 000\ \mathrm{W\cdot m^{-2}\cdot K^{-1}}$。若忽略污垢热阻,试求两侧壁温 T_W 及 t_W。

解　(1)总传热系数

以管子外表面 A_1 为基准,钢管 $\lambda=45\ \mathrm{W\cdot m^{-1}\cdot K^{-1}}$,$d_1=25$ mm,$d_2=20$ mm,$d_m=2.5$ mm,$b=0.002\ 5$ mm。

$$\frac{1}{K_1}=\frac{1}{\alpha_1}+\frac{b}{\lambda}\frac{d_1}{d_m}+\frac{1}{\alpha_2}\frac{d_1}{d_2}$$

$$=\frac{1}{10\ 000}+\frac{0.002\ 5}{45}\times\frac{25}{22.5}+\frac{1}{300}\times\frac{25}{20}$$

$$=0.004\ 33$$

整理得

$$K_1=231\ \mathrm{W\cdot m^{-2}\cdot K^{-1}}$$

(2)平均温度差

在 2.57 MPa 下,水的饱和温度为 226.4 ℃,故

$$\Delta t_m = 297.1\ ℃$$

(3)传热速率

$$Q = K_1 A_1 \Delta t_m = 68\ 630 A_1$$

(4)管壁温度

热流体的平均温度:

$$T = \frac{575+472}{2} = 523.5\ ℃$$

管内壁温度:

$$T_W = T - \frac{Q}{\alpha_2 A_2} = 523.5 - \frac{68\ 630 A_1}{300 A_2} = 237.5\ ℃$$

管外壁温度:

$$t_W = t - \frac{Q}{\alpha_1 A_1} = 226.4 - \frac{68\ 630}{10\ 000} = 233.3\ ℃$$

计算结果表明,由于水沸腾的 α_1 比高温气体的 α_2 大很多,所以壁温接近于水沸腾的温度;因管壁热阻很小,管壁两侧的温度比较接近。

5.5 传热设备与传热过程强化

5.5.1 传热设备类型

化工生产中常见的情况是冷热流体进行热交换。根据冷热流体的接触情况,工业上的传热过程可分为三大类:直接接触式、蓄热式和间壁式换热器。

其设备可以划分为以下几种基本类型。

1. 直接接触式换热器

直接接触式换热器可以提供两流体直接接触,其目的是为了使两流体组分在界面发生热和质的传递。热和质的传递速度取决于界面,以及一种流体在另一种流体中的性质及分散程度。一般说来,直接接触式换热器的分类可以按照它的主要作用是分散气体还是分散液体来划分。直接接触式换热的优点在于方便和有效,设备结构较简单,常用于热气体的水冷或热水的空气冷却。采用直接接触换热,需要满足在工艺上必须允许两种流体能够相互混合。

2. 蓄热式换热器

蓄热式换热器如图5-12所示,蓄热器内装有耐火砖一类的填充物,操作时,首先通入热流体,使填充物温度升高,并贮存热量,然后改通冷流体,填充物释放所贮存的热量,并将冷流体加热,从而达到冷、热流体进行换热

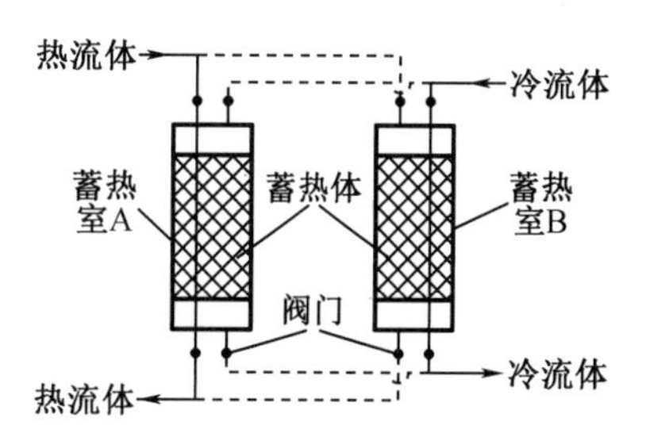

图5-12 蓄热式换热器

的目的。其优点是结构较简单,可耐高温,常用于气体的余热或冷量的利用;缺点是由于填料需要蓄热,所以设备的体积较大,且两种流体交替时难免会有一定程度的混合。

这类传热的操作,通常用两个蓄热器间歇地交替进行,过程中难免不发生两股流体的混合,这类换热在冶金行业中较为常用。

3. 间壁式换热器

间壁式换热器的特点是在冷、热两种流体之间用一金属壁(或石墨等导热性能好的非金属壁)隔开,以便使两种流体在不混合的情况下进行热量传递。间壁式换热器又可以进一步分成以下五种子类型。

(1)夹套换热器

夹套换热器的其夹套装在容器外部,在夹套和容器壁之间形成密闭空间,成为一种流体的通道。其优点是结构简单,加工方便;缺点是传热面积小,传热效率低。夹套换热器广泛用于反应器的加热和冷却,此外为了提高传热效果,可在釜内加搅拌器或蛇管和外循环。

(2)沉浸式蛇管换热器

沉浸式蛇管换热器的蛇管一般由金属管子弯绕而制成,适应容器所需要的形状,沉浸在容器内,冷热流体在管内外进行换热。其优点是结构简单,便于防腐,能承受高压;缺点是传热面积小,蛇管外对流传热系数小,此外为了强化传热,容器内通常需要额外添加搅拌。

(3)喷淋式换热器

喷淋式换热器中,冷却水从最上面的管子的喷淋装置中淋下来,沿管表面流下来,被冷却的流体从最上面的管子流入,从最下面的管子流出,与外面的冷却水进行换热。在下流过程中,冷却水可收集再进行重新分配。其优点是结构简单、造价便宜,能耐高压,便于检修、清洗,传热效果好;缺点是冷却水喷淋不易均匀而影响传热效果,只能安装在室外。

(4)套管式换热器

套管式换热器由不同直径组成的同心套管组成,可根据换热要求,将几段套管用U形管连接,目的是增加传热面积;冷热流体可以逆流或并流。其优点是结构简单,加工方便,能耐高压,总传热系数较大,能保持完全逆流使平均对数温差最大,可增减管段数量应用方便;缺点是结构不紧凑,金属消耗量大,接头多而易漏,占地较大。广泛用于超高压生产过程,可用于流量不大,所需传热面积不多的场合。

(5)列管式换热器

列管式换热器又称为管壳式换热器,是最典型的间壁式换热器。列管式换热器主要由壳体、管束、管板、折流挡板和封头等组成。热流体在管内流动,其行程称为管程;冷流体在管外流动,其行程称为壳程,如图5-13所示。管束的壁面即为传热面。

列管式换热器的单位体积设备所能提供的传热面积大,传热效果好,结构坚固,可选用的结构材料范围宽广,操作弹性大,大型装置中普遍采用。为提高壳程流体流速,往往在壳体内安装一定数目与管束相互垂直的折流挡板。折流挡板不仅可防止流体短路、增加流体流速,还迫使流体按规定路径多次错流通过管束,使湍动程度大为增加。

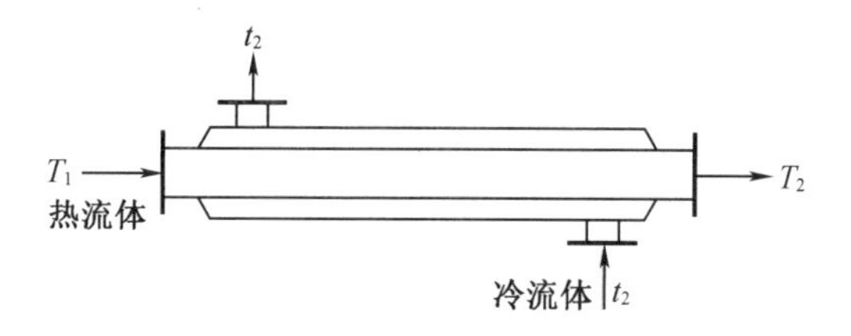

图 5-13　列管式换热器

壳体内装有管束,管束两端固定在管板上。由于冷热流体温度不同,壳体和管束受热不同,其膨胀程度也不同,如两者温差较大,管子会扭弯,从管板上脱落,甚至毁坏换热器。所以,列管式换热器必须从结构上考虑热膨胀的影响,采取各种补偿的办法,消除或减小热应力。

根据所采取的温差补偿措施,列管式换热器可分为以下几种形式。

①固定管板式换热器

固定管板式换热器(图 5-14)具有结构简单,成本低,壳程检修和清洗困难,壳程必须具有清洁、不易产生垢层和腐蚀的介质等特点;当换热器内壳体与传热管壁温度之差大于 50 ℃,需要依靠补偿圈的弹性变形来适应壳体和管路之间的热膨胀。

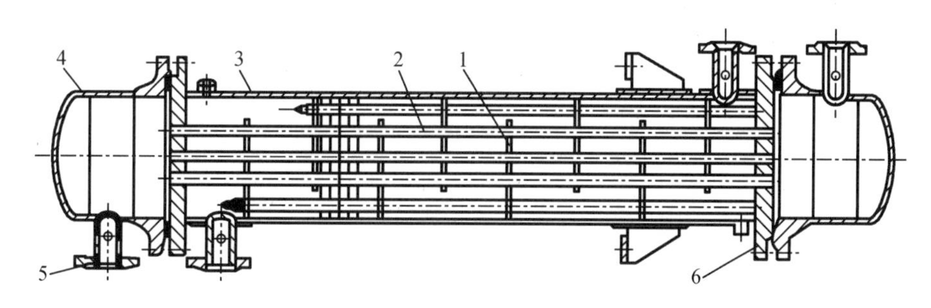

1—折流挡板;2—管束;3—壳体;4—封头;5—接管;6—管板。

图 5-14　固定管板式换热器

②浮头式换热器

浮头式换热器(图 5-15)具有结构较为复杂、成本高的缺点,但其消除了温差应力,是应用较多的一种结构形式。浮头式换热器一端不与壳体相连,可自由沿管长方向浮动。当壳体与管束因温度不同而引起热膨胀时,管束连同浮头可在壳体内沿轴向自由伸缩,可完全消除热应力。

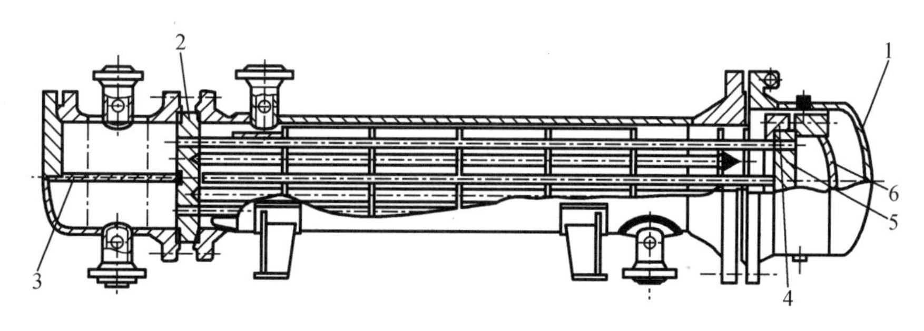

1—壳盖;2—固定管板;3—隔板;4—浮头钩圃法兰;5—浮动管板;6—浮头盖。

图 5-15　浮头式换热器

③U 形管式换热器

U 形管式换热器把每根管子都弯成 U 形,两端固定在同一管板上,每根管子可自由伸缩,来解决热补偿问题。U 形管式换热器管程不易清洗,常为洁净流体,其结构较简单,适用于高压气体的换热。

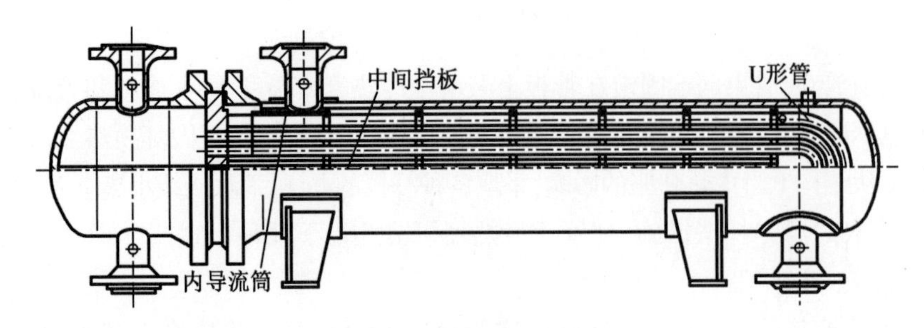

图 5.16 U 形管式换热器

5.5.2 管壳式换热器的型号与选型

管壳式换热器是一种传统的标准换热设备。它在石油、化工、热能、动力等工业部门广泛使用,为便于设计、制造、安装和使用,管壳式换热器有一系列标准。

1. 管壳式换热器的基本参数和型号表示方法

(1)基本参数

管壳式换热器的基本参数包括:

①公称换热面积 S_N;

②公称直径 D_N;

③公称压力 P_N;

④换热器管长度 L;

⑤换热管规格;

⑥管程数 N_p。

(2)型号表示方法

管壳式换热器的型号由五部分组成:

$$\underset{1}{X}\quad \underset{2}{XXXX}\quad \underset{3}{X}\quad \underset{4}{-XX}\quad \underset{5}{-XXX}$$

1——换热器代号;

2——公称直径 D_N,mm;

3——管程数;

4——公称压力 P_N,MPa;

5——公称换热面积 S_N,m^2。

例如 D_N 800 mm、P_N 0.6 MPa 的单管程、换热面积为 110 m^2 的固定管板式换热器的型号为:G800 I-0.6-110。

2. 管壳式换热器的设计计算的一般步骤

(1)估算传热面积,初选换热器型号

①根据换热任务,计算传热量。

②确定流体在换热器中的流动途径。

③确定流体在换热器中两端的温度,计算定性温度,确定在定性温度下的流体物性。

④计算平均温度差,并根据温度差校正系数不应小于0.8的原则,确定壳程数或调整加热介质或冷却介质的终温。

⑤根据两流体的温差和设计要求,确定换热器的型式。

⑥依据换热流体的性质及设计经验,选取总传热系数值 $K_{选}$。

⑦依据总传热速率方程,初步算出传热面积 A,并确定换热器的基本尺寸或按系列标准选择设备规格。

(2)流体通过换热器的流动阻力计算

根据初选的设备规格,计算管、壳程的流速和压降,检查计算结果是否合理或满足工艺要求。若压降不符合要求,要调整流速,再确定管程和折流挡板间距,或选择其他型号的换热器,重新计算压降直至满足要求为止。

(3)校核总传热系数

计算管、壳程对流传热系数,确定管程流体侧和壳程流体处的污垢热阻 R_i 和 R_o,再计算总传热系数 $K_{计}$,然后与 $K_{选}$ 值比较,若 $K_{计}/K_{选}=1.15\sim1.25$,则初选的换热器合适。否则需要另选 $K_{选}$ 值,重复上述计算步骤。

5.5.3 换热器传热过程的强化

传热过程的强化就是力求使换热器在单位时间内、单位传热面积传递的热量尽可能增多。其意义在于:在设备投资及输送功耗一定的条件下,获得较大的传热量,从而增大设备容量,提高劳动生产率;在保证设备容量不变情况下使其结构更加紧凑,减少占有空间,节约材料,降低成本。

本节将从总传热速率方程(5-51)出发探讨传热过程的强化途径,方程中传热速率 Q 与总传热系数 K、平均温度差 Δt_m 以及传热面积 A 有关。根据此式,要使 Q 增大,可以从增加传热面积 A、平均温差 Δt_m 以及总传热系数 K 三者中的一条或多条来实现。

1. 增大传热面积

增大传热面积,可以提高换热器的传热速率。但增大传热面积不能靠增大换热器的尺寸来实现,而是要从设备的结构入手,提高单位体积的传热面积。工业上往往通过改进传热面的结构来实现。目前已研制出并成功使用了多种高效能传热面,它不仅使传热面得到充分的扩展,而且还使流体的流动和换热器的性能得到了相应的改善。现介绍几种主要形式。

(1)翅化面(肋化面)

用翅(肋)片来扩大传热面面积和促进流体的湍动从而提高传热效率,是人们在改进传热面进程中最早推出的方法之一。翅化面的种类和形式很多,用材广泛,制造工艺多样,前面讨论的翅片管式换热器、板翅式换热器等均属此类。翅片结构通常用于传热面两侧总传热系数小的场合,对气体换热尤为有效。

(2)异形表面

用轧制、冲压、打扁或爆炸成型等方法将传热面制成各种凹凸形、波纹型、扁平状等,使流道截面的形状和大小均发生变化。这不仅使传热表面有所增加,还使流体在流道中的流动状态不断改变,增加扰动,减少边界层厚度,从而促使传热强化。强化传热管即为管壳式换热中的常用结构。

(3)多孔物质结构

将细小的金属颗粒烧结或涂敷于传热表面或填充于传热表面间,以实现扩大传热面积的目的。表面烧结法制成的多孔层厚度一般为 0. 25~1 mm,空隙率为 50%~65%,孔径为 1~150 μm。这种方式对于沸腾传热过程的强化特别有效。

(4)采用小直径管

在管式换热器设计中,减少管子直径,可增加单位体积的传热面积,这是因为管径减小了。据推算,在壳径为 1 000 mm 以下的管壳式换热器中,把换热管直径由 $\phi25$ 改为 $\phi19$,传热面积可增加 35%以上。应予指出,减小管径可有效提高单位体积的传热面积,但同时往往会使流动阻力有所增加,故设计时应综合比较,全面考虑。

2. 增大平均温度差 Δt_m

平均温度差的大小主要取决于两流体的温度条件和两流体在换热器中的流动形式。一般来说,物料的温度由生产工艺来决定,不能随意变动,而加热介质或冷却介质的温度由于所选介质不同,可以有很大的差异。例如,在化工中常用的加热介质是饱和水蒸气,若提高蒸汽的压力就可以提高蒸汽的温度,从而提高平均温度差。但需指出的是,提高介质的温度必须考虑到技术上的可行性和经济上的合理性。另外,采用逆流操作或增加管壳式换热器的壳程数,均可得到较大的平均温度差。

3. 增大总传热系数

增大总传热系数可以提高换热器的传热效率。总传热系数的计算式见式(5-46),根据该式,降低五项热阻中的任意一项,均可使总传热系数增大。但考虑到不同热阻对于总传热系数的贡献,降低其中最大的热阻将会取得越好的效果。虽然减少各项热阻对不同情景总传热系数贡献不同,但仍会使总传热系数增大。减少热阻的主要方法如下。

(1)减少传热边界层中层流底层厚度

加大流体的流速,强化流体的扰动,在流体中加固体颗粒,在气流中喷入液滴等手段均可以有效减少传热边界层中层流底层厚度,从而增大总传热系数。除此之外,采用短管换热器能强化对流传热。在流动入口处,由于层流内层很薄,对流传热系数较高。据报道,短管换热器的总传热系数较普通的管壳式换热器可提高 5~6 倍。

(2)防止结垢和及时清除垢层

为了防止结垢,可增加流体的速度,加强流体的扰动;为便于清除垢层,使易结垢的流体在管程流动或采用可拆式的换热器结构,定期进行清垢和检修。

本章符号说明

符号	意义	计量单位
Q	传热速率	W
A	传热面积	m^2
q	传热通量	W/m^2
λ	热导率	W/(m·℃)
β	温度系数	
t_b	管道流体混合体温度	℃
Nu	努塞尔数	
Pr	普朗特数	
Gr	格拉斯霍夫数	
σ_0	黑体辐射常数	$m^2 \cdot K^4$
C_0	黑体辐射系数	$W/(m^2 \cdot K^4)$
ε	黑度	
α	对流传热系数	$W/(m^2 \cdot K)$
K	换热器(局部或平均)传热系数	$W/(m^2 \cdot ℃)$
Δt_m	换热器的对数平均温度差	℃

习　　题

1. 如果温度场随时间变化,则为________。

2. 一般来说,紊流时的对流换热强度要比层流时________。

3. 采用小管径的管子是________对流换热的一种措施。

4. 壁温接近换热系数________一侧流体的温度。

5. 总传热系数的大小表征物质________的强弱。

6. 一般情况下气体的对流换热系数________液体的对流换热系数。

7. 在一定的进出口温度条件下________的平均温差最大。

8. ________是在相同温度下辐射能力最强的物体。

9. 普朗克定律揭示了________按波长和温度的分布规律。

10. 角系数仅与________因素有关。

11. 在一个传热过程中,当壁面两侧换热热阻相差较多时,增大换热热阻________一侧的换热系数对于提高总传热系数最有效。

12. 在一台顺流式的换热器中,已知热流体的进出口温度分别为 180 ℃和 100 ℃,冷流体的进出口温度分别为 40 ℃和 80 ℃,则对数平均温差________。

13. 已知一灰体表面的温度为 127 ℃,黑度为 0.5,则其辐射能为________。

14. 已知某大平壁的厚度为 15 mm,材料总传热系数为 0.15 W/(m^2·K),壁面两侧的温度差为 150 ℃,则通过该平壁导热的热流密度为________。

15. 已知某流体流过固体壁面时被加热,并且 α=500 W/(m^2·K),q=20 kW/m^2,流体平均温度为 40 ℃,则壁面温度为________。

16. 简述非稳态导热的基本特点。

17. 气体辐射有哪些特点?

18. 为什么高温过热器一般采用顺流式和逆流式混合布置的方式?

19. 欲在直立式单程列管换热器的壳程将流量为 0.35 kg/s,温度为 80 ℃的饱和苯蒸气冷凝并冷却到 30 ℃,苯在 80 ℃时的冷凝热为 394 kJ/kg,液苯的比热为 1.8 kJ/(kg·℃)。换热器由 38 根直径为 ϕ25 mm×2.5 mm、长为 2 m 的无缝钢管组成,苯蒸气在管外冷凝总传热系数 α_1=1 400 W/(m^2·℃),液苯在管外对流传热系数 α_2=1 200 W/m^2·℃,冷却水在管内与苯逆流流动,其温度由 20 ℃升至 30 ℃,试计算:

(1)冷却水的用量;钢的总传热系数 λ=45 W/(m·℃)。

(2)如管内水的对流传热系数为 1 717 W/(m^2·℃),问该换热器是否能满足要求?

20. 用 120 ℃的饱和水蒸气将流量为 36 m^3/h 的某稀溶液在双管程列管换热器中从温度为 80 ℃上升到 95 ℃,每程有直径为 ϕ25 mm×2.5 mm 管子 30 根,且以管外表面积为基准 K=2 800 W/(m^2·℃),蒸汽侧污垢热阻和管壁热阻可忽略不计。求:

(1)换热器所需的管长;

(2)操作一年后,由于污垢积累,溶液侧的污垢系数增加了 0.000 09 W/(m^2·℃),若维持溶液原流量及进口温度,其出口温度为多少?若又保证溶液原出口温度,可采取什么措施?(定性说明)溶液的 ρ=1 000 kg/m^3;c_p=4.2 kJ/(kg·℃)。

第 6 章　萃　　取

6.1　传质过程概论

6.1.1　质量传递的基本方式

多组分体系中溶质由高浓度区向低浓度区转移的过程即传质。因而传质过程的基础有两个:其一是仅发生在多组分的体系中;其二是存在着组分浓度差异。

常用的组分浓度表示方法包括摩尔浓度、摩尔分数、质量浓度、质量分数等。组分的质量与摩尔量之间可以通过摩尔质量相互转化,本书中今后所涉及的传质过程均是以摩尔量为标准进行定义的。

单位体积混合物中某组分 A 物质的量称为该组分的物质的量浓度,以符号 c_A 来表示,混合物总的物质的量浓度即为所有组分物质的量浓度之和,以符号 c 来表示。

$$c_A=\frac{n_A}{V} \tag{6-1}$$

$$c=\sum_{i=1}^{n} c_i \tag{6-2}$$

气相与液相中混合物摩尔分数的表达方式存在一定的差异,但摩尔分数都是可归一化的。对于液相中的摩尔分数以符号 x 表示:

$$x_A=\frac{n_A}{n}=\frac{c_A}{c} \tag{6-3}$$

$$\sum_{i=1}^{n} x_i=1 \tag{6-4}$$

对于气相中的摩尔分数以符号 y 表示:

$$y_A=\frac{n_A}{n} \tag{6-5}$$

$$\sum_{i=1}^{n} y_i=1 \tag{6-6}$$

若混合物中除 A 组分外,其余组分均为惰性组分,则采用摩尔分数来表示混合物的组成:液相摩尔分数符号为 X_A、气相摩尔分数符号为 Y_A,摩尔分数与摩尔分数间关系为

$$X_A=\frac{n_A}{n-n_A}=\frac{x_A}{1-x_A}$$

$$Y_A=\frac{n_A}{n-n_A}=\frac{y_A}{1-y_A}$$

例 6-1 在常压、298 K 的吸收塔内,用水吸收混合气中的 SO_2。已知混合气体中含 SO_2 的体积百分比为 20%,其余组分可看作惰性气体,出塔气体中含 SO_2 体积百分比为 2%,试分别用摩尔分数和摩尔浓度表示出塔气体中 SO_2 的组成。

解 混合气可视为理想气体,以下标 2 表示出塔气体的状态。

$$y_2 = 0.02$$

$$Y_2 = \frac{y_2}{1-y_2} = \frac{0.02}{1-0.02} \approx 0.02$$

$$p_{A2} = py_2 = 101.3 \times 0.02 = 2.026\ \text{kPa}$$

$$c_{A2} = \frac{n_{A2}}{V} = \frac{p_{A2}}{RT} = \frac{2.026}{8.314 \times 298} = 8.018 \times 10^4\ \text{kmol/m}^3$$

质量传递机理包括分子传质和对流传质两种基本方式,广义的对流传质包括流动流体内的传质(相内)以及不同物相间相对运动过程中的传质(相间)两类。

分子传质的过程速率可以通过费克第一定律描述:传质过程速率,即通过指定平面的物质的量的通量,其大小等于扩散系数与物质的量浓度梯度的乘积,方程形式如下:

$$J_A = -D_{AB}\frac{\mathrm{d}c_A}{\mathrm{d}z} \tag{6-7}$$

$$J_B = -D_{BA}\frac{\mathrm{d}c_B}{\mathrm{d}z}$$

式中 N_A—A 组分的分子传质通量,mol/(m^2 · s);

N_B——B 组分的分子传质通量,mol/(m^2 · s);

D_{AB}(D_{BA})——A 组分(B 组分)在双组分体系中的扩散系数,m^2/s;

z——传质方向上的距离,m。

部分气体和液体的扩散系数如表 6-1 和表 6-2 所示。

表 6-1 部分气体的扩散系数(101 325 Pa)

系统	温度/℃	扩散系数/($cm^2 \cdot s^{-1}$)
O_2-N_2	0	0.181
CO-O_2	0	0.185
空气-NH_3	0	0.198
空气-H_2O	25.9	0.258
空气-酒精	59	0.305
	0	0.102

表 6-2　部分液体的扩散系数

溶质	溶剂	温度/℃	摩尔浓度/($mol \cdot L^{-1}$)	扩散系数/($\times 10^5 cm^2 \cdot s^{-1}$)
Cl_2	水	16	0.12	1.26
HCl	水	0	9.00	2.70
			2.00	1.80
		10	9.00	3.30
			2.50	2.50
		16	0.50	2.44
NH_3	水	5	3.50	1.24
		15	1.00	1.77
NaCl	水	18	0.05	1.26
			0.20	1.21
			1.00	1.24
			3.00	1.36
			5.40	1.54
乙醇	水	10	3.75	0.50
			0.05	0.83
		16	2.00	0.90
氯仿	乙醇	20	2.00	1.25

运动流体内的传质过程速率可以采用费克第一定律的普遍表达式来描述，其形式可以通过对组分运动的描述来进行分析：混合物系统中，各组分通常具有不同的速度，气体混合物的速度由各组分浓度对组分速度进行加权平均得到。常将混合物的加权平均速度称为主体流动速度或平均速度，此时每种组分运动的绝对速度均可表示为主体流动速度与扩散速度之和，如图 6-1 所示。

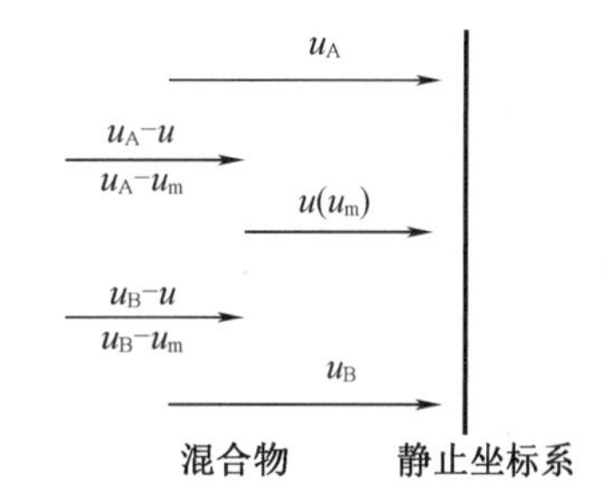

图 6-1　混合物中的相对运动示意图

$$u_m=\frac{c_A u_A+c_B u_B}{c}=x_A u_A+x_B u_B \tag{6-8}$$

$$u_A=u_m+(u_A-u_m)$$

基于对运动体系组分运动速度表示方法的描述，可以得出不同类型的传质通量及其相互关系，以组分 A 为例：

总传质通量，即相对于静止坐标的传质通量：

$$N_A=c_A u_A$$

分子扩散通量，其数值与费克第一定律的传质通量值相等：

$$J_A=c_A(u_A-u_m)=-D_{AB}\frac{dc_A}{dz}$$

由主体流动造成的传质通量,简称主体流动通量。

$$c_Au_m=x_A(N_A+N_B)$$

将式(6-8)中每一项均乘以A组分物质的量浓度,可推导出各扩散通量间的关系为:总传质通量=分子扩散通量+主体流动通量,即

$$N_A=J_A+x_A(N_A+N_B)=-D_{AB}\frac{dc_A}{dz}+x_A(N_A+N_B) \tag{6-9}$$

上式即为广义的费克第一定律的普遍表达式。

例 6-2 在一根管子中存在有由 CH_4(组分A)和He(组分B)组成的气体混合物,压力为 1.013×10^5 Pa、温度为298 K。已知管内的 CH_4 通过停滞的He进行稳态一维扩散,在相距0.02 m的两端,CH_4 的分压分别为 $p_{A1}=6.08\times10^4$ Pa及 $p_{A2}=2.03\times10^4$ Pa,管内的总压维持恒定。试求:

(1) CH_4 相对于摩尔平均速度 u_m 的扩散通量 J_A;

(2) CH_4 相对于静止坐标的通量 N_A。

已知 CH_4-He系统在 1.013×10^5 Pa和298 K时的扩散系数 $D_{AB}=0.675\times10^{-4}$ m²/s。

解 (1)

$$\begin{aligned}J_A&=\frac{D_{AB}}{RT\Delta z}(p_{A1}-p_{A2})\\&=\frac{0.675\times10^{-4}}{8\,314\times298\times0.02}\times(6.08\times10^4-2.03\times10^4)\\&=5.52\times10^{-5}\ \text{kmol/(m}^2\cdot\text{s)}\end{aligned}$$

(2)

$$N_A=\frac{D_{AB}}{RT\Delta z}\frac{p}{p_{BM}}(p_{A1}-p_{A2})=J_A\frac{p}{p_{BM}}$$

$$\begin{aligned}p_{BM}&=\frac{p_{B2}-p_{B1}}{\ln\dfrac{p_{B2}}{p_{B1}}}\\&=\frac{p_{A1}-p_{A2}}{\ln\dfrac{p-p_{A2}}{p-p_{A1}}}\\&=\frac{6.08\times10^4-2.03\times10^4}{\ln\dfrac{1.013\times10^5-2.03\times10^4}{1.013\times10^5-6.08\times10^4}}\\&=5.846\times10^4\ \text{Pa}\end{aligned}$$

$$N_A=5.52\times10^{-5}\times\frac{1.013\times10^5}{5.846\times10^4}=9.565\times10^{-5}\ \text{kmol/(m}^2\cdot\text{s)}$$

相间对流传质速率可以通过对流传质速率方程描述,其形式类似牛顿冷却定律。稳态传质条件下,相间传质通量与每一相中的传质通量均相等,故同样采用与相对于静止坐标的总传质通量的符号(N_A)来进行表示:

$$N_A = k_c \Delta c_A \tag{6-10}$$

式中　k_c——基于摩尔浓度的传质系数,m/s;

Δc_A——基于摩尔浓度的传质推动力,mol/m^3。

6.1.2　分子传质

根据费克第一定律,双组分体系中分子扩散传质通量(J_A 与 J_B)始终是大小相等、方向相反的。但相对于静止坐标的总传质通量(N_A 与 N_B)却不一定相等,根据总传质通量的不同情景可以抽象出两种典型情景:等分子反方向扩散传质和 A 通过“停滞”B 组分的扩散传质。

分子扩散按扩散介质的不同,可分为气体中的扩散、液体中的扩散及固体中的扩散几种类型,本节重点讨论气体中的稳态扩散过程。一般来讲气体的扩散系数 D_{AB} 及总浓度 c 均为常数;而液体混合物中某组分 A 的浓度并不一致,因而液体中组分 A 的扩散系数随着浓度而变化,工程中可以使用平均总浓度代替随位置变化的总浓度,且以平均扩散系数代替随位置变化的扩散系数来进行计算。

1. 等分子反方向扩散

等分子反方向扩散常见于二元混合物精馏过程中的气液两相。以液相为例:易挥发组分 A 向气液界面方向扩散,而难挥发组分 B 向液相主体方向扩散。当组分 A 与组分 B 摩尔潜热近似相等时,组分 A 与组分 B 即为等分子反方向扩散,此时有:

$$N_A = -N_B \tag{6-11}$$

代入传质通量方程,可进一步推导出此时总传质通量与分子扩散传质通量相等

$$N_A = -D_{AB}\frac{dc_A}{dz} = D_{AB}\frac{(c_{A1}-c_{A2})}{\Delta z} \tag{6-12}$$

稳态传质时,可以推导出此时浓度分布方程为

$$\frac{(c_{A1}-c_{A2})}{(z_2-z_1)} = \frac{(c_{A1}-c_A)}{z-z_1} \tag{6-13}$$

2. 组分 A 通过“停滞”组分 B 的扩散

组分 A 通过“停滞”组分 B 的情况多是由于相界面的存在限制了组分 B 的传递。吸收、萃取、溶解等两相传质过程均会出现这种现象。由于组分 B 的“停滞”得出其总传质通量为零,即

$$N_B = 0 \tag{6-14}$$

$$N_A = -D_{AB}\frac{dc_A}{dz} + x_A N_A$$

或写为

$$N_A=-\frac{D_{AB}c}{c-c_A}\frac{dc_A}{dz} \tag{6-15}$$

积分式(6-15),得到液体内浓度分布方程为

$$\frac{c-c_A}{c-c_{A1}}=\left(\frac{c-c_{A2}}{c-c_{A1}}\right)^{\frac{z-z_1}{z_2-z_1}}$$

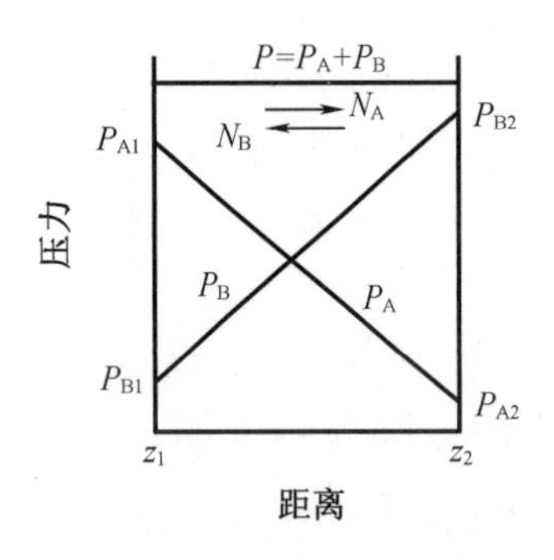

图 6-2　等分子反方向扩散气体中的组分分压随位置的关系变化

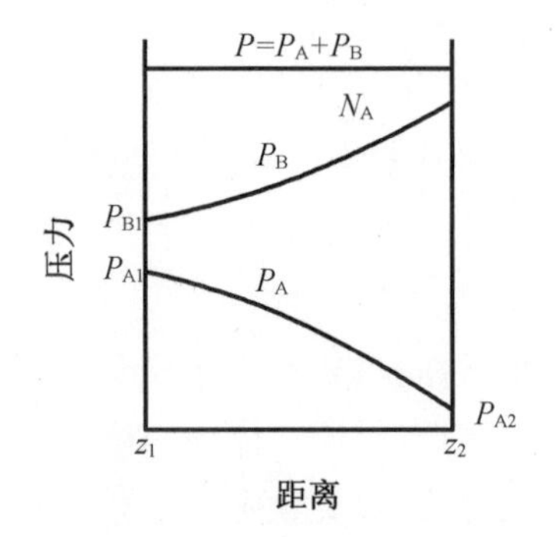

图 6-3　组分 A 通过"停滞"组分 B 扩散时组分分压随位置的关系变化

例 6-3　采用图 6-4 所示的装置测定 293 K 时丙酮在空气中的扩散系数。已知经历 5 h 后,液面由距离顶部 1.10 cm 处下降至距顶部 2.05 cm 处,总压为 750 mmHg。293 K 下丙酮的饱和蒸气压为 180 mmHg,密度为 0.79 g/cm。试求丙酮在空气中的扩散系数。

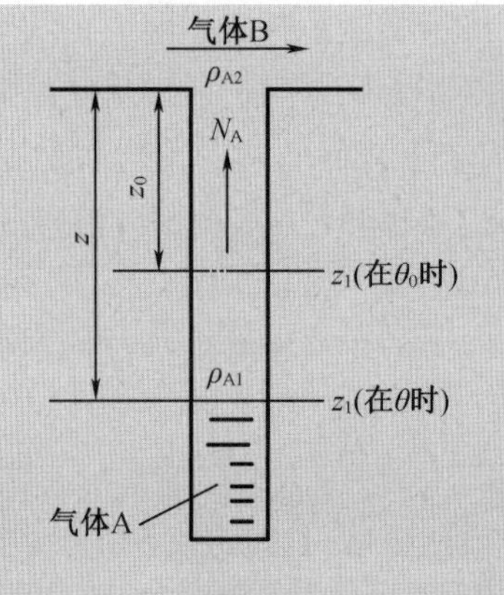

图 6-4

解　气体中组分 A 总传质通量为

$$N_A=-\frac{D_{AB}c}{c-c_A}\frac{dc_A}{dz}$$

积分后,得出:

$$N_A=\frac{D_{AB}(c_{A1}-c_{A2})}{z_2-z_1}\frac{c}{c_{BM}}=\frac{D_{AB}(c_{A1}-c_{A2})}{z_2-z_1}\frac{p}{p_{BM}} \quad ①$$

对所蒸发的液体进行质量衡算,得出:

$$N_A \cdot A \cdot d\theta=\rho \cdot (Adz)/M_A \quad ②$$

将式①代入式②,并积分得出:

$$D_{AB}=\frac{RTp_{BM}\rho_{AL}(z^2-z_0^2)}{2pM_A\theta(p_{A1}-p_{A2})}$$

其中 $p_{B1}=p-p_{A1}=750-180=570$ mmHg

$$p_{B2}=p-p_{A2}=750-0=750 \text{ mmHg}$$

$$p_{BM}=\frac{p_{B2}-p_{B1}}{\ln\frac{p_{B2}}{p_{B1}}}=\frac{750-570}{\ln\frac{750}{570}}=656\ \text{mmHg}=87.46\ \text{kPa}$$

$$p_{A1}=180\ \text{mmHg}=24\ \text{kPa}$$

$$p=750\ \text{mmHg}=100\ \text{kPa}$$

故

$$D_{AB}=\frac{8.314\times293\times87.46\times10^3\times790\times1\,000\times(0.020\,5^2-0.011^2)}{2\times100\times10^3\times58\times5\times3\,600\times(24\times10^3-0)}=1.005\times10^{-5}\ \text{m}^2/\text{s}$$

6.1.3 对流传质

化工过程中为提高传质效率多采用强制对流传质的方式，而此时流体多处于湍流的状态。由于流体中心处浓度与界面处浓度的差异，使得在流体内存在传质过程。受湍流边界层结构的影响，组分在不同位置处传质机理差别很大。在层流内层内流体平行于界面流动，组分通过分子运动实现传质，传质速率符合费克第一定律；在缓冲层内，流体质点层流流动与涡流运动并存，这也使得该层内湍流扩散与分子传质的量级相当；在湍流主体内，流动以涡流为主，此时传质方式主要为涡流扩散传质，即分子传质的速率可以忽略不计。

对流传质在湍流不同位置处传质机理的不同，使得组分在湍流内呈现一定的分布规律。在靠近界面位置处传质强度较小，组分浓度差异较大；而在湍流核心处，质点碰撞较为激烈，组分浓度梯度也相应地减小。湍流边界层内浓度分布如图6-5所示。在计算对流传质强度时，需要界面处的浓度以及主体最高浓度的数值。然而主体最高浓度的数值不易测定，一般采用主体平均浓度代替主体最高浓度。当流体主体以速度 u_b 流过某截面时，组分A的主体平均浓度（又称混合杯浓度）的计算方法见式(6-17)。

$$N_A=k_c(c_{AS}-c_{Ab}) \tag{6-16}$$

$$c_{Ab}=\frac{1}{u_bA}\iint_A u_z c_A \mathrm{d}A \tag{6-17}$$

对流传质模型中，认为传质阻力全部集中于流体与相界面间停滞的流体层内。湍流主体中实际浓度分布与传质模型所示的浓度分布如图6-5所示。传质模型中对流传质过程速率可以使用对流传质速率方程式(6-16)来进行描述，相应的浓度差为混合杯浓度与界面浓度之差，而传质系数 k_c 既与体系物性有关，又受流动条件影响。

迄今为止，已有许多描述对流传质的模型，其中最具代表性的是停滞膜模型，溶质渗透膜性和表面更新模型。

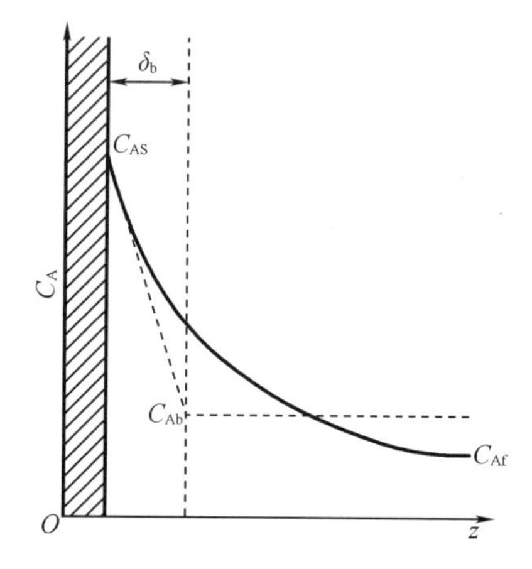

图6-5 湍流流体内的浓度分布（实线）与传质模型（虚线）

1. 停滞膜模型

停滞膜模型假设传质阻力仅存在与两相界面处，

而在此处由于流体的停滞使得传质方式仅为分子扩散,该模型假设:

(1)在界面两侧形成很薄却稳定的停滞膜,组分在停滞膜中的传质方式仅为分子传质。

(2)两相交界面处处于平衡状态。

(3)停滞膜以外的两相主体中,各处浓度均匀一致。

停滞膜模型下,传质系数计算方法为

$$k_c = \frac{D_{AB}}{\delta_D}$$

可见该模型预测传质系数正比于扩散系数。该表达式中,扩散系数由体系物性决定,而停滞膜厚度则与具体的流动情况有关。停滞膜型具有形式简单的优点,在工程中有较多的应用,目前仍是两相流体间对流传质过程总传质速率计算的首选方法。其缺点是对于高效传质设备,例如填料塔,其预测的传质系数正比于扩散系数的比例关系不成立。

2. 溶质渗透模型

在许多传质设备中气液两相在高度湍动下互相接触,很难形成稳定液膜。希格比在这一前提下提出了溶质渗透模型。该模型假设:

(1)液面由无限多个微小的液体单元构成,两相接触时由液体单元间传质实现相间质量传递。

(2)每批液体单元的暴露时间 θ_c 相同,经历该时间后,与液相主体浓度相同的新的流体微元将传质后的流体微元置换回液相主体。

(3)由于液体单元较小,其传质不会影响主体浓度及界面浓度。

在此假设下求解分子传质微分方程即得到该模型下的平均传质系数:

$$k_{cm} = 2\sqrt{\frac{D}{\pi\theta_c}} \tag{6-18}$$

该模型指出传质系数与分子扩散系数平方根成正比,这点已经在填料塔传质实验中得到证实。但该模型中模型参数 θ_c 求解困难,限制了该模型的应用。

3. 表面更新模型

表面更新模型实际上是对溶质扩散模型的修正,它否定表面上流体单元有相同的暴露时间。为此,该模型提出年龄分布函数的概念,而液面上不同暴露时间的液体单元被置换的概率是相等的。单位时间内表面被置换的分率称为表面更新率,用符号 S 表示。

在该模型下平均传质系数为

$$k_{cm} = \sqrt{DS} \tag{6-19}$$

表面更新模型克服了溶质渗透模型对难于计算的暴露时间的依赖,表面更新率 S 是可以通过实验测量的,这就使得表面更新模型更具实用性。

6.2 萃取过程概述

液液萃取也称溶剂萃取,又称抽提。萃取操作利用混合物中各组分溶解度的差异来分离液体混合物,它是分离和提纯物质的重要单元操作之一。19 世纪初,W. Nernst 依靠大量两相平衡的实验数据总结出分配定律,为萃取化学打下了最早的理论基础。1880年,Soxlet发明抽提器,使萃取技术大大提高。1842年,E. Péligot发现某些金属的硫氰酸盐可溶于乙醚,并建议用乙醚萃取法来分离钴和镍、金和铂、铁和碱土金属等。在20世纪40年代,美国首先引进TBP(磷酸三丁酯)作为核燃料的萃取剂,这一萃取剂闪点高又无毒性,保证了使用安全,同时又具有高度的化学稳态性,能耐强酸、强碱及辐射的作用,到现在已发展成为乏燃料化学工艺中广泛应用的PUREX流程。

工程中进行传质速率可控的萃取,这需要从萃取工艺和萃取设备两方面着手。萃取工艺的研究意味着萃取方法应用的可行性、经济、环保等诸多方面的因素;萃取设备则对应着固定资产和操作成本,同样属于重要的工程问题。

溶剂的性质直接影响萃取操作的经济性,因此选择适宜的溶剂是萃取操作的关键。通常,溶剂选择需考虑以下几个问题。

1. 溶剂的选择性

所选溶剂应具有一定的选择性,即溶剂对混合液中各组分的溶解能力具有一定的差异。萃取操作中溶剂对溶质的溶解度要大,对其他组分的溶解度要小。这种选择性的大小或选择性的优劣通常用选择性系数β衡量。

萃取操作至少涉及3个组分:原料(F)中待分离的溶质,以A表示;原料中另一组分,称稀释剂或原溶剂,以B表示;引入的第三组分为萃取剂,以S表示。S与原料F不互溶或只能部分互溶。萃取操作包括3个过程,如图6-5所示:

(1)混合过程,原料液和溶剂在混合器中进行质量传递充分接触,为了实现两相高效接触,通常一相以液滴的形式(称为分散相)分散于另一相中(称为连续相)。

(2)澄清过程,分散的液滴与连续相因密度差分层,分别形成萃取相E和萃余相R。

(3)脱除溶剂操作,萃取相脱除溶剂得到萃取液E′,萃余相脱除溶剂得到萃余液R′。

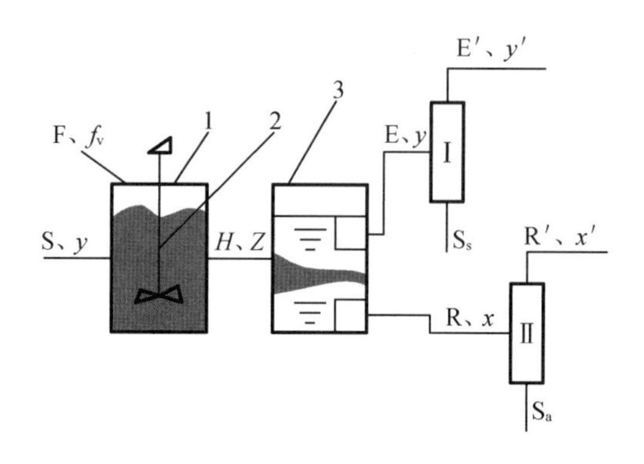

1—混合器;2—搅拌器;3—澄清器;Ⅰ、Ⅱ—脱溶剂塔。

图6-6 萃取流程示意图

选择性系数β反映了A、B组分溶解于溶剂S的能力差异,如式(6-20)所示。对于萃取操作,β越大,分离效果越好,应选择β远大于1的溶剂。若所用的溶剂能使萃取液与萃余液中的溶质A含量差别越大,则萃取效果越佳。

$$\beta=\frac{y_A/y_B}{x_A/x_B}=\frac{y_A/x_A}{y_B/x_B}=\frac{y_Ax_B}{y_Bx_A} \tag{6-20}$$

式中 y_A/y_B——萃取相中 A、B 的组成之比；

x_A/x_B——萃余相中 A、B 的组成之比；

β ——选择性系数。

若 $\beta=1$，则 $y_A/y_B=x_A/x_B$，萃取相和萃余相在脱除溶剂后的萃取液和萃余液具有同样的组成，也与原料相同，故无分离作用。β 愈大愈有利于萃取分离，即 $\beta>1$，能萃取分离；$\beta\to\infty$，B 与 S 不互溶，通过对萃取相脱溶剂能得到 A 的纯物质。

$$k_B=y_B/x_B \tag{6-21}$$

式中 k_B——B 在萃取相与萃余相间的分配比例，即 B 的分配系数；

k_A——A 组分的分配系数。

2. 溶剂容量

萃取容量值决定了完成一定分离任务所对应的溶剂循环量。应选择具有较大萃取容量的溶剂，使过程具有适宜的溶剂循环量，降低过程的操作费用。

3. 溶剂与原溶剂的互溶度

溶剂与原溶剂的互溶度越小，两相区越大，萃取操作的范围越大。对于 B、S 完全不溶物系，对萃取操作有利。

4. 溶剂的可回收性

溶剂的回收费用是整个萃取过程的一项关键经济指标。溶剂的回收一般采用蒸馏的方法，若溶质组分不宜挥发或挥发度较低，常采用蒸发、闪蒸等方法，此外还可采用结晶、反萃取等方法。有些溶剂尽管其他性能良好，但由于较难回收而被弃用。

5. 溶剂的物理性质

影响萃取过程的主要物理性质有液-液两相的密度差、界面张力和液体黏度等。这些性质直接影响过程的接触状态、两相分离的难易和两相相对的流动速度，从而限制了过程设备的分离效率和生产能力。两相密度差大，有利于两相的分散和凝聚，促进两相相对运动。表面张力的相对大小则会影响连续相的选择，对于操作方式有重要的影响。黏度大小将影响过程传质，黏度较低时，有利于两相的混合和传质，还能降低能耗。

此外，溶剂应具有良好的稳定性，不宜分解、聚合或和其他组分发生化学反应，同时还要腐蚀性小，毒性低，具有较低的凝固点、蒸气压和比热容，资源充足，价格适宜等要求。

选用的溶剂一般很难同时满足以上要求，因此应根据物系特点，结合生产实际，多方案比较，充分论证，权衡利弊，选择合适的溶剂。

6.2.1 三角相图

液-液相平衡在溶质 A、原溶剂 B 和萃取剂 S 三元体系中，若原溶剂 B 与萃取剂 S 在操作的范围内相互溶解的能力非常小，以至可以忽略，达到平衡后，萃取相中只含有萃取剂 S 和大部分的溶质 A 两个组分，萃余相中只含有原溶剂 S 和少部分的溶质 A 两个组分，此时的相平衡关系类似于吸收中的溶解度曲线,可在直角坐标上标绘。但现实中B与S存在的部分互溶情况,往往不能被忽略,平衡后,萃取相与萃余相中都含有3个组分,此时的相平衡关系,在化工研究、设计与生产过程中,常用三角形相图表示。

1. 三角形坐标图

三角形坐标可以是等边三角形、直角三角形等。下面以图6-7的等腰直角三角形为例来展示相图浓度的读取方法。

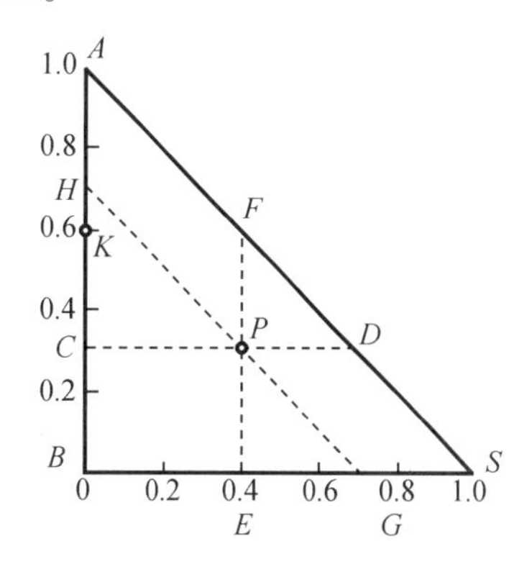

图6-7　等腰直角三角形相图

(1)各顶点表示纯组分,3个顶点分别对应溶质A、溶剂B以及萃取剂S。

(2)每条边上的点为顶点两组分混合物,其数值对应两组分各自的摩尔分数。

(3)三角形内的各点代表不同组成的三元混合物,各组成可以在三角形内平行某一边的平行线为该边对应顶点组分的组成等值线。

A 点:$x_A=1.0$

K 点:$x_A=0.6, x_B=0.4$

P 点:$x_A=0.3, x_B=0.3, x_S=0.4$

从图6-7可以看出等腰直角三角形相图中:(1)平行于浓度三角形某一边的直线上的各点,其第三组分的含量不变;(2)从浓度三角形的某一顶点向对边作一直线,则在直线上的各点表示对边两组分含量之比不变;(3)组成的归一性,即 $\sum x_i = 1$。

萃取操作计算中常用杠杆定律,其说明两个混合物与其共混物的质量与组成间的关系。如图6-7所示:萃余相R和萃取相E的两种三元混合物,其组成分别为 x_A、x_B、x_S 和 y_A、y_B、y_S,两者混合后形成的新的混合物M,其质量由质量守恒定律求解,其组成 z_A、z_B、z_S,其中,M 点称为 R、E 点的和点, R 点与 E 点称为差点。新混合液M与两混合液E、R之间的关系可用杠杆规则描述,即:

(1)代表新混合液总组成的 M 点和代表两混合液组成的 E 点与 R 点在同一直线上;

(2)混合液R与混合液E质量之比等于线段 MR 与 ME 之比,见式(6-22)。

$$\frac{E}{M}=\frac{\overline{MR}}{\overline{EB}} \tag{6-22}$$

例6-4　在图6-8中,若已知混合物 M_1 的质量 $G_1=100$ kg,混合物 M_2 的质量 $G_2=200$ kg,将 M_1 和 M_2 混合成新混合物M,求 M 点的位置。

解　根据杠杆规则,M 点必在 M_1、M_2 点的连线上,且有

$$\frac{M_1M}{M_1M_2}=\frac{G_2}{G}=\frac{G_2}{G_1+G_2}=\frac{200}{100+200}=\frac{2}{3}$$

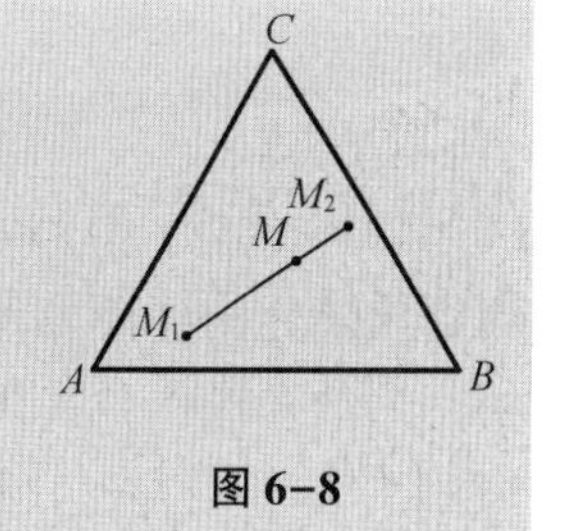

图6-8

2. 三角形相图

三角形相图表示了萃取系统在一定的操作温度和压力下,各组分在两平衡相中的分配关系,萃取操作中,若将溶质 A 在液-液两相之间的平衡关系表示在三角形坐标中,就得到三角形相图。

如果以字母 E 和 R 分别表示平衡的两个相,则在一定温度下改变混合物的组成可以由实验测得一组平衡数据,连接这些点成一平滑曲线,称为溶解度曲线。

溶解度曲线可通过下述实验方法得到。

(1)在一定温度下,将组分 B 与组分 S 以适当比例相混合,使其总组成位于两相区(M点),则达平衡后必然得到两个互不相溶的液层(图 6-9 中 R_0、E_0)。

(2)在恒温下,向此二元混合液中加入适量的溶质 A 并充分混合,待静置分层后形成新的互相平衡(也称共轭)的两相(图 6-9 中 R_1、E_1)。

(3)重复上述操作,即可以得到 $n+1$ 对共轭相的组成点 R_i、E_i($i=0,1,2,\cdots,n$);当加入 A 的量使混合液恰好使混合物成为一相时,其组成点用 K 表示,K 点称为混溶点或分层点。联结各共轭相的组成点的曲线(图 6-9 中 $R_0,R_1,\cdots,R_n,K,E_n,\cdots,E_1,E_0$)即为实验温度下该三元物系的溶解度曲线。若组分 B 与组分 S 完全不互溶,则点 R_0 与 E_0 分别与三角形顶点 B 及顶点 S 相重合。

在图 6-9 的相图中,溶解度曲线将混合物的整个组成范围分成两个区域,曲线内是两相区,曲线外是单相区或均相区,溶解度曲线上的点对应平衡分相后均相混合物的组成。显然萃取过程仅能在两相区中进行。混溶点 K 将溶解度曲线分为两个部分:靠近原溶剂 B 点一侧的为萃余相;靠近萃取剂 S 一侧的为萃取相。

绘制溶解度曲线时共轭两相的连线称为平衡连接线,简称连接线。

溶解度曲线是在一定温度下,由一定的初始组成绘制得出的,因而当温度和初始组成发生变化时,图 6-9 就不再适用。温度明显地影响溶解度曲线的形状、连接线的斜率和两相区面积,从而也影响分配曲线的形状。当混合液的组成发生变化时(即图 6-9 起始 M 点位置发生变化时),连接线的斜率通常也会随之变化。

一定温度下,测定体系的溶解度曲线时,实验测出的连接线的条数(即共轭相的对数)总是有限的,此时为了得到任一已知平衡液相的共轭相的数据,常借助辅助曲线(亦称共轭曲线)。

辅助曲线的作法如图 6-10 所示,通过已知点 R_i($i=1,2,3$)等分别作 BS 边的平行线,再通过相应连接线的另一端点 E_i($i=1,2,3$)等分别作 AB 边的平行线,各线分别相交于点 F、G、H 等,连接这些交点所得平滑曲线(图 6-10 中 FGH 线)即为辅助曲线。

辅助曲线与溶解度曲线的交点即为混溶点(图 6-11 中 P 点),但通过辅助线来确定的混溶点不够精确,因而工程上由实验测定得出 P 点后,用于辅助曲线的绘制。

借助辅助曲线,由已知的某一相(R 或 E 相),可求取其共轭相的组成。如图 6-10 所示,如已知萃余相 R 的组成,自点 R 作 BS 边的平行线交辅助曲线于点 J;自点 J 作 AB 边的平行线,交解度曲线于点 E,则点 E 即为萃余相 R 的共轭相组成点。连接 ER 两点则得到对应的连接线。

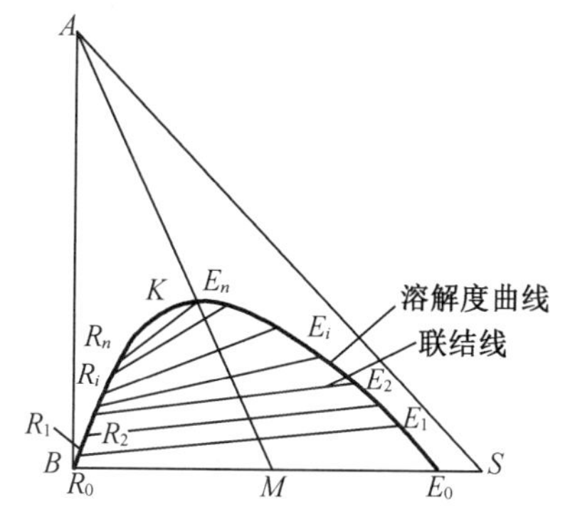

图 6-9　溶解度曲线及连接线

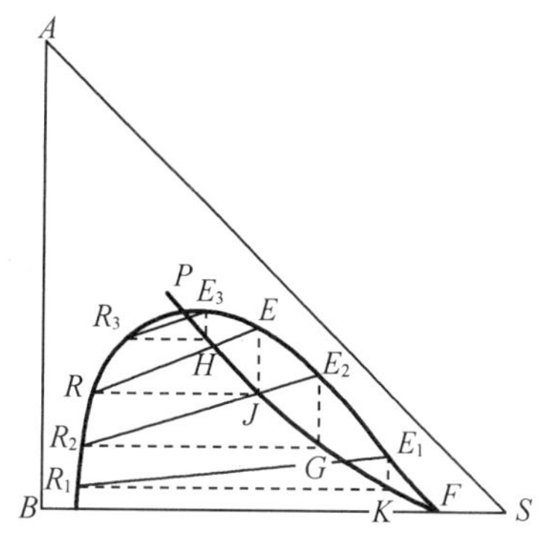

图 6-10　辅助曲线

3. 分配曲线及分配系数

分配曲线及分配系数是三元混合物系相平衡关系在直角坐标系的表示方法。

(1)分配曲线

由相律可知,当温度、压力一定,三组分体系两液相平衡时,系统的自由度为 1。即只要确定任一平衡液相中的任一组分的组成,则其他组分的组成及其共轭相的组成就为确定值。

如图 6-11 所示,以三角形相图中萃余相 R 中溶质 A 的组成 x_A 为横坐标,以萃取相 E 中溶质 A 的组成为 y_A 纵坐标,由每一条连接线均可在 $x-y$ 坐标系中确定唯一的点。将这些点用平滑的曲线连接起来所得到的曲线 ONP,称为分配曲线。曲线上的 P 点即为混溶点。分配曲线表达了溶质 A 在互相平衡的 E 相与 R 相中的分配关系。若已知某液相组成,则可由分配曲线求出其共轭相的组成。若在分层区内 y 均大于 x,即分配系数 $k_A>1$,则分配曲线位于 $y-x$ 直线的上方;反之,则位于直线的下方。

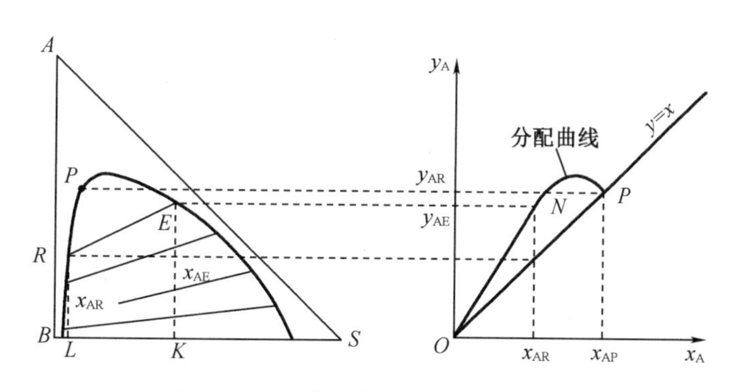

图 6-11　组分部分互溶时的分配曲线

脱溶剂基分配曲线用互成平衡的萃取相和萃余相脱去溶剂后所得到的萃余液及萃取液的组成 x'_A、x'_B和 y'_A、y'_B描述平衡关系,即将 x'_A和 y'_A描绘于直角坐标中,即可获得脱溶剂的分配曲线。

(2)分配系数

在一定温度下,当三元混合液的两个液相达平衡时,溶质在 E 相与 R 相中的组成之比称为分配系系数,以 k 表示。溶质 A 的分配系数,见式(6-23)。

$$k_A = \frac{溶质 A 在萃取相中的质量分数}{溶质 A 在萃取相中的质量分数} = \frac{y_A}{x_A} \tag{6-23}$$

溶质 B 分配系数的分配系数,见式(6-24)。

$$k_B = \frac{y_B}{x_B}$$

$$y_B = k_B x_A \tag{6-24}$$

对于溶剂 S 和原溶剂 B 完全不相溶物系,浓度常用比质量分率 X、Y 表示,其分配系数表示为

$$k_A = Y_A / X_A$$

$$k_B = Y_B / X_B \tag{6-25}$$

其中,

$$X_A = A_R / V_B$$

$$Y_A = A_E / V_S \tag{6-26}$$

6.2.2 逐级接触式的萃取计算

萃取计算分为单级萃取和多级萃取,多级萃取包括多级错流萃取和多级逆流萃取。

1. 单级萃取

单级萃取中原料液与溶剂一次性接触后,萃取相与萃余相即达到相互平衡。对于部分互溶物系,其平衡关系一般难以表示为简单的函数关系,故使用三角形相图表示较简便易行。

(1)完全不互溶体系

对于完全不互溶体系,原溶液与萃余相溶液中原溶剂 B 的含量相同;萃取相中溶剂 S 的量与萃取剂量相同,只有溶质 A 在两相间进行转移,这种情况计算比较简单。此时使用溶质组成以溶剂 S 和原溶剂 B 为基准的比质量分数表示较为简单。完全不互溶物系衡算依据如图 6-12 所示。

对该过程中溶质 A 进行物料衡算,可以得出:

$$Y = -\frac{B}{S}X + \left(Y_0 + \frac{B}{S}X_F\right) \tag{6-27}$$

式中 X_F——萃余相和原料液中溶质 A 的比质量分数;

Y_0——萃取相和溶剂中溶质 A 的比质量分数。

将式(6-27)画在 X-Y 图上,即为单级萃取的操作线方程。该操作线起始于 $C(X_F, Y_0)$,斜率是$(-B/S)$。

当求解单级萃取结束时两相浓度时,确定起始点 $C(X_F, Y_0)$后,按斜率$(-B/S)$作操作线,与分配曲线的交点 D 即为该过程获得的萃取相和萃余相的组成点。

当求解萃取剂用量时,可先在图中确定 $C(X_F, Y_0)$ 和 $D(X, Y)$,连接 C、D 得到操作线 CD,根据操作线斜率即可求出。

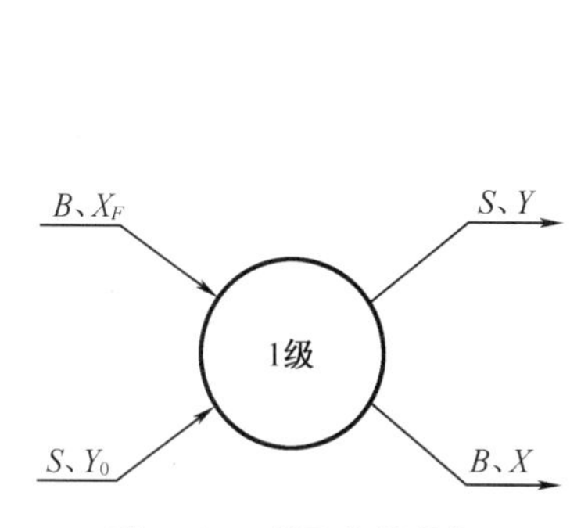

图 6-12 萃取衡算依据

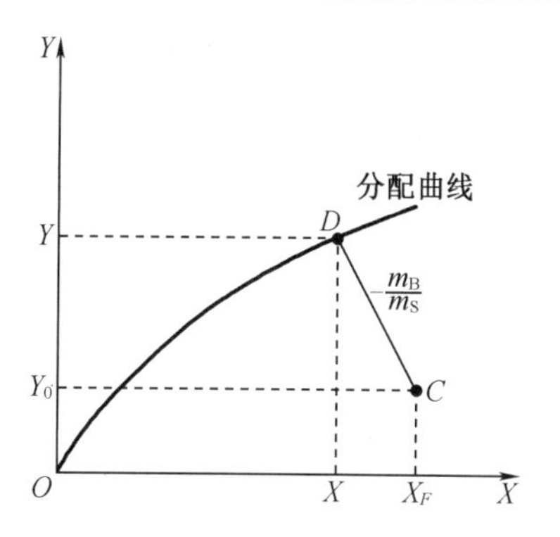

图 6-13 完全不互溶体系的萃取图解

(2)部分互溶体系

部分互溶物系萃取计算问题常分为如下两类:第一类,已知原料液的处理量 F 和组成 x_F、溶剂 S 用量和组成 s_0,求萃取相 E、萃余相 R 的浓度及组成 y、x,及萃取液 E′与萃余液 R′的量及组成 y'、x';第二类,给定原料液 F 的量、组成及分离要求(一般规定萃余相 R 的组成 x 或萃余液 R 的成 x'),求溶剂 S 用量。

对于第一类问题的求解,首先根据溶剂及原料液 F 的量和组成确定和点 M。

$$M=F+S=E+R \tag{6-28}$$

其次,图解试差确定 E、R 点(试差依据是萃取相 E 与萃余相 R 互成平衡),利用杠杆定律确定萃取相 E 与萃余相 R 的量,在三角形相图读出其组成。

$$E=\frac{\overline{MR}}{\overline{ER}}\cdot M \tag{6-29}$$

$$R=M-E \tag{6-30}$$

最后,连接 SE 和 SR,并延长交 AB 边于 E'和 R'点,利用杠杆定律确定萃取液 E′与萃余液 R′的量,在三角形相图读出其组成 y'、x'。

$$E'=\frac{\overline{FR'}}{\overline{E'R'}}\cdot F' \tag{6-31}$$

$$R'=F-E' \tag{6-32}$$

$$S'_E=E-E' \tag{6-33}$$

$$S'_R=R-R' \tag{6-34}$$

对于第二类问题,根据分离要求确定 R 点,应用辅助曲线,确定 E 点,根据原料液组成,确定 F 点,连接 FS 和 ER,其交点 M 既是 F 点和 S 点的和点,又是 E、R 的和点。利用杠杆定律求得溶剂 S 用量 S。

$$S=\frac{\overline{MF}}{\overline{MS}}\cdot F \tag{6-35}$$

单级萃取的溶剂用量 S 应满足下述限制:在单级萃取过程中,如果改变溶剂用量,则萃取相及萃余相的组成 y、x 随之变化。当增加溶剂用量时,则 M 点向 S 点靠近,如图 6-13 所示。两相的组成 y_A、x_A 随之减少。当溶剂用量的增加使得 M 点移至连线 FS 与溶解度曲线

的交点 E_1 时,液-液两相转变为均相混合物,破坏了萃取操作,称此情况下的溶剂用量为单级萃取的最大溶剂用量 S_{max}。如果减少溶剂用量,M 点向 F 点移动,y_A、x_A 随之增加,当移至图中 R_2 点时,两相中的溶质组成达到最大 y_{max}、x_{max}。此时的溶剂的用量为其最小溶剂用 S_{min}。单级萃取的溶剂用量 S 的范围应处于二者之间:$S_{min}<S<S_{max}$。

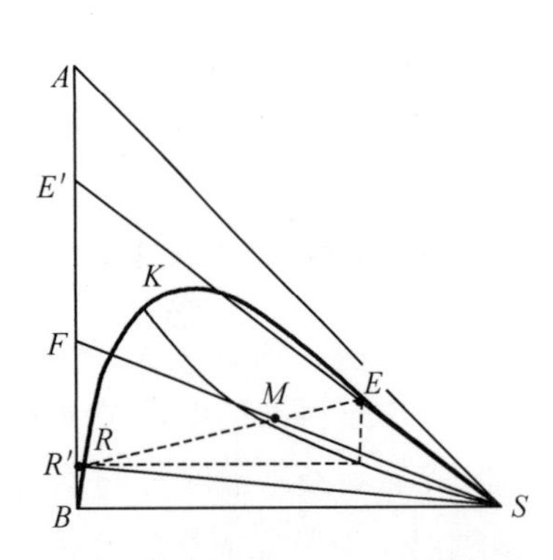

图 6-14　部分互溶体系的萃取图解

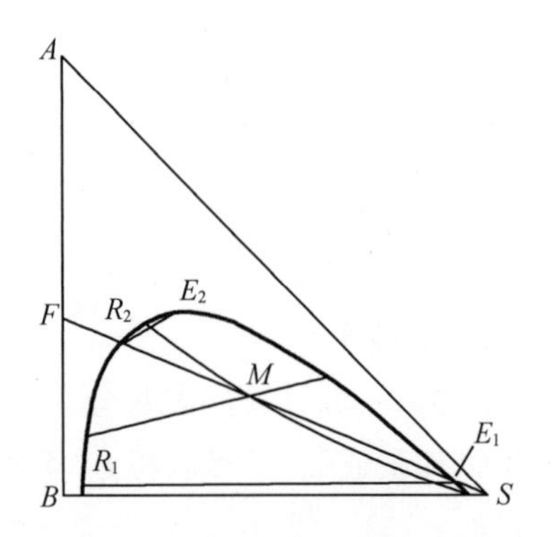

图 6-15　最大和最小溶剂用量示意图

2. 多级逆流萃取

(1)完全不互溶物系的萃取计算

完全不互溶物系的多级逆流萃取过程流程如图 6-16 所示,因为 B、S 完全不溶,可以利用物系的平衡数据作出分配曲线。根据物料衡算确定操作线,在分配曲线和操作线之间作梯级直到 X_N 小于分离要求,所得梯级数就是完成规定分离要求所需要的理论级数 N。

萃取塔操作曲线确定方式为:对塔内第 i 级进行物料衡算,如式(6-36)所示。操作线方程斜率 m_B/m_S 是一常数,即操作线是一条直线。当 $i=0$ 时,Y_1 是塔顶流出萃取相组成,X_0 是入塔原料液组成,操作线经过点 $a(X_F, Y_1)$ 和 $b(X_N, Y_0)$,斜率见式(6-37)。

$$m_S(Y_{i+1}-Y_0)=m_B(X_i-X_N) \tag{6-36}$$

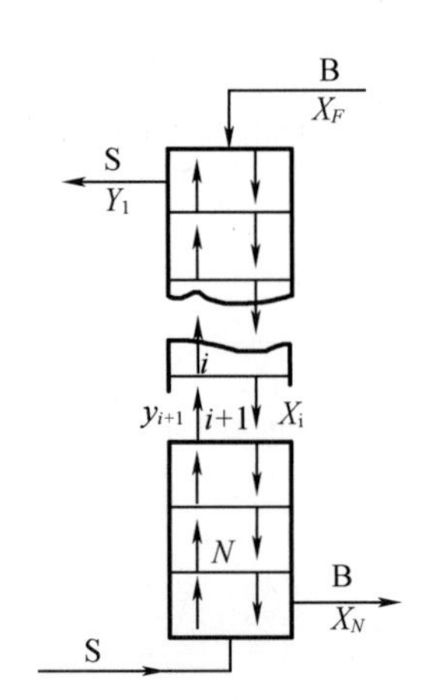

图 6-16　多级逆流萃取线

$$\frac{Y_{i+1}-Y_0}{X_i-X_N}=\frac{m_B}{m_S} \tag{6-37}$$

(2)部分互溶物系的萃取计算

部分互溶体系连续多级逆流萃取流程中,原料液 F 从第一级进入,依次经过各萃取级,成为各级的萃余相,其溶质组成逐级降低;溶剂 S 从末级第 N 级进入系统,依次通过各级与萃余相逆相接触,进行萃取,使得萃取相中的溶质组成逐级提高,最终获得的萃取相 E_1 和萃余相 R_N 通过脱溶剂塔Ⅰ、Ⅱ 脱除溶剂,并返回系统循环使用,如图 6-17 所示。

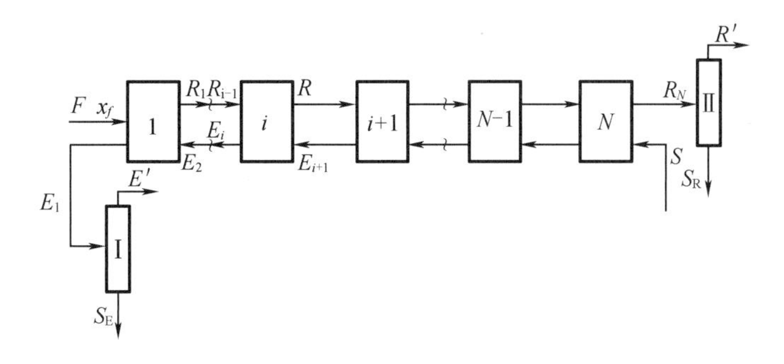

图 6-17 部分互溶体系多级逆流萃取示意图

部分互溶物系的多级逆流萃取理论级数的确定，一般已知原料液的处理量 F 及组成 x_F（生产工艺确定）规定各级溶剂用量 S_i 和组成等，求达到一定的分离要求所需的理论级数 N。

三角形相图图解法如下。

多级逆流萃取过程中，离开每一级的萃取相和萃余相互成平衡，因此他们之间的关系利用平衡关系可以确定。若能通过物料衡算获得任意级萃余相 R_i 的组成 x_i 和下一级萃取相 E_{i+1} 的组成 y_{i+1} 之间的关系，多级逆流萃取问题可用类似精馏、吸收问题的计算方法进行求解。

首先进行总物料衡算：

$$q_{mF}+q_{mS}=q_{mE_1}+q_{mR_N}=q_{mM} \tag{6-38}$$

已知，M 点是 F、S 的和点，也是 E_1、R_N 的和点。因此，通过 F、S 确定 M 点，通过 M、R_N 确定 E_1。

利用杠杆定律得

$$q_{mE1}=\frac{|MR_N|}{|E_1R_N|}\cdot q_{mM};q_{mR_N}=q_{mM}-q_{mE_1};q_{mE_1}-q_{mF}=q_{mS}-q_{mR_N}=q_{mD} \tag{6-39}$$

其中，E_1 和 R_N不是共轭相。

然后，进行各级的物料衡算。

第 1 级：

$$q_{mF}+q_{mE_2}=q_{mR_1}+q_{mE_1}$$

$$q_{mE_1}-q_{mF}=q_{mE_2}-q_{mR_1}$$

第 2 级：

$$q_{mE_2}-q_{mR_1}=q_{mE_3}-q_{mR_2}$$

第 N 级：

$$q_{mE_N}-q_{mR_{N-1}}=q_{mS}-q_{mR_N}$$

整理得：

$$q_{mE_1}-q_{mF}=q_{mE_2}-q_{mR_1}=q_{mE_N}-q_{mR_{N-1}}=q_{mS}-q_{mR_N}=q_{mD} \tag{6-40}$$

最后，进行逐级图解，如图 6-18 所示。

D 是系统中任一端的净流量，亦是系统中各级间的两股物流 E_{i+1}和 RN 的流量之差，即其净流量是一常数，可设想为流量为 D 的虚拟物流。在三角形坐标，根据杠杆定律，D 是

E_1、F 和 S、RN 的公共差点(极点)。因此由 FE_1和 RNS 两线的延长线交点即可确定 D 点。E_{i+1} 和 R_i 连线的延长线亦交于 D 点,因此 $E_{i+1}RN$ 线称为级联线,各条级联线必相交于同一点 D, D 点称为多级逆流萃取的极点。上述关系称为多级逆流萃取的操作关系。

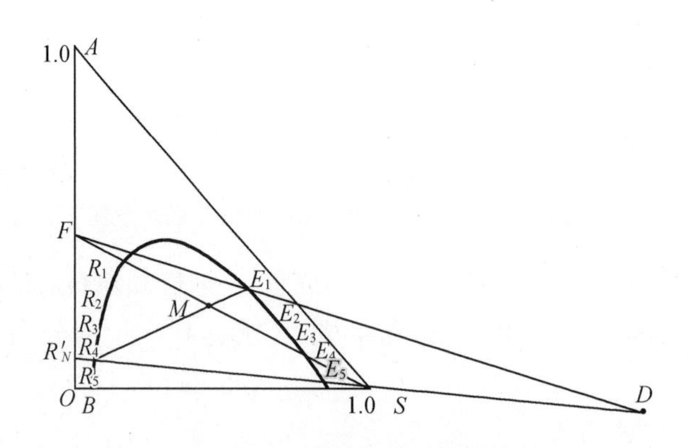

图 6-18　多级逆流萃取图解

对于多级逆流萃取的设计型问题可以逐级进行图解:已知 F、S 可确定 M,由 M、R_N 可确定 E_1,由式(6-40)可确定极点 D。由 E_1 通过平衡关系确定 R_1,R_1 和 D 连线确定 E_2。如此交替直至萃余相组成小于规定要求,则 N 为理论级数。

3. 多级错流萃取

(1)完全不互溶物系的萃取计算

完全不互溶物系多级错流萃取的各物料流量和组成如图 6-19 所示。

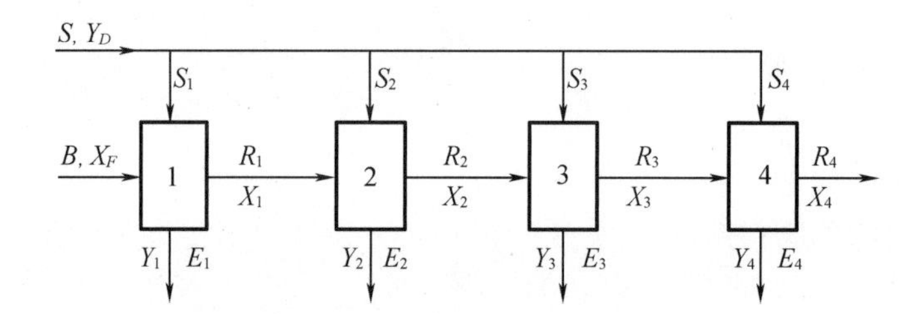

图 6-19　多级错流萃取流程

完全不互溶物系的多级逆流萃取理论级数的计算过程中,各级分别加入了新溶剂 S_i,由于 B、S 完全不互溶,因此各级操作的操作线斜率是($-B/S_i$)。如果加入各级的溶剂用量相等,$S_i= S_2=\cdots=S_N$,则各级操作线斜率相同。

对任意 i 级做物料衡算:

$$S_i(Y_i-Y_0)=B(X_{i-1}-X_i) \tag{6-41}$$

$$Y_i=-\frac{B}{S}X_i+\left(Y_0+\frac{B}{S}X_{i-1}\right) \tag{6-42}$$

多级错流萃取的操作线方程:

$$\frac{Y_i-Y_0}{X_i-X_{i-1}}=-\frac{B}{S} \tag{6-43}$$

$i=1,2,\cdots,N$。$i=1$ 时，$X_{i-1}=X_F$，物系的平衡关系用分配曲线描述。

根据已知原料液量和溶剂用量确定各级操作线斜率$(-B/S_i)$，由已知的原料液和溶剂组成确定 $C_1(X_F,Y_0)$，过 C_1 点以$(-B/S)$为斜率作直线，和分配曲线交于 $D_1(X_1,Y_1)$，D_1 点就是第一级萃取获得的萃取相和萃余相组成点，C_1D_1 是第一级操作线。再从 $C_2(X_1,Y_0)$ 重复以上过程，直到所得平衡组成点 D_N 所对应的萃余相组成小于或等于规定的分离要求。如图 6-20 所示，图中操作线和分配曲线相交的次数就是理论级数 N。

2. 部分互溶物系的萃取计算

多级错流萃取实际上就是多个单级萃取的组合，其萃取相溶质的回收率较高，溶剂耗量较大，溶剂回收负荷增加，设备投资大。如图 6-21 所示。原料液 F 从第一级进入，依次通过各级与加入各级的溶剂 S_i 进行萃取，获得萃余相 $R_1,R_2,\cdots$。末级引出的萃余相 R_N 进入脱溶剂塔Ⅰ脱除溶剂 S_R，获得萃余液 $R_{N'}$。加入各级的溶剂 $S_1,S_2,\cdots$分别与来自前一级的萃余相进行萃取，获得的萃取相 $E_1,E_2,\cdots$分别从各级排出，通常汇集一起后进入脱溶剂塔Ⅱ脱除溶剂 S_E，获得萃取液 $R_{E'}$。回收的溶剂 S_R 和 S_E 一起返回系统循环使用。系统还应适量加入新溶剂以补充系统溶剂的损失。

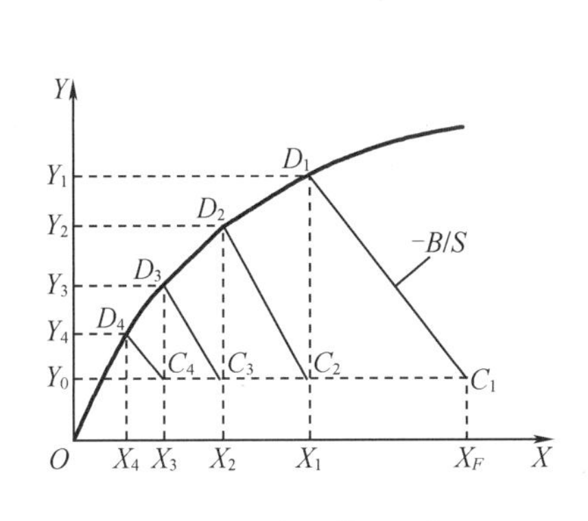

图 6-20 多级错流萃取图解(Ⅰ)

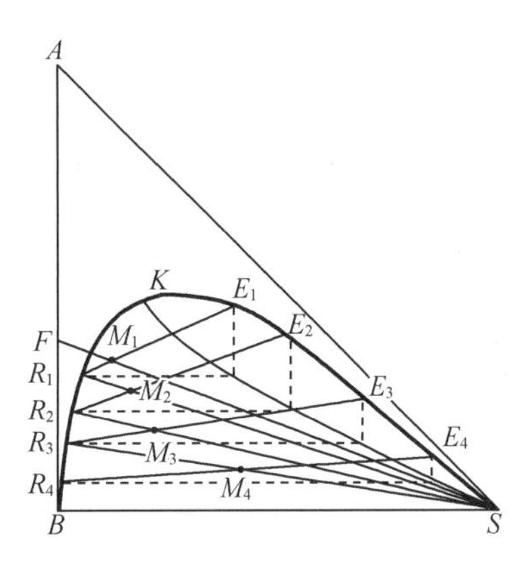

图 6-21 多级错流萃取图解(Ⅱ)

6.2.3 微分接触逆流萃取的计算

1. 萃取柱高度的设计计算

微分接触逆流萃取过程通常在塔式设备(如喷洒塔、脉冲筛板塔等)中进行，其流程如图 6-22 所示，重液(如原料液)自塔顶进入，从上向下流动，轻液(如溶剂)自塔底进入，从下向上流动，二者微分接触、逆流接触，进行传质，萃取结束后，两相分别在塔顶、塔底分离，最终的萃取相从塔顶流出，最终的萃余相从塔底流出。

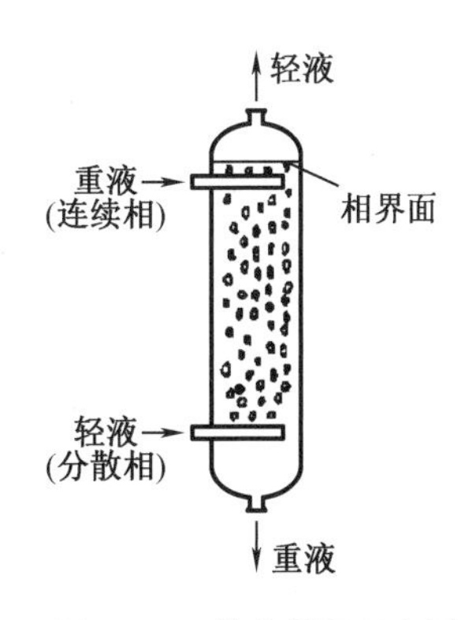

图 6-22 微分萃取示意图

塔式微分接触逆流萃取设备的计算和气液传质设备一样，主要是确定塔径和塔高。塔径的尺寸取决于两液相的流量及适宜的操作速度；萃取段有效高度亦可用传

质单元法计算,即

$$H=\int_{x_n}^{x_f}\frac{B}{K_xa\Omega}\frac{\mathrm{d}X}{X-X^*} \tag{6-44}$$

当组分 B 和 S 完全不互溶,且溶质组成较低时,在整个萃取段内体积传质系数 K_xa 和纯原溶剂 B 流量均可视为常数,于是式(6-44)变为

$$H=\frac{B}{K_xa\Omega}\int_{x_n}^{x_f}\frac{\mathrm{d}X}{X-X^*} \tag{6-45}$$

简写为

$$H=H_{\mathrm{OR}}N_{\mathrm{OR}} \tag{6-46}$$

式中 H_{OR}——萃余相的总传质单元高度,m;

K_xa——以萃余相中溶质的质量比组成为推动力的总体积传质系数,kg/(m^3·h);

N_{OR}——萃余相的总传质单元数;

X——萃余相中溶质的质量比组成;

X^*——与萃取相呈平衡的萃余相中溶质的质量比组成;

Ω——塔的横截面积,m^2。

萃余相的总传质单元高度 H_{OR} 或总体积传质系数 K_xa 一般需结合具体的设备及操作条件由实验测定;萃余相的总传质单元数 N_{OR} 可由图解积分或数值积分法求得。当分配曲线为直线时(K 为常数),可由对数平均推动力或萃取因数法求得。萃取因数法计算式为

$$N_{\mathrm{OR}}=\frac{\ln\left[\left(1-\frac{1}{A_{\mathrm{m}}}\right)\frac{X_F-\frac{Y_s}{K}}{X_n-\frac{Y_s}{K}}+\frac{1}{A_{\mathrm{m}}}\right]}{\left(1-\frac{1}{A_{\mathrm{m}}}\right)} \tag{6-47}$$

式(6-47)为对萃余相讨论的结果,类似的,也可对萃取相写出相应的计算式。

例 6-5 在塔径为 0.05 m,有效高度为 1 m 的填料萃取实验塔内,用纯溶剂 S 从溶质 A 质量分数为 0.15 的水溶液中提取溶质 A。水与溶剂可视为完全不互溶,要求最终萃余相中溶质 A 的质量分数不大于 0.004。操作溶剂比(S/B)为 2,溶剂用量为 130 kg/h。操作条件下平衡关系为 $Y=1.6X$。试求萃余相的总传质单元数和总体积传质系数。

解 由于组分 B、S 可视为完全不互溶且分配系数为常数,故可用式(6-47)求总传质单元数 N_{OR},而总体积传质系数 K_xa 则由总传质单元高度 H_{OR} 求算。

(1)

$$X_F=\frac{0.15}{1-0.15}=0.1765$$

$$X_n=\frac{0.004}{1-0.004}=0.004$$

$$Y_s=0$$

$$A_{\mathrm{m}}=\frac{KS}{B}=3.2$$

$$N_{\mathrm{OR}}=\frac{\ln\left[\left(1-\frac{1}{A_{\mathrm{m}}}\right)\frac{X_F-\frac{Y_s}{K}}{X_n-\frac{Y_s}{K}}+\frac{1}{A_{\mathrm{m}}}\right]}{\left(1-\frac{1}{A_{\mathrm{m}}}\right)}$$

$$N_{\mathrm{OR}}=4.98$$

(2)

$$H_{\mathrm{OR}}=\frac{H}{N_{\mathrm{OR}}}=0.2008\ \mathrm{m}$$

$$B=\frac{S}{2}=65\ \mathrm{kg/h}$$

$$K_x a=\frac{B}{H_{\mathrm{OR}}\Omega}=1.649\times10^5\ \mathrm{kg/(m^2\cdot h)}$$

2. 对萃取柱内浓度分布的仿真

对萃取柱内浓度分布情况进行仿真的基础是计算得到随时间以及柱高变化的溶质浓度的数值或者表达式。为实现这一目的,最简单的方法是使用活塞流模型,即忽略掉萃取柱径向上流速以及浓度的差异,但这也会导致较大误差而达不到仿真的效果。而通过二维甚至三维的求解模型可以克服上述缺点,但随之而来的计算量大、不能实时反馈的缺点也限制了其在萃取柱仿真建模中的应用。为解决上述问题,人们在一维传质模型中引入了轴向扩散系数,得到轴向扩散传质模型(图 6-23)。

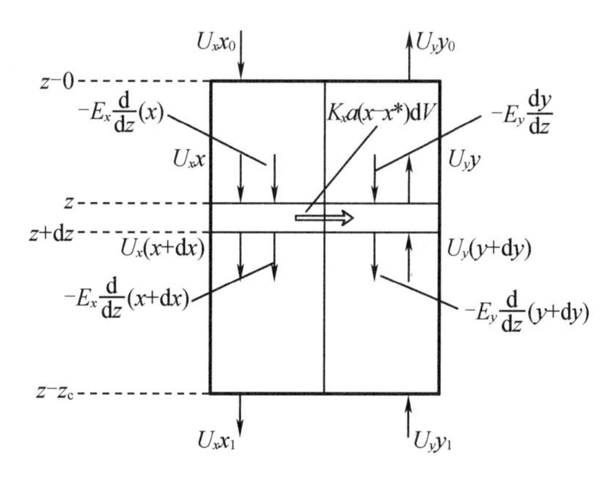

图 6-23 轴向扩散传质模型示意图

为表征垂直于流体流动方向上组分浓度的差异所引起的传质,类比分子扩散系数提出轴向扩散系数,但它不再是体系的基本性质,其数值随着流体流动条件的变化而变化,而且远大于分子扩散系数。轴向扩散模型相当于传质微分方程的一维简化,但由于对流传质对应流型不是层流,所以轴向扩散系数与分子扩散系数有着本质的区别。

综合流体流动、相间传质和轴向扩散 3 种传质因素,得到流动方向上传质的基本方程形式为

组分质量累积速率=组分流入速率+扩散速率-相间传质速率

假定流体以速度 u(表观速度,或称空柱速度)流过某一柱形区域,在该柱 z 到 $z+\mathrm{d}z$ 区域进行组分 A 的质量衡算,得到以下传质方程:

$$\frac{\mathrm{d}x}{\mathrm{d}t}=-u\frac{\mathrm{d}x}{\mathrm{d}z}+E\frac{\mathrm{d}^2x}{\mathrm{d}z^2}-K_{ox}a(x-x^*)=0 \tag{6-48}$$

式中 a——单位体积内相界面面积,m^2;

E——组分 A 在该相中的轴向扩散系数,m^2/s;

K_{ox}——组分在两相间的总传质系数;

x^*——另一相中组分 A 主体浓度所对应的平衡浓度。

在实际工程应用中流体的流速可以通过流体流量计算得到,轴向扩散系数可以通过示踪剂停留时间测定得出,每一相的传质系数可依据经验关联式计算,平衡参数往往可通过热力学手册查出,这样该方程中唯一未知量即为组分浓度,在合适的边界条件下,即可通过该方程预测任意高度处某组分 A 的浓度。

图 6-24 为硝酸在水和磷酸三丁酯的煤油溶液之间传质时典型浓度分布曲线。其中图中各点为硝酸浓度的实验测定值,曲线为使用轴向扩散模型计算得到的数值,由图可见轴向扩散模型可以较好地描述硝酸在两相传质过程中流体流动方向上的质量传递情况。

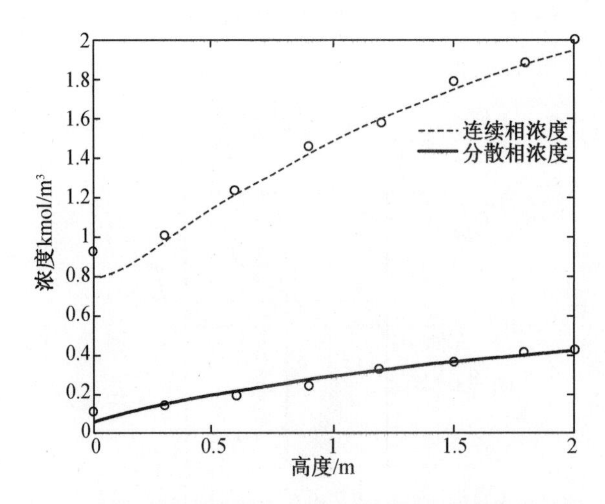

图 6-24　硝酸在水(连续相)和磷酸三丁酯的煤油溶液(分散相)之间传质时典型浓度分布曲线

6.3 萃取设备

萃取设备分类方式如表6-3所示。

表6-3 萃取设备分类

逆流产生的方式	动力源					
相分散的方法	重力	搅拌	机械振动	脉冲	离心力	其他
逐级接触设备	—	多级混合澄清槽、立式混合澄清槽、偏心转盘塔(ARDC)	—	空气脉冲、机械脉冲	环隙式单级离心萃取器	静态混合器、超声波萃取器、管道萃取器
连续接触设备	喷淋柱、填料柱	转盘萃取柱(RDC)、Scheibel 萃取柱、Oldshue-Rushton 萃取柱、Kuhni 萃取柱	振动筛板柱、Karr 萃取柱	空气脉冲折流板柱、机械脉冲折流板柱、筛板柱	波式离心萃取器	—

混合澄清槽是逐级接触式萃取设备,具有处理量大、级效率高,结构简单、容易放大和操作,两相流量比范围大、运转稳态可靠等优点。为达到传质分离指标,常将多级混合澄清槽串联使用。典型混合澄清槽结构及多级混合澄清槽结构如图6-25所示,其关键部件及作用如下。

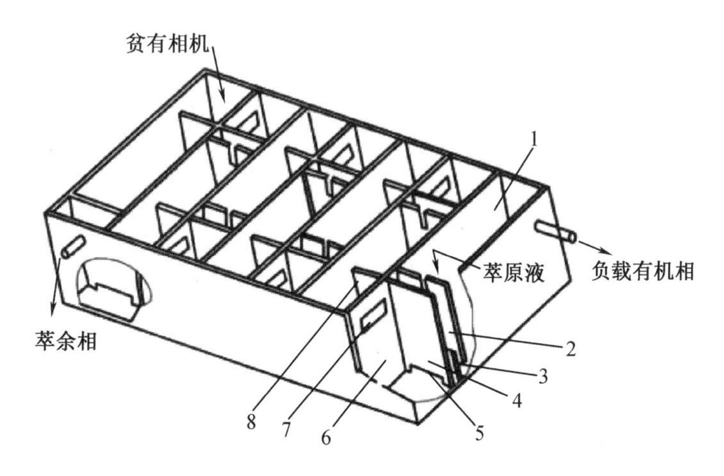

1—澄清室;2—轻相堰;3—重相堰;4—隔板;5—下相口;6—混合室;7—上相口;8—挡流板。

图6-25 混合澄清槽槽结构简图

(1)轻相堰。轻相堰的作用是防止有机相返流,控制级间有机相流量和液面高度。

(2)重相堰。重相堰的作用是控制澄清室界面高度,防止从下相口甩出的混合相对中部澄清区的扰动。

(3)隔板。隔板的作用是防止有机相短路,其下相口用作水相进口和混合相出口。

(4)挡流板。挡流板的作用是防止从上相口甩出的混合相对中部澄清区的扰动,防止有机相返流。

目前,基于板型,在核工业中得到应用的脉冲萃取柱主要有筛板脉冲萃取柱、喷嘴板脉冲萃取柱和折流板脉冲萃取柱等几种类型,下文以其中两种为例,加以介绍。

1. 筛板脉冲萃取柱

筛板脉冲萃取柱是由若干筛板实现两相体系中两相微分接触的萃取设备,筛板间以一定的间距排列以实现液滴尺寸的分布。经验表明,若要得到较高的传质效率,需适当减小开孔率、板间距以及孔径,但造成的问题是处理能力也会随之降低;反之,增大开孔率、板间距以及孔径则得到相反的结果。在工程中一般采用标准板段,即板间距 50 mm、开孔率 23%、孔径为 3.2 mm、筛孔按正三角形排布。在不同的工业领域,萃取体系不同,各体系的界面张力也不尽相同,因此板段需要有针对性地选取合适的开孔率。对于界面张力低的体系,在运行过程中易发生乳化影响运行,此时在板段设计时一般考虑高开孔率;而对于中高界面张力体系,则一般考虑适当降低板段开孔率。筛板可以由不锈钢或聚四氟乙烯制成,应尽量选择分散相不浸润的材料。对于有机相连续的脉冲萃取柱,一般选择聚四氟乙烯塑料作筛板,从而避免水相浸润筛板而导致的分散相分散不均,进而提高传质效果。

2. 折流板脉冲萃取柱

在折流板脉冲萃取柱的板段中,按照一定间距间隔装有圆盘和圆环。在脉冲作用下,圆盘圆环之间产生稳态漩涡,使分散相液滴在运动的同时不断转动,从而不停地破碎、聚并。折流板脉冲萃取柱不仅可以消除沟流效应、避免板材浸润性变化造成的运行不稳态,还有利于污物和固体颗粒的排出,甚至能够处理含有固体颗粒的物料,与此同时折流板萃取柱具有较好的操作稳态性和放大性能。近年来,我国对折流板脉冲萃取柱进行了较多研究工作,并成功地应用在我国乏燃料后处理厂中。

本章符号说明

符号	意义	计量单位
c_A	A 物质的量浓度	mol/m^3
x_A	液相摩尔分数	
y_A	气相摩尔分数	
X_A	液相摩尔分数	
Y_A	气相摩尔分数	
N_A	A 组分相对于静止坐标的传质通量, 对流传质通量	mol/(m^2 · S)
J_A	A 组分扩散传质通量	mol/(m^2 · s)

符号	意义	计量单位
D_{AB}	双组分体系中A组分的扩散系数	m^2/s
u_m	以物质的量浓度加权计算的混合物平均速度	m/s
k_c	基于摩尔浓度的传质系数	m/s
c_{Ab}	管道中A组分的混合杯浓度	mol/m^3
β	萃取选择性系数	
k_A	A组分的分配系数	
S	溶剂用量	kg/h
H	萃取填料塔高	m
H_{OR}	总传质单元高度	m
N_{OR}	总传质单元数	
$K_x a$	总体积传质系数	$kg/(m^3 \cdot h)$
a	单位体积中传质面积	m^2

习 题

一、填空题

1. 若萃取相和萃余相在脱溶剂后具有相同的组成,并且等于原料液组成,则说明萃取剂的选择性系数β=________。

2. 当萃取剂的用量为最小时,将会出现________,此时所需的理论级数为________。

3. 选择萃取剂应考虑的主要因素有________、________、________与________。

4. 萃取中根据两相接触方式的不同,分为________和________。根据加料方式不同,级式接触萃取又分为________、________和________。

5. 在单级萃取器中用纯溶剂S提取A、B两组分混合液中的组分A,测得萃取相和萃余相中组分A的质量分率分别为0.39和0.20。操作条件下B与S可视为不互溶,则组分A的分配系数k_A=________,溶剂的选择性系数β=________。

6. 用萃取剂S对A、B混合液进行单级萃取,当萃取剂用量加大时(F、x_F保持不变),则所得萃取液的组成y将________,萃取率将________。(填增大、减小或不变)

二、计算题

1. 某A、B、S三元体系的溶解度曲线和辅助曲线如图6-26所示。原料液由A、B两组分组成,其中溶质A的质量分率为0.4,每批的处理量为400 kg。试求:

(1)能进行萃取分离的最少和最大萃取剂用量;

(2)经单级萃取可获得的最高萃取液组成及其量;

(3) 单级萃取可能获得的最低萃余液组成;

(4) 获得最高萃取液组成时溶剂的选择性系数 β 及分配系数 k_A。

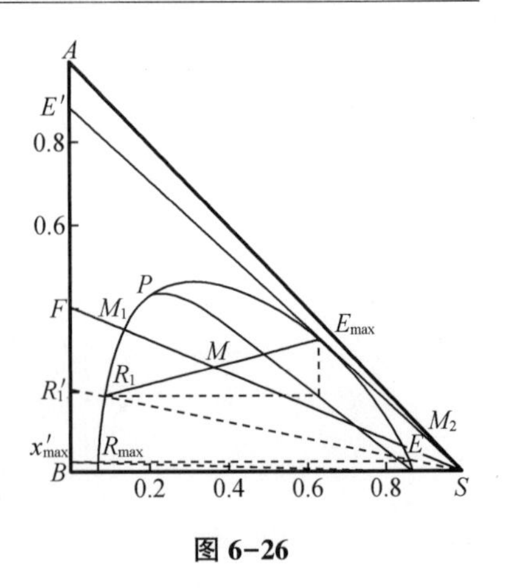

图 6-26

2. 在单级萃取器中用纯溶剂 S 100 kg 从 A、B 混合液中提取溶质组分 A。原料液处理量 $F=100$ kg,料液中含组分 A 40 kg。已知萃余液组成为 $x=0.18$,选择性系数 $\beta=10$,试求萃取液的组成 y' 及量 E'。

3. 用纯溶剂 45 kg 在单级萃取器中处理 A、B 两组分混合液。料液处理量为 39 kg,其中组分 A 的质量比组成为 $X_F=0.3$。操作条件下,组分 B、S 可视作完全不互溶,且两相的平衡方程为 $Y=1.5X$,现为提高组分 A 的回收率,特设计 3 种方案:

(1) 将 45 kg/h 的萃取剂分成两等份进行两级错流萃取;

(2) 两级逆流萃取;

(3) 在传质单元数 $N=2$ 的填料塔中进行逆流萃取。

试比较各方案的萃取效果并选出最优方案。

4. 在填料层高度为 4 m 的逆流萃取塔内,以水作萃取剂处理乙醛和甲苯的混合液。原料液处理量为 1 200 kg/h,其中乙醛的质量分率为 0.05,要求最终萃余相中乙醛含量不高于 0.005,操作溶剂比(S/B)为 0.455。操作条件下,水和甲苯可视作互不相溶,且以质量比表示相组成的平衡关系为 $Y=2.2X$,试求;

(1) 操作溶剂比为最小溶剂比的倍数及水的用量;

(2) 填料层的传质单元高度 H 与理论级当量高度 HETS。

5. 在多级逆流萃取设备中,将 A、B 混合物进行分离,纯溶剂 S 的用量为 40 kg/h。B 与 S 完全不互溶,稀释剂 B 为 60 kg/h,分配系数 $K=Y_A/X_A=1.5$(Y、X 均为质量比),进料组成 $X=0.425$ kgA/kgB,要求最终组成 $Xn=0.075$ kgA/kgB,试求所需的理论级数 n。

6. 在高度为 6 m 的填料塔中用纯溶剂 S 萃取 A、B 混合液中的溶质 A。操作条件下组分 B、S 可视作完全不互溶,两相的平衡方程为 $Y=0.8X$(Y、X 为质量比),要求从 $X_F=0.65$ 降至 $X_n=0.05$,操作溶剂比 $S/B=1.25$,试求:

(1) 溶质实际用量为最小用量的倍数;

(2) 填料层的 H_{OR} 及 HETS。

第7章 吸　　收

在化学工业中,经常需要将气体混合物中的各个组分加以分离,其目的包括:回收或捕获气体混合物中的有用物质,以制取产品;除去工艺气体中的有害成分,使气体净化;同时完成净化与回收。吸收是根据气体混合物各组分在溶剂中溶解度的不同而实现分离的单元操作。

吸收过程前后涉及以下概念。

(1)溶质:混合气体中,能够显著溶解的组分称为溶质或吸收质。

(2)惰性组分:不被溶解的组分称为惰性组分(惰气)或载体。

(3)吸收剂:吸收操作中所用的溶剂称为吸收剂或溶剂。

(4)吸收液:吸收操作中所得到的溶液称为吸收液或溶液,其成分为溶质 A 和溶剂 S;

(5)吸收尾气:吸收操作中排出的气体称为吸收尾气,其主要成分是惰性气体 B 及残余的溶质 A。

对于吸收过程有多种分类方法。依据吸收过程的原理,可将其分为物理吸收和化学吸收。在吸收过程中溶质与溶剂不发生显著化学反应,称为物理吸收;如果在吸收过程中,溶质与溶剂发生显著化学反应,则此吸收操作称为化学吸收。

依据被吸收体系的组分数,分为单组分吸收和多组分吸收。在吸收过程中,若混合气体中只有一个组分被吸收,则称为单组分吸收;如果混合气体中有两个或多个组分进入液相,则称为多组分吸收。

依据吸收过程可以根据液相温度是否明显变化而分为等温吸收与非等温吸收。气体溶于液体中时常伴随热效应,若热效应很小、被吸收的组分在气相中的浓度很低,或者吸收剂用量很大时,液相的温度均不会显著变化,则可认为是等温吸收;若吸收过程中热效应很大,液相的温度明显变化,则该吸收过程为非等温吸收过程。

依据被吸收组分溶解度大小以及操作浓度的大小,可将其分为低浓度吸收与高浓度吸收。当混合气中溶质组分 A 的摩尔分数大于 0.1,且被吸收的数量多时,称为高浓度吸收;如果溶质在气液两相中摩尔分数均小于 0.1 时,称为低浓度吸收。

本章重点研究的是低浓度、单组分、等温的物理吸收过程。

7.1 吸收过程基础

7.1.1 溶解度曲线

在一定压力和温度下,使一定量的吸收剂与混合气体充分接触,接触时间足够长之后,液相中溶质组分的浓度不再增加,此时,气液两相达到平衡状态。

气液平衡时,溶质在液相中的浓度为溶解度,气相中溶质的分压为平衡分压,溶质组分在气液两相中的浓度关系为相平衡关系。单组分的物理吸收涉及 A、B、S 三个组分构成的气液两相物系,由相律可知其自由度 f=组分数(C)-相数(P)+2=3-2+2=3。这表明在系统温度、压力、气相组成和液相组成 4 个变量中,有 3 个是自由度,余下的 1 个是它们的函数。气体溶解度除受温度和总压的影响之外,还取决于它在气相中的组成。在总压不高时,可认为气体在液体中的溶解度只取决于该气体的分压而与总压无关。气液相平衡关系用二维坐标绘成的关系曲线称为溶解度曲线。

由图 7-1(a)可知,在总压一定时,平衡分压与液相中摩尔分数变化趋势一致;对比不同温度下平衡分压可以发现,一定气相分压下,降低温度对应的平衡液相摩尔分数会增大,即降温有利于吸收;相反,一定的液相组成在温度改变时,平衡气相分压会随着升温而增大,即高温有利于解析。

由图 7-1(b)可知,在温度一定时,平衡分压与液相中摩尔分数变化趋势一致;对比不同总压下平衡分压可以发现,一定气相分压下,总压对应的平衡液相摩尔分数会增大,即增压有利于吸收;与之相反,一定的液相组成在总压改变时,平衡气相分压会随降压而增大,即低压有利于解析。

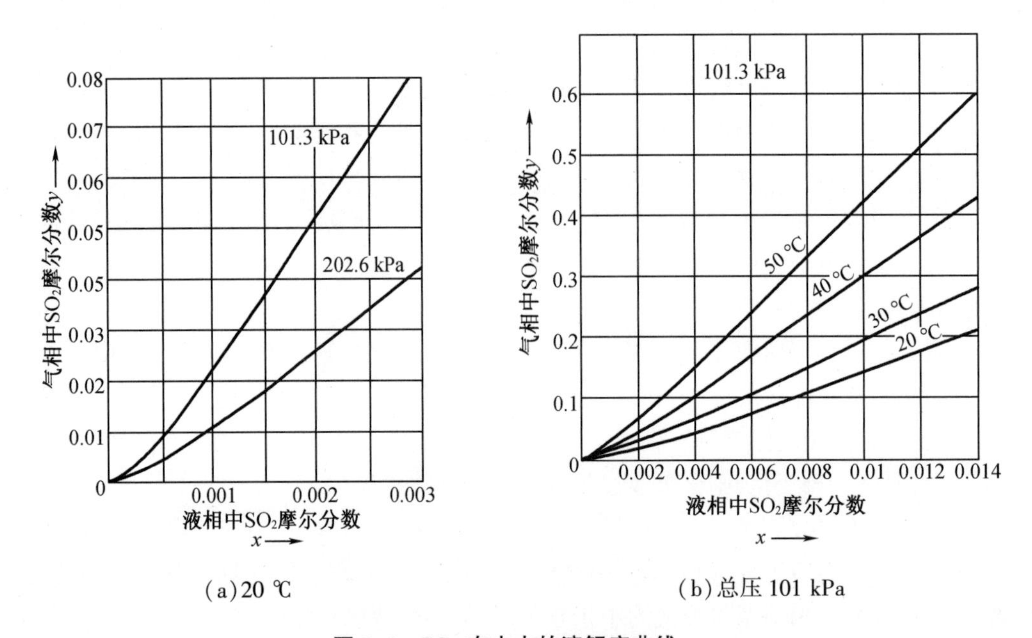

(a)20 ℃　　(b)总压 101 kPa

图 7-1　SO_2 在水中的溶解度曲线

由溶解度曲线所表现出的规律性可得知,加压和降温有利于吸收操作,因为加压和降温可提高气体溶质的溶解度。反之,减压和升温则有利于解吸操作。

7.1.2　亨利定律

在一定温度下,总压不高(总压不超过 5×10^5 Pa)时,稀溶液上方气相中溶质的平衡分压与溶质在液相中的摩尔分数成正比,此即为亨利定律,气相分压与液相摩尔分数的比值为亨利系数。

亨利定律的表达形式可以是下面 4 种。

1.

$$p_e = Ex \tag{7-1}$$

式中　p_e——溶质在气相中的平衡分压,kPa;

E——亨利系数,kPa;

x——溶质在液相中的摩尔分数。

2.

$$p_e = \frac{c_A}{H} \tag{7-2}$$

式中　c_A——溶质在液相中的摩尔浓度,$kmol/m^3$;

H——溶解度系数,$kmol/(m^3 \cdot kPa)$。

溶解度系数 H 与亨利系数 E 的关系为

$$\frac{1}{H} = \frac{EM_S}{\rho_S} \tag{7-3}$$

式中　ρ_S——溶剂的密度,kg/m^3;

M_S——气体分子质量,g/mol。

3.

$$y_e = mx \tag{7-4}$$

式中　y_e——与液相组成 x 相平衡的气相中溶质的摩尔分数;

m——相平衡常数,无因次。

相平衡常数 m 与亨利系数 E 的关系为

$$m = \frac{E}{p} \tag{7-5}$$

式中　p——总压,Pa。

4.

$$\frac{Y_e}{1+Y_e} = m\frac{X}{1+X} \tag{7-6}$$

式中　X——液相中溶质的摩尔分数;

Y_e——与液相组成 X 相平衡的气相中溶质的摩尔分数。

例 7-1　某系统温度为 10 ℃,总压 101.3 kPa,试求此条件下在与空气充分接触后的水中,每立方米水溶解了多少克氧气?

解　空气按理想气体处理,由道尔顿分压定律可知,氧气在气相中的分压为

$$p_e = Py = 101.3 \times 0.21 = 21.27 \text{ kPa}$$

氧气为难溶气体,故氧气在水中的液相组成 x 很低,气液相平衡关系服从亨利定律,由表查得 10 ℃时,氧气在水中的亨利系数 E 为 3.31×10^6 kPa。

$$H=\frac{\rho_S}{EM_S}$$

$$c_A=HP_e$$

$$c_A=\frac{\rho_S p_e}{EM_s}$$

故

$$c_A=3.57\times10^{-4}\ \text{kmol/m}^3$$

$$m_A=3.57\times10^{-4}\times32\times1\ 000=11.42\ \text{g/m}^3$$

相平衡关系确定过程的推动力，$y-y_e$ 为以气相中溶质摩尔分数差表示吸收过程的推动力；x_e-x 为以液相中溶质的摩尔分数差表示吸收过程的推动力；$Pa-Pa_e$ 为以气相分压差表示的吸收过程推动力；$c_{Ae}-c_A$ 为以液相摩尔浓度差表示的吸收过程推动力。当传质推动力大于0时发生吸收；相反，当上述推动力小于0时发生解吸。

例7-2 在总压101.3 kPa，温度30 ℃的条件下，SO_2 摩尔分数为0.3的混合气体与 SO_2 摩尔分数为0.01的水溶液相接触，试问：

(1)从液相分析 SO_2 的传质方向；

(2)从气相分析，其他条件不变，温度降到0 ℃时 SO_2 的传质方向；

(3)其他条件不变，从气相分析，总压提高到202.6 kPa时 SO_2 的传质方向，并计算以液相摩尔分数差及气相摩尔率差表示的传质推动力。

解 (1)查得在总压101.3 kPa，温度30 ℃条件下 SO_2 在水中的亨利系数 $E=4\ 850$ kPa。

所以：

$$m=\frac{E}{p}=\frac{4\ 850}{101.3}=47.88$$

从液相分析：

$$x_e=\frac{y}{m}=0.006\ 27<x=0.01$$

故 SO_2 必然从液相转移到气相，进行解吸过程。

(2)查得在总压101.3 kPa，温度0 ℃的条件下，SO_2 在水中的亨利系数 $E=1\ 670$ kPa。

$$m=\frac{E}{p}=16.49$$

从气相分析：

$$y_e=mx=16.49\times0.01=0.16<y=0.3$$

故 SO_2 必然从气相转移到液相，进行吸收过程。

(3)在总压 202.6 kPa,温度 30 ℃条件下,SO_2 在水中的亨利系数 $E=4\ 850$ kPa。

$$m=\frac{E}{p}=23.94$$

从气相分析:

$$y_e=mx=23.94\times 0.01=0.24<y=0.3$$

故 SO_2 必然从气相转移到液相,进行吸收过程。

$$x_e=\frac{y}{m}=0.012\ 5$$

以液相摩尔分数表示的吸收推动力为

$$\Delta x=x_e-x=0.012\ 5-0.01=0.002\ 5$$

7.1.3　吸收剂的选用

吸收剂性能往往是决定吸收效果的关键。在选择吸收剂时,应从以下几方面考虑。

(1)溶解度

溶质在溶剂中的溶解度要大,即在一定的温度和浓度下,溶质的平衡分压要低,这样可以提高吸收速率并减小吸收剂的耗用量,气体中溶质的极限残余浓度亦可降低。当吸收剂与溶质发生化学反应时,溶解度可大大提高。但要使吸收剂循环使用,则化学反应必须是可逆的。

(2)选择性

吸收剂对混合气体中的溶质要有良好的吸收能力,而对其他组分应不吸收或吸收甚微,否则不能直接实现有效的分离。

(3)溶解度对操作条件的敏感性

溶质在吸收剂中的溶解度对操作条件(温度、压力)要敏感,即随操作条件的变化溶解度要显著的变化,这样被吸收的气体组分容易解吸,吸收剂再生方便。

(4)挥发度

操作温度下吸收剂的蒸气压要低,因为离开吸收设备的气体往往被吸收剂所饱和,吸收剂的挥发度愈大,在吸收和再生过程中吸收剂的损失也愈大。

(5)黏度

吸收剂黏度要低,流体输送功耗小。

(6)化学稳定性

吸收剂化学稳定性好可避免因吸收过程中条件变化而引起吸收剂变质。

(7)腐蚀性

吸收剂腐蚀性应尽可能小,以减少设备费和维修费。

(8)其他所选用吸收剂应尽可能满足价廉、易得、易再生、无毒、无害、不易燃烧、不易爆炸等要求。

7.2 吸收过程总传质速率方程

吸收过程可以采用双膜理论来描述,该理论基于停滞膜模型,它把复杂的对流传质过程描述为溶质以分子扩散形式通过两个串联的有效膜,认为扩散所遇到的阻力等于实际存在的对流传质阻力。其模型如图 7-2 所示。

双膜模型的基本假设如下。

(1)相互接触的气液两相存在一个稳定的相界面,界面两侧分别存在着稳定的气膜和液膜。膜内流体流动状态为层流,溶质 A 以分子扩散方式通过气膜和液膜,由气相主体传递到液相主体。

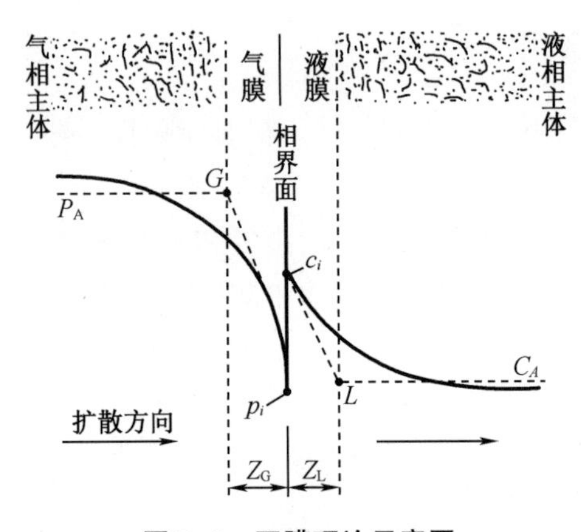

图 7-2　双膜理论示意图

(2)相界面处,气液两相达到相平衡,界面处无扩散阻力。

(3)在气膜和液膜以外的气液主体中,由于流体的充分湍动,溶质 A 的浓度均匀,溶质主要以涡流扩散的形式传质。

吸收过程速率有多种表示方法,这些表示方法分别基于不同的浓度表示方法。与不同的浓度表示方法对应,传质系数的符号及单位也会有差别。基于气相组成气膜侧总传质速率不随浓度组成的表示方法而改变,方程可以写成以下几种形式:

$$N_A = K_G(p_A - p_{Ai}) \tag{7-7}$$

$$N_A = K_y(y - y_i) \tag{7-8}$$

$$N_A = K_Y(Y - Y_i) \tag{7-9}$$

式中　K_G——以气相分压差表示推动力的气相总传质系数,kmol/(m^2·s·kPa);

K_x——以气相摩尔分数差表示推动力的气相总传质系数,kmol/(m^2·s);

K_Y——以气相摩尔分数差表示推动力的气相总传质系数,kmol/(m^2·s)。

基于不同组成表示方法的液膜侧传质速率也不随浓度组成的表示方法而改变,方程可以写成以下几种形式:

$$N_A = K_L(c_{Ai} - c_A) \tag{7-10}$$

$$N_A = K_x(x_i - x) \tag{7-11}$$

$$N_A = K_X(X_i - X) \tag{7-12}$$

式中　K_L——以液相浓度差表示推动力的液相总传质系数，m/s；

K_x——以液相摩尔分数差表示推动力的液相总传质系数，kmol/(m^2 · s)；

K_X——以液相摩尔分数差表示推动力的液相总传质系数，kmol/(m^2 · s)。

根据双膜理论，界面无阻力，即界面上气液两相平衡，对于稀溶液，则

$$c_{Ai} = H \cdot p_{Ai}$$

稳态传质条件下，液膜侧的传质通量与气膜侧的传质通量相等，均等于总传质通量，故可推导出总推动力比总阻力的形式：

$$N_A = \frac{(p_A - p_{Ai})}{1/k_G} = \frac{(p_{Ai} - p_{Ae})}{1/(H \cdot k_L)} = \frac{(p_A - p_{Ae})}{1/k_G + 1/(H \cdot k_L)} = K_G(p_A - p_{Ae})$$

从该式可以看出，基于气相分压作为总传质推动力的总吸收过程系数为

$$\frac{1}{K_G} = \frac{1}{Hk_L} + \frac{1}{k_G} \tag{7-13}$$

由式(12-13)可以看出，以气相分压差 $P_A - P_{Ae}$ 表示推动力的总传质阻力 $\frac{1}{K_G}$ 是由气相传质阻力 $\frac{1}{k_G}$ 和液相传质阻力 $\frac{1}{Hk_L}$ 两部分加和构成的，当 k_G 与 k_L 数量级相当时，对于 H 值较大的易溶气体，有 $\frac{1}{K_G} \approx \frac{1}{k_G}$，即传质阻力主要集中在气相，此吸收过程由气相阻力控制(气膜控制)。如用水吸收氯化氢、氨气等过程即是如此。

用类似的方法得到

$$\frac{1}{K_L} = \frac{1}{k_L} + \frac{H}{k_G} \tag{7-14}$$

由式(7-14)可以看出，以液相浓度差 $c_A^2 - c_A$ 表示推动力的总传质阻力是由气相传质阻力 $\frac{H}{k_G}$ 和液相传质阻力 $\frac{1}{k_L}$ 两部分加和构成的。对于 H 值较小的难溶气体，当 k_G 与 k_L 数量级相当时，有 $\frac{1}{K_L} \approx \frac{1}{k_L}$，即传质阻力主要集中在液相，此吸收过程由液相阻力控制(液膜控制)。如用水吸收二氧化碳、氧气等过程即是如此。

$$\frac{1}{K_y} = \frac{m}{k_x} + \frac{1}{k_y} \tag{7-15}$$

$$\frac{1}{K_x} = \frac{1}{k_x} + \frac{1}{mk_y} \tag{7-16}$$

利用传质通量不受浓度表示方法影响这一特性，可得出不同单位的传质系数之间的关系：

$$mK_y = K_x \tag{7-17}$$

$$pK_G = K_y \tag{7-18}$$

$$cK_L = K_x \tag{7-19}$$

例 7-3 总压为 100 kPa、温度为 30 ℃时,用清水吸收混合气体中的氨,气相传质系数 $k_G = 3.84\times10^{-6}$ kmol/(m^2 · s · kPa),液相传质系数 $k_L = 1.83\times10^{-4}$ m/s,假设此操作条件下的平衡关系服从亨利定律,测得液相溶质摩尔分数为 0.05,其气相平衡分压为 6.7 kPa。求当塔内某截面上气、液组成分别为 $y = 0.05$,$x = 0.01$ 时以 $p_A - p_A^*$、$c_A^* - c_A$ 表示的传质总推动力及相应的传质速率、总传质系数,并分析该过程的控制因素。

解 (1)根据亨利定律有

$$E = \frac{p_{Ae}}{x} = 134 \text{ kPa}$$

相平衡常数为

$$m = \frac{E}{p} = \frac{134}{100} = 1 \cdot 34$$

溶解度常数为

$$H = \frac{\rho_S}{EM_S} = \frac{1\ 000}{134\times18} = 0.414\ 6$$

$$p_A - p_{Ae} = 3.66 \text{ kPa}$$

$$\frac{1}{K_G} = \frac{1}{Hk_L} + \frac{1}{k_G} = \frac{1}{0.414\ 6\times1.83\times10^{-4}} + \frac{1}{3.86\times10^{-6}} = 13\ 180 + 240\ 617 = 253\ 797$$

$$K_G = 3.94\times10^{-6} \text{ kmol/(m}^2 \cdot \text{s} \cdot \text{kPa)}$$

$$N_A = K_G(p_A - p_{Ae}) = 1.44\times10^{-5} \text{ kmol/(m}^2 \cdot \text{s)}$$

$$c_A = \frac{0.01}{0.99\times18/1\ 000} = 0.56 \text{ kmol/m}^3$$

$$c_{Ae} - c_A = 0.414\ 6\times100\times0.05 - 0.56 = 1.513 \text{ kmol/m}^3$$

$$K_L = \frac{K_G}{H} = \frac{3.94\times10^{-6}}{0.414\ 6} = 9.5\times10^{-6} \text{ m/s}$$

(2)与 $p_A - p_A^*$ 表示的传质总推动力时

其中气相阻力为

$$\frac{1}{k_G} = 13\ 180 \text{ m}^2 \cdot \text{s} \cdot \text{kPa/kmol}$$

液相阻力为

$$\frac{1}{Hk_L} = 240\ 617 \text{ m}^2 \cdot \text{s} \cdot \text{kPa/kmol}$$

气相阻力占总阻力的百分数为

$$\frac{240\ 617}{253\ 797}\times100\% = 94.8\%。$$

故该传质过程为气膜控制过程。

例 7-4 在总压为 101.3 kPa、温度为 298 K 下用水吸收混合气中的氨,操作条件下的气-液平衡关系为 $y=1.04x$。已知气相传质分系数 $k_y=5.18\times10^{-4}$ kmol/(m^2 · s),液相传质分系数 $k_x=5.28\times10^{-3}$ kmol/(m^2 · s),测得塔内某一截面上测得氨的气相浓度 y 为 0.04,液相浓度为 0.01(均为摩尔分数)。试求该截面上的传质速率及气液界面上两相的浓度。

解 总传质系数

$$K_y=\frac{1}{\frac{1}{k_y}+\frac{m}{k_x}}=\frac{1}{\frac{1}{5.18\times10^{-4}}+\frac{1.04}{5.28\times10^{-3}}}=4.70\times10^{-4}\ \text{kmol/(s·m}^2)$$

与实际液相浓度成平衡的气相浓度为

$$y_e=mx=1.04\times0.010=0.010\ 4$$

传质速率

$$N_A=K_x(y-y_e)=4.70\times10^{-4}\times(0.04-0.010\ 4)=1.39\times10^{-5}\ \text{kmol/(s·m}^2)$$

由式 $k_y(y-y_i)=K_y(y-mx)$ 得

$$y_i=y-\frac{K_y}{k_y}(y-mx)=0.013\ 1$$

$$x_i=\frac{y_i}{m}=\frac{0.013\ 1}{1.04}=0.012\ 6$$

注意,界面气相浓度 y_i 与气相主体浓度($y=0.04$)相差较大,而界面液相浓度 x_i 与液相主体浓度 $x=0.01$ 比较接近。气相传质阻力占总阻力的比例为

$$\frac{\frac{1}{k_y}}{\frac{1}{K_y}}=\frac{\frac{1}{5.18\times10^{-4}}}{\frac{1}{4.70\times10^{-4}}}=90.7\%$$

7.3 低浓度气体吸收的计算

在工业生产中吸收操作多采用塔式设备,既可采用逐级接触的板式塔,也可采用连续接触的填料塔。本节中对于吸收操作的分析和讨论将主要结合填料塔进行。对于填料塔,塔内的气液两相流动方式原则上可分为逆流和并流。在逆流操作时,塔内液相即溶剂依靠重力的作用自上而下地流动,而含有溶质的混合气体则靠压力差的作用通过填料层。对等条件下,逆流操作可比并流操作获得更大的平均推动力,这也意味着相同分离指标下需要填料层高度越低。

7.3.1 吸收过程的数学模型

1. 总质量守恒

图 7-3 所示为一个处于稳态操作下的逆流接触吸收塔物料衡算图。塔底截面以下标“1”表示，塔顶截面以下标“2”表示，而 $m-n$ 代表塔的任一截面。图中各符号的意义如下：

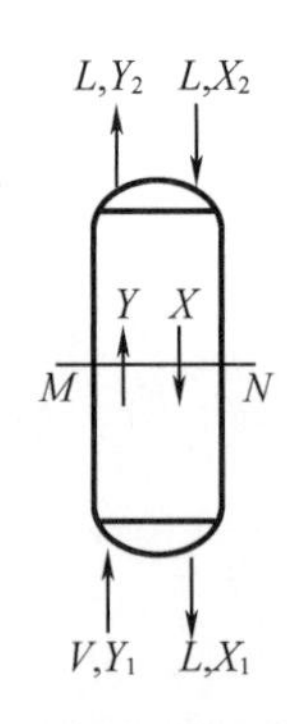

图 7-3 逆流接触吸收塔物料衡算图

V 为单位时间通过吸收塔的惰性气体量，kmol(B)/s；

L 为单位时间通过吸收塔的溶剂量，kmol(S)/s；

Y_1、Y_2 分别为进塔和出塔气体中溶质组分的摩尔分数，kmol(A)/kmol(B)；

X_1、X_2 分别为出塔和进塔液体中溶质组分的摩尔分数，kmol(A)/kmol(S)。

多数工业吸收操作都是将气体中少量溶质组分加以回收或除去。当进塔混合气中的溶质浓度不高(例如小于 5%)时，通常称为低浓度气体(贫气)吸收。计算此类吸收问题时可做如下假设。

(1) G、L 为常量。被吸收的溶质量很少，所以，流经全塔的混合气体流量 G 与液体流量 L 变化不大，可视为常量。

(2) 吸收过程是等温的。当吸收量少时，由溶解热而引起的液体温度的升高很小，故可认为吸收是在等温下进行的。这样，对低浓度气体吸收过程往往可以不做热量衡算。

(3) 传质系数为常量。因气液两相在塔内的流量几乎不变，全塔的流动状况相同，传质系数 k_x、k_y 在全塔为常数。

在稳态操作的情况下，对单位时间内进出吸收塔的溶质 A 做物料衡算，可得：

$$VY_1+LX_2=VY_2+LX_1 \tag{7-20}$$

上述变量中，进塔混合气的组成(Y_1)与流量(V)是由吸收任务规定的，而吸收剂的初始组成(X_2)和流量(L)往往根据生产工艺要求确定，如果吸收任务又规定了溶质回收率 φ，则可计算出气体出塔时的组成 Y_2：

$$Y_2=Y_1(1-\varphi) \tag{7-21}$$

式中 φ——混合气体中溶质 A 被吸收的百分率，称为吸收率或回收率。

塔底液体的组成 X_1 可以根据质量守恒计算得出。

2. 操作线方程

在塔中任意位置与塔顶或塔底间进行质量衡算，可以得出吸收过程的操作线方程。在图 7-3 中塔中 MN 平面与塔底间进行质量衡算，可得

$$Y=\frac{L}{V}X+\left(Y_1-\frac{L}{V}X_1\right) \tag{7-22}$$

式(7-22)表明塔内任一横截面上的气相组成 Y 与液相组成 X 之间呈线性关系，直线的斜率为 L/V，且此直线通过点 $B(X_1,Y_1)$ 及点 $T(X_2,Y_2)$。如图 7-4 所示，曲线 BT 即为逆流吸收塔的操作线。端点 B 代表填料层底部端面，即塔底的情况；端点 T 代表填料层顶部端

面,即塔顶的情况。

图 7-4 中的曲线 OE 为相平衡曲线 $Y_e=f(X)$。当进行吸收操作时,吸收操作线 BT 总是位于平衡线 OE 的上方;反之,如果操作线位于相平衡曲线的下方,则应进行脱吸过程。

由操作线方程的建立过程可以看出,吸收操作线方程仅由物料衡算求得,而与吸收塔的结构形式,甚至与逆流、并流等操作方式无关。

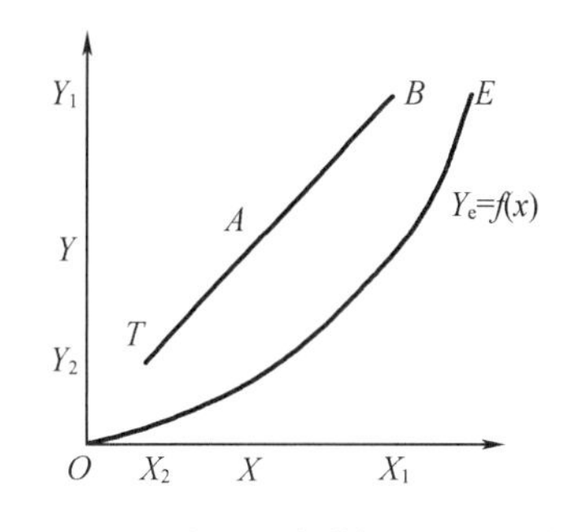

图 7-4　逆流吸收塔操作线和平衡线

3. 吸收剂用量的确定

在设计吸收塔时,通常需要处理的气体流量及气体的初、终组成已由设计任务所规定,而液体吸收剂的入塔组成常由生产工艺决定或由设计者选定,因此 V、Y_1、Y_2 及 X_2 均为已知。确定吸收剂的用量是吸收塔设计计算的首要任务。

如图 7-5 所示,在 V、Y_1、Y_2 及 X_2 已知的情况下,操作线的端点 T 已固定,另一端点 B 则可在 $Y-Y_1$ 的水平线上移动。B 点的横坐标将取决于操作线的斜率 L/V,当 V 值一定时取决于吸收剂流量 L 的大小。

操作线斜率 L/V 称为液气比,它是溶剂与惰性气体摩尔流量的比值。它反映单位气体处理量的溶剂消耗量的大小。在惰性气体摩尔流量 V 一定的情况下,吸收剂用量 L 减小,操作线斜率也将变小,点 B 便沿水平线 $Y-Y_1$ 向右移动,过程中出塔吸收液的组成 X_1 增大,且吸收推动力逐渐减小。当吸收剂用量减小到恰使操作线与平衡线相交[图 7-5(a)]或相切(图 7-5(b))时,理论上吸收液所能达到的最高组成,但此时吸收过程的推动力已变为零,因而需要无限高的填料层(或表述为无限大的相际接触面积)。此种状况下吸收操作线 BT 的斜率称为最小液气比,以 $(L/V)_{min}$ 表示;相应的吸收剂用量即为最小吸收剂用量,以 L_{min} 表示。在最小液气比来达到指定的气相收率,在生产中是无法办到的,只是用来表示吸收的极限情况。

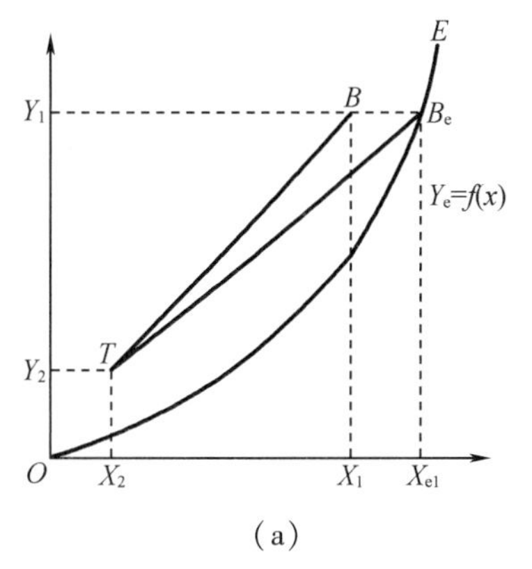

(a)

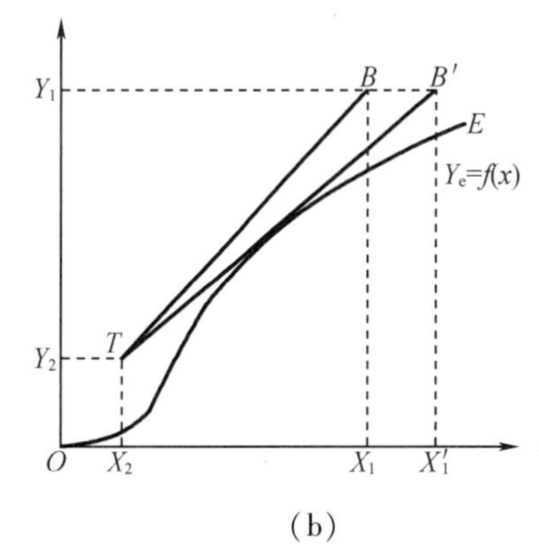

(b)

图 7-5　典型的最小液气比

反之,若增大吸收剂用量,则点 B 将沿 $Y-Y_1$ 线向左移动,使操作线远离平衡线,吸收过程的推动力增大,有利于吸收操作。但超过一定限度后,通过增大推动力来强化吸收速度的效果便不明显,而吸收剂的消耗、输送及回收等操作费用急剧增加,因而通过无限增加吸收剂用量来强化吸收过程是不经济的。根据生产实践经验,一般取最小吸收剂用量的1.1~2.0倍是比较适宜的,即

$$\frac{L}{V}=(1.2\sim2)\left(\frac{L}{V}\right)_{\min} \tag{7-23}$$

对于图7-5(a)所示的情况,最小液气比可以采用气相进出口的摩尔分数结合吸收剂进口的摩尔分数计算得出,即

$$\left(\frac{L}{V}\right)_{\min}=\frac{Y_1-Y_2}{X_{e1}-X_2}$$

当吸收过程成平衡关系可以采用亨利定律 $Y_e=mx$ 来描述时,最小液气比计算方法为

$$\left(\frac{L}{V}\right)_{\min}=\frac{Y_1-Y_2}{\dfrac{Y_1}{m}-X_2} \tag{7-24}$$

对于图7-5(b)所示的情况,当液气比(L/V)减小到某一程度,塔底两相浓度虽未达到平衡,但操作线已与平衡线相切,切点处的吸收推动力为零,为达到指定分离要求,塔高需无穷大。因此,此时的最小液气比$(L/V)_{\min}$,取决于从图中 T 点所作的平衡线切线的斜率。

例7-5 用洗油吸收焦炉气中的芳烃。吸收塔内的操作温度为27 ℃,操作压力为101.3 kPa。焦炉气的流量为1 000 m^3/h,其中所含芳烃的摩尔分数为0.025,要求芳烃的回收率不低于94%。进入吸收塔顶的洗油中所含芳烃的摩尔分数为0.005。若取吸收剂用量为理论最小用量的2.0倍,求洗油流量 L(或 L')及塔底流出吸收液的组成 X_1。已知吸收平衡关系为

$$Y_e=\frac{0.125X}{1+0.875X}$$

解 进入吸收塔惰性气体摩尔流量:

$$V=\frac{1\ 000}{22.4}\times\frac{273}{273+27}\times\frac{101.3}{101.3}\times(1-0.025)=39.6\ \text{kmol/h}$$

进塔气体中芳烃组成为

$$Y_1=\frac{y_1}{1-y_1}=0.025\ 6$$

出塔气体中芳烃组成为

$$Y_2=Y_1(1-\varphi_A)=0.001\ 536$$

进塔洗油中芳烃组成为

$$X_2=\frac{x_2}{1-x_2}=0.005\ 03$$

设切点坐标为$(X_0,\ Y_0)$,则切线斜率为

$$\tan\alpha=\frac{dY_e}{dX}=\frac{0.125}{(1+0.875X_0)^2}$$

所以切线方程可表示为

$$Y-Y_0=\tan\alpha(X-X_0)$$

将斜率及塔顶坐标(0.005 03,0.001 536)带入可得

$$\tan\alpha=0.104\ 8$$

由此可解出

$$L=2L_{min}=8.302\ \text{kmol/h}$$

根据纯溶剂流量 L 计算出进料流量：

$$L'=L\frac{1}{1-0.005}=8.344\ \text{kmol/h}$$

吸收液组成可根据全塔物料守恒计算：

$$X_1=X_2+\frac{V(Y_1-Y_2)}{L}=0.120$$

7.3.2 吸收塔塔高的计算

填料层高度的计算有传质单元数法和等板高度法，本章重点介绍传质单元数法。

1. 传质单元数法

传质单元数法又称传质速率模型法，该方法依据传质速率方程来计算填料层高度。

填料层高度的计算涉及物料衡算、传质速率与相平衡这三种关系式的应用。填料层高度等于所需的填料体积除以填料塔的截面积，所需的填料体积取决于完成规定任务所需的总传质面积和每立方米填料所能提供的气液有效接触面积，而填料塔的截面积则由塔径确定。总传质面积应等于填料塔的吸收负荷(单位时间内的传质量，kmol/s)与塔内传质速率(单位时间内单位气液接触面积上的传质量，kmol/(m^2·s))的比值。填料塔的吸收负荷要依据物料衡算式，塔内传质速率要依据吸收速率方程式，其中传质推动力与相平衡关系有关。

对于微分接触式传质的填料塔，其内部任意高度处均处于不平衡状态，即任一截面处均存在着传质推动力。随着塔内两相组成的连续变化，传质推动力随塔高变化，相应的差传质速率也随柱高变化。对塔内的任意微元高度 dh 内的传质过程进行质量衡算，单位时间内由气相转入液相物质 A 的量，可以通过惰性气体流量乘以组分摩尔分数的变化，或溶剂流量乘以液相摩尔分数。

$$dG_A=-VdY=Ldx$$

填料吸收塔高度为 dz 的微元同样可由相间传质速率计算得出，即微元传质速率等于传质通量乘以传质面积得出，即

$$dG_A=N_A dA=N_A(a\Omega\cdot dz)$$

式中 dA——微元填料层内的传质面积，m^2；

a——单位体积填料层所提供的有效传质面积，m^2/m^3；

Ω——吸收塔截面积，m^2。

填料塔内传质通量可由总传质系数乘以传质推动力计算得出，即

$$N_A K_Y(Y-Y_e)=N_A K_X(X_e-X)$$

将以上方程整理，可以分别得到基于气相和液相组成的传质过程模型：

$$-V\mathrm{d}Y=K_Y(Y-Y_e)(a\Omega\cdot \mathrm{d}z)$$

$$L\mathrm{d}X=K_X(X_e-X)(a\Omega\cdot \mathrm{d}z)$$

塔底高度取值为0，总塔高积分表达式为

$$z=\frac{\frac{V}{\Omega}}{K_Y a}\cdot\int_{Y_2}^{Y_1}\frac{\mathrm{d}Y}{Y-Y_e}=H_{OG}\cdot N_{OG} \tag{7-25}$$

式(7-25)中 $K_Y\cdot a$ 可以看成一个整体，称为体积吸收系数，单位为 kmol/(m^2·s)；V/Ω 可以看成一个整体，称为表观气速或空塔气速，单位 m/s。式右端 $V/(K_Y a\Omega)$ 单位为 m，记作 H_{OG} 称为气相总传质单元高度；积分项无单位，其值为总柱高与总传质单元高度的比值，称为气相总传质单元数，记作 N_{OG}。

总传质单元高度表达式 H_{OG} 中除去单位塔截面上惰性气体的摩尔流量(V/Ω)，就是气相总体积吸收系数 $K_Y a$。因此，传质单元高度反映了传质阻力的大小、填料性能的优劣以及润湿情况的好坏。吸收过程的传质阻力越大，填料层有效比表面越小，则每个传质单元所相当的填料层高度就越大。对于各种填料塔而言，总传质单元高度数值的变化范围约为0.2~1.5 m。

传质单元数反映吸收过程进行的难易程度。生产任务所要求的气体组成变化越大，吸收过程的平均推动力越小，则意味着所需的传质单元数也就越大。

传质单元数的计算方法包括脱吸因数法、对数平均推动力法、梯级图解法和数值积分法。

(1)脱吸因数法

若平衡关系在吸收过程所涉及的组成范围内为直线 $Y=mX+b$，便可根据传质单元数的定义式导出 N_{OG} 的计算式：

$$N_{OG}=\int_{Y_2}^{Y_1}\frac{\mathrm{d}Y}{Y-Y_e}=\int_{Y_2}^{Y_1}\frac{\mathrm{d}Y}{Y-(mX+b)}$$

由逆流吸收塔操作线方程，可以推导出微元面上液相组成的表达式：

$$X=X_2+\frac{V}{L}(Y-Y_2)$$

代入 N_{OG} 表达式可得

$$N_{OG}=\int_{Y_2}^{Y_1}\frac{\mathrm{d}Y}{Y-m\left[X_2+\frac{V}{L}(Y-Y_2)\right]-b}$$

$$N_{OG}=\int_{Y_2}^{Y_1}\frac{\mathrm{d}Y}{\left(1-\frac{mV}{L}\right)Y+\left[\frac{mV}{L}Y_2-(mX_2+b)\right]}$$

定义脱吸因数 $S=mV/L$,传质单元数表达式及其积分形式为

$$N_{OG}=\int_{Y_2}^{Y_1}\frac{dY}{(1-S)Y+(SY_2-Y_{e2})}$$

$$N_{OG}=\frac{1}{1-S}\ln\left[(1-S)\frac{Y_1-Y_{e2}}{Y_2-Y_{e2}}+S\right]$$

将式中 $(1-S)\dfrac{Y_1-Y_{e2}}{Y_2-Y_{e2}}+S$ 项通分,并考虑到吸收平衡关系 $Y_{e2}=mX_2+b$,以及全塔质量衡算 $X_2=X_1-\dfrac{V}{L}(Y_1-Y_2)$,该式恰好可转化为 $\dfrac{Y_1-Y_{e1}}{Y_2-Y_{e2}}$,故 N_{OG} 又可写成

$$N_{OG}=\frac{1}{1-S}\ln\left(\frac{Y_1-Y_{e1}}{Y_2-Y_{e2}}\right)=\frac{1}{1-S}\ln\left(\frac{\Delta Y_1}{\Delta Y_2}\right) \tag{7-26}$$

参数 S 反映吸收推动力的大小。在气液进塔组成及溶质吸收率已知的条件下,此时若增大 S 值就意味着减小液气比,其结果是使溶液出塔组成提高而塔内吸收推动力变小,N_{OG} 值必然增大;反之,若参数 S 值减小,则 N_{OG} 值变小。

对于以最高的吸收率为目标的吸收过程,就要求采用较大的液体流量,使操作线斜率大于平衡线斜率,即 $S<1$。反之,若要获得最高组成的吸收液,就要求采用较小的液体流量,使操作线斜率小于平衡线斜率,即 $S>1$。一般吸收操作都注重于溶质的吸收率,一般认为取 $S=0.7\sim0.8$ 是经济合适的。有时为了增大液气比,还可采用液体循环的操作方式,这样能有效地降低 S 值,但在一定程度上丧失了逆流操作更大的传质推动力的优点。

(2)对数平均推动力法

线性相平衡关系中的斜率 m 可表达为

$$m=\frac{Y_{e1}-Y_{e2}}{X_1-X_2}$$

依据总质量衡算,则可推导出浓度差表示的气液两相体积流量之比:

$$\frac{V}{L}=\frac{X_1-X_2}{Y_1-Y_2}$$

因而,脱吸因子可表示为

$$m\frac{V}{L}=\frac{Y_{e1}-Y_{e2}}{X_1-X_2}\frac{X_1-X_2}{Y_1-Y_2}=\frac{Y_{e1}-Y_{e2}}{Y_1-Y_2}$$

因而

$$1-S=1-m\frac{V}{L}=1-\frac{Y_{e1}-Y_{e2}}{Y_1-Y_2}=\frac{\Delta Y_1-\Delta Y_2}{Y_1-Y_2}$$

将上式带入式(7-26)可得

$$N_{OG}=\frac{Y_1-Y_2}{\Delta Y_m} \tag{7-27}$$

式中　ΔY_m 为对数平均推动力,其表达式为

$$\Delta Y_m=\frac{\Delta Y_1-\Delta Y_2}{\ln\left(\dfrac{\Delta Y_1}{\Delta Y_2}\right)}$$

当塔顶与塔底推动力相差不足 2 倍时,也可以采用算术平均推动力代替对数平均推动力,即

$$\Delta Y_m \approx \frac{\Delta Y_1 + \Delta Y_2}{2}$$

$$当\frac{1}{2} \leqslant \frac{\Delta Y_2}{\Delta Y_2} \leqslant 2$$

例 7-6 用组成为 $X_2 = 0.001\,13$ 的二氧化硫水溶液吸收某混合气中的二氧化硫。吸收剂(水)流量为 2 100 kmol/h,混合气流量为 100 kmol/h,其中二氧化硫的摩尔分数为 0.1,要求二氧化硫的吸收率为 85%,求气相总传质单元数 N_{OG}(操作条件下的平衡关系为 $Y_e = 17.80X - 0.008$)。

解 气相进塔组成:

$$Y_1 = 0.111\,1$$

气相出塔组成:

$$Y_2 = 0.016\,67$$

进塔惰气流量:

$$V = V'(1 - y_1) = 90\ \text{kmol/h}$$

出塔液相组成:

$$L(X_1 - X_2) = V(Y_1 - Y_2)$$

$$X_1 = 5.177 \times 10^{-3}$$

$$Y_{e1} = 17.80X_1 - 0.008 = 17.80 \times 5.177 \times 10-3\ 0.008 = 0.084\,15$$

$$Y_{e2} = 17.80X_2 - 0.008 = 17.80 \times 0.001\,13 - 0.008 = 0.012\,11$$

$$\Delta Y_1 = Y_{e1} - Y_1 = 0.111\,1 - 0.084\,15 = 0.026\,95$$

$$\Delta Y_2 = Y_2 - Y_{e2} = 0.016\,67 - 0.012\,11 = 0.004\,556$$

$$\Delta Y_m = 0.012\,60$$

$$N_{OG} = (Y_1 - Y_2)/\Delta Y_m = 7.494$$

还可用脱吸因子计算

$$S = mV/L = 0.762\,9$$

$$N_{OG} = \frac{1}{1-S}\ln\left(\frac{\Delta Y_1}{\Delta Y_2}\right) = 7.497$$

(3)梯级图解法

若平衡关系在吸收过程所涉及的组成范围内为直线或弯曲程度不大的曲线,采用下述的梯级图解法估算总传质单元数比较简便。这种梯级图解法是直接根据传质单元数的物理意义引出的一种近似方法,也叫作贝克(Baker)法。

第一步,建立平衡曲线与操作曲线间中间点连接线 MN,即对于任意给定的液相组成 X 数值,从操作线到中点连接线的长度与从中点连接线到平衡线的长度相等。例如图中 TN 线段长度与 NT_e 的长度相等;HF 线段长度与 FH_e 的长度相等……

第二步，自塔顶沿气相出口组成 $Y-Y_2$ 作直线，与中点线相交至 F 点；延长该线至 F' 点，使 $TF=FF'$。

第三步，沿 F' 点作 $X=X_{F'}$ 值不变的等值线，与操作线相交于 A 点。

第四步，重复第二步，作 $Y-Y_A$ 的水平线段，使 $AS=SS'$。

…………

重复以上步骤，至液相组成线大于液相入口组成 X_1 后，所画的水平线段个数即为所求的传质单元数。

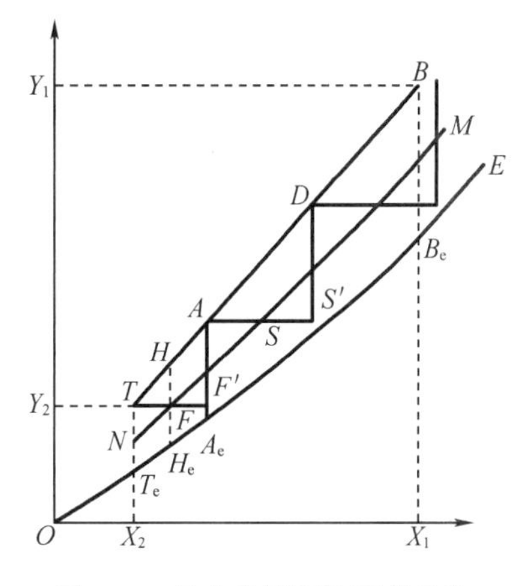

图 7-6　贝克法图解传质单元数

(4) 数值积分法

当平衡曲线不是直线时，可以计算并画出 $\dfrac{1}{Y-Y_e}-Y$ 的曲线，曲线所包围的阴影面积即为传质单元数，相应的阴影面积可以采用数值积分的形式进行求解。如图 7-7 所示。

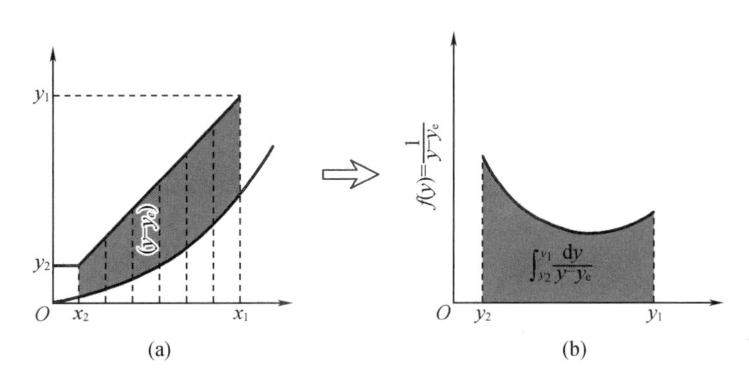

图 7-7　平衡线为曲线时 N_{OG} 的计算法

2. 等板高度法

等板高度法又称理论级模型法，该方法是依据理论级的概念来计算填料层高度。逆流流动过程中，填料塔中液相组成自塔顶至塔底连续增大；而气相组成自塔顶至塔底也连续增大。当流出某一塔段的上升气相组成 X_i 与下降液相组成 Y_i 相平衡时，该塔段的高度为等板高度。总塔高可以表示成理论板数(N_T)与等板高度(HETP)的乘积，即

$$Z=N_T\cdot \text{HETP} \tag{7-28}$$

等板高度 HETP 是指分离效果与一个理论级(或一层理论板)的作用相当的填料层高度，等板高度与分离物系的物性、操作条件及填料的结构参数有关，一般由实验测定或由经验公式计算。

当平衡线为直线时，理论板数可通过下式求解：

$$N_{OG}=\frac{1}{\ln S}\ln\left(\frac{\Delta Y_1}{\Delta Y_2}\right) \tag{7-29}$$

此时理论板数与传质单元数间存在下述关系：

$$\frac{N_{OG}}{N_T}=\frac{\ln S}{S-1} \tag{7-30}$$

本章符号说明

符号	意义	计量单位
E	亨利系数	kPa
H	溶解度系数	kmol/(m^3·kPa)
m	相平衡常数	
K_G	以气相分压差表示推动力的气相总传质系数	kmol/(m^2·kPa·s)
K_y	以气相摩尔分数差表示推动力的气相总传质系数	kmol/(m^2·s)
K_Y	以气相摩尔分数差表示推动力的气相总传质系数	kmol/(m^2·s)
K_L	以液相浓度差表示推动力的液相总传质系数	m/s
K_x	以液相摩尔分数差表示推动力的液相总传质系数	kmol/(m^2·s)
K_X	以液相摩尔分数差表示推动力的液相总传质系数	kmol/(m^2·s)
V	单位时间通过吸收塔的惰性气体量	kmol(B)/s
L	单位时间通过吸收塔的溶剂量	kmol(S)/s
φ	吸收率	
$(L/V)_{min}$	最小液气比	
H_{OG}	气相总传质单元高度	m
N_{OG}	气相总传质单元数	
S	脱吸因数	

习　　题

一、填空题

1. 填料层高度计算可以采用________或________两种方法。

2. 对低浓度溶质的气液平衡系统，当总压降低时，亨利系数 E 将________，相平衡常数 m 将________，溶解度系数 H 将________。

3. 亨利定律表达式 $p_e=Ex$，若某气体在水中的亨利系数 E 值很小，说明该气体为________气体。

4. 在吸收过程中，K_Y 和 k_Y 是以________和________为推动力的吸收系数，它们的单位是________。

5. 若总吸收系数和分吸收系数间的关系可表示为$\frac{1}{K_G}=\frac{1}{k_G}+\frac{1}{HK_L}$,其中$\frac{1}{k_G}$表示________,当________可忽略时,表示该吸收过程为气膜控制。

6. 一般而言,两组分A、B的等摩尔相互扩散体现在________单元操作中,而组分A在B中单向扩散体现在________单元操作中。

7. 在吸收过程中,若降低吸收剂用量,对气膜控制物系,体积吸收总系数Ka值将________,对液膜控制物系,体积吸收总系数$K_y a$值将________。

8. 双膜理论是将整个相际传质过程简化为________________。

9. 吸收塔的操作线方程和操作线是通过________得到的,它们与________。

10. 吸收过程中,若减小吸收剂用量,操作线的斜率________,吸收推动力________。

11. 吸收过程中,物系平衡关系可用$Y^*=mX$表示,最小液气比的计算关系式应为________。

12. 在常压逆流操作的填料塔中,用纯溶剂吸收混合气中的溶质组分A。已知进塔气相组成Y_1为0.03(摩尔分数),液气比L/V为0.95,气液平衡关系为$Y=1.0X$,则组分A的吸收率最大可达________。

二、选择题

1. 在吸收操作中,吸收塔某一截面上的总推动力(以气相组成表示)为 ( )

A. $Y-Y^*$　　B. Y^*-Y　　C. $Y-Y_1$　　D. Y_1-Y

2. 在双组分理想气体混合物中,组分A的扩散系数是 ( )

A. 组分A的物质属性　　B. 组分B的物质属性

C. 系统的物质属性　　D. 仅取决于系统的状态

3. 某吸收过程,已知气膜吸收系数k_y为2 kmol/(m^2·h),液膜吸收系数k_x为4 kmol/(m^2·h),由此可判断该过程为 ( )

A. 气膜控制　　B. 液膜控制　　C. 不能确定　　D. 双膜控制

4. 在吸收塔某截面处,气相主体组成为0.025(摩尔分数,下同),液相主体组成为0.01。若气相总吸收系数K_Y为1.5 kmol/(m^2·h),气膜吸收系数k_Y为2 kmol/(m^2·h),气液平衡关系为$Y=0.5X$,则该处气液界面上的气相组成Y_i为 ( )

A. 0.02　　B. 0.01　　C. 0.015　　D. 0.005

5. 含低浓度溶质的气体在逆流吸收塔中进行吸收操作,若进塔气体流量增大,其他操作条件不变,则对于气膜控制系统,其出塔气相组成将 ( )

A. 增加　　B. 减小　　C. 不变　　D. 不确定

6. 在逆流吸收塔中,用纯溶剂吸收混合气中的溶质组分,其液气比L/V为2.85,平衡关系可表示为$Y=1.5X$(Y、X为摩尔分数),溶质的回收率为95%,则液气比与最小液气比之比值为 ( )

A. 3　　B. 2　　C. 1.8　　D. 1.5

7. 在逆流吸收塔中,用纯溶剂吸收混合气中的溶质,平衡关系符合亨利定律。当进塔气体组成Y_1增大,其他条件不变,则出塔气体组成Y_2( )、吸收率q( )。

A. 增大　　B. 减小　　C. 不变　　D. 不确定

三、计算题

1. 在常压 101.33 kPa 及 25 ℃下，溶质组成为 0.05(摩尔分数)的 CO_2-空气混合物分别与以下几种溶液接触，试判断传质过程方向。

(1)浓度为 1.1×10^{-3} kmol/m^3 的 CO_2 水溶液；

(2)浓度为 1.67×10^{-3} kmol/m^3 的 CO_2 水溶液；

(3)浓度为 3.1×10^{-3} kmol/m^3 的 CO_2 水溶液。

已知常压及 25 ℃下 CO_2 在水中的亨利系数 E 为 1.662×10^5 kPa。

2. 填料吸收塔某截面上的气、液相组成为 $y=0.05$，$x=0.01$(皆为溶质摩尔分数)，气膜体积吸收系数 $k_ya=0.03$ kmol/(m^3·s)，液膜体积吸收系数 $k_xa=0.02$ kmol/(m^3·s)，若相平衡关系为 $y=2.0x$，试求两相间传质总推动力、总阻力、传质速率以及各相阻力的分配。

3. 对上题的吸收过程，若降低吸收温度，相平衡关系变为 $y=0.1x$，假设两相浓度与吸收分系数保持不变，试求两相间传质总推动力、传质总阻力、传质速率及各相阻力分配。

4. 在填料吸收塔中，用清水吸收含有溶质 A 的气体混合物，两相逆流操作。进塔气体初始浓度为 5%(体积%)，在操作条件下相平衡关系为 $Y=3.0X$，试分别计算液气比为 4 和 2 时的出塔气体的极限组成和液体出口组成。

5. 在填料塔中用循环溶剂吸收混合气中的溶质。进塔气体组成为 0.091(溶质摩尔分数)，入塔液相组成为 21.74 g 溶质/kg 溶液。操作条件下气液平衡关系为 $y^*=0.86x$。当液气比 L/V 为 0.9 时，试分别求逆流和并流时的最大吸收率和吸收液的浓度。已知溶质摩尔质量为 40 kg/kmol，溶剂摩尔质量为 18 kg/kmol。

6. 在逆流操作的填料吸收塔中，用纯溶剂吸收混合气中溶质组分。已知惰气(空气)质量流量为 5 800 kg/(m^2·h)，气相总传质单元高度 $H_{OG}=0.5$ m。当操作压强为 110 kPa 时，该物系的相平衡常数 $m=0$，试求：

(1)气膜体积吸收系数 k_Ga[单位：kmol/(m^3·s·kPa)]；

(2)当吸收率由 90%提高到 99%，填料层高度的变化。

7. 在填料塔中用纯溶剂吸收某气体混合物中溶质组分。进塔气体组成为 0.01(摩尔分数，下同)，液气比为 1.5。在操作条件下气液平衡关系为 $Y=1.5X$。当两相逆流操作时出塔气体组成为 0.005，现若两相改为并流操作，试求气体出塔组成和吸收平均推动力。

8. 在一填料层高度为 5 m 的填料塔内，用纯溶剂吸收混合气中溶质组分。当液气比为 1.0 时，溶质回收率可达 90%。在操作条件下气液平衡关系为 $Y=0.5X$。将改用另一种性能较好的填料，在相同的操作条件下，溶质回收率可提高到 95%，试问此填料的体积吸收总系数为原填料的多少倍？

9. 在一逆流操作的填料塔中，用循环溶剂吸收气体混合物中溶质。气体入塔组成为 0.025(摩尔分数，下同)，液气比为 1.6，操作条件下气液平衡关系为 $Y=1.2X$。若循环溶剂组成为 0.001，则出塔气体组成为 0.002 5，现因脱吸不良，循环溶剂组成变为 0.01，试求此时出塔气体组成。

10. 在一逆流填料吸收塔中,用纯溶剂吸收混合气中的溶质组分。已知入塔气体组成为0.015(摩尔分数),吸收剂用量为最小用量的1.2倍,操作条件下气液平衡关系为 $Y=0.8X$,溶质回收率为98.3%。现要求将溶质回收率提高到99.5%,试问溶剂用量应为原用量的多少倍?假设该吸收过程为气膜控制。

11. 在逆流操作的填料塔中,用清水吸收焦炉气中的氨,氨的浓度为8 g/标准 m^3,混合气体处理量为4 500标准 m^3/h。氨的回收率为95%,吸收剂用量为最小用量的1.5倍。空塔气速为1.2 m/s。气相体积总吸收系数 K_ya 为0.06 kmol/(m^3·h),且 K_ya 正比于 V'。操作压强为101.33 kPa、温度为30 ℃,在操作条件下气液平衡关系为 $Y=1.2X$。试求:

(1)用水量(kg/h);

(2)塔径和塔高(m);

(3)若混合气处理量增加25%,要求吸收率不变,则应采取何措施。假设空塔气速仍为适宜气速。

12. 有一吸收塔填料层高度为6 m,用清水吸收某混合气中有害组分。在生产正常情况下测得的气、液组成如图7-8中塔 A 所示。在操作条件下气、液平衡关系为 $Y=1.5X$。现因要求出塔气体组成必须低于0.002(摩尔分数),试求:

(1)若将原塔 A 加高,且 L/V 不变,则其填料层需加高多少米?

(2)若将图7-8中 A 加高部分改为图示流程,即再增加一个塔径、填料完全相同的塔 B,构成气相串联的两塔操作,且两塔的液气比 L/V 均不变,则塔 B 的填料层高度为多少米?

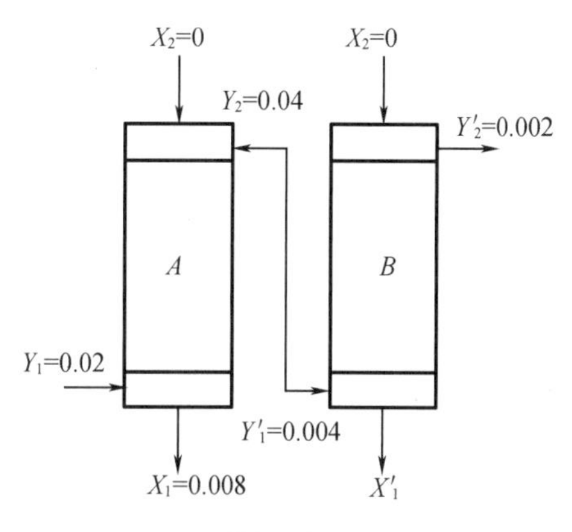

图7-8

13. 在逆流操作的填料塔中,用纯溶剂吸收混合气中溶质组分。已知进塔气相组成为0.02(摩尔分数),溶质回收率为95%。惰气流量为35 kmol/h,吸收剂用量为最小吸收剂用量的1.5倍。气相总传质单元高度 H_{OG} 为0.875 m。在操作条件下气液平衡关系 $Y=0.15X$,试求:

(1)气相总传质单元数和填料层高度;

(2)若改用板式塔,试求理论板数和原填料理论板当量高度。

14. 试证明 $\dfrac{N_{OL}}{N_{OG}}=\dfrac{mV}{L}$

15. 将吸收液送至逆流操作的脱吸塔中,用过热蒸气进行脱吸。吸收液组成为0.04(摩尔分数,下同),脱吸后溶剂组成为0.002。纯溶剂流量为0.025 kmol/(m^2·s)。过热蒸气用量为最小蒸气用量的1.2倍。脱吸塔的体积总吸收系数 K_ya 为0.015 kmol/(m^3·s),在操作条件下气液平衡关系为 $Y^*=1.2X$,试求脱吸塔的填料层高度。

16. 在逆流操作的填料塔中,用纯溶剂吸收混合气中的溶质组分A,操作条件下气液平衡关系可表示为 $Y^*=mX$(X、Y 为摩尔分数)。吸收剂用量为最小用量的1.5倍,气相总传

质单元高度 H_{OG} 为 1.2 m。若要求吸收率为 90%,试求所需的填料层高度。

17. 在逆流操作的填料塔中,用清水吸收混合气中的溶质组分 A。塔的操作压强为 95 kPa,吸收过程中亨利系数可取为 50 kPa,平衡关系和操作关系均为直线关系。已知混合气中空气流量为 100 标准 m^3/h,水流量为 0.1 m^3/h,进、出塔的气相组成分别为 0.026 和 0.002 6(均为摩尔分数)。若塔内径为 0.2 m、填料层高度为 1.2 m,试求气相总体积吸收系数 $K_y a$。

18. 在逆流操作的填料塔中,用循环溶剂吸收混合气中的溶质组分为 A。气液平衡关系为 $Y^* = 1.2X$ (X、Y 为摩尔分数)。液气比为 1.5,进塔气相组成为 0.02(摩尔分数,下同),进塔液相组成为 0.001,出塔气相组成为 0.002。若因脱吸塔操作不正常,使循环溶剂组成上升为 0.005,其他操作条件不变,试求出塔气相组成。

第 8 章　精　　馏

蒸馏是利用混合物中各组分相对挥发度的差异而进行混合物分离的一种单元操作。通过在液体混合物中加入热量或取出热量,形成气液两相体系,使易挥发组分在气相富集,难挥发组分在液相富集,从而实现混合物的分离。蒸馏过程中混合物内沸点低的组分更容易进入气相的称为易挥发组分或轻组分;沸点高的组分更易进入液相的称为难挥发组分或重组分。

工业中蒸馏操作过程有多种分类方法,如下所示。

(1)按操作方式分为间歇蒸馏和连续蒸馏

间歇操作主要应用于小规模、多品种或某些有特殊要求的场合,该过程属于非稳态操作。

(2)按蒸馏方式分为简单蒸馏、平衡蒸馏、精馏和特殊精馏

当混合物中各组分的挥发度相差不大时,宜采用精馏,精馏是借助回流技术来实现高纯度和高回收率的分离操作;当混合物中各组分的挥发度差别很大,且分离要求又不高时,可采用简单蒸馏和平衡蒸馏;当混合物中形成共沸液时,采用普通精馏方法达不到分离要求,则可采用特殊精馏,包括萃取精馏和恒沸精馏等。

(3)按操作压力分为常压蒸馏、减压蒸馏和加压蒸馏

通常,对常压下沸点在室温至 150 ℃左右的混合液可采用常压蒸馏;对常压下为气态或泡点为室温的混合物,可采用加压蒸馏;对常压下沸点较高或在较高温度下易发生分解、聚合等变质现象的混合物(称为热敏性物系),可采用减压蒸馏。

(4)按待分离混合物中组分的数目分为两组分蒸馏和多组分蒸馏

工业生产中,绝大多数为多组分蒸馏,但两组分蒸馏的原理及计算原则同样适用于多组分蒸馏。

8.1　双组分体系的气液平衡

8.1.1　相律

根据溶液中分子间作用力的差异,可将溶液分为理想物系和非理想物系。理想物系是指液相和气相应同时符合以下条件。

(1)液相为理想溶液,遵循拉乌尔定律。

(2)气相为理想气体,遵循道尔顿分压定律。

当总压不太高(一般不高于 10 MPa)时气相可视为理想气体。

严格地讲,理想物系并不存在,但对于化学结构相似、性质极相近的组分组成的物系,如苯-甲苯、甲醇-乙醇、常压及 150 ℃以下的各种轻烃的混合物,可近似按理想物系处理。

根据相律,达到平衡状态的双组分气液两相体系中,系统的自由度为 2,即

$$F=C-\Phi+2=2-2+2=2$$

式中 F——自由度数;

C——独立组分数;

Φ——相数;

数字 2——外界温度和压强。

对于双组分体系,影响气液两相平衡物系的参数涉及温度、压强与气液两相组成。4 个变量中任意指定 2 个,则可确定物系的平衡状态。若再固定另 1 个变量,如双组分恒压精馏(压强固定),则物系的自由度为 1;即平衡时气、液相组成以及温度 3 个参数中再确定一个,就可判断此时系统唯一的平衡状态。例如,当总压及温度确定后,气液两相组成的也会随之唯一确定。在 101.3 kPa 的总压下,苯-甲苯混合液的($t-y-x$)图如图 8-1 所示;因为此时平衡的气相组成和液相组成是一一对应的,因而可以通过 $y-x$ 图表示二者之间的平衡关系,如图 8-2 所示。

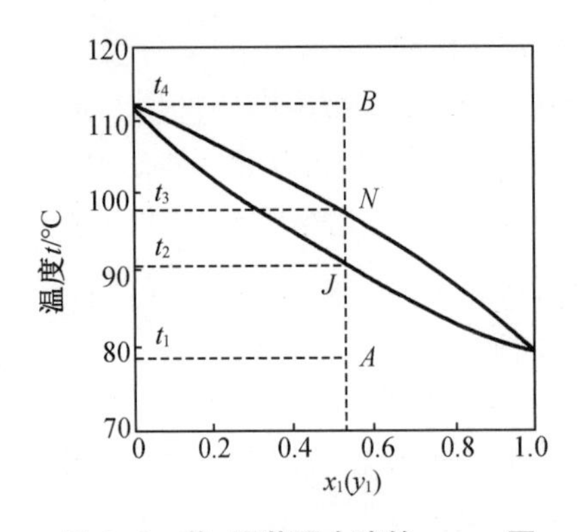

图 8-1 苯-甲苯混合液的 $t-y-x$ 图

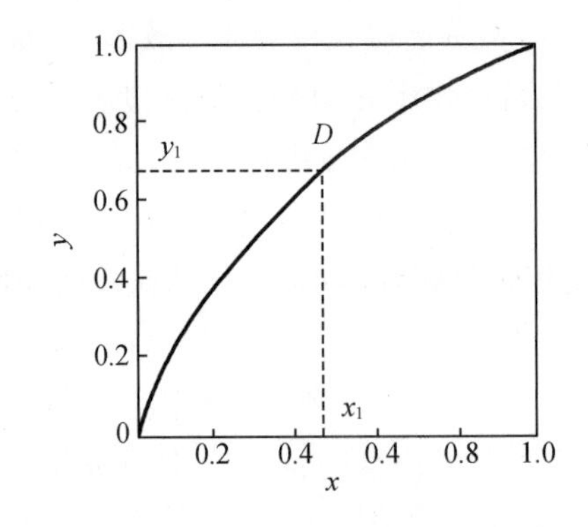

图 8-2 苯-甲苯混合液的 $y-x$ 图

描述平衡状态下双组分气液两相中的组成与温度、压力间关系的表达式属于热力学问题,相应的平衡数据可从以下途径获取:

(1)实验测定或从有关手册中查得;

(2)由纯组分的某些物性按经验的或理论的公式进行估算;

(3)通过测取少量平衡数据,应用相平衡关联方法由经验的或理论的公式进行估算。

8.1.2 纯组分饱和蒸气压与温度的关系

根据相律,平衡状态的纯组分形成的两相系统的自由度为 1。即总压一定时,纯组分的饱和蒸气压仅是温度的函数,通常用安托尼(Antoine)方程表示:

$$\lg p^0=A-\frac{B}{T+C} \tag{8-1}$$

式中 p^0——纯组分液体的饱和蒸气压 Pa;

T——温度;

A、B、C——安托尼常数,其数值与纯组分的种类有关系。

根据安托尼方程,总压一定时,纯物质气液两相间达到平衡状态时的温度即为纯物质的沸点;当总压改变时,平衡温度的数值会发生变化,即纯物质的沸点也会发生变化。

8.1.3 理想物系的饱和蒸气压

对于理想的液相溶液,气液两相平衡关系遵循拉乌尔定律。

$$p_A = p_A^0 x_A \tag{8-2}$$

$$p_B = p_B^0 x_B \tag{8-3}$$

式中 p_A——溶液上方组分 A 的平衡分压,Pa;

p_A^0——A 组分的饱和蒸气压,Pa;

x——溶液中组分的摩尔分数;

下标 A、B——A 易挥发组分,B 难挥发组分。

对于理想气体,两组分分压之比与两组分的气相组成之比相等,即

$$\frac{y_A}{y_B} = \frac{p_A}{p_B} \tag{8-4}$$

式中 y_A——A 组分在气相中的摩尔分数;

p_A——A 组分在气相中的分压。

双组分理想体系中,体系总压可表示为可表示为:$p = p_A + p_B = p_A^0 x_A + p_B^0(1 - x_A)$,整理后可得混合物液体沸腾的条件:泡点方程。泡点方程代表着某一组成液体产生第一个气泡所需达到的温度,从其表达式可知该数值与总压有关;当总压一定时,A、B 两个组分的饱和蒸气压均为温度的函数,即对于每一个固定的液相组成 x_A,均可求解出与之对应的泡点温度。

$$x_A = \frac{p - p_B^0}{p_A^0 - p_B^0}$$

将拉乌尔定律的表达式代入道尔顿分压定律,可以得出平衡条件下气相组成与饱和蒸气分压间的关系式,称为露点方程。与泡点方程类似,当总压和气相组成一定时,通过该方程可以求解出的温度在方程中表现为受温度影响的双组分饱和蒸气压。

$$y_A = \frac{p_A}{p} = \frac{x_A p_A^0}{p} = \frac{p - p_B^0}{p_A^0 - p_B^0} \cdot \frac{p_A^0}{p}$$

8.1.4 相对挥发度

纯组分的挥发度是指液体在一定温度下的饱和蒸气压,而溶液中各组分的挥发度可用它在蒸气中的分压和与之平衡的液相中的摩尔分数之比来表示,即

$$\nu_A = \frac{x_A}{p_A}$$

$$\nu_B = \frac{x_B}{p_B}$$

对于理想溶液,满足拉乌尔定律,即式(8-2),故双组分理想溶液体系的挥发度等于各自的饱和蒸气压。显然,溶液中组分的挥发度随温度而变,在使用上不太方便,故引出相对

挥发度的概念。习惯上将易挥发组分的挥发度与难挥发组分的挥发度之比称为相对挥发度,以 α 表示,即

$$\alpha=\frac{\nu_B}{\nu_B}=\frac{\frac{p_A}{x_A}}{\frac{p_B}{x_B}}=\frac{p_A^0}{p_B^0} \tag{8-5}$$

若操作压强不高,蒸汽压服从道尔顿分压定律:

$$\alpha=\frac{p\frac{y_A}{x_A}}{p\frac{y_B}{x_B}}=\frac{p_A x_B}{p_B x_A} \tag{8-6}$$

式(8-5)和式(8-6)为相对挥发度定义式,相对挥发度的数值可由实验测得。对理想溶液:

$$\alpha=\frac{\frac{p_A}{x_A}}{\frac{p_B}{x_B}}=\frac{\frac{p_A^0 x_A}{x_A}}{\frac{p_B^0 x_B}{x_B}} \tag{8-7}$$

式(8-7)为理想溶液相对挥发度计算式,该式表明,理想溶液中组分的相对挥发度等于同温度下两纯组分的饱和蒸汽压之比。由于 p_A^0、p_B^0 均随温度沿相同方向而变化,因而两者比值变化不大,故一般可视 α 为常数,计算时可取平均值。

对二元溶液,考虑到组成的归一化关系,可通过组分 A 在气液两相内的组成来计算相对挥发度,即

$$\frac{y_A}{1-y_A}=\alpha\frac{x_A}{1-x_A} \tag{8-8}$$

略去下标 A 可以得到气液平衡方程:

$$y=\frac{\alpha x}{1+(\alpha-1)x} \tag{8-9}$$

若 α 已知,可利用式(8-9)可求得 $x-y$ 关系,因而式(8-9)也称为气液平衡方程。应用气液平衡方程来表示气液平衡关系进行蒸馏的分析和计算更为简便。相对挥发度 α 值的大小,可以用来判断某混合液是否能用蒸馏方法加以分离,以及分离的难易程度:若 $\alpha>1$,表示组分 A 较 B 容易挥发,α 愈大,分离愈易;若 $\alpha=1$,由式(8-9)可知平衡状态下 $x=y$,即,气相组成等于液相组成,此时不能用普通蒸馏方法分离该混合液。

8.1.5 气液相平衡常数

两相平衡时组分 A 在气相中的摩尔分数与在液相中的摩尔分数之比称为组分 A 的气液相平衡常数。以 K_A 表示:

$$K_A=\frac{y_A}{x_A} \tag{8-10}$$

对易挥发组分，$K_A>1$，它在气相中的摩尔分数比在液相大，显然，K_A 值愈大，组分在气液两相中的摩尔分数相差愈大，组分易于在气相中浓集，分离愈容易。

对理想溶液 $y_A=\frac{x_A p_A^0}{p}$，故可推导出：

$$K_A=\frac{P_A^0}{P}$$

在蒸馏过程中，理想溶液的平衡常数 K_A 与系统的温度、压强和组成有关；对非理想溶液还与活度系数有关。

对于两组分物系，应用平衡常数表示组分的平衡关系并不方便，所以用得不多。但对多组分体系气液平衡关系计算，应用平衡常数比较方便。

当已知液相组成求平衡温度(泡点)时，因为与其平衡的气相中各组成摩尔分数之和等于 1，故具有下列关系，得到与平衡常数有关的泡点方程：

$$\sum_{i=1}^{n} K_i x_i = K_A x_A + K_B x_B + \cdots = 1 \tag{8-11}$$

当已知气相组成求平衡温度(露点)时，因为与其平衡的液相中各组成摩尔分数之和等于 1，可得到与平衡常数有关的泡点方程：

$$\sum_{i=1}^{n} \frac{y_i}{K_i} = \frac{y_A}{K_A} + \frac{y_B}{K_B} + \cdots = 1 \tag{8-12}$$

泡点和露点方程是多组分气液平衡计算中必须满足的关系式。

8.2 蒸馏与精馏

8.2.1 简单蒸馏与平衡蒸馏

在工业生产过程中，当待分离的料液组分之间的沸点差大，且分离提纯程度要求不高，可采用简单蒸馏或平衡蒸馏进行分离提纯。

1. 简单蒸馏

简单蒸馏是一种间歇、稳态的蒸馏操作，其流程图如图 8-3 所示。原料液分批加到蒸馏釜 1 中，通过间接加热使之部分汽化，产生的蒸气随即进入冷凝-冷却器 3 中冷凝，冷凝液作为馏出液产品排入接受器 4 中。随着蒸馏过程的进行，釜液中易挥发组分的含量不断降低，与之平衡的气相组成(即馏出液组成)也随之下降，釜中液体的泡点则逐渐升高。当馏出液平均组成或釜液组成降低至某规定值后，即停止蒸馏操作。通常，馏出液按组成分段收集，而釜残液一次排放。

若进行简单蒸馏，则需要将混合物温度升至两相区。简单蒸馏只能使混合液部分地分离，故只适用于沸点相差较大而分离要求不高的场合，或者作为初步加工，粗略地分离多组分混合液，如原油或煤油的初馏。

2. 平衡蒸馏

平衡蒸馏(图 8-4)又称闪蒸，是单级蒸馏操作，是一种连续、稳态的单级蒸馏操作。

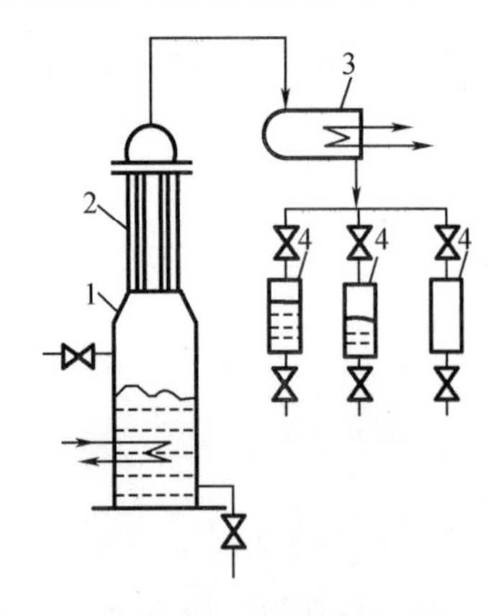

1—蒸馏釜;2—分凝器;3—冷凝-冷却器;4—接受器。

图 8-3 简单精馏装置

原料连续进入加热器中,加热至一定温度经节流阀突然减压到规定压力,部分料液迅速汽化,气液两相在分离器中分开,得到易挥发组分浓度较高的顶部产品与易挥发组分浓度低的底部产品。通常分离器又称闪蒸塔。

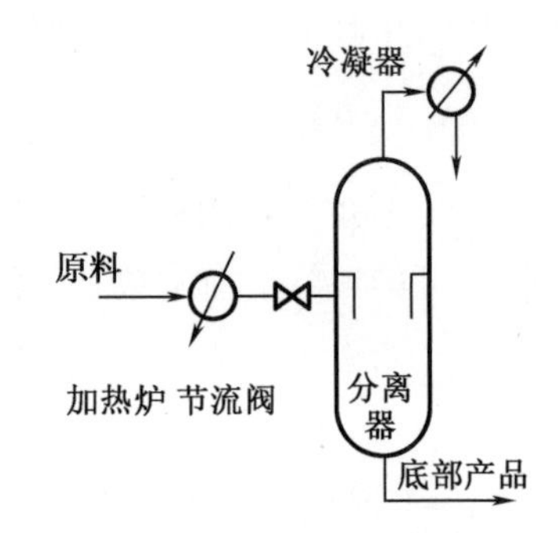

图 8-4 平衡蒸馏

由于压力降低,溶液在较低温度下沸腾。液体降温放出的显热作为汽化部分料液的潜热,无须另行加热。蒸气与残液处于恒定压力与温度下,故气液两相呈平衡状态。

对于平衡蒸馏装置做物料衡算,如下所示。

总物料衡算:

$$F=D+W \tag{8-13}$$

易挥发组分物料衡算:

$$Fx_{AF}=Dy_A+Wx_A \tag{8-14}$$

式中 F、D、W——分别表示原料液、气相和相产品流量,kmol/h 或 kmol/s;

x_F、y_A、x_A——分别表示原料液、气相和液相产品中易挥发组分的摩尔分数。

在流股的组成已知条件下,可通过上述方程组,解得气相产品与液相产品的流量为

$$D=F\frac{x_{AF}-x_A}{y_A-x_A} \tag{8-15}$$

$$W=F\frac{y_A-x_{AF}}{y_A-x_A} \tag{8-16}$$

令液相产品 W 占加料量的分率为 q,即 $q=W/F$;可通过液化率表示出平衡蒸馏时气液两相组成的操作线方程:

$$y=\frac{q}{q-1}x_A-\frac{x_{AF}}{q-1} \tag{8-17}$$

与简单蒸馏比较,平衡蒸馏优点在于稳定连续过程,生产能力大;缺点在于不能得到高纯产物。许多情况下,需要混合液分离为几乎纯净的组分,显然采用简单蒸馏和平衡蒸馏达不到这样的要求,需采用精馏装置才能完成这样的任务。

8.2.2　精馏

精馏是利用组分挥发度差异、借助“回流”技术实现混合液高纯度分离的多级分离操作,即同时进行多次部分气化和部分冷凝的过程。在工业生产过程,多次部分气化和部分冷凝过程是在精馏塔中完成的。

1. 精馏过程中组成变化

精馏过程原理可在 $t-y-x$ 图中说明,如图 8-5 所示。图中液相组成与温度的关系曲线即泡点线;气相组成与温度的关系曲线即露点线;将组成为 x_F 的某混合液加热至泡点以上,则该混合物被部分汽化,产生气液两相组成分别为 y_1 和 x_1,此时 $y_1>x_F>x_1$;将气液两相分离后组成为 y_1 的气相混合物进行部分冷凝,则可得到组成为 y_2 的气相和组成为 x_2 的液相;继续将组成为 y_2 的气相进行部分冷凝,又可得到组成为 y_3 的气相和组成为 x_3 的液相,显然 $y_3>y_2>y_1$。如此进行下去,最终气相经全部冷凝后,即可获得高纯度的易挥发组分产品。同时,将组成为 x_1 的液相进行部分汽化,则可得到组成为 y_2'的气相和组成为 x_2'的液相;继续将组成为 x_2'的液相部分汽化,又可得到组成为 y_3'的气相和组成为 x_3'的液相,显然 $x_3'<x_2'<x_1'$。如此进行下去,最终的液相即为高纯度的难挥发组分产品。

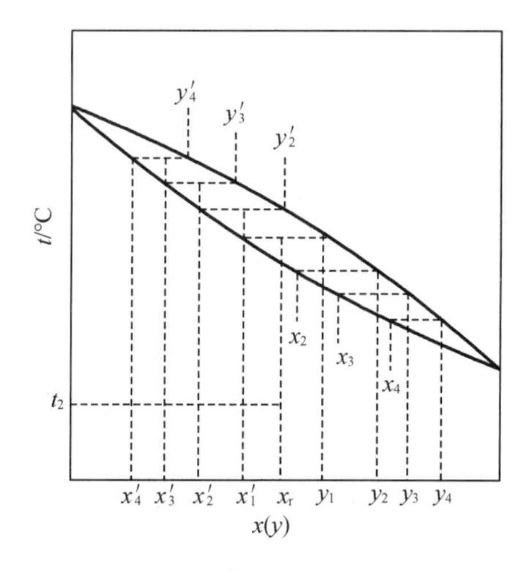

图 8-5　精馏原理示意图

由此可见,液体混合物经多次部分汽化和冷凝后,便可得到较高纯度的气相和液相产品,这就是精馏过程的基本原理。

2. 精馏塔及塔板

上述的多次部分汽化和冷凝过程是在精馏塔内进行的,精馏塔包括板式塔和填料塔两种。现以板式塔为例,说明在塔内进行的精馏过程。

图 8-6 所示为精馏塔中任意层(第 n 层)塔板上的操作情况。在第 n 层塔内,下层塔板(n+1 板)的蒸气产品通过上升气道(泡罩筛孔或浮阀等),而上层塔板(n-1 板)上的液体通过降液管进入。n+1 层的蒸气与 n-1 层的液相在第 n 块塔板上实现气液两相质量交换和热量交换。

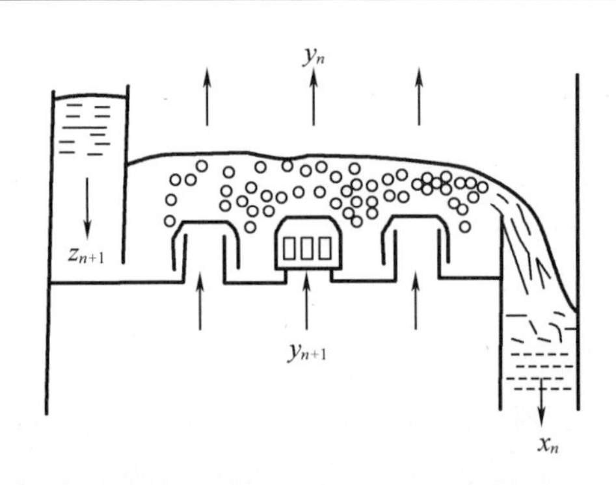

图 8-6 精馏塔中任意(第 n 层)塔板上的操作情况

设进入第 n 板的气相组成和温度分别为 y_{n+1} 和 t_{n+1},液相组成和温度分别为 x_{n-1} 和 t_{n-1}。$t_{n+1}>t_{n-1}$,$x_{n-1}>y_{n+1}$。第 n 层中由于存在温度差和组成差,高温的气相难挥发组分冷凝放出热量,冷凝的组分进入液相;温度较低的液相吸收热量后,部分易挥发组分汽化,汽化的组分进入气相。理想情况下,离开第 n 板的气相组成与液相组成达到平衡;气相温度与液相温度相等。自下而上流动的气相中,易挥发组分组成沿塔高逐渐增大;自上而下流动的液相中,难挥发组分的组成沿塔高逐渐降低。通过多次部分汽化和部分冷凝后,在塔顶气相中获得较纯的易挥发组分,在塔底液相中获得较纯的难挥发组分,从而实现了混合物中不同挥发度的组分间的分离。

应予指出,在每层塔板上所进行的热量交换和质量交换均满足守恒关系,且在数量上密切相关的。气液两相在塔板上接触后,气相温度降低、液相温度升高,液相部分汽化所需要的潜热恰好等于气相部分冷凝所放出的潜热,故每层塔板上不需设置加热器和冷凝器。

还应指出,塔板是气液两相进行传热与传质的场所,每层塔板上必须有气相和液相流过。为实现上述操作,必须从塔顶引入下降液流(即回流液)和从塔底产生上升蒸气流,以建立气液两相体系。因此,塔顶液体回流和塔底上升蒸气流是精馏过程连续进行的必要条件。回流是精馏与普通蒸馏的本质区别。

根据精馏原理可知,精馏塔的连续操作需要塔底再沸器提供上升蒸气,塔顶冷凝器提供回流液。再沸器内,塔釜部分液体被汽化,产生上升蒸气;部分液体从再沸器中取出,作为塔底产品(称为釜残液)。冷凝器中,塔顶蒸气被冷凝,部分冷凝液被送回塔顶作为回流液,部分作为塔顶产品采出。

3. 精馏塔的操作方式

精馏过程根据操作方式的不同,分为连续精馏和间歇精馏两种流程。

(1)连续精馏

图 8-7 所示为典型的连续精馏操作流程。操作时,原料液连续加入精馏塔内,将原料液加入的那层塔板称为进料板。在进料板以上的塔段,易挥发组分的含量逐渐增高,最终实现了上升气相的精制,称为精馏段;进料板以下的塔段,难挥发组分的含量逐渐增高,从而获得了高含量的难挥发组分塔底产品,因而将之称为提馏段。

(2)间歇精馏

图 8-8 所示为间歇精馏操作流程。与连续精馏不同之处是,原料液直接加入精馏釜

中,因而间歇精馏塔只有精馏段而无提馏段。在精馏过程中,精馏塔的釜液组成不断变化,在塔底上升蒸气量和塔顶回流液量恒定的条件下,馏出液的组成也逐渐降低。当精馏塔的釜液达到规定组成后,精馏操作即停止。

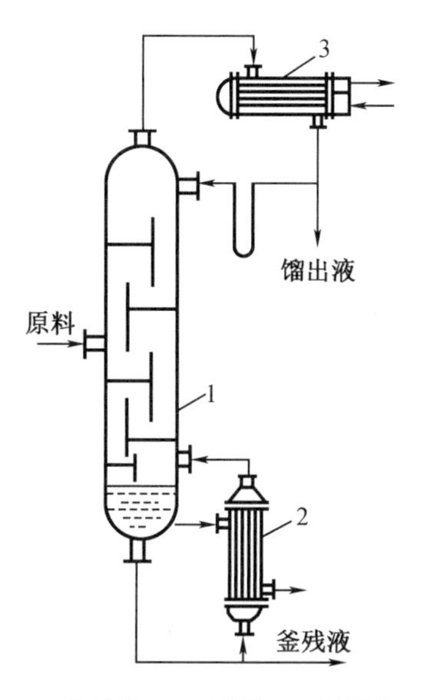

1—精馏塔;2—再沸器;3—冷凝器。

图 8-7 连续精馏操作流程

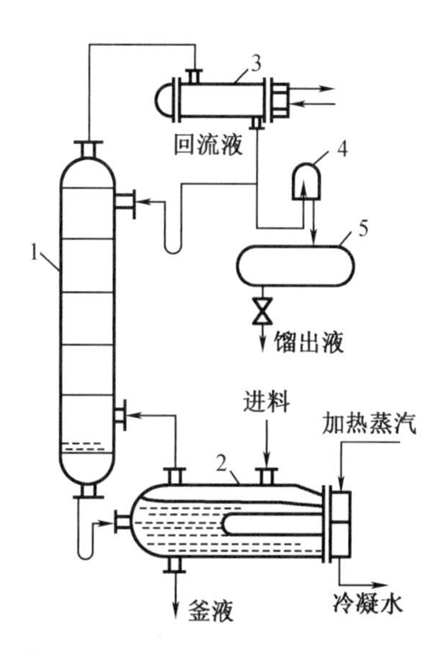

1—精馏塔;2—再沸器;3—全凝器;4—观察罩;5—储槽。

图 8-8 间歇精馏操作流程

8.3 双组分精馏的计算

精馏过程的计算包括设计型和操作型两类。本节重点讨论连续精馏塔的设计型计算。精馏过程设计型计算,通常规定原料液的组成、流量及分离要求,需要确定和计算的内容有:根据指定的分离要求,计算进、出精馏装置诸物料的量与组成;选择合适的操作条件(操作压强、回流比和进料热状态);选择精馏塔的类型,确定精馏塔所需的理论板数和加料位置或填料层高度;确定塔径、塔高及其他塔的结构和操作参数,并进行流体力学验算;计算冷凝器,再沸器的热负荷,并确定两者的类型和尺寸。

8.3.1 理论板的概念与恒摩尔流假设

理论板是指离开该板的气液两相组成上互成平衡,温度相等的理想化塔板。理论板是对塔板上传质过程的理想化模型,其存在的前提条件是气液两相皆充分混合、各自组成均匀、塔板上不存在传热、传质过程的阻力。实际的塔板上气液间的接触面积和接触时间是有限的,因而塔板上气液两相都难以达到平衡状况。

引入理论板的概念,可用泡点方程和相平衡方程描述塔板上的组成。在已知某系统的气液两相的平衡关系前提下,离开理论板上的两相组成 y_n 与 x_n 之间关系即已确定,如再得知 x_n 与下一板上升到该板的蒸气组成 y_{n+1} 的关系,就可进行逐板计算,从而求得指定分离要求下的理论板数。而 y_{n+1} 与 x_n 之间的关系是由精馏条件所决定的,这种关系可由物料衡算求得,称为操作关系。

在设计中先求得理论板,然后用塔板效率予以校正,即可得到实际塔板数。

为了简化描述操作关系的方程式,常引入恒摩尔流假设,包括恒摩尔气流以及恒摩尔液流两部分。

1. 恒摩尔气流

精馏塔内,在没有中间加料或出料的条件下,精馏段或提馏段每层塔板上升的气相摩尔流量各自相等,即

$$\begin{cases} V_1 = V_2 = \cdots = V_n = V, \text{精馏段} \\ V_1' = V_2' = \cdots = V_n' = V', \text{提馏段} \end{cases}$$

式中 V、V'——分别为精、提馏段上升蒸气的摩尔流量,kmol/h,下标表示塔板序号。同一精馏塔中精馏段与提馏段两段上升蒸气的摩尔流量的关系则可通过进料流量以及进料热状态进行关联。

2. 恒摩尔液流

精馏塔内,在没有中间加料或出料情况下,精馏段与提馏段由每层板溢流的液体摩尔流量各自相等,即

$$\begin{cases} L_1 = L_2 = \cdots = L_n = L, \text{精馏段} \\ L_1' = L_2' = \cdots = L_n' = L', \text{提馏段} \end{cases}$$

式中 L、L'——精、提馏段液体的摩尔流量,kmol/h,下标表示塔板序号。两段下降液体的摩尔流量的关系也可通过进料流量以及进料热状态进行关联。

在精馏塔的恒摩尔流假设中,气液两相接触时,若有 n kmol 的蒸气冷凝,相应有 n kmol 的液体汽化,这一简化假定的主要条件是:

(1)各组分的摩尔汽化潜热相等;

(2)气液接触时,因温度不同交换的显热可忽略;

(3)塔设备保温良好,热交换可忽略。

精馏操作时,恒摩尔流虽然是一项简化假设,但某些系统基本上能符合上述条件。本书以后介绍的精馏计算均是以恒摩尔流为前提的。在少数情况下,如果物系中两组分的摩尔汽化潜热相差较远而每千克质量的汽化潜热相近,则可采用恒质量流动模型;在精馏过程不满足上述简化假设条件的情况下,则可通过能量衡算来具体计算出上升气流以及下降液流流量随柱高的变化情况。

8.3.2 精馏塔物料衡算

1. 全塔物料衡算

连续稳态操作的精馏塔,相应的衡算模型如图 8-9 所示。

对全塔进行物料衡算,连续操作过程中,全塔中无质量累积,进出料质量相等:

$$F = D + W \tag{8-18}$$

同理,对全塔易挥发组分的物料衡算可得:

$$Fx_F = Dx_D + Wx_W \tag{8-19}$$

式中　F——原料液流量,kmol·h^{-1};

D——流出液量,kmol·h^{-1};

W——釜液量,kmol·h^{-1};

x_F——料液中易挥发组分的摩尔分数;

x_D——馏出液易挥发组分的摩尔分数;

x_W——釜残液易挥发组分的摩尔分数。

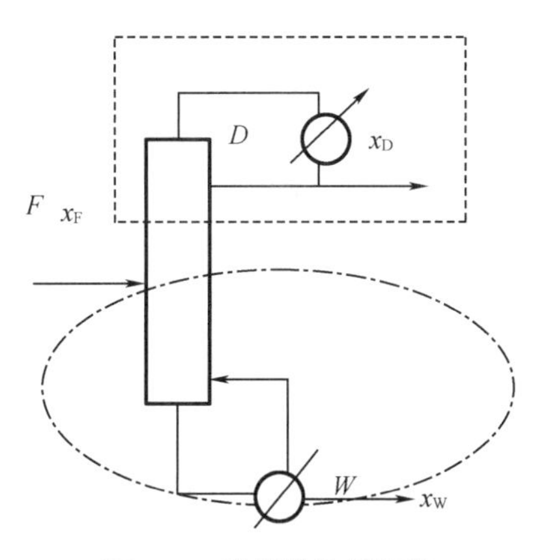

图 8-9　精馏塔物料衡算

上述两式中原料、塔顶产品、塔底产品的流量和组成共 6 个量,若已知 4 个可求其他 2 个。设计计算中,一般原料量和组成已知,馏出液及釜液组成是工艺上所要求的,因此由上述两式求出馏出液与釜液的流量。

可使用采出率和回收率来表示塔顶产品的分离程度:

$$\frac{D}{F} = \frac{x_F - x_W}{x_D - x_W}$$

$$\eta = \frac{Dx_D}{Fx_F} \times 100\%$$

例 8-1　每小时将 15 000 kg 含苯 40%和甲苯 60%的混合液,在连续精馏塔中分离,要求釜液含苯不高于 2%(以上均为质量分率),塔顶馏出液回收率为 97.1%,操作为常压。试求馏出液和釜液流量和组成,以流量和摩尔分数表示。

解

$$M_{苯} = 78, M_{甲苯} = 92$$

进料组成:

$$x_F = \frac{40/78}{40/78 + 60/92} = 0.44$$

釜液组成:

$$x_W = \frac{2/78}{2/78 + 60/92} = 0.023\ 5$$

原料液平均分子量:

$$M_F = 0.44 \times 78 + 0.56 \times 92 = 85.5\ \text{kg} \cdot \text{kmol}^{-1}$$

进料量：

$$F=\frac{15\ 000}{85.8}=175.0\ \mathrm{kmol\cdot h^{-1}}$$

由题得

$$\frac{Dx_{\mathrm{D}}}{Fx_{\mathrm{F}}}=0.971$$

$$F=D+W$$

$$Fx_{\mathrm{F}}=Dx_{\mathrm{D}}+Wx_{\mathrm{W}}$$

解得：

$$W=95.0\ \mathrm{kmol/h}$$

$$D=80.0\ \mathrm{kmol/h}$$

$$x_{\mathrm{D}}=0.935$$

2. 精馏段操作线方程

对图 8-9 的虚线方框范围做物料衡算，可以得出精馏段任意板下降液相组成 x_n 及由其下一层板上升的蒸气组成 y_{n+1} 之间关系的方程称为精馏段操作线方程。在连续精馏塔中，因原料液不断从塔的中部加入，致使精馏段和提馏段具有不同的操作关系，应分别予以讨论。

总物料衡算：

$$V=L+D \tag{8-20}$$

对易挥发组分衡算：

$$Vy_{n+1}=Lx_n+Dx_{\mathrm{D}} \tag{8-21}$$

将式(8-20)代入式(8-21)，令 $R=L/D$，则

$$y_{n+1}=\frac{R}{R+1}x_n+\frac{1}{R+1}x_{\mathrm{D}} \tag{8-22}$$

式中 x_n——精馏段第 n 层板下降液体中易挥发组分的摩尔分数；

y_{n+1}——精馏段第 $n+1$ 层板上升气体中易挥发组分的摩尔分数；

R——回流比。

操作线方程表示在一定操作条件下，精馏段内自任意第 n 层板下降的液相组成 x_n 与其下一层板($n+1$)上升的气相组成 y_{n+1} 之间的关系是一条斜率为$\frac{R}{R+1}$，截距为$\frac{x_{\mathrm{D}}}{R+1}$的直线。

3. 提馏段操作线方程

对图 8-9 的虚线椭圆范围做物料衡算，可以得出提馏段任意板对应的下降液相组成 x_m 及由其下一层板上升的蒸气组成 y_{m+1} 之间关系的方程，称为提馏段操作线方程。

总物料衡算：

$$L'=V'+W \tag{8-23}$$

对易挥发组分：

$$L'x_m = V'y_{m+1} + Wx_W \tag{8-24}$$

由式(8-24)得

$$y_{m+1} = \frac{L'}{V'}x_m - \frac{W}{V'}x_W \tag{8-25}$$

式(8-23)代入式(8-25)得

$$y_{m+1} = \frac{L'}{L'-W}x_m - \frac{W}{L'-W}x_W \tag{8-26}$$

提馏段操作线方程表示在一定操作条件下,提馏段内自任意第 m 层板下降的液相组成 x_m 与其下一层板($m+1$)上升的气相组成 y_{m+1} 之间的关系。由恒摩尔流假设,$N_u = 0.36Re^{0.55}Pr^{\frac{1}{3}}(\frac{\mu}{\mu_w})^{0.14}$ 为定值,且稳定操作中,W、x_W 为定值,故提馏段操作线方程也为一直线。

例 8-2 某二元混合液含易挥发组分 0.35,泡点进料,经连续精馏塔分离,塔顶产品 $x_D=0.96$,塔底产品 $x_W=0.025$(均为易挥发组分的摩尔分数),设满足恒摩尔流假设。试计算塔顶、塔釜产品的采出率及塔顶、塔釜易挥发和难挥发组分的回收率。若回流比 $R=3.2$,泡点回流写出精馏段与提馏段操作线方程。

解 已知 $x_F=0.35$; $x_W=0.025$; $x_D=0.96$; $R=3.2$。

(1)塔顶产品采出率:

$$D/F=\frac{x_F-x_W}{x_D-x_W}=\frac{0.35-0.025}{0.96-0.025}=0.348=34.8\%$$

塔釜产品采出率:

$$W/F=\frac{x_D-x_F}{x_D-x_W}=\frac{0.96-0.35}{0.96-0.025}=0.652=65.2\%$$

塔顶产品易挥发组分回收率:

$$\eta_D=\frac{Dx_D}{Fx_F}=\frac{0.348\times0.96}{0.35}=0.955=95.5\%$$

塔釜产品难挥发组分回收率:

$$\eta_W=\frac{W(1-x_W)}{F(1-x_F)}=\frac{0.652\times(1-0.025)}{1-0.35}=0.978=97.8\%$$

(2)精馏段操作线方程:

$$y=\frac{R}{R+1}x+\frac{1}{R+1}x_D=\frac{3.2}{3.2+1}x+\frac{0.96}{3.2+1}=0.762x+0.229$$

提馏段操作线方程:

$$y'=\frac{L+F}{L+F-W}x'-\frac{W}{L+F-W}x_W$$

由题意及上述条件可知:

$$L=RD=3.2D$$

$$F=D/0.348$$

$$W=0.652F=0.652D/0.348$$

故可得提馏段操作线方程：

$$y'=1.45x'-0.0112$$

4. q 线方程

恒摩尔流假设下，精馏塔中精馏段与提馏段各自的气相与液相流量均不会发生变化，但两段的气相摩尔流量以及两段的液相摩尔流量却受进料流量以及进料热状况影响。

为了分析进料的流量及其热状况对于精馏操作的影响，可对加料口上下两块板做物料衡算，衡算范围如图 8-10 所示。

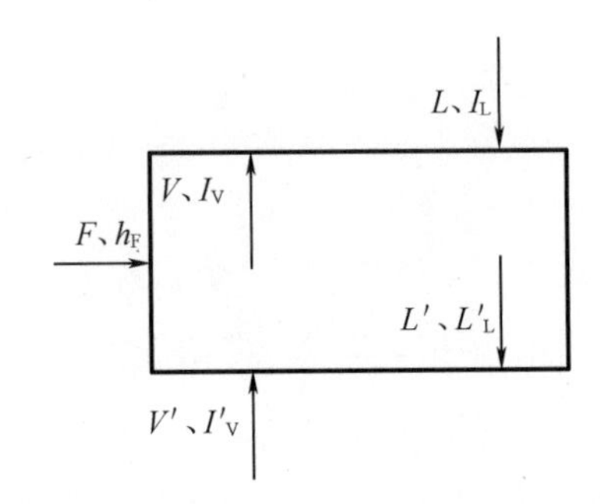

图 8-10 进料口上下两块板间衡算范围

总物料衡算：

$$F+L+V'=L'+V \tag{8-27}$$

总热量衡算：

$$FI_F+LI_L+V'I'_V=L'I'_L+VI_V \tag{8-28}$$

式中 I——焓值，$kJ\cdot mol^{-1}$；

F——进料流量，kmol/s；

V、V'——气相流量，kmol/s；

L、L'——液相流量，kmol/s。

根据恒摩尔流假设，进料板上、下饱和液体和饱和蒸气的晗各自相等，即

$$I_V=I'_V$$

$$I_L=I'_L$$

将进料料液全部转化为饱和蒸气所需热量与料液汽化潜热之比定义为进料的热状况参数，以符号 q 表示为

$$q=\frac{I_V-I_F}{I_V-I_L}=\frac{\text{将 1 kmol 进料变为饱和蒸气所需热量}}{\text{1 kmol 原料液的汽化潜热}} \tag{8-29}$$

通过物料的热状况的定义，可以将物料衡算和热量衡算得出精馏段与提馏段流量关系：

$$L'=L+qF \tag{8-30}$$

$$V=V'+(1-q)F \tag{8-31}$$

在实际生产中,加入精馏塔的原料液可能有以下 5 种不同的热状况:

(1)温度低于泡点的冷液体,$q>1$,过冷液体加料。原料液的温度低于泡点,入塔后由提馏段上升的蒸气有部分冷凝,放出的潜热将料液加热至泡点。此时,提馏段下降液体流量 L'由三部分组成:精馏段回流液流量 L;原料液流量 F;提馏段蒸气冷凝液流量。此时:$L'>L$ 且 $V'>V$。

(2)泡点下的饱和液体进料,$q=1$,此时,加入塔内的原料液全部作为提段的回流液,而两段上升的蒸气流量相等。此时:$L'>L$ 且 $V'=V$。

(3)温度介于泡点和露点之间的气液混合物,$0<q<1$,气液混合物进料。进料中液相部分成为 L 的一部分,而其中蒸气部分成为 V 的一部分。此时:$L'>L$ 且 $V'<V$。

(4)露点下的饱和蒸气,$q=0$,饱和蒸气进料。整个进料变为 V(气相摩尔流量,kmol/s)的一部分,而两段的回流液。此时:$L'=L$ 且 $V'<V$。

(5)过热蒸气进料,$q<0$,过热蒸气加料。过热蒸汽入塔后放出显热成为饱和蒸气,此显热使加料板上的液体部分汽化。此情况下,进入精馏段的上升蒸气流量包括三部分:提馏段上升蒸气流量 V'、原料的流量 F 和加料板上部分汽化的蒸气流量三个部分组成。此时:$L'<L$ 且 $V>V'$。

根据提馏段与精馏段流量与进料量关系式,可以采用进料流量、精馏段气液流量和进料热状况表示提馏段操作线方程为

$$y'_{m+1}=\frac{L+qF}{L+qF-W}x'_m-\frac{W}{L+qF-W}x_W \tag{8-32}$$

精馏段操作线与提馏段操作线的交点与原料液组成(x_F, x_F)所构成连线的方程,称为 q 线方程。精馏段与提馏段交点为

$$\left.\begin{aligned}Vy&=Lx+Dx_D\\V'y&=L'x-Wx_W\end{aligned}\right\}\Rightarrow(V'-V)y=(L'-L)x-(Wx_W+Dx_D)$$

把$\begin{cases}L'=L+qF\\V'=V-(1-q)F\end{cases}$代入上式,得 q 线方程(又称为进料热状况方程):

$$y=\frac{q}{q-1}x-\frac{1}{q-1}x_F \tag{8-33}$$

q 线方程在 $x-y$ 图中,起始于进料浓度(x_F,x_F)点,斜率为$\frac{q}{q-1}$的直线,不同进料热状况下 q 线方程,如图 8-11 所示。

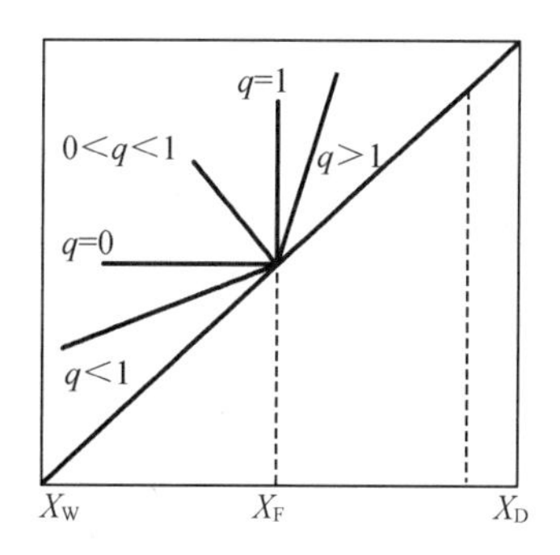

图 8-11 q 线方程

8.3.3 理论板数的确定

双组分连续精馏塔的设计型计算的基本步骤是在规定分离要求后,确定操作条件,利用平衡关系和操作条件计算理论板数。计算理论板数的方法有逐板计算法、图解法等。

1.逐板计算法

逐板计算法求理论塔板数是根据生产任务,选择合适的操作关系,再利用操作线方程和气-液平衡关系进行逐板计算求理论板数。

若塔顶为全凝器,从塔顶最上一层(第一层)上升蒸气将全部冷凝,此时馏出液组成与第一块板上升蒸气组成相等,即

$$y_1=x_D$$

离开第一块理论板的液相组成 x_1 与 y_1 的关系为平衡关系,由相平衡方程式可求解出 x_1。

$$y_1=\frac{\alpha\cdot x_1}{1+(\alpha-1)x_1}$$

第二块板上升蒸气组成 y_2 与 x_1 的关系又可由精馏段操作线方程决定:

$$y_2=\frac{R}{R+1}x_1+\frac{1}{R+1}x_D$$

以此类推,可根据平衡关系及操作线方程逐板求解各板上的气液相组成:

$$y_1=x_D\xrightarrow{\text{平衡关系}}x_1\xrightarrow{\text{操作线方程}}y_2\xrightarrow{\text{平衡关系}}x_2\cdots$$

同理,可用平衡关系由 y_2 求得 x_2,再用精馏段操作线方程由 x_2 计算 y_3。如此交替地利用平衡方程及精馏段操作线方程进行逐板计算,直至求得的 $x_n\leqslant x_p$(泡点进料)时,则第 n 层理论板便为加料板。

对于其他进料热状态,应计算到 $x_n\leqslant x_q$ 为止(x_q 为两操作线交点坐标值)。

从此开始,由 x_n(将其序号改为 x_1')用提段操作线方程求得 y_2'再利用平衡方程求 x_2',如此重复计算,直至计算到为 $x_m\leqslant x_W$ 止。对于间接蒸气加热,再沸器内气液两相可视为平衡,再沸器相当于一层理论板,故提馏段所需理论板数为$(m-1)$。

在计算过程中,每使用一次平衡关系,便对应一层理论板。逐板计算法是求解理论板数的基本方法,计算结果准确,且同时可得到各层塔板上的气液相组成及其对应的平衡温度。

2.图解法

图解法又称马凯布-席勒(McCabe-Thiele)法,或 M-T 法。

(1)$x-y$ 图上确定三条操作线

恒摩尔流假设下,精馏段和提馏段操作线方程在 $x-y$ 图上均为直线。实际作图时,需要找出精馏段、进料热状况以及提馏段操作线在 $x-y$ 图上的固定点,然后分别作出 3 条操作线。

精馏段操作线与对角线的交点 $x=x_D$,$y=x_D$,该式可看作精馏段操作线的起点,从该点起向含量较少方向作斜率为 $R/(R+1)$ 的射线,即为精馏段操作线。进料线以及提馏段操作

线的画法有两种:一种是先画出进料热状况操作线;另一种是先画出提馏段操作线。两种方法是等价的。

方法一:先作进料热状况操作线

进料热状况操作线起始于 x-y 图上的(x_F, x_F)点,斜率为 $q/(q-1)$ 的射线;进料热状况操作线与精馏段操作线的交点也应处于提馏段中,该交点与(x_W, x_W)连线即为提馏段操作线。

方法二:先作提馏段操作线

提馏段操作线可以看作起始于(x_W, x_W)点,向组成增加方向,斜率为 $(L+qF)/(L+qF-W)$ 的射线;该射线与精馏段操作线交点同时也位于进料热状况操作线上,该点与进料组成(x_F, x_F)的交点即为进料热状况操作线。

(2)图解理论板数

理论板数的图解方法如图 8-13 所示。自对角线上的点 a 开始,在精馏段操作线与平衡线之间作由水平线和铅垂线构成的阶梯,即从点 a 作水平线与平衡线交于点 1,该点即代表离开第一层理论板的气液相平衡组成(x_1, x_1),故由点 1 可确定 x_1。由点 1 作铅垂线与精馏段操作线的交点 1′可确定 y_1。再由点 1′作水平线与平衡线交于点 2,由此点定出 x_2。如此,重复在平衡线与精馏段操作线之间作阶梯。当阶梯跨过两操作线的交点 d 时,改在提馏段操作线与平衡线之间绘阶梯,直至阶梯的垂线达到或跨过点 c(x_W, x_W)为止。平衡线上每个阶梯的顶点即代表一层理论板。跨过点 d 的阶梯为进料板,最后一个阶梯为再沸器。总理论板数为阶梯数减 1。图 8-14 中的图解结果为:所需理论板数为 6,其中精馏段与提馏段各为 3,第 4 板为加料板。

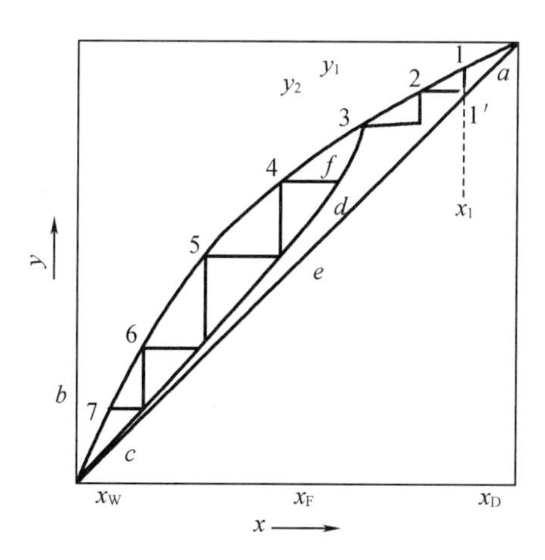

图 8-12　理论板数的求解

例 8-3　用一常压操作的连续精馏塔,分离含苯为 0.44(摩尔分数,以下同)的苯-甲苯混合液,要求塔顶产品中含苯不低于 0.975,塔底产品中含苯不高于 0.023 5。操作回流比为 3.5。试用图解法求以下 2 种进料情况时的理论板数及加料板位置:

(1)原料液为 20 ℃的冷液体;

(2)原料为液化率等于 1/3 的气液混合物。

已知数据如下:操作条件下苯的汽化热为 389 kJ/kg,甲苯的汽化热为 360 kJ/kg。

解 (1)温度为 20 ℃的冷液进料

利用平衡数据,在直角坐标图上绘平衡曲线及对角线,如图 8-13 所示。在图上定出点 $a(x_D, x_D)$、点 $e(x_F, x_F)$和点 $c(x_W, x_W)$三个点。

①精馏段操作线截距 $=\frac{xD}{R+1}=\frac{0.975}{3.5+1}=0.217$,在 y 轴上定出点 b。连接 ab,即得到精馏段操作线。

②先按下法计算 q 值。原料液的汽化热为

$$r_m=0.44\times389\times78+0.56\times360\times92=31\ 900\ \text{kJ/kmol}$$

查出进料组成 $x_F=0.44$ 时溶液的泡点为 93 ℃,平均温度 $=\frac{93+20}{2}=56.5$ ℃。

由附录查得在 56.5 ℃下苯和甲苯的比热容为 1.84 kJ/(kg · ℃),故原料液的平均比热容为

$$c_p=1.84\times78\times0.44+1.84\times92\times0.56=158\ \text{kJ/(kmol · ℃)}$$

所以

$$q=\frac{c_p\Delta t+r_m}{r_m}=\frac{158\times(93-20)+31\ 900}{31\ 900}=1.362$$

$$\frac{q}{q-1}=\frac{1.362}{1.362-1}=3.76$$

③再从点 e 作斜率为 3.76 的直线,即得 q 线。q 线与精馏段操作线交于点 d。

④连接 cd,即为提馏段操作线

⑤自点 a 开始在操作线和平衡线之间绘梯级,图解得理论板数为 11(包括再沸器)。

⑥自塔顶往下数第 5 层为加料板,如图 8-13 所示。

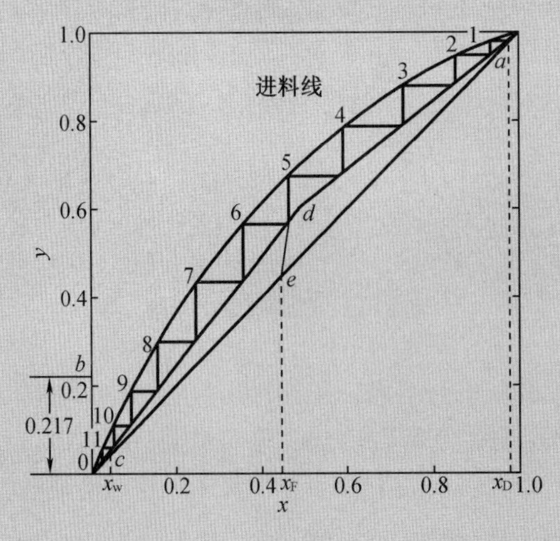

图 8-13

(2)气液混合物进料

①与上述的①项相同。

②与上述的②项相同。

①和②的结果如图 8-14 所示

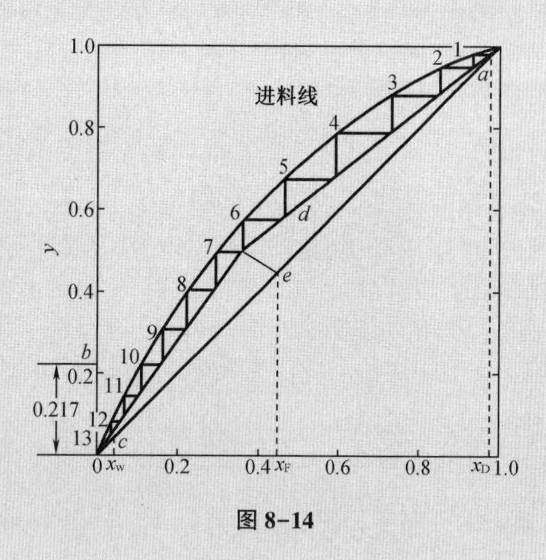

图 8-14

③由 q 值定义知,$q=1/3$,故

$$q\text{ 线斜率}=\frac{q}{q-1}=\frac{1/3}{1/3-1}=-0.5$$

过点 e 作斜率为-0.5 的直线,即得 q 线。q 线与精馏段操作线交于点 d。

④连 cd,即为提馏段操作线。

⑤按上法图解得理论板数为 12(已减去再沸器),自塔顶往下的第 7 层为加料板,如图 8-14 所示。

由计算结果可知,对一定的分离任务和要求,若进料热状况不同,所需的理论板数和加料板的位置均不相同。冷液进料较气液混合物进料所需的理论板数少。这是因为精馏塔提馏段内循环量增大使分离程度增高或理论板数减少的缘故。

(3)确定进料位置

最优的进料位置一般应在塔内液相或气相组成与进料组成相近或相同的塔板上,当采用图解法计算理论板数时,适宜进料位置应为跨过两操作线交点所对应的阶梯。对于一定的分离任务,如此作图所需理论板数最少,跨过两操作线交点后继续在精馏段操作线与平衡线之间作阶梯,或没有跨过交点过早更换操作线,都会使所需理论板数增加。

对于已有的精馏装置,在适宜进料位置进料,可获得最佳分离效果。在实际操作中,如果进料位置不当,将会使馏出液和釜残液不能同时达到预期的组成。进料位量过高,使馏出液的组成偏低(难挥发组分含量偏高);反之,进料位置偏低,使釜残液中易挥发组分含量增高,从而降低馏出液中易挥发组分的收率。

有的精馏装置上,于塔顶安装分凝器与全凝器,使从塔顶出来的蒸气先在分凝器中部分冷凝,冷凝液作为回流,未冷凝的蒸气再在全凝器中冷凝,冷凝液作为塔顶产品。离开分凝器的气液两相可视为互相平衡,即分凝器起到一层理论板的作用,故精馏段的理论板数应比相应的阶梯数减少一个。另外,对于某些水溶液的精馏分离,塔底采用直接水蒸气加热。此时,塔釜不能当作一层理论板看待。

应予指出,对偏离恒摩尔流的物系,可以先采用能量衡算的方法求解各级塔板气液相流量。

8.3.4 回流比的影响与选择

回流是精馏过程与简单蒸馏的主要区别,同时也是影响精馏操作费用和投资费用的重要因素。对于一定的分离任务而言,应选择适宜的回流比。

通过对图解法进行分析可知:R 增大,精馏段操作线的截距减小,操作线离平衡线越远,所需的理论板数减少。但 R 增大,冷凝器、再沸器负荷增大,操作费用增加,因而 R 的大小要涉及经济问题。

回流比有全回流(即没有产品取出)及最小回流比两个极限,操作回流比介于两个极限之间的某个适宜值。

1. 全回流

塔顶上升的蒸气冷凝后全部回流至塔内的操作方式称为全回流,全回流下操作的精馏塔具有如下特点。

(1)塔顶产品流量为零 $D=0$,因而也不需要进料,也不进行塔釜产品采出,即:$F=0$,$W=0$;

(2)全回流时无精馏段和提馏段之分,此时操作线即为 $x-y$ 图上的对角线,即:$y_{n+1}=x_n$;

(3)全回流时,操作线与平衡线距离最近,故达到指定分离程度所需理论板数最少(图 8-15)。

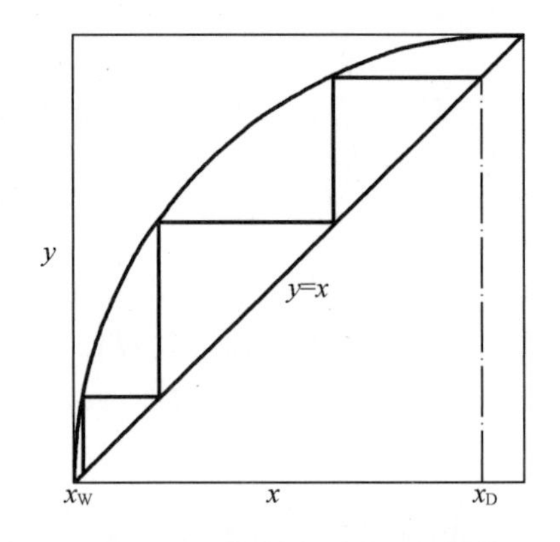

图 8-15 图解全回流理论板数

全回流时,对应的最少理论板数可通过芬斯克方程计算得出:

$$N_{\min}+1=\frac{\log\left[\left(\frac{x_D}{1-x_D}\right)\left(\frac{1-x_W}{x_W}\right)\right]}{\log\overline{\alpha}} \tag{8-34}$$

式中 $N_{\min}$——全回流时所需的最少理论板数(不包括塔釜再沸器);

$\overline{\alpha}$——全塔平均相对挥发度,可取几何平均值:

$$\overline{\alpha}=\sqrt{\alpha_{顶}\cdot\alpha_{底}} \tag{8-35}$$

全回流不加料,也不采出产品,所以装置的生产能力为零。全回流操作方便,在精馏塔的开工、调试和实验研究中常采用全回流,可缩短稳定时间并便于过程控制。

2. 最小回流比

对于一定的料液和分离要求,减小 R,精馏段和提馏段操作线都向平衡线移动,表示达到指定分离程度(x_D、x_W)所需的理论板数增多。当操作线与平衡线相交时,R 最小,以 $R_{\min}$

表示。最小回流比条件下,采用作图法进行分析,可知此时需要的理论板数无穷大。

最小回流比的取值与所处理体系的热力学性质有关:典型情况下,精馏段与提馏段操作线的交点 d 落于平衡线上,如图 8-16(a)所示;平衡线不规则情况下,精馏段的操作线或者提馏段的操作线与平衡线相切,根据相应的切线可以求解出最小回流比,典型情况分别如图 8-16(b)或 8-16(c)所示。

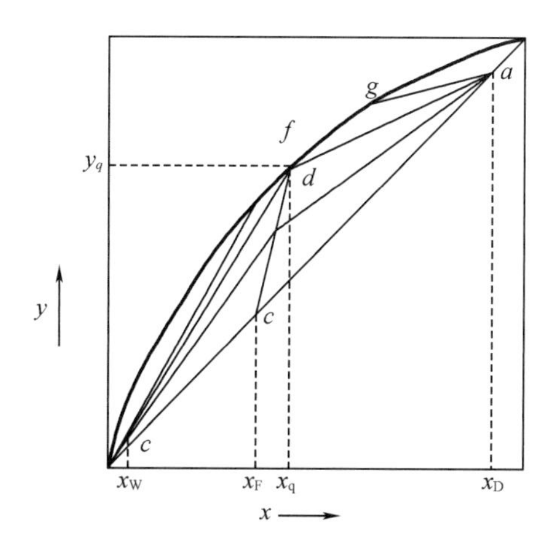

(a)由精馏段与提馏段交点求最小回流比

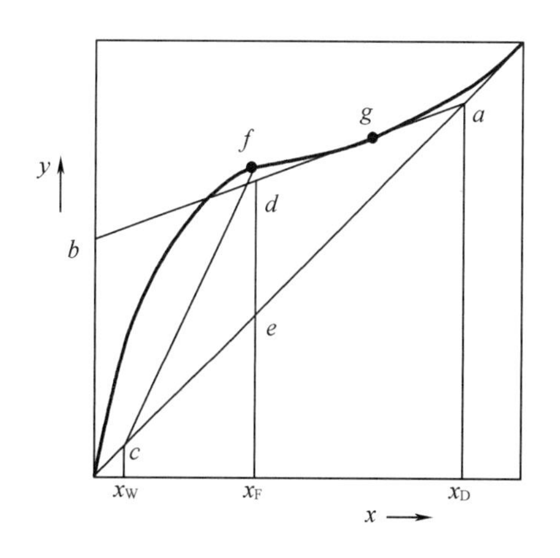

(b)由精馏段操作线确定最小回流比

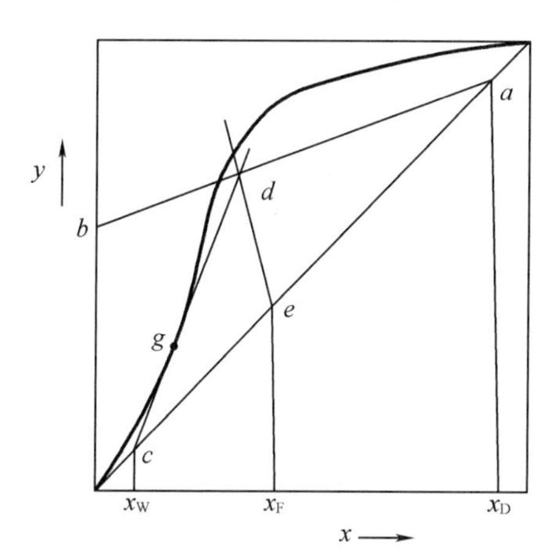

(c)由提馏段操作线确定最小回流比

图 8-16　最小回流比的确定

最小回流比的取值对应于一定的分离要求;R_{min} 的取值会随分离要求改变。

最小回流比的求解方法包括作图法和解析法两种。

(1)作图法

对于正常的平衡线,可根据平衡线与操作线交点 $d(x_q、y_q)$ 来求解最小回流比。R_{min} 可通过图 8-16(a)中斜率来求算:

$$\frac{R_{min}}{R_{min}+1}=\frac{x_D-y_q}{x_D-x_q}$$

整理后得

$$R_{\min}=\frac{x_D-y_q}{y_D-x_q} \tag{8-36}$$

式中,x_q、y_q 为 q 线方程与平衡线交点坐标,可由图中读出。

对于平衡曲线存在部分下凹的情况下,需要通过图 8-16(b)和图 8-16(c)的切线斜率求解得出最小回流比。

(2)解析法

以相对挥发度表示的气液两相平衡关系为式(8-9),q 线方程为式(8-32),两个方程构成方程组的解为 d 点(x_q、y_q),进而可由(8-36)求解得出最小回流比。

3. 适宜回流比的选择

由上面讨论可以知道:对于一定的分离任务,若在全回流下操作,虽然所需理论板数最少,但是得不到产品;若在最小回流比下操作,则所需理论板数为无限多。因此,实际回流比总是介于两种极限情况之间,适宜的回流比应通过经济衡算决定,即通过操作费用和设备折旧费用之和最低为标准来确定适宜的回流比。

精馏过程的操作费用主要决定于再沸器中加热介质(饱和蒸气及其他加热介质)消耗量、塔顶冷凝器中冷却介质消耗量及动力消耗等费用,这些消耗又与塔内上升的蒸气量有关。

精馏段蒸气量:

$$V=(R+1)D$$

提馏段蒸气量:

$$V'=(R+1)D+(q-1)F$$

故当 F、q、D 一定时,上升蒸气量 V 和 V' 与回流比 R 成正比。当 R 增大时,加热和冷却介质消耗量亦随之增多,操作费用相应增加,如图 8-17 中的线 2 所示。

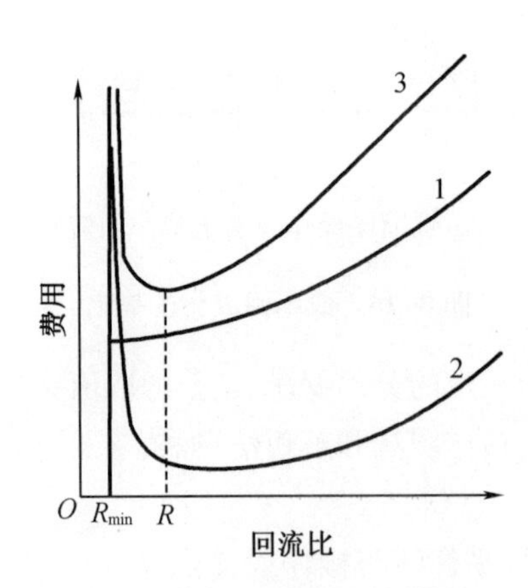

1—设备费;2—操作费;3—总费用。

图 8-17　回流比对精馏费用的影响

精馏装置的设备费用主要是指精馏塔、再沸器、冷凝器及其他辅助设备的购置费用。当设备类型和材质被选定后,此项费用主要取决于设备的尺寸。最小回流比对应无穷多层理论塔板,故设备费用为无穷大。增大回流比,起初显著降低所需塔板层数,设备费明显下降。再加大回流比,虽然塔板层数仍可继续减少,但下降得非常缓慢,如图 8-17 中曲线 1 所示。

总费用(操作费用和设备费用之和)和回流比的关系,如图 8-17 中的曲线 3 所示。总费用最低时所对应的回流比即适宜或最佳回流比。通常,适宜回流比的数值范围为最小回流比的 1.1~2 倍,即

$$R=(1.1\sim2)R_{\min} \tag{8-37}$$

上述考虑的是一般原则,实际回流比还应视具体情况而定。例如,对于难分离的混合液就应选用较大回流比;又如,为了减少加热蒸气消耗量,就应采用较小的回流比,且设计与生产中要分别考虑。

8.3.5 塔径和塔高的计算

1. 塔高的计算

对于板式塔,通过板效率将理论板数换算为实际板层数,再选择合适的板间距(指相邻两层实际板之间的距离),由实际塔板层数和板间距即可计算塔的有效高度。

有效高度:

$$Z=(N_{\mathrm{P}}-1)H_{\mathrm{T}} \tag{8-38}$$

式中 N_{P}——实际板数;

H_{T}——板间距。

精馏塔实际高度,除考虑有效高度外,还要考察辅助高度,故精馏塔实际高度表达式为

塔高=塔的有效高度+塔顶空间+塔底空间

2. 塔径的计算

精馏塔的直径可由塔内上升蒸气的体积流量及通过塔横截面的空塔线速度来求出,即

$$D_i=\sqrt{\frac{4q_{\mathrm{v}}}{\pi u}} \tag{8-39}$$

式中 D——塔径;

u——空塔气速,$\mathrm{m\cdot s^{-1}}$;

q_{v}——塔内上升蒸气体积流量,$\mathrm{m^3\cdot s^{-1}}$。

精馏塔中精馏段上升蒸气流量 q_v 和提馏段的上升蒸气流量 q_v' 与各自段的摩尔流量及温度、压强确定。精馏塔设计中,由于精馏段、提馏段的上升蒸气体积流量可能不同,所以精馏段的塔径与提馏段的塔径可以不同。

8.3.6 塔板效率、实际塔板数

板效率有多种表示方法,下面介绍两种常用的表示方法。

1. 单板效率 E_{m}

单板效率又称为默弗里效率,以气相(或液相)经过实际板的组成变化值与经过理论板

的组成变化值之比来表示，对于第 n 层板，以气相和液相表示的单板效率如下所示。

以气相表示的单板效率 E_{mV}：

$$E_{mV}=\frac{\text{实际板的气相增浓值}}{\text{理论板的气相增浓值}}=\frac{y_n-y_{n+1}}{y_{ne}-y_{n+1}} \tag{8-40}$$

以液相表示的单板效率 E_{mL}：

$$E_{mL}=\frac{\text{实际板的液相增浓值}}{\text{理论板的液相增浓值}}=\frac{x_{n-1}-x_n}{x_{n-1}-x_{ne}} \tag{8-41}$$

式中　y_{n+1}、y_n——进入、离开 n 板的气相组成；

y_{ne}——与板上 x_n 成平衡的气相组成；

x_{n-1}、x_n——进入、离开 n 板的液相组成；

x_{ne}——与板上 y_n 成平衡的液相组成。

应予指出，单板效率可直接反映该层塔板的传质效果，但各层塔板的单板效率通常不相等。还应指出，单板效率的数值有可能超过 100%。在精馏操作中，液体沿精馏塔板面流动时，易挥发组分含量逐渐降低，对 n 板而言，其上液相组成差异在当塔板直径较大、液体流径较长时会很明显，这就使得穿过板上液层的气相有机会与高于 x_n 的液体相接触，从而得到较大程度的增浓。相应的采用增浓的气相组成所计算的单板效率 E_m 可能会超过 100%。

2. 全塔效率

全塔效率又称为总板效率，用符号 E_0 表示。一般来说，精馏塔中各层板的单板效率并不相等，为了简便起见，常用全塔效率来表示：

$$E_0=\frac{N_T}{N_P}\times 100\% \tag{8-42}$$

E_0 反映塔中各板的平均效率，若已知在操作条件下的 E_0，便可由式 $N=N_p/E_p$ 求实际塔板数。

影响全塔效率的因素很多，归纳起来，主要有以下几个方面：塔的操作条件，包括温度、压力、气体上升速度及气、液流量比等；塔板的结构，包括塔板类型、塔径、板间距、堰高及开孔率等；系统的物性，包括黏度、密度、表面张力、扩散系数及相对挥发度等。上述诸影响因素是彼此联系又相互制约的，但上述因素主要通过气液两相间的传质速率来影响总板效率。

8.4　板　式　塔

8.4.1　塔板类型

塔板可分为有降液管式塔板（也称溢流式塔板或错流式塔板）及无降液管式塔板（也称穿流式塔板或逆流式塔板）两类。

在有降液管式塔板上，气液两相呈错流方式接触，这种塔板效率较高，且具有较大的操作弹性,使用较为广泛;其缺点是降液管占去一部分塔板面积,影响塔的生产能力,而且液体横过塔板时克服各种阻力会使板上液层出现液面落差,进而引起板上气体分布不均,降低分离效率。

在无降液管式塔板上,气液两相呈逆流方式接触,这种塔板的板面利用率高,生产能力大,结构简单;但它的效率较低,操作弹性小,工业应用较少。本节只讨论有降液管的塔板。

在几种主要类型的有降液管式塔板中,应用最早的板式塔是泡罩塔(图8-18),最早见于19世纪前期。20世纪50年代,有许多新型塔板投入工业应用,浮阀(图8-19)开度随气体负荷而变,在低气量时,开度较小,气体仍能以足够的速度(气速)通过缝隙,避免过多的漏液;在高气量时,阀片自动浮起,开度增大,使气速不致过大。故浮阀塔因具有塔板效率高、操作稳定、操作弹性大等优点而得到广泛应用。

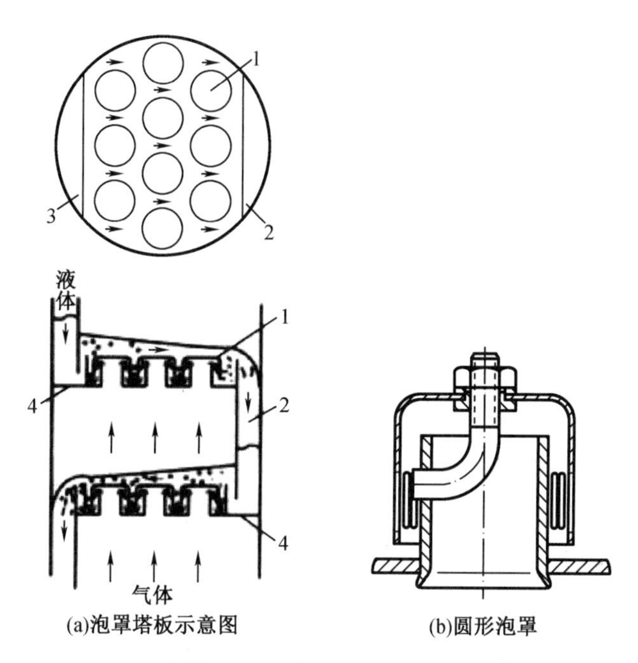

(a)泡罩塔板示意图 (b)圆形泡罩

1—泡罩;2—降液管;3—受液盘;4—塔板。

图8-18 泡罩塔板

近年来,由于设计和控制水平的提高,可使筛板的操作非常精确,改进后的筛板塔(图8-20)因其结构简单又重新被重视,应用日益增多。浮阀塔、筛板塔成为工业上使用最多的气液传质设备。

8.4.2 塔板的性能指标

对各种塔板性能进行比较是一个相当复杂的问题,因为塔板的性能不仅与塔型有关,还与塔板的结构尺寸、处理物系的性质及操作状况等因素有关。塔板的性能评价指标主要有以下几个方面。

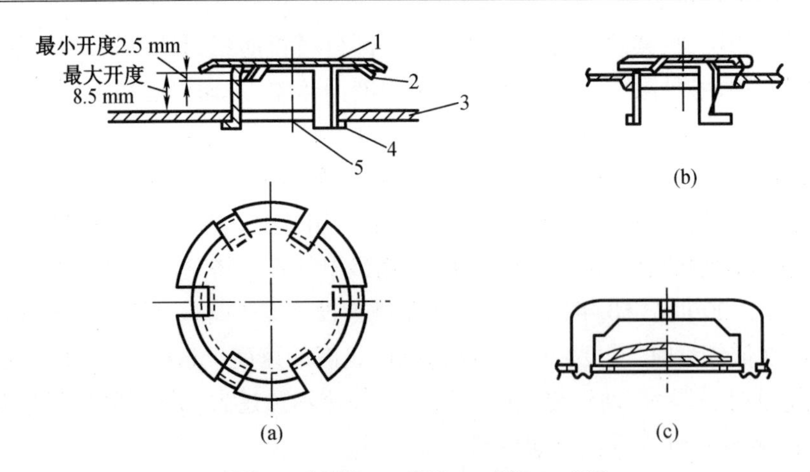

1—阀片;2—定距片;3—塔板;4—底脚;5—阀孔。

图 8-19　两种浮阀形式

图 8-20　有降液管的筛板

1. 生产能力

生产能力要尽量大,即单位塔径上气体和液体的通过量要大。

2. 分离效率

分离效率高,所需板数就少,塔高相对就低,这一点对难分离的物系尤为重要。

3. 操作稳定性与操作弹性

操作弹性好意味着塔对气液负荷变化的适应性大,操作稳定是塔设计的基础。

4. 压力降

要使气体通过塔板的压降小:一方面可降低操作费用、减少能耗;另一方面对于处理热敏物系和高沸物系时的减压蒸馏意义重大。

5. 结构、制造和造价等

结构简单、制造容易和造价低是降低设备前期投入成本和后期维修成本必须考虑的因素之一。

应予指出,对于现有的任何一种塔板,都不可能完全满足上述的所有要求,在选择筛板时应重点考察生产过程对塔板的侧重要求。

8.4.3 筛板塔上流体流动现象

板式塔能否正常操作,与气液两相在塔板上的流动状况(图 8-21)密切相关,塔内气液两相的流动状况即为板式塔的流体力学性能。

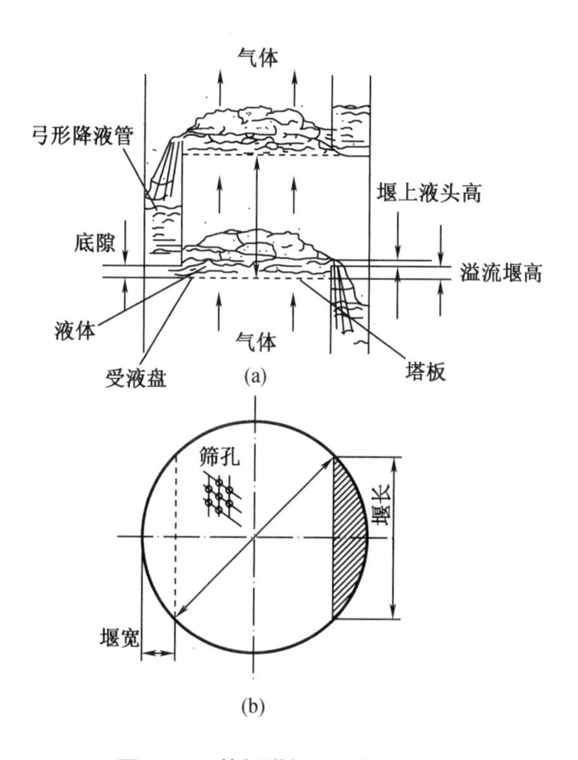

图 8-21 筛板塔板上两相流动

1. 液体流动方式

进入塔内的液体靠重力作用由上层塔板经降液管流至下层塔板,并横向流过塔板至出口堰,漫过出口堰经另一降液管继续往下流动,最后由塔底流出。出口堰使板面上维持了一定厚度的流动层。通常塔板入口处的液面要比出口处的液面高,形成的液面落差有利于克服液体在塔板上的流动阻力。

2. 气体流动方式

气体进入塔底后,靠压强差推动,自下而上逐板穿过板孔及板上液层而流向塔顶。气体以鼓泡或喷射方式通过板上液层,与板上液体相互接触形成鼓泡层、泡沫层或喷射层,为两相接触提供足够大的相际接触面,有利于相间传质。气液两相在塔内逐板接触,两相的组成沿塔高呈阶梯式变化。

3. 气液相互接触状态

由于气速大小的不同,形成不同的气液接触状态,气液相互接触状态直接影响到气液传质分离效果。

当气速较低时,气体以鼓泡方式穿过板上液层,气液成鼓泡接触状态,板上液层以清液为主,这时的气液接触面小,气液传质不充分。

当气速增大,气泡形成速度大于气泡升浮速度,但气泡动能尚不足以使气泡频繁破裂时,则气泡在液层内积聚成蜂窝状,气液成为泡沫混合物,板上的清液层基本消失。这时气液接触面大,但接触面的更新比较差,气液传质仍不够充分。

当气速继续增大,气泡大量产生并频繁发生碰撞、破裂,板上液体主要以液膜形式存在于气泡之间,形成一些直径小、动能大、激烈扰动的泡沫,气液成泡沫接触状态,气液接触面大,而且接触面频繁更新,使气液传质比较充分。

当气速进一步增大,气体动能足够大,将板上液体喷成大小不等的液滴,其中较小的液滴随气流被带入上层塔板,这种现象称为雾沫夹带。而较大的液滴则在随气体上升途中因重力作用与气体分离回落在原塔板上,这种喷射接触状态气体为连续相,液体为分散相,传质接触面为液滴的外表面。这样,不断有较大的液滴被喷射出液面和回落分散,使得传质接触面积大大增加,而且接触面得到不断的更新,对气液传质很有利。

可见,气液在泡沫接触状态和喷射接触状态下,能够获得较理想的传质效果,其中喷射状态要求的气速更高,因此生产能力更大,但相应的雾沫夹带量也大,若控制不当会造成雾沫夹带过量,增加操作的不稳定性,降低传质效率,甚至破坏整个操作。故喷射状态的气速是操作气速的上限。

8.4.4 筛板塔的负荷性能图

板式塔的负荷性能图是指塔板上的气体和液体能正常流通,进行接触传质,并且不会造成对塔板效率有明显下降的操作范围。要了解所设计的塔板在操作中能适应怎样的气-液变动范围,可通过绘出负荷性能图直观地看到塔板的适应性,即塔板的操作弹性。

影响板式塔操作状况和分高效果的主要因素为物系性质、塔板结构及气-液负荷。当塔板结构和处理的物系已确定,其操作状况就只随气-液负荷而变。要维持塔板正常操作,必须将塔内的气-液负荷限制在一定范围内波动。

通常在直角坐标系中,以液相负荷 L_s 为横坐标、气相负荷 V_s 为纵坐标,标绘各种极限条件下的气-液关系曲线,从而得到塔板操作可适应的气、液流量变化范围图。

每个塔一经设计之后,就具有一定的操作范围,也就是具有一定的负荷性能图。负荷性能图对检验塔的设计是否合理、了解塔的操作状况以及改进塔板操作性能具有直观的指导意义。

负荷性能图如图 8-22 所示,图中各线条的意义具体如下。

1. 雾沫夹带线

上升气流穿过塔板上液层时,将板上液体带入上层塔板的现象称为雾沫夹带。雾沫的生成固然可增大气液两相的传质面积,但过量的雾沫夹带造成液相在塔板间的返混,严重时会造成雾沫夹带液泛,从而导致塔板效率严重下降。所谓返混是指雾沫夹带的液滴与液体主流做相反方向流动的现象。为了保证板式塔能维持正常的操作,生产中将雾沫夹带限制在一定限度以内,规定每 1 kg 上升气体夹带到上层塔板的液体量不超过 0.1 kg,即控制雾沫夹带量 $e_v<0.1$ kg(液)/kg(气)。影响雾沫夹带量的因素很多,最主要的是空塔气速和

塔板间距。空塔气速增高,雾沫夹带量增大;塔板间距增大,可使雾沫夹带量减小。

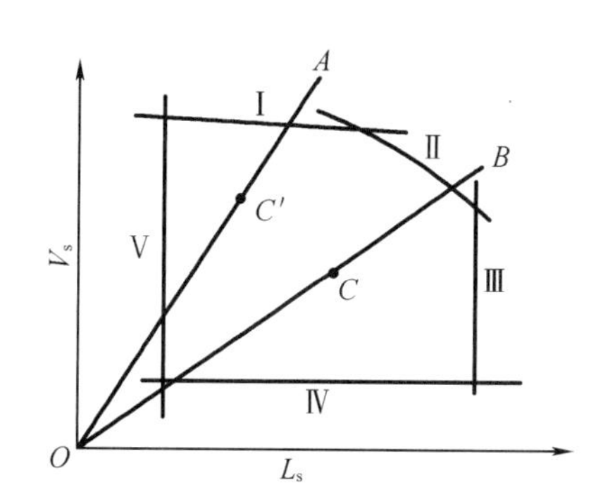

Ⅰ—雾沫夹带线;Ⅱ—液泛线;Ⅲ—液相负荷上限线;Ⅳ—漏液线;Ⅴ—液相负荷下限线。

图 8-22 筛板塔负荷性能图

图 8-22 中线Ⅰ为雾沫夹带线,当气相负荷超过此线时,雾沫夹带量将过大,导致塔板效率严重下降,塔板操作应控制在该线以下。

2. 液泛线

若塔内气液两相之一的流量增大,使降液管内液体不能顺利下流,管内液体必然积累,当管内液体增高到越过溢流堰顶部,两板间液体即相连,该层塔板产生积液并依次上升,这种现象称为液泛,亦称淹塔。图 8-22 中线Ⅱ为液泛线。

对一定的液体流量,气速过大,气体穿过板上液层时造成两板间压降增大,使降液管内液体不能下流而造成液泛。液泛时的气速为塔操作的极限速度。

此外,当液体流量过大时,降液管的截面不足以使液体通过,管内液面升高,也会发生液泛现象。

3. 液相负荷上限线

图 8-22 中线Ⅲ为液相负荷上限线,该线又称降液管超负荷线。该线可根据对液体在降液管停留时间的最短要求求得。液体流量超过此线,表明液体在降液管内的停留时间不足,使进入降液管中的气泡随液体被带入下层塔板,造成气相返混,降低塔板效率。

4. 漏液线

图 8-22 中线Ⅳ为漏液线。当上升气体流速减小,气体通过升气孔道的动压不足以阻止板上液体经孔道流下时,便会出现漏液现象。漏液发生时,液体经升气孔道流下,必然影响气、液在塔板上的充分接触,使塔板效率下降,严重的漏液会使塔板不能积液而无法操作。为保证塔的正常操作,漏液量不应大于液体流量的 10%。漏液量大于液体流量的 10%,视为严重的漏液现象,这时气、液不能充分接触,使板效率下降。

5. 液相负荷下限线

图 8-22 中线Ⅴ为液相负荷下限线。液相负荷低于此线使塔板上液流不能均匀分布,导致板效率下降,这种情况为液体流量的下限。

图 8-22 中,诸线所包围的区域,便是塔板的适宜操作区。已知操作时的气相流量 V_s 与

液相流量 L_s,可在负荷性能图上标出其坐标点,称为操作点。若 V_s/L_s 为定值,则每层塔板上的操作点是沿通过原点、斜率为 V_s/L_s 的直线而变化,该直线称为操作线。

操作线与负荷性能图上曲线的两个交点分别表示塔的上、下操作极限,两极限的气体流量之比称为塔板的操作弹性。操作弹性大,说明塔适应气-液负荷变动的能力大、操作性能好。交点所在的两条性能曲线为控制负荷上、下限的因素。

改变操作的液气比,有可能改变控制负荷上、下限的因素。如在 *OA* 线的液气比下操作,上限为雾沫夹带控制,下限为液相负荷下限控制;在 *OB* 线的液气比下操作,上限为液泛控制,下限为漏液控制。

操作点位于操作区内的适中位置,可望获得稳定、良好的操作效果,如果操作点紧靠某一条边界线,则当负荷稍有波动时,便会使塔的正常操作受到破坏。

对于给定的分离物系和生产量,设计的塔板必须要能正常操作。也就是说,给定的气-液负荷及变化范围应位于操作负荷性能图的中间区域。物系一定,负荷性能图中各条线的相对位置随塔板结构尺寸而变。可适当调整塔板结构参数,以改进负荷性能图,满足所需的弹性范围。例如,加大板间距或增大塔径可使液泛线上移;增加降液管截面积可使液相负荷线右移;减少塔板开孔率可使漏液线下移等。

由于各层塔板上的操作条件、物料组成和性质,甚至各层板上的气-液负荷均不同,使得各层塔板的负荷性能图也有差异,应以最不利的情况对塔板的设计计算进行验算。

本章符号说明

符号	意义	计量单位
p^0	纯组分液体的饱和蒸气压	Pa
y_A	A 组分在气相中的摩尔分数;	
p_A	A 组分在气相中的分压	Pa
ν_A	A 组分的挥发度	
α	相对挥发度	
x_A	溶液中 A 组分的摩尔分数,简写作 x	
y_A	气相中 A 组分的摩尔分数,简写作 y	
K_A	相平衡常数	
F	原料液流量	kmol/h
D	塔顶产品流量	kmol/h
W	塔釜产品流量	kmol/h
V	精馏段上升蒸汽的摩尔流量	kmol/h
L	精馏段下降液相的摩尔流量	kmol/h

符号	意义	计量单位
R	回流比	
R_{min}	最小回流比	
I	焓值	$kJ \cdot mol^{-1}$
q	进料的热状况参数	
Z	精馏塔高	m
N_P	实际板数	
H_T	板间距	m
E_m	单板效率或称为默弗里效率	
E_O	总板效率	

习　　题

一、填空题

1. 塔设备按结构分为________和________；按气液接触方式分为________和________。填料塔是________接触式气液传质设备，塔内________为连续相，________为分散相。错流板式塔是________接触式气液传质设备，塔内________为连续相，________为分散相。

2. 工业上应用最广泛的板式塔类型有________、________、________和________。

3. 板式塔的负荷性能图由________和________、________、________、________五条曲线包围的区域构成。

4. 负荷性能图的作用是________________、________________和________________。

5. 下面参数中，属于板式塔结构参数的是________和________；属于操作参数的是________与________。

A. 板间距　　B. 孔数　　C. 孔速　　D. 板上清液层高度

6. 精馏操作的依据是________和________。实现精馏操作的必要条件是________和________。

7. 用相对挥发度 α 表达的气液平衡方程可写为________________________。根据 α 的大小，可用来________，若 $\alpha=1$，则表示________________。

8. 某两组分物系，相对挥发度 $\alpha=3$，在全回流条件下进行精馏操作，对第 n、$n+1$ 两层理论板(从塔顶往下计)，若已知 $y_0=0.4$，则 $y=$________。全回流操作通常适用于________或________。

9. 精馏和蒸馏的区别在于________________；平衡蒸馏和简单蒸馏的主要区别在于________________。

10. 精馏塔的塔顶温度总是低于塔底温度,其原因是________和________。

11. 某精馏塔的精馏段操作线方程为 $y = 0.72x + 0.275$,则该塔的操作回流比为________,馏出液组成为________。

12. 最小回流比的定义是____________________,适宜回流比通常取为________ $R_{\min}$。

13. 精馏塔进料可能有________种不同的热状况,当进料为气液混合物且气液摩尔分数为 2∶3 时,则进料热状况 q 值为________。

14. 在某精馏塔中,分离物系相对挥发度为 2.5 的两组分溶液,操作回流比为 3,若测得精馏段第 2、3 层塔板(从塔顶往下计)的液相组成 $x_2 = 0.45$、$x_3 = 0.4$,馏出液组成 x_D 为 0.96(以上均为摩尔分数),则第 3 层塔板的气相默弗里效率 E_{mV3} = ________。

15. 操作中的精馏塔,保持 F、q、x_F、V 不变,若釜液量 W 增加,则 x_D = ________,x_W = ________,L/V = ________。

二、选择题

1. 两组分物系的相对挥发度越小,则表示分离该物系 ( )

A. 容易　　B. 困难　　C. 完全　　D. 不完全

2. 精馏塔的操作线是直线,其原因是 ( )

A. 理论板假定

B. 理想物系

C. 塔顶泡点回流

D. 恒摩尔流假定

3. 在精馏塔的图解计算中,若进料热状况变化,将使 ( )

A. 平衡线发生变化　　B. 操作线与 q 线变化

C. 平衡线和 q 线变化　　D. 平衡线和操作线变化

4. 操作中的精馏塔,若选用的回流比小于最小回流比,则 ( )

A. 不能操作　　B. x_D、x_W 均增加

C. x_D、x_W 均不变　　D. x_D 减小、x_W 增加

5. 操作中的精馏塔,若保持 F、q、x_D、x_W、V' 不变,减小 x_F,则 ( )

A. D 增大、R 减小　　B. D 减小、R 不变

C. D 减小、R 增大　　D. D 不变、R 增大

6. 用精馏塔完成分离任务所需理论板数 N_T 为 8(包括再沸器),若全塔效率 E 为 50%,则塔内实际板数为 ( )

A. 16 层　　B. 12 层　　C. 14 层　　D. 无法确定

三、计算题

1. 试分别求含苯 0.3(摩尔分数)的苯—甲苯混合液在总压为 100 kPa 和 10 kPa 下的相对挥发度。苯—甲苯混合液可视为理想溶液。苯(A)和甲苯(B)的饱和蒸气压和温度的关系(安托尼方程)如下(饱和蒸气压单位 kPa;温度单位 ℃):

$$\lg p_A^0 = 6.023 - \frac{1\,206.35}{t + 220.24}$$

$$\lg p_B^0 = 6.078 - \frac{1\ 343.94}{t + 219.58}$$

2. 在一常压连续精馏塔中分离苯-甲苯混合液。原料液流量为100 kmol/h,组成为0.5(苯摩尔分数,下同),泡点进料。馏出液组成为0.9,釜残液组成为0.1。操作回流比为2.0。试求:

(1)塔顶及塔底产品流量(kmol/h);

(2)达到馏出液流量为56 kmol/h是否可行?最大馏出液流量为多少?

(3)若馏出液流量为54 kmol/h,x_D要求不变,应采用什么措施(定性分析)?

3. 在连续精馏塔中分离两组分理想溶液,原料液流量为100 kmol/h,组成为0.3(易挥发组分摩尔分数),其精馏段和提馏段操作线方程分别为

$$y = 0.714x + 0.257$$

$$y = 1.686x - 0.034\ 3$$

试求:

(1)塔顶馏出液流量和精馏段下降液体流量(kmol/h);

(2)进料热状态参数q。

4. 在常压连续精馏塔中分离苯-甲苯混合液,原料液组成为0.4(苯摩尔分数,下同),馏出液组成为0.97,釜残液组成为0.04,试分别求以下三种进料热状态下的最小回流比和全回流下的最小理论板数。

(1)20 ℃下冷液体;

(2)饱和液体;

(3)饱和蒸气。

假设操作条件下物系的平均相对挥发度为2.47。原料液的泡点温度为94 ℃,原料液的平均比热容为1.85 kJ/(kg·℃),原料液的汽化热为354 kJ/kg。

5. 在某连续精馏塔中分离平均相对挥发度为2.0的理想物系。若精馏段中某一层塔板的液相默弗里板效率E_{mV}为50%,从其下一层板上升的气相组成为0.38(易挥发组分摩尔分数,下同),从其上一层板下降的液相组成为0.4,回流比为1.0,试求离开该板的气、液相组成。

6. 在常压连续精馏中分离苯—甲苯混合液,原料液流量为100 kmol/h,组成为0.44(苯摩尔分数,下同),馏出液组成为0.975,釜残液组成为0.023 5。回流比为3.5,采用全凝器,泡点回流。物系的平均相对挥发度为2.47。试分别求泡点进料和气液混合物(液相分率为1/3)进料时以下各项:

(1)理论板数和进料位置;

(2)再沸器热负荷和加热蒸气消耗量,设加热蒸气绝压为200 kPa;

(3)全凝器热负荷和冷却水消耗量。设冷却水进、出口温度为25 ℃和35 ℃。

已知苯和甲苯的汽化热为427 kJ/kg及410 kJ/kg,水的比热容为4.17 kJ/(kg·℃),绝压为200 kPa的饱和蒸气的汽化热为2 205 kJ/kg。再沸器及全凝器的热损失可忽略。

7. 在常压连续提馏塔中,分离两组分理想溶液,该物系平均相对挥发度为2.0。原料液流量为10 kmol/h,进料热状态参数q为0.8,馏出液流量为60 kmol/h,釜残液组成为0.01(易挥发组分摩尔分数),试求:

(1)操作线方程;

(2)由塔内最下一层理论板下降的液相组成 x_N'。

8. 在连续精馏塔中分离两组分理想溶液,原料液流量为 100 kmol/h,组成为 0.5(易挥发组分摩尔分数,下同),饱和蒸气加料。馏出液组成为 0.95,釜残液组成为 0.1。物系的平均相对挥发度为 2.0。塔顶全用全凝器,泡点回流。塔釜间接蒸气加热。塔全部汽化量为最小汽化量的 1.5 倍,试求:

(1)塔釜汽化量;

(2)从塔顶往下计第 2 层理论板下降的液相组成。

9. 在常压连续精馏塔中分离两组分理想溶液。该物系的平均相对挥发度为 2.5。原料液组成为 0.35(易挥发组分摩尔分数,下同),饱和蒸气加料。塔顶采出率为 40%,且已知精馏段操作线方程为 $y=0.75x+0.20$,试求:

(1)提馏段操作线方程;

(2)若塔顶第一板下降的液相组成为 0.7,求该板的气相默弗里效率 E_{mV}。

10. 在连续精馏塔中分离某两组分物系,该物系的相对挥发度为 2.5。原料组成为 0.45(摩尔分数,下同),进料为气液混合物,气液比为 1∶2,塔顶馏出液组成为 0.95,易挥发组分的回收率为 95%。回流比 $R=1.5R_{min}$,试求:

(1)原料中气相和液相组成;

(2)提馏段操作线方程。

11. 在常压连续精馏塔中分离某两组分理想溶液,物系的平均相对挥发度为 2.0。馏出液组成为 0.94(摩尔分数,下同),釜残液组成为 0.04,釜残液流量为 150 kmol/h。回流比为最小回流比的 1.2 倍。且已知进料方程为 $y=6x-1.5$。试求精馏段操作线方程和提馏段操作线方程。

12. 在具有侧线采出的连续精馏塔中分离两组分理想溶液,如图 8-23 所示。原料液流量为 100 kmol/h,组成为 0.5(摩尔分数,下同),饱和液体进料。从精馏段抽出组成 x_{D2} 为 0.9 的饱和液体。塔顶馏出液流量 D_1 为 20 kmol/h,组成 x_{D1} 为 0.98,釜残液组成为 0.05。物系的平均相对挥发度为 2.5。塔顶为全凝器,泡点回流,回流比为 3.0,试求:

(1)侧线采出流量 D_2(kmol/h);

(2)中间段的操作线方程。

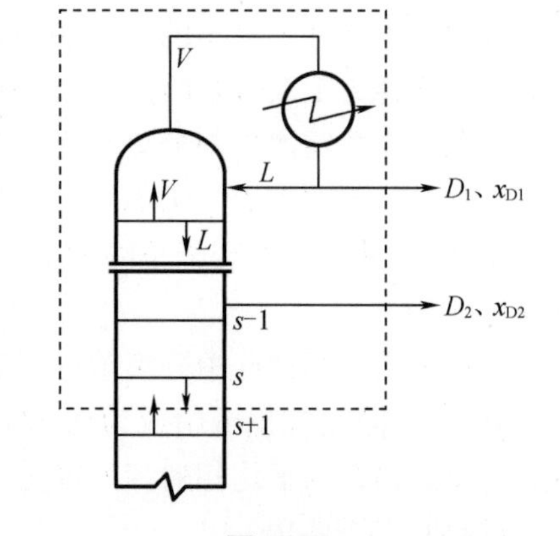

图 8-23

13. 在连续精馏塔中分离组分 A 和水的混合液(其中 A 为易挥发组分)。进料组成为 0.5(摩尔分数,下同),泡点进料。馏出液组成为 0.95,釜残液组成为 0.1。塔顶为全凝器,泡点回流,阿流比为 1.5。塔底采用饱和水蒸气直接加热。每层塔板的气相默弗里效率 $E_{mV}=0.5$,在本题计算范围内相平衡关系为 $y=0.5x+0.5$。试求:

(1)从塔顶的第一层塔板下降的液体组成;

(2)塔顶的采出率 D/F。

第9章　干　　燥

化工生产中的固体原料、产品或半成品加工、运输、贮存和使用过程中，常常需要将其中所含的湿分（水或有机溶剂）去除至规定指标，这种操作简称为去湿。去湿的方法包括机械去湿法、物理去湿法和干燥法。机械去湿法耗能较少、较为经济，但除湿不彻底，只适用于物料间大量水分的去除，一般用于初步去湿；物理去湿法，只适用于除去少量水分，仅适用于实验室使用；干燥法能除去湿物料中的大部分湿分，除湿彻底，但能耗较大。工业上往往将机械分离法与干燥法联合起来除湿，即先用机械方法尽可能除去湿物料中的大部分湿分，然后再利用干燥方法继续除湿至规定水平。

干燥是利用热能除去固体物料中湿分（水分或其他液体）的单元操作，按传热方式可分为传导干燥、对流干燥、辐射干燥、介电加热干燥，以及由上述两种或多种组合的联合干燥。

1. 传导干燥

热能通过传热壁面以传导方式传给湿物料，使其中的水分汽化，然后所产生的蒸气被干燥介质带走或用真空泵排走。该方法热能利用率高，但物料温度不易控制，与传热面接触的物料易过热变质。

2. 对流干燥

热能以对流给热的方式由热干燥介质（通常是热空气）传给湿物料，物料内部的水分扩散至物料表面并汽化，然后从表面扩散至干燥介质主体，再由介质带走的干燥过程。

3. 辐射干燥

热能以电磁波被物料所吸收转化为热能，从而将水分加热汽化。该法生产强度大，干燥均匀且产品洁净，但能量消耗大，适用于干燥表面积大而薄的物料。

4. 介电加热干燥

将需要干燥的物料置于高频电场中，电能在潮湿的电介质中变为热能，可以使液体很快升温汽化。这种加热过程发生在物料内部，故干燥速率较快，例如微波干燥食品。

化工中对流干燥应用最为普遍，干燥介质可以是不饱和热空气、惰性气体及烟道气，需要除去的湿分为水分或其他化学溶剂。本章主要讨论以不饱和热空气为干燥介质，湿分为水的干燥过程。其他系统的干燥原理与空气-水系统类似。

在对流干燥过程中，热空气将热量传给湿物料，使物料表面水分汽化，汽化的水分由空气带走，干燥介质既是载热体又是载湿体，它将热量传给物料的同时又把由物料中汽化出来的水分带走。因此，干燥是传热和传质同时进行的过程，传热的方向是由气相到固相，热空气与湿物料的温差是传热的推动力；传质的方向是由固相到气相，传质的推动力是物料表面的水汽分压与热空气中水汽分压之差。显然，传热、传质的方向相反，干燥速率由传热速率和传质速率共同控制。

9.1 湿空气的性质与湿度图

9.1.1 湿空气的性质

干燥过程中,湿空气既是载热体又是载湿体,因此需要了解湿空气的相关性质。干燥过程中绝干空气的质量不会发生变化,故常将单位质量(1 kg)的绝干空气作为描述湿空气有关性质的基准。

1. 湿度 H

湿度又称湿含量或绝对湿度,为湿空气中所含的水汽的质量与绝干空气的质量之比,以符号 H 表示,即

$$H=\frac{\text{湿空气中水汽质量}}{\text{湿空气中绝干空气质量}}=\frac{n_v M_v}{n_g M_g}=\frac{18}{29}\frac{n_v}{n_g} \tag{9-1}$$

式中 M_g——干空气的摩尔质量,29 kg/kmol;

M_v——水汽的摩尔质量,18 kg/kmol;

n_g——湿空气中干空气的物质的量,kmol;

n_v——湿空气中水汽的物质的量,kmol。

常压下湿空气可视为理想气体混合物,根据道尔顿分压定律,理想气体混合物中各组分的摩尔分数等于分压比,式(9-1)可表示为

$$H=0.622\frac{p_v}{P-p_v} \tag{9-2}$$

式中 p_v——水汽分压,Pa;

P——湿空气总压,Pa。

若湿空气中水汽分压恰好等于该温度下水的饱和蒸气压 P_s,此时的湿度为该温度下空气的最大湿度,称为饱和湿度,以 H_s 表示,即

$$H_s=0.622\frac{p_s}{P-p_s} \tag{9-3}$$

式中 p_s——同温度下水的饱和蒸气压,Pa。

由于水的饱和蒸气压与温度有关,故饱和湿度是湿空气总压和温度的函数。

2. 相对湿度 φ

当总压一定时,湿空气中水蒸气分压 p_v 与同温度下水的饱和蒸气压 p_s 之比的百分数称为相对湿度,以符号 φ 表示。

$$\varphi=\frac{p_v}{p_s}\times100\% \tag{9-4}$$

相对湿度表明了湿空气的不饱和程度,反映湿空气吸收水汽的能力。$\varphi=1$(或 100%),表示空气已被水汽饱和,已无干燥能力。φ 愈小,即 p_v 与 p_s 差距愈大,表示湿空气有愈大的吸湿潜力。

若将式(9-4)代入式(9-2),可得:

$$H=0.622\frac{\varphi p_s}{P-\varphi p_s} \tag{9-5}$$

对与水汽分压相同的湿空气(H 相同时),升高温度会使饱和蒸气压增大(p_s↑),即相对湿度降低(φ↓)。

3. 湿空气的比体积 v_H

1 kg 绝干空气所对应的空气及水汽的总体积称为湿空气的比体积或湿容积,常压下,即

$$v_H=\frac{湿空气体积}{绝干气质量}=\left(\frac{1}{29}+\frac{H}{18}\right)\times 22.4\times\frac{273+t}{273}\times\frac{1.013\times 10^5}{p} \tag{9-6}$$

式中　v_H——湿空气的比容,m^3/kg 绝干空气;

H——湿空气的温度,kg 水/kg 绝干空气;

t——温度, ℃。

由式(9-6)可见,湿容积随其温度和湿度的增加而增大。

4. 湿空气的比热容 c_H

将 1 kg 绝干空气所对应的湿空气温度升高 1 ℃所需的热量,称为湿空气的比热容,简称湿热。

$$c_H=c_g+Hc_v=1.01+1.88H \tag{9-7}$$

式中　c_H——湿空气比热,kJ/kg 干空气·℃;

c_g——绝干空气比热,1.01 kJ/(kg·℃);

c_v——水汽比热,1.88 kJ/(kg·℃)。

5. 焓 I

湿空气的焓为单位质量干空气的焓和其所带 H kg 水汽的焓之和。因晗值是相对的,通常定义 0 ℃干空气与液态水的焓等于零。

$$\begin{aligned} I &=c_g t+(r_0+c_v t)H \\ &=r_0 H+(c_g+c_v H)t \\ &=2\,492H(1.01+1.88H)t \quad \text{kJ/(kg 绝绝干空气)} \end{aligned} \tag{9-8}$$

式中　r_0——0 ℃时水汽汽化潜热,2 492 kJ/kg。

6. 露点 t_d

一定压力下,将不饱和空气等湿降温至饱和,出现第一滴露珠时的温度称为湿空气的露点。

$$H=0.622\frac{P_d}{P-P_d} \tag{9-9}$$

式中　p_d——露点下的饱和蒸气压,Pa。

式(9-9)还可以转化为用湿度计算露点下饱和蒸气压的形式:

$$p_d=\frac{HP}{0.622+H} \tag{9-10}$$

计算得到 p_d，查其相对应的水蒸气饱和温度，即为该湿含量 H 和总压 p 时的露点 t_d。同样地，由露点 t_d 和总压 p 可确定湿含量 H。

7. 干、湿球温度

干球温度为普通温度计显示的温度，为了与湿球温度区分，用符号 t 表示。

如图 9-1 所示。用水润湿纱布包裹温度计的感温球，用大量湿空气吹过，所测得的温度即为湿球温度，以 t_w 表示。

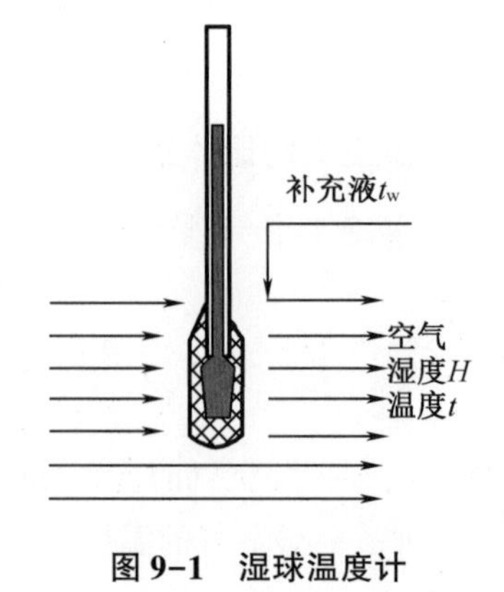

图 9-1 湿球温度计

平衡后湿球温度所对应状态为湿球表面水分汽化传质与湿空气对流传热相互平衡的过程。即单位时间内由空气向湿纱布对流传递的热量恰好等于单位时间对流传质的汽化水分所需的热量时：

$$Q=\alpha S(t-t_w)$$

$$N=k_H S(H_s'-H)$$

$$Q=N\cdot r'$$

式中 H_s'——湿空气在温度为 t_w 下的饱和湿度，kg 水/kg 绝干空气；

H——空气的湿度，kg 水/kg 绝干空气；

N——水蒸气传质速率，kg/s；

Q——对流传热速率，kJ/s；

t——干球温度，℃；

t_w——湿球温度，℃；

r'——湿球温度下汽化潜热，kJ/kg。

将以上表达式联立，并整理得

$$t_w=t-\frac{k_H r'}{a}(H_s'-H) \tag{9-11}$$

在测量湿球温度时，气速应大于 5 m/s，此时比值 α/k_H 近似为一常数（对水汽与空气的系统，$\alpha/k_H=0.96\sim1.005$）。此时，湿球温度 t_w 为湿空气温度 t 和湿度 H 的函数。

8. 绝热饱和温度 t_{as}

湿空气经历绝热饱和过程，最终平衡时的温度称为绝热饱和温度。在绝热的条件下，不饱和气体和大量的液体接触，若时间足够长，最终传热、传质趋于平衡，气体被蒸气饱和，气体与液体温度相等，此过程即绝热饱和过程。绝热饱和过程可以在绝热增湿塔（图 9-2）中完成：湿度 H、温度 t 的不饱和空气由塔底引入，水由塔底经循环泵送往塔顶，喷淋而下，与空气成逆流接触。由于空气不饱和，水分会不断汽化进入空气，汽化所需汽化潜热只能取自空气的显热，气体沿塔上升时不断地冷却和增湿；该过程中不断补充温度为 t_{as} 的水。达到稳定后，湿空气出塔温

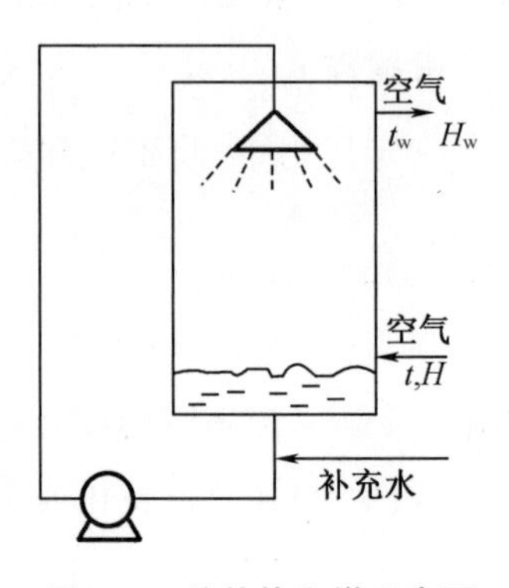

图 9-2 绝热饱和塔示意图

度即绝热饱和温度 t_{as}，气体的湿度为 t_{as} 下的饱和湿度 H_{as}。

绝热饱和过程又可当作等焓过程处理。绝热饱和温度总是低于气体进口温度，即 $t_{as}<t$。塔底部的湿度差和温度差最大，顶部为零。以单位质量的绝干空气为基准，在稳态下对全塔作热量衡算，气体放出的显热=液体汽化的潜热，即

$$c_H(t-t_{as})=(H_{as}-H)r_{as}$$

经整理得

$$t_{as}=t-\frac{r_{as}}{c_H}(H_{as}-H) \tag{9-12}$$

式(9-12)表明，空气的绝热饱和温度 t_{as} 与湿球温度 t_w 都是空气湿度 H 和温度 t 的函数，同时也都是湿空气的状态参数。对于空气和水的系统，两者在数值上近似相等。

绝热饱和温度和湿球温度的区别在于：t_{as} 是由热平衡得出的，是空气的热力学性质；t_w 则取决于气液两相间的动力学因素——传递过程速率。t_{as} 是大量水与空气接触，最终达到两相平衡时的温度，过程中气体的温度和湿度都是变化的；t_w 是少量的水与大量的连续气流接触，达到传热传质稳态时的温度，过程中气体的温度和湿度是不变的。绝热饱和过程中，气、液间的传递推动力由大变小，最终趋近于零；测量湿球温度时，稳定后的气、液间的传递推动力不变。

以上介绍了湿空气的四种温度：干球温度 t、湿球温度 t_w、绝热饱和温度 t_{as}、露点 t_d，其中 $t_w\approx t_{as}$。比较它们可以得出以下关系。

不饱和湿空气：

$$t>t_w(t_{as})>t_d$$

饱和湿空气：

$$t=t_w(t_{as})=t_d$$

9.1.2　湿空气的湿度-晗图（H-I 图）

1. H-I 图

常压下(101.3 kPa)，湿空气性质所涉及的9个变量中，通过任意2个相对独立变量即可确定湿空气性质。为了便于确定湿空气状态，将湿空气各种性质标绘在湿度-晗图(H-I 图)中。

总压 101.3 kPa 下，所得 H-I 图如图 9-3 所示，其由以下 5 组线群组成。

(1)等湿度线(等 H 线)群

等湿度线是一系列湿度相等的点连成的直线，即垂直于横轴的直线。

(2)等晗线(等 I 线)群

等晗线是由焓值相等的点连成的直线，一系列等焓线相互平行于斜轴的直线，图 9-3 中的读数范围为 0~680 kJ/kg(绝干空气)。

(3)等干球温度线(等 t 线)群

温度相等的点连成的一系列直线为等干球温度线，分析式(9-8)得出：当温度相等时，焓值与湿度呈线性关系。由于等温线斜率$(2\ 490+1.88t)$与温度正相关，故等温线并不平行，且斜率随着温度增加而增大。H-I 图中，等温线起始点为该温度下相对湿度为 1 的点。

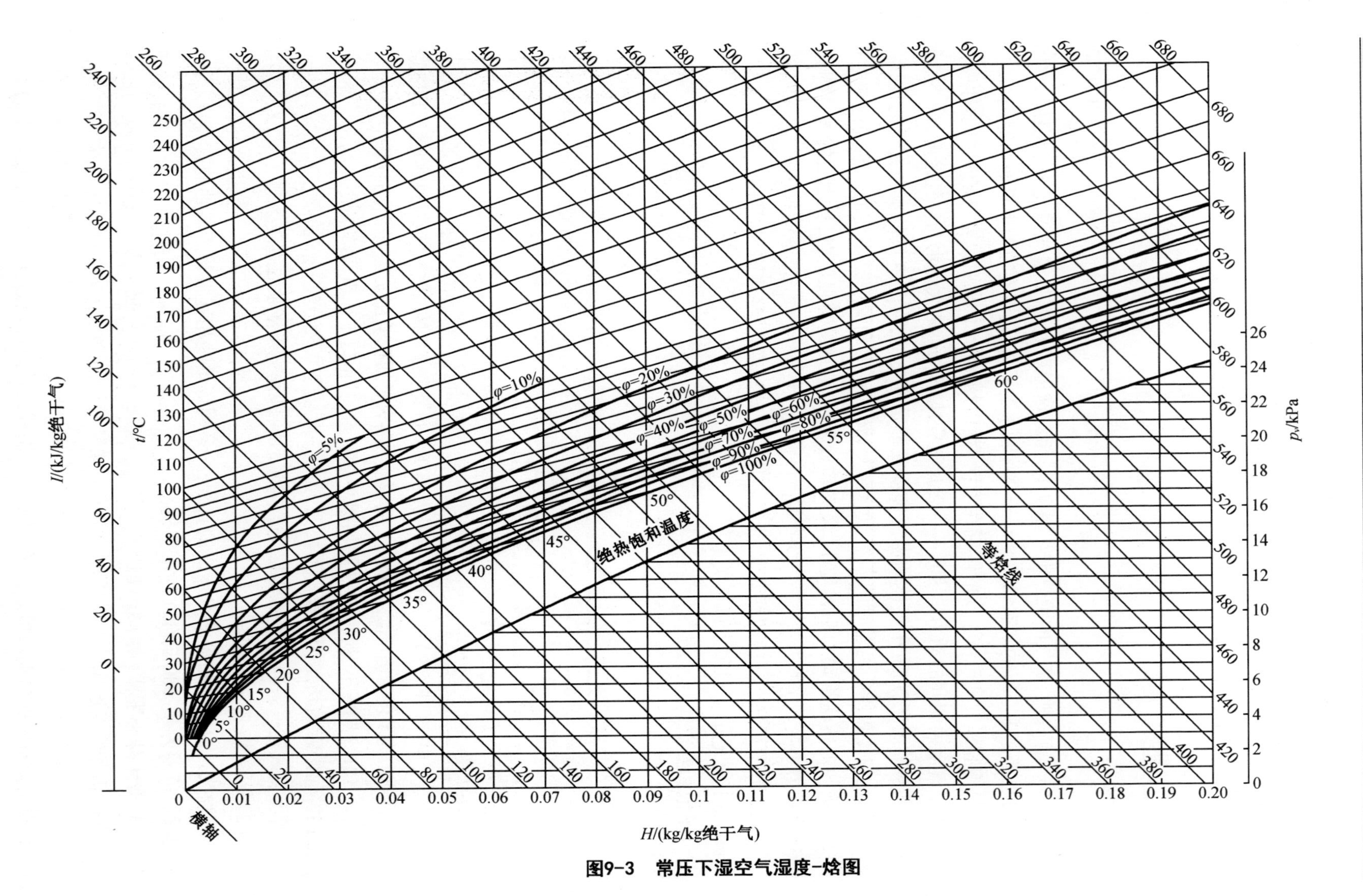

图9-3 常压下湿空气湿度-焓图

(4)等相对湿度线

相对湿度相同的点连成的线为等相对湿度线。根据式(9-5):相对湿度相等时,饱和蒸气压与湿度满足的曲线关系即等相对湿度线。图9-3中共有11条等相对湿度线,其范围为5%~100%。饱和蒸气的等相对湿度线与等湿线交点所对应温度即为该湿度所对应的露点。

(5)等水汽分压线

将式(9-2)整理成分压的表达式,即

$$p_v=\frac{Hp}{0.622+H}$$

由上式可知,总压一定时,水汽分压仅与湿度有关,对于湿空气,$H\ll 0.622$,故分压近似与湿度呈线性关系。通常将等水汽分压线绘于相对湿度为100%的曲线下方,分压坐标轴在图的右边。

2. *H-I* 图的应用

(1)确定湿空气性质

H-I 图中的任何一点都代表某一确定的湿空气性质和状态,在总压一定的条件下,只要依据任意两个独立性质参数,即可在 *H-I* 图中找到代表该空气状态的相应点,其他性质参数便可由该点查得。

(2)图示湿空气状态的变化过程

①加热和冷却:不饱和空气在间壁式换热器中的加热或冷却是一个湿度不变的过程,即沿着等湿线变化的过程。

②绝热饱和过程:对于湿空气,绝热饱和过程可近似认为是一个等焓过程,即沿着等焓线的变化过程。

③不同温度、湿度的气流的混合过程:该过程满足杠杆定律,如图9-4所示,状态为A和B的两股气流,其温度和湿度分别为t_1、H_1和t_2、H_2,现A与B按$m:n$(质量比)混合。显然,两股气流混合后的状态C必然在点A、B的连线上,其位置可按杠杆定律求出。

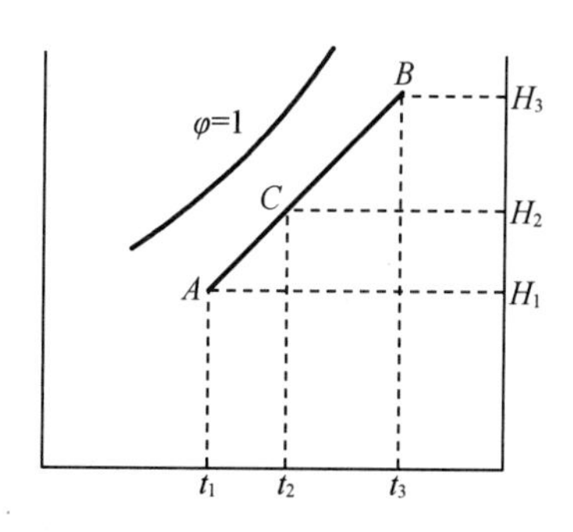

图9-4 湿空气混合的杠杆定律

9.2　干燥过程的物料衡算与热量衡算

干燥过程是热、质同时传递的过程。进行干燥计算,需要解决干燥中湿物料去除的水分量及所需的热空气量,这些问题可通过质量衡算和热量衡算来求解。

9.2.1　湿物料中含水量及其分类

湿物料中的含水量有湿基含水量 w 和干基含水量 X 两种表示方法。

水分在湿物料中的质量分数为湿基含水量,以 w 表示,单位为 kg 水/kg 绝干物料。湿基含水量是工业上最常用的含水量表示方法。

$$w=\frac{\text{湿物料中水分的质量}}{\text{湿物料总质量}} \tag{9-13}$$

湿物料中的水分与绝干物料的质量比为干基含水量,以 X 表示,单位为 kg 水/kg 绝干物料。干燥过程中绝干物料量不发生变化,因此采用干基含水量进行干燥过程计算更为方便,本书均采用干基含水量进行计算。

$$X=\frac{\text{湿物料中水分的质量}}{\text{湿物料中绝干物料的质量}} \tag{9-14}$$

湿基含水量与干基含水量可以相互转化:

$$w=\frac{X}{1+X}$$

$$X=\frac{w}{1-w}$$

干燥过程中的传质过程与物料的结构以及物料中的水分性质有关。除去物料中的水分难易程度取决于物料与水的结合方式。

当物料与一定状态的空气接触后,物料将释出或吸入水分,直到物料表面的水汽分压与空气中的水汽分压相等为止,此时物料中的水分与空气中的水分处于动态平衡。对于一定状态的湿空气,物料中总会有一定的含水量无法通过干燥的方式去除,该平衡水分称为此时的平衡含水量 X^*。平衡含水量与湿空气状态有关,是固定干燥条件下除去水分的极限。

物料中超出平衡含水量的水分称为自由水分,自由水分可通过干燥过程去除。

物料中的自由水分可据其被脱除的难易,分为结合水和非结合水。物料表面水汽的分压等于同温度下纯水的饱和蒸气压,这部分水称为非结合水,非结合水下限记为 X_B^*;当物料中含水量低于 X_B^* 后,干燥水分为物料所吸附的水分或孔道中的水分,称为结合水。结合水与非结合水的区别难以用实验方法直接测得,但可将平衡曲线外延至湿空气相对湿度为100%点对应的含水量求得。

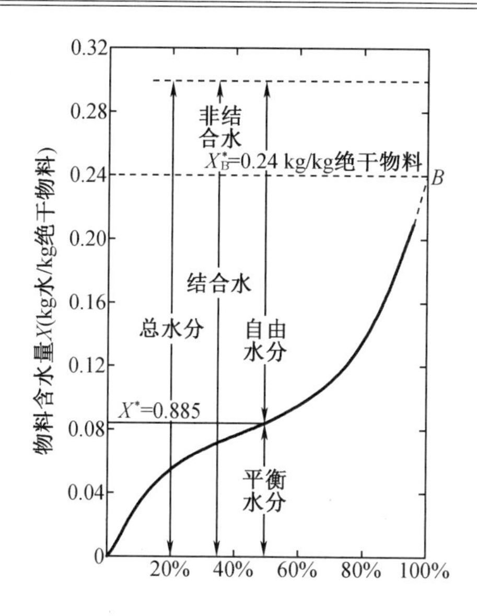

图 9-5　固体物料中所含水分性质示意图

9.2.2　干燥过程的物料衡算

典型连续逆流干燥器物料衡算范围如图 9-6 所示，通过对此干燥系统做物料衡算，可以算出：(1)从物料中除去水分的量，即水分蒸发量；(2)空气消耗量；(3)干燥产品的流量。

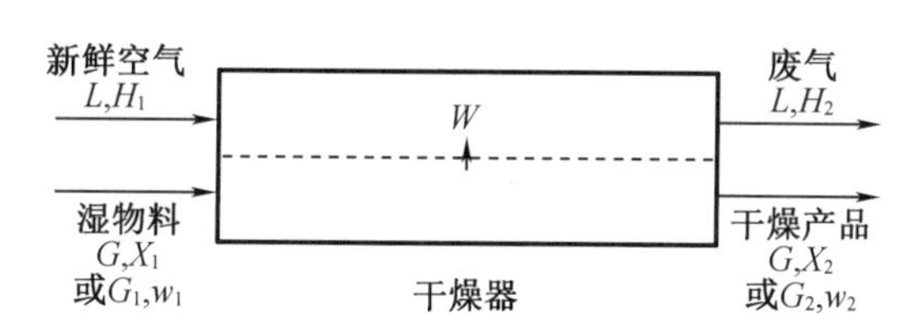

图 9-6　连续干燥过程质量衡算范围

1. 水分蒸发量

对图 9-6 做水分的物料衡算，以 1 s 为基准，在不考虑物料损失的情况下：

$$LH_1+GX_1=LH_2+GX_2 \tag{9-15}$$

式中　L——湿空气中绝干空气质量流量，kg 绝干空气/h；

G——湿物料中绝干物料质量流量，kg 绝干物料/h；

X——干基含水量，kg 水分/kg 绝干物料。

2. 热空气消耗量

热空气消耗量可通过水分蒸发量以及湿空气状态变化计算得出，即

$$L=\frac{G(X_1-X_2)}{H_2-H_1}=\frac{W}{H_2-H_1} \tag{9-16}$$

式中　W——水分蒸发量，kg 水/h；

H——湿度,kg 水汽/kg 绝干空气。

3. 干燥产品流量

$$G_2=G(1+X_2) \tag{9-17}$$

9.2.3 干燥过程热量衡算

通过干燥器的热量衡算,可以确定物料干燥所消耗的热量或干燥器排出空气的状态,同时也可以作为计算空气预热器和加热器的传热面积、加热剂的用量、干燥器的尺寸或热效率的依据。

1. 干燥器模型

干燥器中,温度为 t_0、湿度为 H_0、焓为 I_0 的新鲜空气,经加热后的状态为 t_1、H_1、I_1,进入干燥器与湿物料接触,增湿降温,离开干燥器时状态为 t_2、H_2、I_2。固体物料进、出干燥器的流量为 G_1、G_2,温度为 θ_1、θ_2,含水量为 X_1、X_2。通过流程图(图 9-7)可知,干燥过程可通过预热器和干燥器加入热量。预热器内加入热量 Q_p、干燥器内加入热量 Q_d。外加总热量 $Q=Q_p+Q_d$。

当干燥过程热量损失 Q_L 为 0、干燥器内热量加入热量 Q_d 为 0、干燥过程中湿空气为等晗($I_1=I_2$)时,称为理想干燥器。

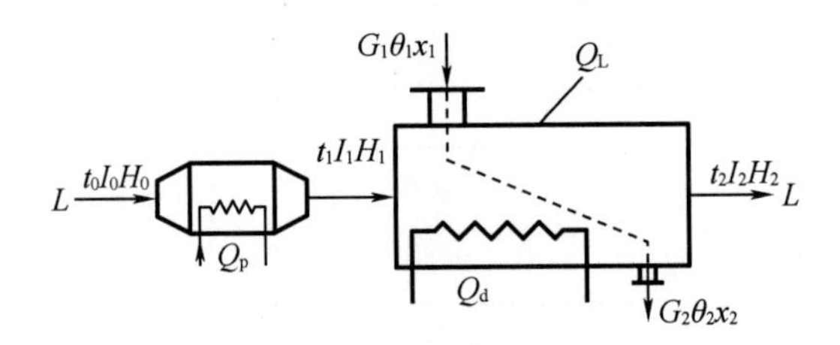

图 9-7　干燥过程热量衡算

2. 预热器热量衡算

预热器中,空气湿度不变,仅发生传热过程,若忽略热损失,则

$$Q_p=L(I_1-I_0) \tag{9-18}$$

3. 干燥器的热量衡算

干燥器中加热过程热量衡算为

$$Q_d=L(I_2-I_1)+G(I_2'-I_1')+Q_L \tag{9-19}$$

式中　I'——湿物料晗,kJ/kg 绝干物料;

Q_L——干燥过程单位时间损失的热量,kJ/s。

$$I'=c_wX+c_s \tag{9-20}$$

式中　c_w——水的比热,kJ/(kg 水 · ℃);

c_s——绝干物料比热,kJ/(kg 干物料 · ℃)。

干燥器中用于汽化水的热量:

$$Q_v = W(r+c_g t_2) \tag{9-21}$$

式中 r——0 ℃下的汽化潜热,kJ/kg;

c_g——水蒸气比热,kJ/(kg 水蒸气·℃)。

干燥系统的热效率定义为汽化水分所需的量与加入总热量之比:

$$\eta = \frac{Q_v}{Q_d + Q_p} \times 100\% \tag{9-22}$$

热效率愈高表明干燥系统的热利用率愈好。可通过以下措施降低干燥操作的能耗,提高干燥器的热效率。

(1)提高 H_2 而降低 t_2

提高 H_2 而降低 t_2 会降低干燥过程的传质、传热推动力,降低干燥速率。特别是对于吸水性物料的干燥,空气出口温度应高些,而湿度则应低些,即相对湿度要低些。在实际干燥操作中,一般空气离开干燥器的温度需比进入干燥器时的绝热饱和温度高 20~50 ℃,这样才能保证在干燥系统后面的设备内不致析出水滴,否则可能使干燥产品返潮,且易造成管路的堵塞和设备材料的腐蚀。

(2)提高空气入口温度 t_1

对热敏性物料和易产生局部过热的干燥器,入口温度不能过高。在并流的悬浮颗粒干燥中,颗粒表面的蒸发温度比较低,因此,入口温度可高于产品变质温度。

(3)利用废气(离开干燥器的空气)来预热空气或物料

回收被废气带走的热量,以提高干燥操作的热效率。

(4)采用二级干燥

如奶粉的干燥,第一级为喷雾干燥,获得湿含量 0.06~0.07 的粉状产品;第二级为体积较小的流化床干燥器,获得湿含量为 0.03 的产品。这样,可节省总能量的 80%。二级干燥可提高产品的质量和节能,尤其适用于热敏性物料。

(5)利用内换热器

在干燥系统内设置换热器称为内换热器,它可使能量的供给和生产能力提高三分之一或更多,且可降低空气的流量。

此外还应注意干燥设备和管路的保温隔热,减少干燥系统的热损失。

例 9-1 某湿物料在常压理想干燥器中进行干燥,湿物料的流量为 1 kg/s,初始湿含量(湿基,下同)为 3.5%,干燥产品的湿含量为 0.5%。空气状况为:初始温度为 25 ℃、湿度为 0.005 kg 水/kg 干空气,经预热后进干燥器的温度为 160 ℃,如果离开干燥器的温度选定为 60 ℃或 40 ℃,试分别计算需要的空气消耗量及预热器的传热量。又若空气在干燥器的后续设备中温度下降了 10 ℃,试分析以上两种情况下物料是否返潮。

解 (1)$w_1=0.035, w_2=0.005$。

$$X_1=\frac{w_1}{1-w_1}=0.036\quad \text{kg 水/kg 绝干物料}$$

$$X_2=\frac{w_2}{1-w_2}=0.005\quad \text{kg 水/kg 绝干物料}$$

绝干物料:

$$G_c=G_1(1-w_1)=1\times(1-0.035)=0.965\ \text{kg/s}$$

水分蒸发量:

$$W=G_c(X_1-X_2)=0.03\ \text{kg/s}$$

空气消耗量:

$$L=\frac{W}{H_2-H_1}$$

$$H_1=H_0=0.005\ \text{kg 水/kg 绝干空气}$$

$t_2=60$ ℃时,干燥为等焓过程。查图得

$$H_2=0.0438\ \text{kg 水/kg 绝干空气}$$

$$L=0.773\ \text{kg 绝干空气/s}$$

$$Q=L(I_1-I_0)=L(1.01+1.88H_0)(t_1-t_0)$$

$$=0.773\times(1.01+1.88\times0.005)\times(160-25)=106.4\ \text{kJ/s}$$

$t_2=40$ ℃时,查图得

$$H_2=0.0521\ \text{kg 水/kg 绝干空气}$$

$$L=0.637\ \text{kg 绝干空气/s}$$

$$Q=L(I_1-I_0)=87.68\ \text{kJ/s}$$

(2)$H=0.0438$ kg 水/kg 绝干空气时:

$t_d=38$ ℃<50 ℃,不返潮;

$H=0.0521$ kg 水/kg 干空气时:

$t_d=40$ ℃>30 ℃,返潮。

9.3 干燥速率与干燥时间

通过干燥器的物料衡算及热量衡算可以计算出完成一定干燥任务所需的空气量及热量。但需要多大尺寸的干燥器以及干燥时间长短等问题,则必须通过干燥速率计算方可解决。

9.3.1 恒定干燥条件下的干燥速率

恒定干燥条件:指干燥过程中空气的湿度、温度、速度以及与湿物料的接触状况都不变。

干燥速率定义：单位时间、单位干燥面积汽化的水分量。

$$U=\frac{\mathrm{d}W}{A\mathrm{d}\tau}=\frac{\mathrm{d}[G_c(X_1-X)]}{A\mathrm{d}\tau}==\frac{G_c\mathrm{d}X}{A\mathrm{d}\tau} \tag{9-23}$$

某物料在恒定干燥条件下干燥，可用实验方法测定干燥曲线及干燥速率曲线。

1. 干燥曲线

物料含水量 X 与干燥时间 t 的关系曲线称为干燥曲线，如图 9-8 所示。

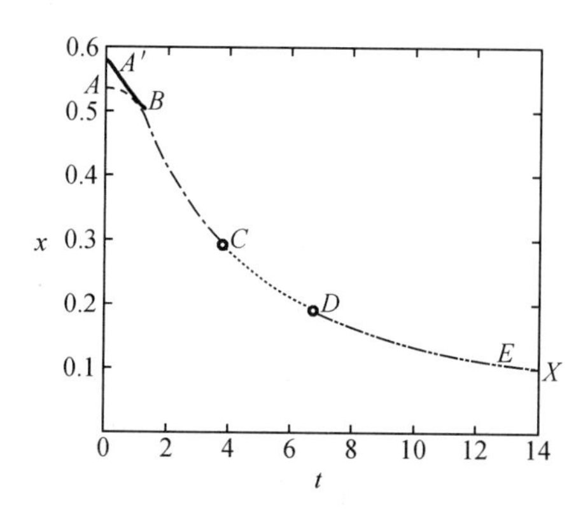

图 9-8　干燥曲线

2. 干燥速率曲线

由图 9-8 的干燥曲线求导，可得 $\mathrm{d}X/\mathrm{d}t$ 与物料含水量 X 的关系曲线，称为干燥速率曲线（图 9-9）。

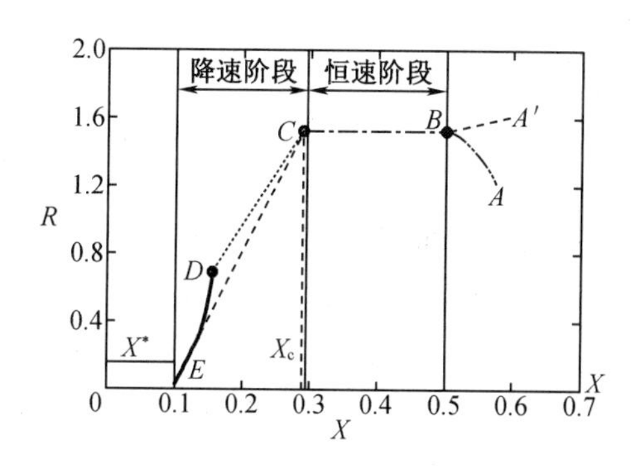

图 9-9　恒定干燥条件下的干燥曲线

AB（或 $A'B$）段：A 点代表时间起点，AB 为湿物料不稳定的加热过程，在该过程中，物料的含水量及其表面温度均随时间变化。物料含水量由初始含水量降至与 B 点相应的含水量，而温度则由初始温度升高（或降低）至与空气的湿球温度相等的温度。一般该过程的时间很短，在分析干燥过程中常可忽略，将其作为恒速干燥的一部分。

BC 段：在 BC 段内干燥速率保持恒定，称为恒速干燥阶段。在该阶段湿物料表面温度为空气的湿球温度 t_w。

C 点：由恒速阶段转为降速阶段的点称为临界点，所对应湿物料的含水量称为临界含水量,用 X_c 表示。

CDE 段:随着物料含水量的减少,干燥速率下降,CDE 段称为降速干燥阶段。干燥速率主要取决于水分在物料内部的迁移速率。不同类型物料结构不同,降速阶段速率曲线的形状不同,如图 9-10 所示。

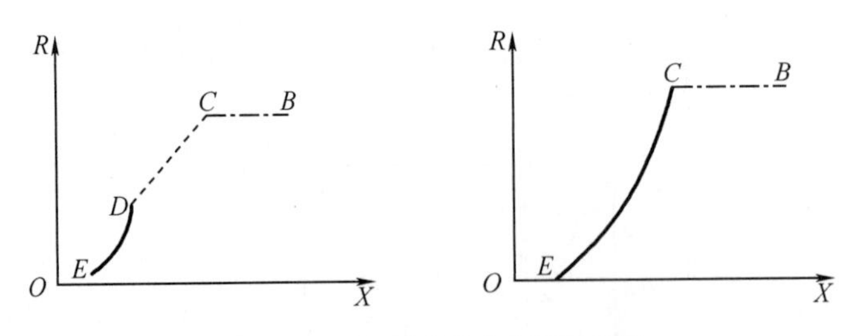

图 9-10 降速阶段速率干燥曲线

某些湿物料干燥时,干燥曲线的降速段中有一转折点 D,把降速段分为第一降速阶段和第二降速阶段。D 点称为第二临界点,如图 9-10 所示。但也有一些湿物料在干燥时不出现转折点,整个降速阶段形成了一个平滑曲线。降速阶段的干燥速率主要与物料本身的性质、结构、形状、尺寸和堆放厚度有关,而与外部的干燥介质流速关系不大。

E 点:E 点的干燥速率为零,X^* 即为操作条件下的平衡含水量。

需要指出的是,干燥曲线或干燥速率曲线是在恒定的空气条件下获得的。对于指定的物料,空气的温度、湿度不同,速率曲线的位置也不同。

(1)恒速干燥阶段的干燥速率

恒速干燥的前提条件:湿物料表面全部润湿。即湿物料水分从物料内部迁移至表面的速率大于水分在表面汽化的速率。

若物料最初潮湿,在物料表面附着一层水分,这层水分可认为全部是非结合水分,物料在恒定干燥条件下干燥时,物料表面的状况与湿球温度计湿纱布表面状况相似,物料表面温度 θ 即为 t_w。

若维持恒速干燥,必须使物料表面维持润湿状态,水分从湿物料到空气中实际经历两步:首先由物料内部迁移至表面,然后再从表面汽化到空气中。若水分由物料内部迁移至表面的速率大于或等于水分从表面汽化的速率,则物料表面保持完全润湿。由于此阶段汽化的是非结合水分,故恒速干燥阶段的干燥速率的大小取决于物料表面水分的汽化速率。因此,恒速干燥阶段又称为表面控制阶段。

恒定干燥条件下,恒速干燥速率:

$$U=\frac{\alpha}{r_w}(t-t_w)=k_H(H_w-H) \tag{9-24}$$

式中 α——对流换热系数,W/(m^2·K);

t——干球温度,K;

t_w——湿球温度,K;

k_H——以湿度为推动力的传质系数,kg/(m^2·s·ΔH);

H_w——湿物料表面温度所对应的饱和湿度,kg 水汽/kg 绝干空气。

恒速干燥过程中干燥速率为常数,物料表面温度为 t_w 通常不变,在该阶段除去的水分为非结合水分,恒速干燥阶段的干燥速率只与空气的状态有关,而与物料的种类无关。

(2)降速干燥阶段的干燥速率

到达临界点以后,即进入降速干燥阶段,此阶段有两个特点,即实际汽化表面减小和汽化面内移。

随着干燥过程的进行,物料内部水分迁移到表面的速率已经小于表面水分的汽化速率。物料表面不能再维持全部润湿,而出现部分“干区”,即实际汽化表面减少。因此,以物料总面积为基准的干燥速率下降。降速干燥阶段去除的水分为结合水及非结合水分。

当物料全部表面都成为干区后,水分的汽化面逐渐向物料内部移动,传热是由空气穿过干料到汽化表面,汽化的水分又从湿表面穿过干料到空气中,降速干燥阶段又称为物料内部迁移控制阶段。显然,固体内部的热、质传递途径加长,阻力加大,造成干燥速率下降。即为图中的 DE 段,直至平衡水分 X^*。在此过程,空气传给湿物料的热量大于水分汽化所需要的热量,故物料表面的温度升高。

降速干燥阶段的干燥速率与物料种类、结构、形状及尺寸有关,而与空气状态关系不大。

(3)临界含水量 X_c

物料在干燥过程中经历了预热、恒速、降速干燥阶段,可用临界含水量 X_c 加以区分,X_c 越大,越早地进入降速阶段,使完成相同的干燥任务所需的时间越长。X_c 的大小不仅与干燥速率和时间的计算有关,同时由于影响两个阶段的因素不同,因此确定 X_c 值对强化干燥过程也有重要意义。

表 9-1 给出了不同干燥条件下物料临界含水量,可见临界含水量与湿物料的性质及干燥条件有关。

表 9-1　不同物料临界含水量

<table>
<tr><th colspan="3">物料</th><th colspan="3">空气条件</th><th rowspan="2">临界含水量/(kg 水/kg 绝干物料)</th></tr>
<tr><th colspan="2">品种</th><th>厚度/mm</th><th>速度/(m·s⁻¹)</th><th>温度/℃</th><th>相对湿度</th></tr>
<tr><td colspan="2" rowspan="3">黏土</td><td>6.4</td><td>1.0</td><td>37</td><td>0.10</td><td>0.11</td></tr>
<tr><td>15.9</td><td>1.2</td><td>32</td><td>0.10</td><td>0.13</td></tr>
<tr><td>25.4</td><td>10.6</td><td>25</td><td>0.40</td><td>0.17</td></tr>
<tr><td rowspan="4">砂</td><td><0.44 mm</td><td>25</td><td>2.0</td><td>54</td><td>0.17</td><td>0.21</td></tr>
<tr><td>0.044~0.074</td><td>25</td><td>3.1</td><td>53</td><td>0.014</td><td>0.10</td></tr>
<tr><td>0.149~0.177</td><td>25</td><td>3.5</td><td>53</td><td>0.15</td><td>0.053</td></tr>
<tr><td>0.288~0.295</td><td>25</td><td>3.5</td><td>55</td><td>0.17</td><td>0.053</td></tr>
<tr><td colspan="2" rowspan="3">白墨粉</td><td>3.18</td><td>1.0</td><td>39</td><td>0.20</td><td>0.084</td></tr>
<tr><td>6.4</td><td>1.0</td><td>37</td><td>—</td><td>0.04</td></tr>
<tr><td>16</td><td>9~11</td><td>36</td><td>0.40</td><td>0.13</td></tr>
</table>

9.3.3 恒定干燥条件下干燥时间的计算

干燥过程总干燥时间包括恒速段持续的时间和降速段时间两个部分。

$$W=\frac{F(x_n-x_0)}{x_n}=F\left(1-\frac{x_0}{x_n}\right)$$

恒速段干燥时间τ_1：

$$\tau_1=\frac{G_c}{AU_c}(X_1-X_c) \tag{9-25}$$

U_c 可采用干燥速率曲线查取，或使用式(9-24)，结合恒定干燥条件下 $W=W_1+W_2+\cdots+W_n$ 计算。

降速段干燥时间τ_2：

$$\tau_2=\int_0^{\tau_2}\mathrm{d}\,\tau=\frac{G_c}{A}\int_{X_2}^{X_c}\frac{\mathrm{d}X}{U} \tag{9-26}$$

式中　U——变量，式(9-26)需由图解积分法获得。

例 9-2　在盘式干燥器中，将某湿物料的含水量从 0.6 干燥至 0.1(干基，下同)经历了 4 h 恒定干燥操作。已知物料的临界含水量为 0.15，平衡含水量为 0.02，且降速干燥段的干燥速率与物料的含水量近似呈线性关系。试求：将物料含水量降至 0.05 需延长多少干燥时间?

解　干燥过程包括恒速及降速两个阶段。

恒速干燥段所需要时间：

$$\tau_1=\frac{G_c}{Au_c}(X_1-X_c)$$

降速段干燥时间：

$$\tau_2=\frac{G_c}{Au_c}(X_c-X^*)\ln\frac{X_c-X^*}{X_2-X^*}$$

$$u_c=k_x(X_c-X^*)$$

所以，总的干燥时间为

$$\tau=\tau_1+\tau_2=\frac{G_c}{Ak_x}\left(\frac{X_1-X_c}{X_c-X^*}+\ln\frac{X_c-X^*}{X_2-X^*}\right)$$

原工况下的干燥时间为

$$4=\frac{G_c}{Ak_x}\left(\frac{0.6-0.15}{0.15-0.02}+\ln\frac{0.15-0.02}{0.10-0.02}\right)$$

$$\frac{G_c}{Ak_x}=1.013\ 4$$

新工况下的干燥时间为

$$\tau=1.0134\left(\frac{0.6-0.15}{0.15-0.02}+\ln\frac{0.15-0.02}{0.10-0.02}\right)=4.994\text{h}$$

$$\Delta\tau=4.994-4.0=0.994\text{h}$$

或采用下列公式直接计算：

$$\tau=\frac{G_c}{Au_c}\left[(X_1-X_c)+(X_c-X^*)\ln\frac{X_c-X^*}{X_2-X^*}\right]$$

9.4　干　燥　器

在化工生产中,由于被干燥物料的形状(如块状、粒状、溶液、浆状及膏糊状等)和性质(如耐热性、含水量、分散性、黏性、耐酸碱性、防爆性及湿度等)各不相同,生产规模或生产能力存在很大差别,对于干燥后的产品要求(如含水量、形状、强度及粒度等)也不尽相同,因此,实际生产中所采用的干燥方法和干燥器的型式也是多种多样的。

1. 干燥器的基本要求

(1)保证干燥产品的质量要求,如含水量、强度、形状等;

(2)要求干燥速率快、干燥时间短,以减少干燥器尺寸,降低能耗,经济合理;

(3)干燥器热效率高;

(4)干燥系统的流体阻力要小;

(5)操作控制方便。

干燥器类型较多,分类方法也较多,可按加工方式、操作压力、操作方式等分类。一般分为:间歇常压干燥器,如盘架式干燥器;间歇减压干燥器,如耙式干燥器,如连续常压干燥器:气流干燥器;连续减压干燥器,如减压滚筒干燥器。

2. 常用工业干燥器

(1)厢式干燥器

厢式干燥器又称室式干燥器,一般小型的称为烘箱,大型的称为烘房。厢式干燥器为典型的间歇式常压干燥设备。厢体四壁用绝热材料制成,以减小热损失。

(2)带式干燥器

带式干燥器是把物料均匀地铺在带子上,带子在前移过程中与干燥介质接触,从而使物料得到干燥。带式干燥器基本上是一个“走廊”,其内装置带式输送设备,根据工艺的不同要求,可以在每个区段采用不同的气流方向(如图9-12中的下吹与上吹)、不同温度和湿度的气体。

(3)沸腾床干燥器

沸腾床干燥器(图9-13)又称流化床干燥器。使颗粒状物料与流动的气体或液体相接触,并在后者作用下使粒子相互分离,且作上下、左右、前后的运动,这种类似流体状态以完成某种操作过程的技术称为流态化技术。由于干燥操作的工艺性质,工业上普遍采用的是以气体作介质的固体流态化技术。

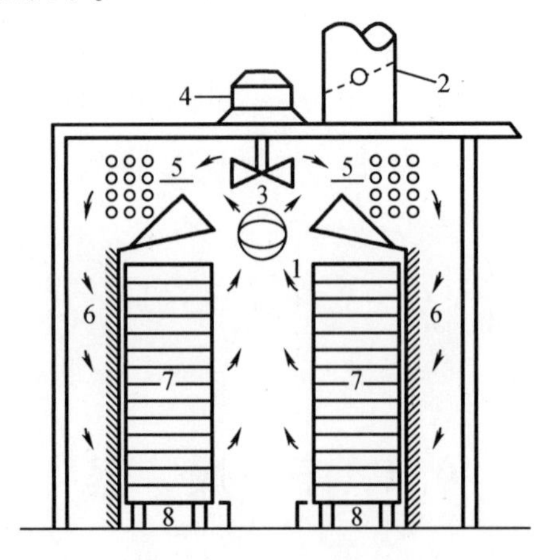

1—空气入口；2—空气出口；3—风机；4—电动机；5—加热器；6—挡板；7—盘架；8—移动轮。

图 9-11　厢式干燥器

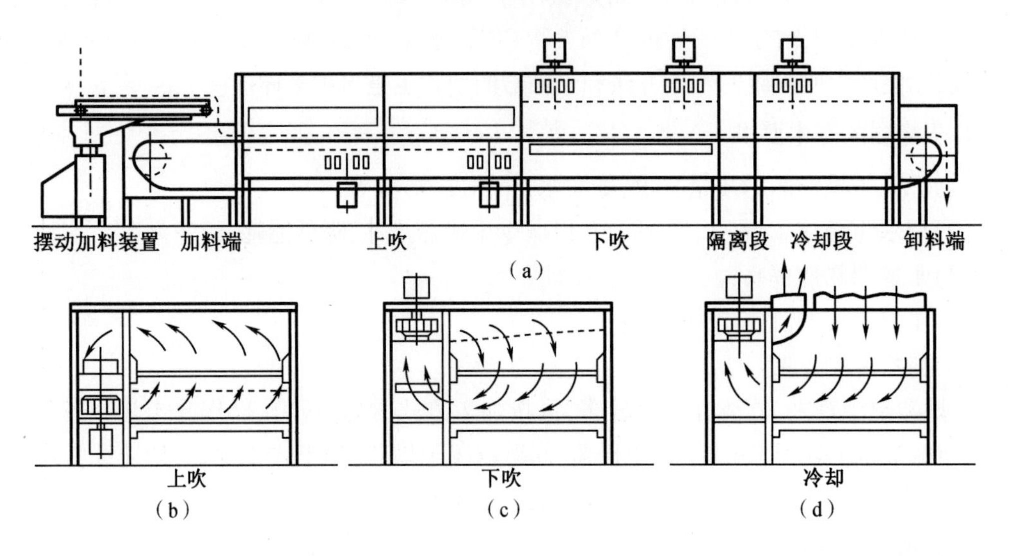

图 9-12　带式干燥器

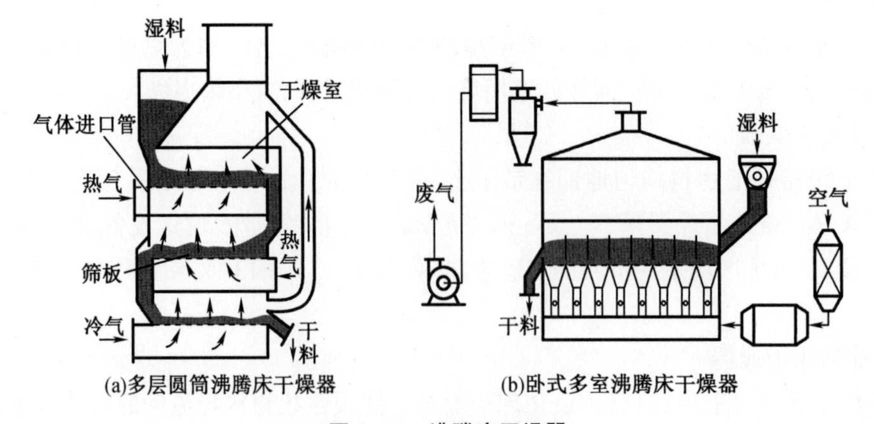

图 9-13　沸腾床干燥器

(4)气流干燥器

气流干燥是指湿态时为泥状、粉粒状或块状的物料在热气流中分散成粉粒状,一边随热气流并流输送,一边进行干燥,如图9-14所示。对于泥状物料,需装设粉碎加料装置,使其粉碎后再进入干燥器;即使对块状物料,也可采用附设有粉碎加料装置的气流干燥器进行干燥。

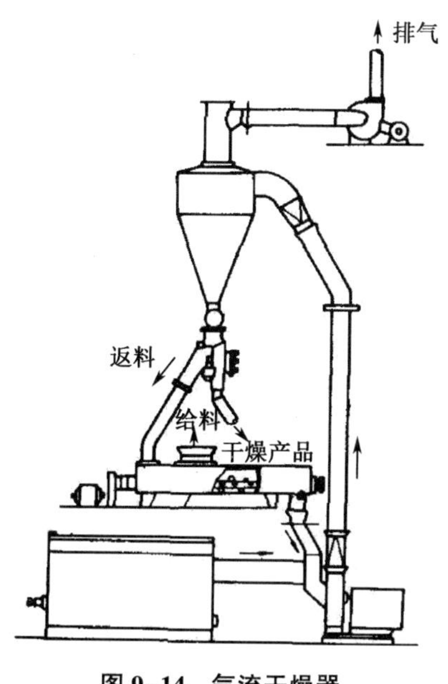

图9-14　气流干燥器

(5)转筒干燥器

转筒干燥器(图9-15)主体为稍做倾斜而缓慢转动的长圆筒,热物料从较高的一端进入,与由下端进入的热空气或烟道气做直接逆流接触,随着圆筒的旋转,物料在重力作用下流向较低的一端时即被干燥完毕而送出。

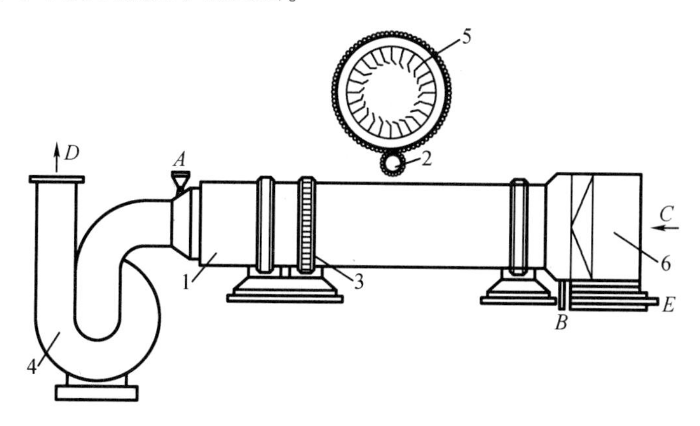

A—物料入口;*B*—物料出口;*C*—空气入口;*D*—空气出口;*E*—蒸汽冷凝液。

1—圆筒;2—支架;3—驱动齿轮;4—风机;5—抄板;6—蒸汽加热器。

图9-15　转筒干燥器

(6)喷雾干燥器

喷雾干燥是指在干燥塔顶部导入热风,同时将料液送至塔顶部,通过雾化器喷成雾状液滴,这些液滴群的表面积很大,与高温热风接触后水分迅速蒸发,在极短的时间内便成为干燥产品,从干燥塔底排出热风与液滴接触后温度显著降低,湿度增大,它作为废气由排风机抽出,废气中夹带的微粒用分离装置回收。

在 ADU 法(重铀酸铵)生产 UO_2 粉末过程中,在进行 ADU 热解还原之前,通常要对过滤操作得到的滤饼进行干燥。从 20 世纪末期开始,工业上逐渐采用喷雾干燥技术来干燥 ADU 浆体。如图 9-16 所示,在喷雾干燥器中,ADU 被雾化器吸入喉腔后,以雾滴状态分散于高温空气中,迅速完成蒸发脱水的过程。干燥后粉尘随气流进入旋风分离器和布袋过滤器进行回收。实践表明,与传统的箱式干燥技术相比,喷雾干燥技术能提高生产效率,产品性能比较稳定。

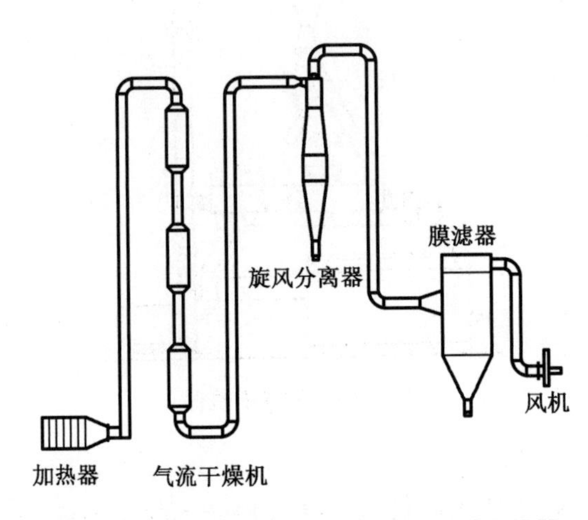

图 9-16　ADU 法生产 UO_2 粉末使用的干燥器

本章符号说明

符号	意义	计量单位
H	湿度	kg 水汽/kg 绝干空气
p_v	水汽分压	Pa
P	湿空气总压	Pa
H_s	饱和湿度	kg 水汽/kg 绝干空气
φ	相对湿度	
v_H	湿空气的比容	m^3/kg 绝干空气
t	干球温度	℃
I	焓	kJ/kg

符号	意义	计量单位
t_d	露点温度	
t_w	湿球温度	℃
t_{as}	绝热饱和温度	℃
w	湿基含水量	kg 水/kg 湿物料
X	干基含水量	kg 水/kg 绝干物料
L	绝干空气质量流量	kg 绝干空气/h
G	绝干物料质量流量	kg 湿物料/h
W	水分蒸发量	kg 水/h
Q_L	干燥过程热量损失	kW
Q_p	预热器内加入热量	kW
Q_d	干燥器内加入热量	kW
I'	湿物料晗	kJ/kg 绝干物料
c_w	水的比热	kJ/(kg 水·℃)
c_s	绝干物料比热	kJ/(kg 绝干干料·℃)
c_g	水蒸气比热	kJ/(kg 蒸汽·℃)
η	干燥系统的热效率	
U	干燥速率	kg/(m^2·s)
α	对流换热系数	W/(m^2·K)
k_H	以湿度为推动力的传质系数	kg/(m^2·s·ΔH)
X_c	临界含水量	
X^*	平衡含水量	

习　　题

一、填空题

1. 对流干燥操作的必要条件是________;干燥过程是________相结合的过程。

2. 将饱和湿空气的温度从 t_1 降至 t_2,则该空气的下列状态参数变化的趋势是:相对湿度 φ ________,湿度 H ________,湿球温度 t_w ________,露点 t_d ________。

3. 在实际的干燥操作中,常用________来测量空气的湿度。

4. 恒定的干燥条件是指空气的________、________、________均不变的干燥过程。

5. 在恒速干燥阶段,湿物料表面的温度近似等于________。

6. 理想干燥器或绝热干燥过程是指____________________，干燥介质进入和离开干燥器的焓值________。

7. 写出三种对流干燥器的名称：____________、____________、____________。

二、选择题

1. 已知湿空气的如下两个参数，便可确定其他参数（　　）

A. H, p　　B. H, t_d　　C. H, t　　D. I, t_{as}

2. 当空气的相对湿度 $\varphi=60\%$ 时，则其 3 个温度 t（干球温度）、t_w（湿球温度）、t_d（露点）之间的关系为（　　）

A. $t=t_w=t_d$　　B. $t>t_w>t_d$　　C. $t<t_w<t_d$　　D. $t>t_w=t_d$

3. 湿空气在预热过程中不变化的参数是（　　）

A. 焓 I　　B. 相对湿度 φ　　C. 湿球温度 t_w　　D. 露点温度 t_d

4. 物料的平衡水分一定是（　　）

A. 结合水分　　B. 非结合水分　　C. 临界水分　　D. 露点

E. 自由水分

5. 同一物料，如恒速阶段的干燥速率加快，则该物料的临界含水量将（　　）

A. 不变　　B. 减少　　C. 增大　　D. 不一定

三、计算题

1. 在连续干燥器中，将物料自含水量为 0.05 干燥至 0.005（均为干基），湿物料的处理量为 1.6 kg/s，操作压强为 101.3 kPa。已知空气初温为 20 ℃，其饱和蒸气压为 2.334 kPa，相对湿度为 50%，该空气被预热到 125 ℃后进入干燥器，要求出干燥器的空气湿度为 0.024 kg 水/kg 绝干空气。假设为理想干燥过程。试求：

(1) 空气离开干燥器的温度；

(2) 绝干空气消耗量，kg/s；

(3) 干燥器的热效率。

2. 某湿物料的处理量为 1 000 kg/h，温度为 20 ℃，湿基含水量为 4%，在常压下用热空气进行干燥，要求干燥后产品的湿基含水量不超过 0.5%，物料离开干燥器时温度升至 60 ℃。湿物料的平均比热容为 3.28 kJ/(kg 绝干物料 · ℃)。空气的初始温度为 20 ℃，相对湿度为 50%，若将空气预热至 120 ℃后进入干燥器，出干燥器的温度为 50 ℃，湿度为 0.02 kg/kg 绝干料。干燥过程的热损失约为预热器供热量的 10%。试求；

(1) 新鲜空气消耗量 L_0；

(2) 干燥系统消耗的总热量 Q；

(3) 干燥器补充的热量 Q_d；

(4) 干燥系统的热效率 η，若干燥系统保温良好，热损失可忽略时，热效率为多少？

3. 如图 9-17 所示的理想干燥器中，部分废气循环，试在 H-I 图上画出空气在整个过程中的状态变化。

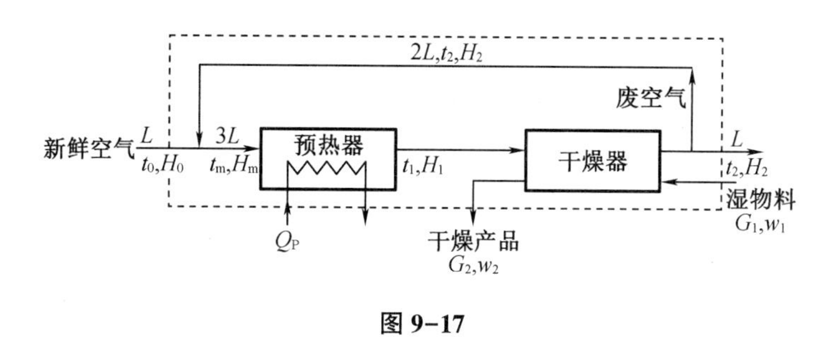

图 9-17

4. 在流化床干燥器中干燥颗粒状物料。湿物料处理量为 500 kg/h，干基含水量分别为 0. 25 kg/kg 绝干物料及 0. 020 4 kg/kg 绝干物料，已测得干燥速率曲线如图 9-18 所示。干燥面积为 88 m^2。试求干燥时间。

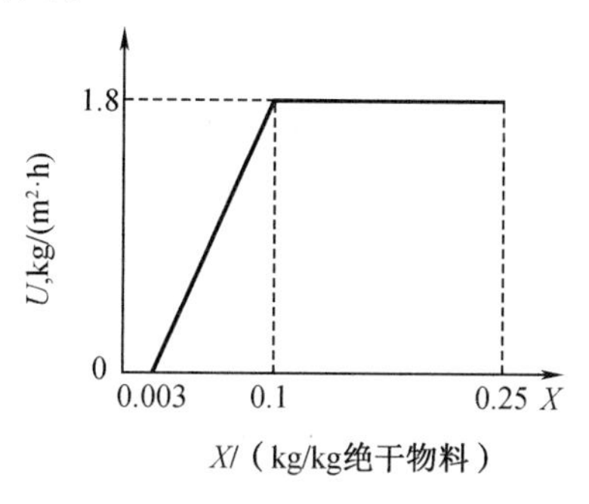

图 9-18

参 考 文 献

[1] 柴诚敬,张国亮. 化工原理:上册. 化工流体流动与传热. [M]. 3 版. 北京:化学工业出版社,2020.

[2] 贾邵义,柴诚敬. 化工原理:下册. 化工传质与分离过程. [M]. 3 版. 北京:化学工业出版社,2020.

[3] 柴诚敬,王军,陈常贵,等. 化工原理课程学习指导[M]. 天津:天津大学出版社,2003.

[4] 陈敏恒,丛德滋,齐鸣斋,等. 化工原理[M]. 5 版. 北京:化学工业出版社,2020.

[5] 成都科技大学化工原理编写组. 化工原理(上册)[M]. 成都:成都科技大学出版社, 1999.

[6] 林爱光,阴金香. 化学工程基础[M]. 2 版. 北京:清华大学出版社,2008.

[7] 霍尔曼 J P. 传热学:英文版 · 原书第 10 版[M]. 北京:机械工业出版社,2011.

[8] 陈涛,张国亮. 化工传递过程基础[M]. 3 版. 北京:化学工业出版社,2011.

[9] 马重光,顾维藻,张玉明,等. 强化传热[M]. 北京:科学出版社, 1990.

[10] 冯亚云,冯朝武,张金利. 化工基础实验[M]. 北京:化学工业出版社,2000.

[11] 袁渭康,王静康,费维扬,等. 化学工程手册:第 4 卷[M]. 3 版. 北京:化学工业出版社,2019.

[12] 谭天恩,窦梅. 化工原理[M]. 4 版. 北京:化学工业出版社,2013.

[13] 陶文铨,杨士铭. 传热学[M]. 5 版. 北京:高等教育出版社,2019.

[14] 姚玉英,陈常贵,柴诚敬. 化工原理[M]. 3 版. 北京:天津大学出版社,2010.

[15] 赵镇南. 传热学[M]. 2 版. 北京:高等教育出版社, 2008.

[16] 许国良,王晓墨,邬日华,等. 工程传热学[M]. 北京:中国电力出版社, 2011.

[17] 李冠兴,武胜. 核燃料[M]. 北京:化学工业出版社,2007.

[18] 林建忠,阮晓东,陈邦国,等. 流体力学[M]. 北京:清华大学出版社,2005.

[19] 环境保护部核与辐射安全中心. 核燃料循环[M]. 北京:中国原子能出版社,2015.

[20] 吴秋林,王俊峰,张天祥,等. 核燃料后处理工程溶剂萃取设备[M]. 北京:中国原子能出版社,2011.

[21] 吴华武. 核燃料化学工艺学[M]. 北京:原子能出版社,1989.

[22] 周明胜,姜东君. 核燃料循环导论[M]. 北京:清华大学出版社,2016.

[23] 李洲,李以圭,费维扬,等. 液-液萃取过程设备和基础[M]. 北京:原子能出版社,1993.

[24] 闫昌琪. 气液两相流[M]. 哈尔滨:哈尔滨工程大学出版社,2010.

[25] 全国化工设备设计技术中心站搅拌工程技术委员会. 搅拌设备[M]. 北京:化学工业出版社,2019.

[26] MCCABE W L, SMITH J C. Unit operations of chemical engineering[M]. 7th ed. New

York:Published by McGraw-Hill, 2005.

[27] BYRON R B,STEWART W E,LIGHTFOOT E N . Transport phenomena[M]. 2th ed. New York:John Wiley & Sons, 2007.

[28] 邹华生.传热传质过程设备设计[M].广州:华南理工大学出版社,2007.

[29] 陈卓如.工程流体力学[M].2版.北京:高等教育出版社,2004.